21 世纪土木工程学术前沿丛书

井巷工程

主编　屈年华　王亚军　徐　涛

哈尔滨工程大学出版社
Harbin Engineering University Press

内容简介

本书系统介绍了岩石的性质及工程分级，巷道破岩方法及原理，巷道断面设计，岩层巷道施工技术，煤层巷道施工技术，巷道支护，巷道施工组织与管理，硐室和其他巷道施工技术，特殊条件下的巷道施工，井筒的设计、施工和延深，其他地下工程施工方法等方面的内容。

本书可作为普通高等院校采矿、矿建、建筑工程等专业学生的教科书，也可供煤矿采掘工程技术人员和管理人员参考。

图书在版编目(CIP)数据

井巷工程/屈年华，王亚军，徐涛主编. —哈尔滨：哈尔滨工程大学出版社，2022.6
ISBN 978 -7 -5661 -3690 -9

Ⅰ. ①井… Ⅱ. ①屈… ②王… ③徐… Ⅲ. ①井巷工程 Ⅳ. ①TD26

中国版本图书馆 CIP 数据核字(2022)第 204879 号

井巷工程
JINGXIANG GONGCHENG

选题策划 石 岭
责任编辑 张 昕
封面设计 李海波

出版发行 哈尔滨工程大学出版社
社 址 哈尔滨市南岗区南通大街 145 号
邮政编码 150001
发行电话 0451 -82519328
传 真 0451 -82519699
经 销 新华书店
印 刷 哈尔滨午阳印刷有限公司
开 本 787 mm×1 092 mm 1/16
印 张 19.5
字 数 459 千字
版 次 2022 年 6 月第 1 版
印 次 2022 年 6 月第 1 次印刷
定 价 79.80 元
http://www.hrbeupress.com
E-mail:heupress@hrbeu.edu.cn

前 言

井巷工程是研究地层中井筒、巷道、硐室设计与施工基本理论、方法和技术的一门应用技术学科。井筒、巷道、硐室等工程是矿山建设和矿井生产准备的重要组成部分，在矿井建设总工程量中占60% ~70%，是决定矿井建设质量和工期的主要因素。安全、高效、经济地破碎岩石并维持井巷围岩的稳定性，成为井巷工程的核心问题。除煤炭行业外，非煤矿山的井巷，其他地下工程领域，如铁路隧道、地铁站线、地下厂房和涵洞的建设，均属于井巷工程的范畴。

按照井巷破岩方法的不同，井巷施工方法可分为钻眼爆破法和掘进机法。按照围岩强度、整体性、含水量及其赋存的地质环境的不同，井巷施工方法又可分为普通施工法、机械施工法或特殊施工法。普通施工法是指在稳定或含水较少的地层中采用钻眼爆破或其他常规手段掘凿井巷；机械施工法是指利用刀具的截割、碾压、楔劈等作用破碎岩石；特殊施工法是指在不稳定或含水量很大的地层中采用特殊措施和工艺完成井巷开挖及支护，主要包括冻结法、钻井法、沉井法以及注浆法等。

我国煤矿建设的能力和技术已位居国际领先地位，主要表现在：井巷施工机械化装备水平显著提高；爆破材料与技术不断取得进步；锚喷支护广泛应用；井巷特殊施工技术发展迅速；地面建筑施工技术、机电设备安装技术取得长足进步。我国煤矿或非煤矿山的井巷施工技术成熟、可靠、安全，风险控制比较完善，能够解决各种地层、岩性、水文、瓦斯等条件下的复杂井或露天开采煤矿的建设施工问题。各类（项）煤矿生产、建设技术规范、标准健全、严格。

本书以煤矿井巷工程施工图设计为基础，系统阐述了井巷工程的施工方法与施工技术、正确选择施工工艺和施工装备、科学施工组织与管理，以及以人为本的安全管理与健康保护等基础理论知识。“井巷工程”是一门实践性很强的应用性专业课程，学习时应注意理论联系实际，做到学习、研究基本理论知识与学习、研究科学组织与管理并重，学习知识与培养分析问题、解决问题能力并重。

本书由屈年华、王亚军、徐涛担任主编，杜凯、王璐担任副主编。具体分工如下：屈年华编写第8章、第9章和第10章，王亚军编写第3章和第7章，徐涛编写第1章和第2章，杜凯编写第5章和第6章，王璐编写第4章。本书编写过程中参考了众多的文献资料，在书后的参考文献中未能一一列出，在此向所有的文献作者致谢。

由于编者水平有限，虽经反复推敲但书中仍难免有不妥甚至疏漏之处，恳请广大读者提出宝贵意见。

编　者

2022年3月

目　录

第1章 井巷建筑介质与材料

1.1 概 述

井巷工程的任务是在地下建筑所需的空间结构,并保持其稳定性,它需要通过破岩开挖,来穿过、进入岩石和土这类地质体中,并保持开挖空间的稳定。所以井巷工程的破岩开挖和保持稳定,首先涉及岩石和土这类介质的物理与力学性质;同时,井巷围岩稳定需要采用多种多样的人工支护手段,如常见的棚式支架、金属支架、混凝土支架、料石或混凝土砌碹以及锚喷支护等,这些不同的支护结构形式都是由建筑材料制造的。所以,为合理地使用支护结构,也需要正确认识和了解构成井巷工程支护的常用建筑材料的特性。

1.1.1 井巷工程的概念

岩石是由一种或多种矿物组成的。每种矿物都各有其一定的内部结构和比较固定的化学成分,因而也各具一定的物理性质和形态。岩石性质与其矿物组成有关。一般而言,岩石中含硬度大的粒状和柱状矿物(如石英、长石、角闪石、辉石和橄榄石等)愈多,岩石的强度就愈高;含硬度小的片状矿物(如云母、绿泥石、滑石、蒙脱石及高岭石等)愈多,岩石的强度就愈低。

岩石的结构和构造对岩石的性质也有重要影响。岩石的结构是指岩石中矿物的结晶程度、颗粒大小、形状和颗粒之间的联结方式,能说明岩石的微观组织特征。岩石结构不同,其性质也各异。当矿物成分一定,呈现细晶、隐晶结构时,岩石强度往往比较高。粒状矿物较片状矿物不易形成定向排列,所以当其他条件相同时,含片状矿物较多的岩石往往呈现较强的各向异性;含粒状矿物较多的岩石则常呈各向同性。沉积岩如砾岩和砂岩的力学性质,除了与砾石和砂粒的矿物成分有关以外,还与胶结物的性质有很大的关系。硅质胶结物的强度最大,铁质、钙质、泥质和凝灰质胶结物的强度依次递减。岩石的构造则说明岩石的宏观组织特征。岩浆岩的流纹构造、沉积岩的层理构造和变质岩的片理构造,均可使岩石在力学性质上呈现出显著的各向异性。

由于各种地质作用,岩体中往往有明显的地质遗迹,如层理、节理、断层和裂隙面等。这些地质界面与所研究岩体的岩块比较,具有强度低、易变形的特点,称为弱面。岩体被这些弱面切割成裂隙体。由于弱面的存在,岩体强度通常小于岩块强度。

在研究岩石的力学性质时,必须注意到岩块的非均质性、各向异性和不连续等问题。但岩块是不包含显著弱面的岩石块体,相对岩体而言,可以把岩块近似地视为均质、各向同性的连续介质,而岩体则不能。除了少数岩体外,一般岩体均属于非均质、各向异性的不连续介质。

建井工作者常把覆盖在地壳上部的第四纪沉积物,如黄土、黏土、流沙、淤泥、砾石等统称为表土;把表土以下的固结性岩石统称为基岩。

在煤系地层中最常遇到的是各种沉积岩,如石灰岩、砂岩、砂质页岩、页岩等,只有局部地段才有岩浆岩侵入。

随着矿井开采技术和装备的发展,以及开采地质条件的复杂化,施工难度日益增大,如何用有效、经济和安全的方法,来破碎和开挖井巷断面内的岩石,并保持井巷工程断面外的围岩稳定性,是井巷工程研究的核心问题。

本书虽然以煤矿的井巷工程来论述,但是其概念、理论和技术也可以有选择地用于其他非煤行业。其他地下相关行业的冶金井巷、铁路与公路隧道、地铁站线、地下厂房和涵洞等的建设,均属于井巷工程的范畴。

1.1.2 井巷工程设计与施工

井巷工程设计是指按照矿井生产需要、服务年限和围岩性质,根据设计规范要求,经济、合理地确定井巷的断面形状、尺寸和支护结构等。井巷工程施工是指按照设计要求和施工条件,考虑安全规范要求,采用不同方法、手段和材料开凿井筒、巷道或硐室等空间。

井巷工程的设计工作贯穿于矿井的初步设计、矿井施工组织设计和作业规程设计过程中。一般的井巷工程设计,大到井巷工程的总体布置,小到局部巷道的设计。根据设计的工程类型分,井巷工程设计主要包括主副井设计、井底车场设计、主要运输大巷设计、采区上下山设计、采区平巷设计、采区切眼设计、风井设计和回风大巷设计;根据设计的内容分,井巷工程设计主要包括钻眼爆破设计、支护设计、通风设计、通信与照明设计、施工与劳动组织等。

井巷工程施工最基本的过程,就是把岩石从岩体上破碎下来,形成设计所要求的井筒、巷道及硐室等空间;接着采用一定的支护材料和结构,对这些地下空间进行必要的维护,防止围岩继续破碎和垮落。

井巷工程施工方法,按照井巷工程周围岩石的强度、整体性、含水量及其赋存的地质环境,以及施工队伍和设备等情况的不同,可以分别采用普通施工法、机械施工法或特殊施工法。在破岩方式上,普通施工法利用炸药的爆炸能量破碎岩石;机械施工法利用刀具的截割、碳压、楔劈等作用破碎岩石;特殊施工法兼用炸药和机械两种破岩方式。

普通施工法是指在稳定或含水较少的地层中采用钻眼爆破或其他常规手段掘凿井巷,钻眼爆破法施工的主要工序有钻眼、装药、爆破、通风、排水、装岩、排矸及支护等。提高井巷工程施工速度和效率的主要途径包括:提高各工序(主要是钻眼、装岩、排矸、支护等)施工机械的性能和配套水平,形成高效能的机械化作业线;采用先进的掘进、支护工艺技术;完善施工组织管理,实现各工序平行交叉作业和正规循环作业。

机械施工法是一种利用机械方法破碎岩石,最大程度实现掘进破岩和围岩支护等工序自动化的、节省人力的快速施工方法。

特殊施工法是在不稳定或含水量很大的地层中采用特殊措施和工艺完成井巷开挖和支护。特殊措施和工艺的主要技术特征一般为临时或永久地加固不稳定地层、封堵围岩涌水、降低水位及超前(或同时)支护等,以改善施工作业环境,使掘进和支护工序可以在安全的条件下正常进行。

1.2　井巷建筑介质

除了井筒要部分穿过土层外,绝大多数井巷工程处于岩石介质中,所以岩石的物理与力学性质对于井巷工程的两大主要工作(破岩和支护)有本质上的决定性作用。同时,不同的岩石物理与力学性质,也是选择正确施工方法的主要依据。井巷工程施工最基本的过程,就是把岩石从岩体上破碎下来,形成设计所要求的井筒、巷道及硐室等空间,然后对这些地下空间进行必要的维护,防止围岩继续破碎和垮落。因此,岩石是井巷工程的主要建筑介质或环境。

为了有效、合理地进行井巷掘进破岩与围岩支护,就要对岩石的物理与力学性质以及强度理论有所了解,并在此基础上,选择合理的岩石工程分级方案,以便为井巷工程的设计、施工和成本计算提供依据。

1.2.1　岩石概述

研究岩石主要是研究岩石的种类、性质、成分、形成过程、演变历史以及其与矿产的关系。地壳中绝大部分矿产都产于岩石中,它们之间有着密切的成因联系。如煤产生在沉积岩里,大部分金属矿则产生在岩浆岩中或其形成与岩浆岩有直接或间接的联系。一方面,研究岩石就是为了发现岩石与矿产的关系,从中找出规律,以便更多、更好地寻找和开发矿产;另一方面,大多数岩石本身就是重要矿产,如花岗岩、大理岩,可用作天然的建筑和装饰石料。此外,冶金用的耐火材料和熔剂、农业用的无机肥料以及部分能源,都来自天然岩石。

岩石对采矿者来说尤为重要。工业场地布置于岩石之上,开拓系统布置于岩石之中,开采对象(矿体)不仅赋存在岩石内且有着成因联系,要采矿石必须先采出大批岩石(如露天矿的剥离)。因此,采矿工程技术人员必须具备岩石学的知识。

1. 岩石、岩块和岩体

一般认为,岩块是指从地壳岩层中切取出来的小块体,或者说岩体中由弱面分割包围的即是岩块;岩体是指地下工程周围较大范围的自然地质体,即岩体 = 岩块 + 弱面;岩石则是不区分岩块和岩体的泛称。

工程中岩石和岩体有明显区别。通常把在地质历史过程中形成的、具有一定岩石成分和一定结构的,并赋存于一定地应力状态的地质环境中的地质体称为岩体。岩体在形成过程中,长期经受建造和改造两大地质作用,生成了各种不同类型的结构面,如断层、节理、层理、片理等,这些地质界面是强度低、易变形的弱面。如前所述,弱面的存在使岩体强度通常小于岩块强度,或者说弱面的性质决定着岩体的性质,所以,岩体往往表现出明显的非均质性、各向异性和不连续等。具有一定结构是岩体的显著特征之一，它决定了岩体的工程特性及其在外力作用下的变形破坏机理。由此可见，从抽象的、典型化的概念来说，可以把岩体看作是由结构面和受它包围的结构体（岩块）共同组成的。

2. 岩石的结构与构造

岩石的结构说明岩石的微观组织特征，是指岩石中矿物的结晶程度、颗粒大小和形状以及彼此间的联结组合方式。岩石的结构主要决定于地质作用进行的环境，在同一大类岩石中，由于岩石生成的环境不同，就产生了种种不同的结构。

岩石的构造说明岩石的宏观组织特征，是指岩石中矿物集合体之间或矿物集合体与岩石的其他组成部分之间的排列方式以及充填方式，反映了地质作用的性质。岩浆岩大多具有块状和流纹构造；变质岩的组成矿物在多数情况下都按一定方向平行排列，具有片理状构造；由外力地质作用生成的沉积岩是逐层沉积的，多具有层状构造。这些构造使岩石在力学性质上呈现出显著的各向异性。

研究岩石的结构与构造，不仅对划分岩类、正确识别岩石具有实际意义，而且在采掘工艺中，对研究岩体稳定、井巷支护、爆破措施及选择采掘机械也起到重要作用。

3. 节理的影响和岩体力学特性

岩体内存在节理面（弱面）是影响岩体力学性质的重要因素。节理面的影响因素包括节理面本身的性质（强度、变形、结构形式等）、节理面的分布（密度和朝向）等。

节理面是岩体的弱结构，节理对岩体力学性质的影响与节理面的朝向有关。在不利朝向时，节理的存在会降低岩石强度和变形模量，导致岩体变形和强度的各向异性。

节理面的抗剪强度可以用库仑准则表示。节理面抗剪强度的影响因素包括节理面的接触形式、剪胀角大小、节理面粗糙度以及节理面充填情况（充填度、充填材料性质、干燥和风化程度）等。

4. 岩石的分类

岩石按其成因，可划分为沉积岩、岩浆岩和变质岩三大类。

（1）沉积岩

沉积岩通常以层状形式分布，具有明显的层理性。根据沉积条件和成分不同，沉积岩分为砾岩、各种砂岩及黏土岩、各种碳酸盐岩（石灰岩、白云岩等）。沉积岩地层中蕴藏着绝大部分矿产，如能源、非金属、金属和稀有元素矿产，此外还有化石群。

沉积岩也可以分为机械沉积岩、化学沉积岩和生物沉积岩。

机械沉积岩是指经自然风化而逐渐破碎松散，以后又经风、雨及冰川等搬运、沉积，重新压实或胶结而成的岩石，如砂岩、页岩、火山凝灰岩等。其中砂岩强度可达 300 MPa，坚硬耐久，性能类似于花岗石；在建筑中砂岩可用于基础、墙身、踏步、门面、人行道、纪念碑等，也可用作混凝土的骨料以及装饰材料。机械性沉积岩的组成包括颗粒成分与胶结成分。粗颗粒沉积岩性质主要取决于胶结成分，如砾岩和砂岩的力学性质，除了与砾石和砂粒的矿物成分有关以外，还与胶结物的性质有关。胶结成分包括硅（砂）质、铁质、钙质及泥质等，硅质和铁质胶结的岩石较坚固，钙质胶结的岩石易于溶解，泥质胶结的岩石遇水后会软化。细颗粒沉积岩的性质与颗粒的矿物成分有很大关系，以高岭石、蒙脱石、伊利石等成分为典型。这类岩石孔隙率小、渗透性差，遇水后极易泥化而容易有塑性变形，甚至吸水膨胀。化学沉积岩是指岩石中的矿物溶于水中而形成的溶液、胶体，经聚集沉积而成的岩石，如石膏、白云岩、菱镁石等。

生物沉积岩是指各种有机体死亡后的残骸沉积而成的岩石，如石灰岩、硅藻土等。

(2)岩浆岩

岩浆岩根据成因分为侵入性岩浆岩和喷出性火山岩。岩浆岩的矿物组成与结构比较复杂。深成的侵入性岩浆岩(深成岩)形体大、结晶较均匀，浅成的侵入性岩浆岩(浅成岩)组织结构复杂。喷出性火山岩(喷出岩)常含有不同的凝灰成分，并会有间层等不规则结构。深成岩—浅成岩—喷出岩之间的强度和抗风化能力从高到低排列。

岩浆岩一般被视为均质、各向同性体(除部分喷出岩)，物理和力学性质指标比较高。

(3)变质岩

变质岩由于变质环境(母岩种类、温度、压力)的不同，可形成石英岩、片麻岩、板岩、大理岩等多种。变质岩一般具有结晶和定向排列结构，但其成分多种多样，变质程度也有深浅区别，因此岩性差别较大。变质岩的母岩若是沉积岩，变质会改善其力学性质，变质程度越深，岩性越好。

除按成因划分外，岩石按照坚硬程度可划分为硬质岩、软质岩和极软岩；按岩体完整程度可划分为完整岩体、较完整岩体、较破碎岩体、破碎岩体和极破碎岩体。

1.2.2 岩石的物理性质

1. 岩石的相对密度、密度和重度

岩石由固体、水、空气三相组成，具有相对密度、密度和重度等指标。

(1)相对密度

岩石的相对密度，是指岩石固体实体积的质量与同体积水的质量之比值。所谓岩石固体实体积，就是指不包括孔隙体积在内的实在体积。相对密度的计算公式为

$$d = \frac{G}{V_C \rho_W} \tag{1-1}$$

式中 d——岩石相对密度(无量纲量)；

G——绝对干燥时体积为 V_C 的岩石质量，g；

V_C——岩石固体实在体积，cm^3；

ρ_W——水的密度，g/cm^3。

岩石的相对密度取决于组成岩石的矿物成分的相对密度。一般情况，岩石的矿物成分经过鉴定后，岩石的相对密度就可以粗略地估计出来，例如石灰岩的相对密度与方解石的相对密度相近，砂岩的相对密度接近于石英的相对密度。

(2)密度

岩石单位体积(包括岩石内孔隙体积在内)的质量，称为岩石的密度，又称质量密度。岩石的密度又可分为干密度和湿密度两种。干密度是指岩石的孔隙中完全没有水时的密度，湿密度是指天然含水或饱水状态下的密度：

$$\rho_C = \frac{G}{V} \tag{1-2}$$

$$\rho = \frac{G_1}{V} \tag{1-3}$$

式中 ρ_C——岩石的干密度，g/cm³；

ρ——岩石的湿密度，g/cm³；

G——岩石试件烘干后的质量，g；

G_1——岩石试件的质量(天然含水或饱水)，g；

V——岩石试件的体积，cm³。

在一般情况下，岩石干、湿密度的数值差别不大，但对于某些黏土类岩石，区分干、湿密度具有重要意义。岩石密度取决于岩石的矿物成分、孔隙度和含水量。当其他条件相同时，岩石的密度在一定程度上与埋藏深度有关，靠近地表的岩石密度往往较小，而深部致密的岩石一般具有较大的密度。

(3)重度

单位体积岩石所受的重力称为重度，又称为重力密度。重度用 γ 表示。

2. 岩石的孔隙性

岩石的孔隙性指岩石的裂隙和孔隙发育的程度，它通常用孔隙度 n 和孔隙比 e 来表示。孔隙度是指岩石试件内各种裂隙、孔隙的体积总和与试件总体积 V 之比；孔隙比指岩石试件内各种裂隙、孔隙的体积总和与试件内固体矿物颗粒体积 V_C 之比。岩石的孔隙度和孔隙比通常根据岩石的相对密度 d、干密度 ρ_C 和湿密度 ρ_W 计算求得：

$$n = \frac{V - V_C}{V} = 1 - \frac{V_C}{V} = 1 - \frac{V_C}{G} \cdot \frac{G}{V} = 1 - \frac{\rho_C}{d\rho_W} = \left(1 - \frac{\rho_C}{d\rho_W}\right) \times 100\% \tag{1-4}$$

$$e = \frac{V - V_C}{V_C} = \frac{V}{V_C} - 1 = \frac{\rho_C}{d\rho_W} - 1 \tag{1-5}$$

岩石的孔隙对岩石的其他性质有显著影响。岩石孔隙度增大，一方面削弱了岩石的整体性，使得岩石的密度和强度随之降低、透水性增大；另一方面又会加快岩石风化速度，从而进一步增大透水性和降低力学强度。

3. 岩石的水理性质

岩石在水作用下表现出来的性质是多方面的，对矿山工程岩体稳定性有突出影响的主要是吸水率、透水性、溶蚀性、软化性、膨胀性和崩解性等指标。

(1)岩石的吸水率

岩石吸水率 w，是指岩石试件在大气压力环境下吸入水的质量 g 与岩石试件烘干质量 G 之比值，即

$$w = \frac{g}{G} \tag{1-6}$$

岩石吸水率的大小，取决于岩石所含孔隙、裂隙的数量和大小、开闭程度及其分布情况，并且与试验条件有关。试验表明，整体岩石试件的吸水率比同一岩石的碎块试样吸水率要小；随着浸水时间的增加，吸水率也会有所增大。

表 1-1 所示为某些岩石的相对密度、密度、孔隙比和吸水率指标。

表1－1 某些岩石的相对密度、密度、孔隙比和吸水率指标

岩石名称		相对密度	密度/($g\cdot cm^{-3}$)	孔隙比	吸水率
岩浆岩	花岗岩	2.50～2.84	2.30～2.80	0.02～0.92	0.10～0.92
	闪长岩	2.60～3.10	2.52～2.96	0.25～3.00	0.30～0.48
	辉绿岩	2.80～3.10	2.53～2.97	0.40～6.38	0.22～5.00
	安山岩	2.40～2.80	2.30～2.70	1.09～2.19	0.29
	玄武岩	2.60～3.30	2.50～3.10	0.35～3.00	0.31～2.69
	凝灰岩	2.56～2.78	2.29～2.50	1.50～4.90	0.12～7.45
沉积岩	砾石	2.67～2.71	2.42～2.66	0.34～9.30	0.20～5.00
	砂石	2.60～2.75	2.20～2.71	1.60～2.83	0.20～12.19
	页岩	2.57～2.77	2.30～2.62	1.46～2.59	1.80～3.10
	石灰岩	2.48～2.85	2.30～2.77	0.53～2.00	0.10～4.45
变质岩	片麻岩	2.63～3.01	2.30～3.05	0.70～4.20	0.10～3.15
	片岩	2.75～3.02	2.69～2.92	0.70～2.92	0.08～0.55
	石英岩	2.53～2.84	2.40～2.80	0.50～0.80	0.10～1.45
	大理岩	2.80～2.85	2.60～2.70	0.22～1.30	0.10～0.80

(2)岩石的透水性

地下水存在于岩石的孔隙和裂隙中，而且大多数岩石的孔隙和裂隙是互相贯通的，因而在一定水压力作用下，地下水可在岩石中渗透。岩石这种能被水透过的性质称为岩石的透水性。岩石透水性的大小除了与地下水水头和岩体内的应力状态有关外，还与岩石的孔隙度、孔隙大小及其连通程度有关。

衡量岩石透水性的指标为渗透系数，其单位与速度相同。由达西公式 $Q=KAI$ 可知，单位时间内的渗水量 Q 与渗透面积 A 和水力坡度 I 成正比关系，其中比例系数 K 称为渗透系数。渗透系数一般通过在钻孔中进行抽水试验或压水试验来测定。

不同岩石的透水性差别极大。对于某些岩石，即使是同种类型的岩石，其透水性也可以在很大范围内变化，表1－2为几种岩石的渗透系数。

表1－2 几种岩石的渗透系数

岩石类型	渗透系数	测定方法
泥岩	10^{-4}	现场测定
粉砂岩	$10^{-8}\sim10^{-9}$	实验室测定
细砂岩	2.0×10^{-7}	实验室测定
坚硬砂岩	$4.4\times10^{-5}\sim3.9\times10^{-4}$	实验室测定
砂岩或多裂隙页岩	$>10^{-3}$	实验室测定
致密的石灰岩	$<10^{-10}$	实验室测定
有裂隙的石灰岩	2.0～4.0	实验室测定

(3)岩石的溶蚀性

由于水的化学作用而把岩石中某些物质成分带走的现象称为岩石的溶蚀。如把岩石试件浸在80 ℃的纯水中,经过24 h,由水中离子的变化就可以看出水的溶蚀作用。溶蚀作用可使岩石致密程度降低、孔隙度增大,导致岩石强度降低。这种溶蚀现象在某些围岩为石灰岩的矿井中是常见的。如贵州761矿,在该矿巷道中即可看到类似钟乳石或石笋的溶蚀沉积物。

(4)岩石的软化性

岩石浸水后其强度明显降低,通常用软化系数来表示水分对岩石强度的影响程度。所谓软化系数,是指水饱和岩石试件的单向抗压强度与干燥岩石试件单向抗压强度之比,可表示为

$$\eta_C = \frac{R_{CW}}{R_C} \leqslant 1 \tag{1-7}$$

式中 η_C——岩石的软化系数;

R_{CW}——水饱和岩石试件的单向抗压强度,MPa;

R_C——干燥岩石试件的单向抗压强度,MPa。

岩石浸水后的软化程度,与岩石中亲水性矿物和易溶性矿物的含量、孔隙发育情况、水的化学成分以及岩石浸水时间的长短等因素有关。亲水性矿物和易溶性矿物含量愈多,开口孔隙愈发育,则岩石浸水后强度降低程度愈大。岩石浸水时间愈长,其强度降低程度也愈大,如某些砂岩浸水3 d后单向抗压强度可降低32% ~35%,而浸水9 d后单向抗压强度就会降低51% ~59%。

常见岩石的软化系数如表1-3所示。

表1-3 常见岩石的软化系数

岩石名称	干燥岩石试件单向抗压强度/MPa	水饱和岩石试件单向抗压强度/MPa	软化系数
黏土岩	20.3 ~57.8	2.35 ~31.2	0.08 ~0.87
页岩	55.8 ~133.3	13.4 ~73.6	0.24 ~0.55
砂岩	17.1 ~245.8	5.6 ~240.6	0.44 ~0.97
石灰岩	13.1 ~202.6	7.6 ~185.4	0.58 ~0.94

(5)岩石的膨胀性和崩解性

膨胀性和崩解性是松软岩石所表现出的特征。前者是指松软岩石浸水后体积增大和引起压力相应增大的性能,后者是指松软岩石浸水后发生的解体现象。岩石的膨胀性和崩解性往往对地下工程的施工和巷道稳定性产生不良影响。

岩石的膨胀性用膨胀应力和膨胀率来表示。岩石与水进行物理化学反应后,随时间变化会产生体积增大现象,这时使岩石试件体积保持不变所需要的压力称为岩石的膨胀应力,而增大后的体积与原体积的比称为岩石膨胀率。这些指标可在实验室用专门仪器测定。

岩石的崩解性用耐崩解指数表示,它是指岩石试件在承受干燥和湿润的两个标准循环

之后，岩石试件对软化和崩解作用所表现出的抵抗能力。该指标可通过试验确定。

4. 岩石的碎胀性

岩石破碎以后的体积将比原整体状态下增大，这种性质称为岩石的碎胀性。岩石的碎胀性可用岩石破碎后处于松散状态下的体积与岩石破碎前处于整体状态下的体积之比来衡量，该值称为碎胀系数，即

$$K=\frac{V_1}{V} \tag{1-8}$$

式中 K——岩石的碎胀系数；

V_1——岩石破碎膨胀后的体积；

V——岩石处于整体状态下的体积。

岩石的碎胀系数与岩石的物理性质、破碎后块度大小及其排列状态等因素有关。如坚硬岩石破碎后块度较大且排列整齐时，碎胀系数较小；反之，如破碎后块度较小且排列较杂乱，则碎胀系数较大。

表1-4列出了几种常见岩石的碎胀系数。在井巷掘进中选用装载运输提升等设备的容器时，必须考虑岩石的碎胀系数。岩石爆破所需容许膨胀的空间大小也同该岩石的碎胀系数有关。

表1-4 几种常见岩石的碎胀系数

岩石名称	砂、砾石	砂质黏土	中硬岩石	坚硬岩石	煤
碎胀系数	1.05~1.20	1.20~1.25	1.30~1.50	1.30~1.50	<1.20

1.2.3 岩石的力学性质

1. 岩石的变形特征

岩石在外荷载作用下，因应力增加会发生相应的应变。当荷载增大到破坏值，或荷载达到某一数值而保持恒定时，就会导致岩石破坏。变形和破坏是岩石在荷载作用下的两个发展阶段。变形中包含破坏的因素，而破坏是由变形发展所致。

外荷载按作用性质有静荷载和动荷载之分。

(1)静荷载下岩石的变形特征

一般岩石在室温和大气条件下静荷载单向压缩试验曲线如图1-1所示，试验各阶段应力-应变的一般关系如下。

Ⅰ——OA段，应力-应变曲线呈上凹形，这是岩石中原有裂隙和孔隙受压后逐渐闭合所致，称为裂隙压密闭合阶段。对于致密岩石这个阶段很小，甚至没有。

Ⅱ——AB段，应力-应变曲线呈直线形，即曲线的斜率近似为常数，称为线弹性阶段。

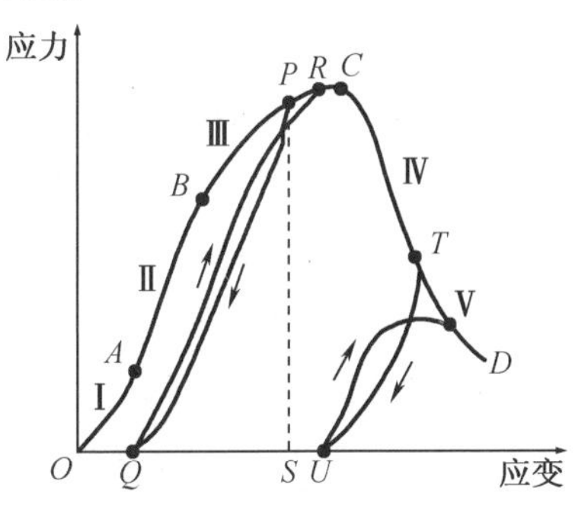

图1-1 一般岩石在室温和大气条件下静荷载单向压缩试验曲线

在Ⅰ、Ⅱ段内,如果卸除荷载,变形能完全恢复。*B* 点对应的应力称为弹性极限或屈服应力,*B* 点称为屈服点。

Ⅲ——*BC* 段,应力-应变曲线呈下凹形,曲线斜率逐渐减小,此阶段局部破损逐渐增大而导致岩石达到抗压强度极限 *C* 点,称为破裂发展阶段。如试验采用普通试验机,则曲线到达 *C* 点后,由于加载系统储存的弹性能量突然释放会致使试验条件下单向压缩试验曲线破坏;如试验采用刚性试验机,则曲线到达 *C* 点后,由于加载系统储存的弹性能量大大减少和试验机及时地减小荷载,则可以观察到应力-应变曲线第Ⅳ阶段。如果在 *BC* 段内任一点 *P* 卸载,曲线按 *PQ* 变化;重新加载,曲线按 *QR* 变化。*PQR* 称为塑性滞环。*QS* 为弹性变形段,卸载时可恢复;*OQ* 为塑性变形段,卸载时不能恢复。*C* 点对应的应力称为极限抗压强度。

Ⅳ——*CD* 段,为应力-应变曲线的软化阶段。在这个阶段内,岩石仍保持一整体而继续抵抗荷载;岩石破裂仍继续发展,直到 *D* 点才最终破裂;从 *D* 点以后应力基本不变而应变无限增长。*D* 点应力被称为残余强度。*CD* 曲线的存在,说明岩石在达到极限强度以后,仍然存在着承载能力。这符合一部分矿山工程的实际情况,如巷道围岩多数平稳地破裂,破裂后仍然具有一定的强度。因此,在岩体已经开裂破坏而尚未垮落的情况下,如能采取措施制止或缓和岩体变形,则岩体破坏就会停止而仍然保持相当大的承载能力。锚喷支护就是制止岩体变形的十分有效的措施。

岩石受单向压缩时,始终伴随着体积变化,其一般规律是在弹性阶段体积减小而在塑性阶段体积膨胀。通常将体积改变量 ΔV 与原体积 V 的比值称为体积应变,也称体积改变率。体积应变 ε_V 与三向应变之间的关系为:$\varepsilon_V = \varepsilon_x + \varepsilon_y + \varepsilon_z$。

由于岩石具有在弹性阶段体积变小和塑性阶段体积增大的特点,故在塑性阶段,试件要先恢复至原体积而后再超过原体积。相对于试件原体积而言,体积由减小到增大的转折点一般在 $\sigma = R_C/2$ 附近,R_C 为岩石单向抗压强度。

岩石在塑性阶段的体积膨胀称为扩容,它主要是由变形引起裂隙发展和张开而造成的。它对于研究巷道变形和围岩对支护造成的压力等问题有重要意义。

岩石受载后变形很小即破裂的性质称为脆性。永久变形或全变形小于3%者为脆性破坏,具有这种特性的岩石称为脆性岩石。永久变形或全变形大于5%者为塑性破坏,具有这种特性的岩石称为塑性岩石。永久变形或全变形为3%~5%为过渡状态。

岩石的弹性、塑性和脆性不是绝对的,可随受力状态、加载速度、温度等条件变化而变化。例如,多数岩石在单向或三向低压应力状态下表现出脆性,但在三向高压应力状态下脆性岩石在破坏前都表现出很大的塑性;在静荷载作用下产生塑性变形的岩石,在冲击荷载作用下脆性显著增长;在常温下表现为脆性的岩石在高温下塑性显著提高。

岩石在弹性变形和塑性变形过程中要消耗能量,这对冲击凿岩和爆破不利。如果凿岩冲击功不大,弹性大的岩石会使钎杆在孔底跳动而影响钻进速度。爆破时,药包爆炸能中有相当大的一部分要消耗在岩石的弹性震动上。相反,脆性显著的岩石,由于变形所耗能量较小,对局部受力敏感而易于冲击破碎,易于爆破碎岩,破岩时宜选用高猛度炸药。塑性显著的岩石,虽对冲击凿岩不利,但对剪切应力抵抗能力差,破岩时宜选用旋转式钻眼法和低猛度、低静力作用力炸药。

(2)岩石在三向静荷载压缩条件下的变形特征

研究岩石在三向静荷载压缩条件下的变形特征有很大的实际意义,因为自然条件下岩体绝大多数处于三向压缩状态,受单向应力的岩体是很少见的。试验证明,有侧向压力作用时的岩块变形特性与单向压缩时的变形特性不大相同。图 1-2 所示为大理岩在三向压缩条件下的应力-应变全过程曲线。由图可见,随着围压提高,岩石表现出下列特征:

①弹性段与单向压缩下基本相同。这一特性具有重要意义,因为可以通过简易的单向试验确定复杂应力状态下的弹性常数。

②岩石表现出明显的塑性变形。

③屈服极限、强度峰值和残余强度都与围压大小呈正相关。

④大部分岩石在一定的临界围压下出现屈服平台,出现塑性流动现象。

⑤达到临界围压以后继续提高围压,不再出现峰值,应力-应变关系呈单调增长趋势。

(3)动荷载下岩石的变形特征

无论是冲击式凿岩机凿碎岩石还是爆破破碎岩石,岩石承受的外力都不是静荷载,而是一种冲击荷载。它不是一个常数,而是关于时间的函数。图 1-3 所示是凿岩机活塞冲击钎尾时作用力随时间变化的实测曲线。从图中可以看出,作用力在数十微秒内由零骤增到数十万牛顿,经数百微秒后又重新下降到零。

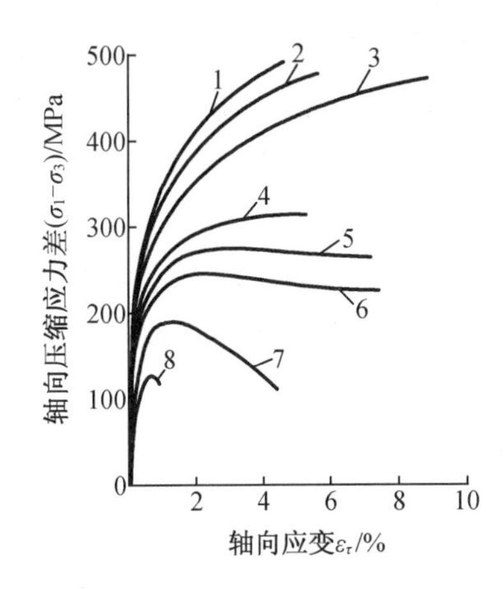

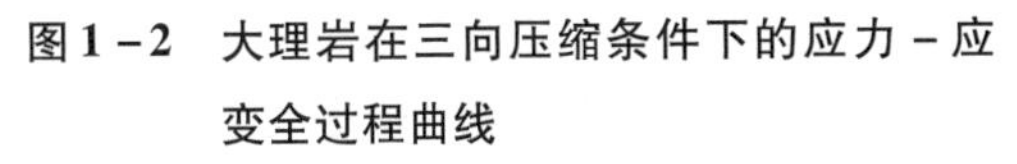

$1—\sigma_3=326$ MPa;$2—\sigma_3=249$ MPa;$3—\sigma_3=165$ MPa;
$4—\sigma_3=84.5$ MPa;$5—\sigma_3=62.5$ MPa;$6—\sigma_3=50$ MPa;
$7—\sigma_3=23.5$ MPa;$8—\sigma_3=0$ MPa。

图 1-2 大理岩在三向压缩条件下的应力-应变全过程曲线

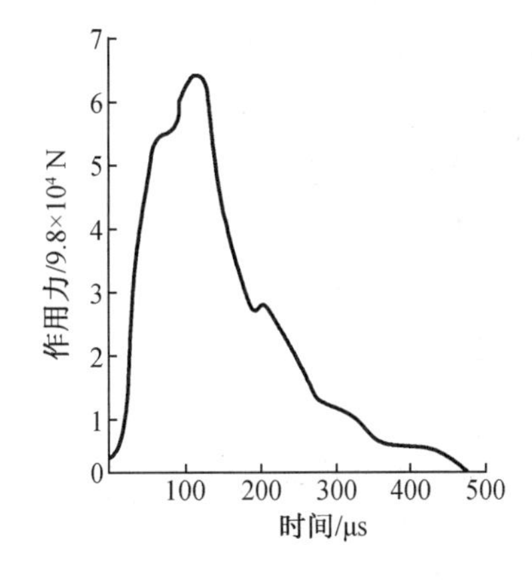

图 1-3 作用力时间曲线

岩石在这种急剧变化的荷载作用下,既产生运动又产生变形。这种动荷载变形用肉眼是看不出的,可用图 1-4 示意说明。当冲击荷载 P 施于岩石的端面时,其质点便失去原来的平衡而发生变形和位移,进而形成扰动。一个质点的扰动必将引起相邻质点的扰动。这样一个传一个地使质点扰动，必然形成连锁反应使扰动由冲击端面向另一端传播过去。这种扰动的传播称为波。同时，变形将引起质点之间的应力和应变。这种应力－应变的变化的传播称为应力波或应变波。图中 Δl 为质点扰动位移，C_p 为质点扰动的传播速度（即波速），Δt 为质点扰动的传播时间，则 Δt 时间内变形范围为 $C_p\Delta t$。此时，岩石试件中只有 $C_p\Delta t$ 段的变形，其他部分仍处于原始静止状态。所以，在动荷载作用下的变形不是整体的均匀变形，质点的运动速度也不是整体一致的，变形和速度都有一个传播过程。因此，岩石的动荷载变形特征同静荷载变形特征有本质区别。

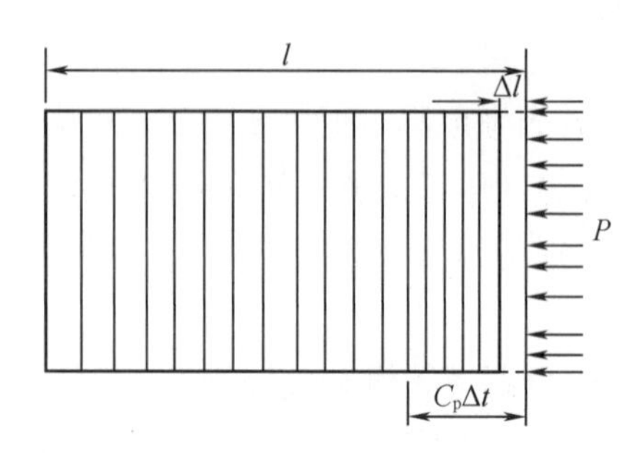

图 1－4　由冲击端面产生的变形

波是质点扰动的传播而不是质点本身的移动。根据传播位置不同，波可分为体积波和表面波。在介质内部传播的波称为体积波，只沿介质体的边界面传播的波称为表面波。体积波又可分为纵波和横波两种。介质质点振动方向同波的传播方向一致的称为纵波，它可引起介质体积的压缩或膨胀（拉伸）变形，故又称为压缩波或拉伸波。介质质点振动方向同波的传播方向垂直的称为横波，它可引起介质体形状改变的纯剪切变形，故又称为剪切波。这些波都称为应力波或应变波，但通常应力波是指纵波。

在应力波的传播过程中，应力 σ、波速 C_p 和质点振动速度 v_p 之间的关系，可通过动量守恒条件导出。即应力波在 Δt 时间内经过某区段 $C_p\Delta t$ 时，它所受到的冲量和表现出的动量相等，即

$$P\Delta t = Mv_p$$

式中，M 为某区段 $C_p\Delta t$ 的岩石质量，$M=\rho WC_p\Delta t$，则

$$P=\rho WC_p v_p$$

$$\sigma=\frac{P}{W}=\rho C_p v_p \tag{1-9}$$

式中　ρ——介质的密度；

W——某区段的截面积；

ρC_p——波阻抗，即介质密度和纵波波速的乘积，它表征介质对应力波传播的阻尼作用。

应力波在传播过程中，遇到岩体中的层理、节理、裂隙、断层和其他自由面，或者介质性质发生改变（例如从钎头到岩石界面或岩性不同的交界面）时，应力波的一部分会从交界面反射回来，另一部分透过交界面进入第二介质。如图 1－5 所示，设介质 1（ρ_1，C_{p1}）与介质

$2(\rho_2, C_{p2})$的交界面为$A—A$，当应力波到达交界面是垂直入射时，就会产生垂直反射和垂直透射。由于交界面处应力波具有连续性，若不考虑应力波的衰减和损失，则质点的振动速度相等，即

$$v_i - v_r = v_t \tag{1-10}$$

同时，在交界面处的作用力与反作用力相等，即交界面两侧的应力状态相等，则

$$\sigma_i - \sigma_r = \sigma_t \tag{1-11}$$

式中，下标 i、r、t 分别表示入射、反射和透射。

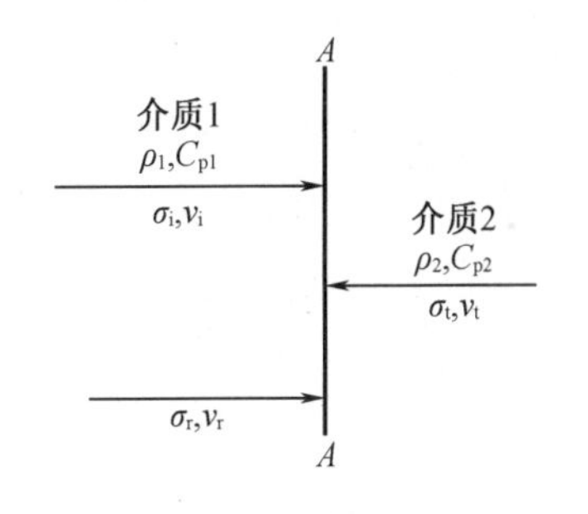

图1-5 纵波垂直入射

根据公式(1-9)得

$$\left.\begin{aligned} \sigma_i = \rho_1 C_{p1} v_i, v_i = \frac{\sigma_i}{\rho_1 C_{p1}} \\ \sigma_r = \rho_1 C_{p1} v_r, v_r = \frac{\sigma_r}{\rho_1 C_{p1}} \\ \sigma_t = \rho_2 C_{p2} v_t, v_t = \frac{\sigma_t}{\rho_2 C_{p2}} \end{aligned}\right\} \tag{1-12}$$

将公式(1-12)代入公式(1-10)得

$$\frac{\sigma_i}{\rho_1 C_{p1}} - \frac{\sigma_r}{\rho_1 C_{p1}} = \frac{\sigma_t}{\rho_2 C_{p2}} \tag{1-13}$$

将公式(1-13)与公式(1-11)联立求解得

$$\sigma_r = R_r \sigma_i \tag{1-14}$$

$$\sigma_t = R_t \sigma_i \tag{1-15}$$

式中 R_r——应力波的垂直反射系数，用下式计算：

$$R_r = \frac{\rho_2 C_{p2} - \rho_1 C_{p1}}{\rho_2 C_{p2} + \rho_1 C_{p1}} \tag{1-16}$$

R_t——应力波的垂直透射系数，用下式计算：

$$R_t = \frac{2\rho_2 C_{p2}}{\rho_2 C_{p2} + \rho_1 C_{p1}} \tag{1-17}$$

式(1-14)至式(1-17)表明，反射应力波和透射应力波的大小是交界面两侧介质波阻抗(ρC_p)的函数。

①当交界面两侧介质波阻抗相等，即$\rho_1 C_{p1} = \rho_2 C_{p2}$时，$\sigma_r = 0$，$\sigma_t = \sigma_i$，说明透射波和入射波性质完全一样，并全部通过交界面进入第二介质，不产生波的反射。

②当$\rho_2 C_{p2} > \rho_1 C_{p1}$时，$\sigma_r > 0$，$\sigma_t > 0$，说明在交界面上有反射波也有透射波。如果$\rho_2 C_{p2} \gg \rho_1 C_{p1}$，$\rho_1 C_{p1}$可忽略不计，交界面为固定端，则$\sigma_r = \sigma_i$，$\sigma_t = 2\sigma_i$，这说明在交界面上的反射应力波的符号、大小和入射应力波完全一样，透射应力波大小是入射应力波大小的 2 倍。叠加的结果使交界面处的应力值为入射应力波的 2 倍。

③当$\rho_2 C_{p2} = 0$或$\rho_2 C_{p2} \ll \rho_1 C_{p1}$时，即当应力波到达的交界面是自由面时，$\sigma_i = -\sigma_t$，$\sigma_i = 0$，这时反射波与入射波的符号相反、大小相等，叠加的结果使交界面处的应力值为零。即

入射压缩波全部反射成拉伸波而没有产生透射波。这时由于岩石的抗拉强度很小,因此这种情况对岩石的破碎极为有利。这也说明了自由面对破岩的重要作用。

④当 $\rho_2 C_{p2} < \rho_1 C_{p1}$ 时,$\sigma_r < 0$,$\sigma_t > 0$,即在交界面处既有透射压缩波又有反射拉伸波,这也会引起岩石的破碎。

根据能量守恒定律,反射波和透射波的能量总和应等于入射波的能量。因此,当交界面两侧介质波阻抗相等时,入射波能量也将全部随透射波传入第二介质。因此,钎子或炸药的波阻抗值同岩石的波阻抗值匹配得愈好,传给岩石的能量就愈多,在岩石中引起的应变值也愈大。

几种材料和岩石的密度、纵波速度和波阻抗值列于表 1-5。

表 1-5　几种材料和岩石的密度、纵波速度和波阻抗值

材料名称	密度/($g \cdot cm^{-3}$)	纵波速度/($m \cdot s^{-1}$)	波阻抗值/[$kg \cdot (cm^2 \cdot s)^{-1}$]
钢	7.8	5 130	4 000
铝	2.5~2.9	5 090	1 370
花岗岩	2.6~3.0	4 000~6 800	800~1 900
玄武岩	2.70~2.86	4 500~7 000	1 400~2 000
辉绿岩	2.85~3.05	4 700~7 500	1 800~2 300
辉长岩	2.9~3.1	5 600~6 300	1 600~1 950
石灰岩	2.3~2.8	3 200~5 500	700~1 900
砂　岩	2.1~2.9	3 000~4 600	600~1 300
板　岩	2.3~2.7	2 500~6 000	575~1 620
片麻岩	2.5~2.8	5 500~6 000	1 400~1 700
大理岩	2.6~2.8	4 400~5 900	1 200~1 700
石英岩	2.65~2.9	5 000~6 500	1 100~1 900

2. 岩石的强度特征

在外荷载作用下岩石抵抗破坏的能力称为岩石强度。岩石在静荷载作用下的强度和在动荷载作用下的强度是不同的。

(1)静荷载作用下的岩石强度性质

岩石静荷载强度的测定,是将岩石做成规定形状和尺寸的试件,在材料试验机或三轴压力试验机上进行拉、压、剪、弯等强度试验,或者利用点荷仪进行点荷试验。试验表明,岩石的静荷载强度有如下主要性质:

①在大多数情况下,岩石表现为脆性破坏。

②同一种岩石的强度并非常数。影响岩石强度的因素很多,例如岩石的组成成分、颗粒大小、胶结情况、生成条件、层理构造、孔隙度、温度、湿度、重度、风化程度、受力状态和时间等。

③在不同受力状态下,岩石的极限强度相差悬殊。试验表明,岩石在不同应力状态下

的强度值一般符合以下规律:三向等压抗压强度 > 三向不等压抗压强度 > 双向抗压强度 > 单向抗压强度 > 单向抗剪强度 > 单向抗弯强度 > 单向抗拉强度。

根据试验资料,单向抗压强度 R_c、单向抗拉强度 R_t 和单向抗剪强度 τ 之间存在以下关系:

$$\frac{R_t}{R_c}=\frac{1}{5}\sim\frac{1}{38}$$

$$\frac{\tau}{R_c}=\frac{1}{2}\sim\frac{1}{15}$$

$$\tau=\sqrt{\frac{R_t\cdot R_c}{3}}$$

因此,利用以上关系,通过岩石的抗压强度,其抗拉强度和抗剪强度可得以大体估算。

(2)动荷载作用下的岩石强度性质

岩石承受静荷载达到强度极限前,外荷载卸除后岩石可立即恢复到原来的静止状态。而在动荷载作用下,虽然外荷载已解除,但岩石的质点由运动恢复到静止状态还需要一个持续过程。所以,岩石的动荷载强度不同于静荷载强度。岩石在动荷载作用下,其强度的增加与加载速度有关。岩石在冲击荷载作用下,无论是抗压强度还是抗拉强度都比其在静荷载作用下要大。

表 1 -6 列出了几种岩石的动、静荷载作用下的强度值。

表 1 -6 几种岩石的动、静荷载作用下的强度值

岩石名称	抗压强度/MPa		抗拉强度/MPa		加载速度/(MPa·s^{-1})	荷载持续时间/ms
	静态	动态	静态	动态		
大理岩	90 ~ 110	120 ~ 200	5 ~ 9	20 ~ 40	107 ~ 108	10 ~ 30
和泉砂岩	100 ~ 140	120 ~ 200	8 ~ 9	50 ~ 70	107 ~ 108	20 ~ 30
多湖砂岩	15 ~ 25	20 ~ 50	2 ~ 3	10 ~ 20	106 ~ 107	50 ~ 100
石英、闪长岩	240 ~ 330	300 ~ 400	11 ~ 19	20 ~ 30	107 ~ 108	30 ~ 60

3. 岩石的硬度

岩石的硬度一般理解为岩石抵抗其他较硬物体侵入的能力。硬度与抗压强度既有联系又有区别。对于凿岩而言,岩石的硬度比岩石单向抗压强度更具有实际意义,因为钻具对孔底岩石的破碎方式多数情况下是局部压碎,所以硬度指标更接近于反映钻凿岩石的实质和难易程度。

岩石硬度因试验方式不同,有静压入硬度和回弹硬度两类。

当采用底面积为 1 ~5 mm^2 的圆柱形平底压模压入岩石试件时,静压入硬度以岩石产生脆性破坏(对于脆性岩石)或屈服(对于塑性岩石)时的强度来表示。其值一般比岩石单向抗压强度高几十倍。岩石试件可采用尺寸不小于 50 mm × 50 mm × 50 mm 的立方体,也可采用尺寸为 ϕ50 mm × 50 mm 的圆柱体。试件上、下两端面用金刚砂磨平,不平行度不大于0.1 mm。压模高度一般为16 mm。

回弹硬度以重物落于岩石表面后的回弹高度来表示。岩石越硬,回弹高度越大。回弹硬度常用肖氏硬度计和L型施米特锤来测定。肖氏硬度计有C型和D型两种。C－2型肖氏硬度计,利用直径为5.94 mm、长度为20.7～21.3 mm、质量为(2.3±0.5) g的冲头(其前端嵌有端面直径为0.1～0.4 mm的金刚石),在玻璃管中从$251.2^{+0.13}_{-0.33}$ mm的高度自由下落到试件表面的回弹高度(0～140 mm的标度)来测定岩石的回弹硬度。我国生产的HS－19型肖氏硬度计属于D型,冲头下落高度为19 mm。

施米特锤最初只用于测定混凝土强度,现在也用来测定岩石的硬度。施米特锤的型号根据冲击能量来划分,L型施米特锤的冲击能量为0.75 J。我国生产的施米特锤称为回弹仪。

4. 岩石的可钻性和可爆性

可钻性和可爆性用来表示钻眼或爆破岩石的难易程度,是岩石物理与力学性质在钻眼或爆破的具体条件下的综合反映。

岩石的可钻性和可爆性常用工艺性指标来表示。例如,可以采用钻速、钻每米炮眼所需要时间、钻头进尺(钎头在变钝以前的进尺数)、钻每米炮眼磨钝的钎头数或破碎单位体积岩石消耗的能量等来表示岩石的可钻性;可以采用爆破单位体积岩石所消耗的炸药、爆破单位体积岩石所需炮眼长度或单位质量炸药的爆破量、每米炮眼的爆破量等来表示岩石的可爆性。显而易见,上述工艺性指标必须在相同条件下(除岩石条件外)来测定才能进行比较。

下面介绍测试岩石可钻性的一种方法,这个方法是从冲击式凿岩中抽象出来的。它利用重锤自由下落时产生的固定冲击功(40 J)冲击钎头而破碎岩石,根据破岩效果来衡量岩石破碎的难易程度。岩石可钻性指标包括以下两项:

(1)凿碎比功:破碎单位体积岩石所做的功,以a表示,单位为J/cm^2。

(2)钎刃磨钝宽度:量出钎刃两端向内4 mm处的磨钝宽度,它说明岩石的磨蚀性,以b表示,单位为mm。

计算凿碎比功,要先量出纯凿深(最终深度减去初始深度值),再算出凿孔的体积。凿碎比功a为

$$a=\frac{NA}{\frac{1}{4}\pi d^2 H} \tag{1-18}$$

式中 d——实际孔径(一般按钎头直径计),cm;

H——纯凿深,cm;

N——冲击次数;

A——单次冲击功,取40 J。

a值和b值反映岩石可钻性的两个不同侧面。a值的大小对掘进速度有明显影响,而反映岩石磨蚀性的b值,则对掘进耗刀率有明显影响。因此,在衡量岩石掘进难易程度时两者应该同时使用,从而从岩石抵抗破岩刀具和磨蚀破岩刀具的能力两个方面说明岩石的可钻性,并预估掘进效果。

1.2.4　岩石的工程分级

在自然界中，岩体极其复杂，不仅组成岩体的岩石“软”“硬”差别极大，而且岩体还包含了各种结构面，以及大量的微观裂隙等，因此岩体远比迄今为止人类所熟知的任何工程材料都复杂。岩体分级就是从工程应用的目的出发，依据岩体的稳定性进行分级的。建立岩体分级系统的目的主要是解决地下工程支护设计问题，另外对合理地选用施工方法、施工设备机具和器材，准确地制定生产定额和材料消耗定额等具有重要作用。

岩体分级是人们认识工程围岩的一种重要手段。目前，国内外有关岩体分级的方法很多，有一般性的分级，也有专门性的分级，有定性的分级，也有定量的分级，分级的原则和考虑的因素也各有不同。下面介绍在采掘工程中常用的几种分级方法。

1. 普氏分级法

岩石工程分级的方法很多。新中国成立初期，我国引进了按岩石坚固性进行分级的方法（即普氏分级法），煤炭系统沿用至今。

苏联普罗托奇雅可诺夫于 1926 年提出用“坚固性”这一概念作为岩石工程分级的依据。他建议用一个综合性的指标——坚固性系数 f 来表示岩石破坏的相对难易程度，通常称 f 为普氏系数。f 值可用岩石的单向抗压强度 R_C（MPa）除以 10（MPa）求得，即

$$f=\frac{R_C}{10} \tag{1-19}$$

根据 f 值的大小，可将岩石分为 10 级，共 15 种（表 1-7）。

表 1-7　岩石按坚固性分级一览表

级别	坚固性程度	岩石	坚固性系数 f
Ⅰ	最坚固的岩石	最坚固、最致密的石英岩和玄武岩，其他最坚固的岩石	20
Ⅱ	很坚固的岩石	很坚固的花岗岩类：石英斑岩，很坚固的花岗岩，硅质片岩；坚固程度较Ⅰ级岩石稍差的石英岩；最坚固的砂岩和石灰岩	15
Ⅲ	坚固的岩石	致密的花岗岩和花岗类岩石、很坚固的砂岩和石灰岩、石英质矿脉、坚固的砾岩、很坚固的铁矿石	10
Ⅲa	坚固的岩石	坚固的石灰岩，不坚固的花岗岩，坚固的砂岩，坚固的大理岩、白云岩、黄铁矿	8
Ⅳ	相当坚固的岩石	一般的砂岩、铁矿石	6
Ⅳa	相当坚固的岩石	砂质页岩、泥质砂岩	5
Ⅴ	坚固性中等的岩石	坚固的页岩、不坚固的砂岩及石灰岩、软的砾岩	4
Ⅴa	坚固性中等的岩石	各种不坚固的页岩、致密的泥灰岩	3
Ⅵ	相当软的岩石	软的页岩、很软的石灰岩、白垩、岩盐、石膏、冻土、无烟煤、普通泥灰岩、破碎的砂岩、胶结的卵石和粗砂砾、多石块的土	2

表 1-7(续)

级别	坚固性程度	岩石	坚固性系数 f
Ⅵa	相当软的岩石	碎石土、破碎的页岩、结块的卵石和碎石、坚硬的烟煤、硬化的黏土	1.5
Ⅶ	软　岩	致密的黏土、软的烟煤、坚固的表土层	1.0
Ⅶa	软　岩	微砂质黏土、黄土、细砾石	0.8
Ⅷ	土质岩石	腐殖土、泥煤、微砂质黏土、湿沙	0.6
Ⅸ	松散岩石	沙、细砾、松土,采下的煤	0.5
Ⅹ	流沙岩石	流沙、沼泽土壤、饱含水的黄土及饱含水的土壤	0.3

普氏岩石分级法简明、便于使用,因而在提出后的多年里被一些国家广泛应用。但它没有反映岩体的特征,岩石坚固性各方面表现趋于一致的观点对少数岩石也不适用,如在黏土中就是钻眼容易、爆破困难。

工程实践和理论研究使我们认识到,围岩稳定性主要取决于围岩应力、岩体的结构和岩体强度,而不只是岩石试件的强度。因此,国内外提出了各种各样的岩石工程分级方法。

2. 岩石质量指标(RQD)分级

RQD 由美国伊利诺伊大学狄勒(Deere)在 1964 年提出,但直到 1967 年才得以公开发表。RQD 是修正的岩芯取出率,仅考虑长度大于 10 cm 的完整岩芯,即

$$\mathrm{RQD}=\frac{10\ \mathrm{cm}\ \text{以上岩芯累计长度}}{\text{钻孔长度}}\times 100\%$$

其分级表如表 1-8 所示。

表 1-8　岩石质量指标(RQD)分级表

分级	好	较好	较差	差	极差
RQD/%	90~100	75~90	50~75	25~50	0~25

RQD 分级在美国及欧洲国家广泛应用,它是评估岩芯质量的简单、费用低并能再现的方法。尽管其本身并不是岩体的充分描述,但该指标仍然作为分级参数,在隧道工程中用于选择隧道支护时的参考。今天,RQD 主要用于钻孔岩芯记录的标准参数。

但由于 RQD 并不考虑不连续面的刚度、方向、连续性及充填材料的影响,因而不能单独提供对岩体的充分描述。

3. 原煤炭工业部制定的围岩分级

原煤炭工业部根据锚喷支护设计和施工需要,按照煤矿岩层特点制定了围岩分级(表1-9)。

表1-9 围岩分级表

围岩分级		岩层描述	巷道开掘后围岩的稳定状态(3~5 m跨度)	岩种举例
级别	名称			
Ⅰ	稳定岩层	1. 完整坚硬岩层,R_b >60 MPa,不易风化; 2. 层状岩层层间胶结好,无软弱夹层	围岩稳定,长期不支护无碎块掉落现象	完整的玄武岩、石英质砂岩、奥陶纪灰岩、茅口灰岩、大冶厚层灰岩
Ⅱ	稳定性较好岩层	1. 完整比较坚硬岩层,R_b =40~60 MPa; 2. 层状岩层,胶结较好; 3. 坚硬块状岩层,裂隙面闭合,无泥质充填物,R_b >60 MPa	能维持一个月以上稳定,会产生局部岩体掉落	胶结好的砂岩、砾岩,大冶薄层灰岩
Ⅲ	中等稳定岩层	1. 完整的中硬岩层,R_b =20~40 MPa,中等稳定; 2. 层状岩层,以坚硬岩层为主,夹有少数软岩层; 3. 比较坚硬的块状岩层,R_b =40~60 MPa	围岩的稳定时间仅有几天	砂岩、砂质页岩、粉砂岩、石灰岩、硬质凝灰岩
Ⅳ	稳定性较差岩层	1. 较软的完整岩层,R_b <20 MPa; 2. 中硬的层状岩; 3. 中硬的块状岩层,R_b =20~40 MPa	围岩很容易产生冒顶片帮	页岩、泥岩、胶结不好的砂岩、硬煤
Ⅴ	不稳定岩层	1. 易风化潮解剥落的松软岩层 2. 各种类破碎岩层	—	碳质页岩、花斑泥岩、软质凝灰岩、煤、破碎的各类岩石

注:①岩层描述将岩层分为完整的、层状的、块状的、破碎的四种。完整岩层,层理和节理裂隙的间距大于1.5 m;层状岩层,层间距小于1.5 m;块状岩层,节理裂隙间距小于1.5 m、大于0.3 m;破碎岩层,节理裂隙间距小于0.3 m。

②当地下水影响围岩的稳定性时,就须考虑适当降级。

③R_b 为岩石的饱和抗压强度。

4. 围岩松动圈分级法

巷道开挖前,如果集中应力小于岩体强度,那么围岩将处于弹塑性稳定状态,当应力超过围岩强度之后,巷道周边围岩将首先破坏,并逐渐向深部扩展,直至在一定深度取得三向应力平衡为止,此时围岩已过渡到破碎状态。围岩中产生的这种破碎带被定义为围岩松动圈,其力学特性表现为应力降低,可以通过声测法或地质雷达进行测试。大量的测试结果表明,围岩松动圈在煤矿普遍存在。

经理论分析和试验研究发现,围岩松动圈的大小是地应力和围岩强度的函数,即松动圈是地应力与围岩强度相互作用的结果，它是一个综合指标。现场调查显示，松动圈越大，围岩收敛变形量越大、支护越困难。松动圈的大小反映了支护的困难程度，但目前的研究成果还不能计算某矿、某工程围岩松动圈的大小。

董方庭等根据测定的围岩松动圈，对巷道支护围岩松动圈进行分级（表 1－10）。

表 1－10　巷道支护围岩松动圈分级表

围岩类别		分类名称	松动圈/cm	支护机理或方法	备注
小松动圈	Ⅰ	稳定围岩	0～40	喷射混凝土支护	围岩整体性好，不易风化的可不支护
中松动圈	Ⅱ	较稳定围岩	40～100	锚杆悬吊理论，喷层局部支护	
	Ⅲ	一般围岩	100～150	锚杆悬吊理论，喷层局部支护	刚性支护局部破坏
大松动圈	Ⅳ	一般不稳定围岩（软岩）	150～200	锚杆组合拱理论，喷层、金属网局部支护	刚性支护大面积破坏
	Ⅴ	不稳定围岩（较软围岩）	200～300	锚杆组合拱理论，喷层、金属网局部支护	围岩变形有稳定期
	Ⅵ	极不稳定围岩（极软围岩）	>300	二次支护理论	围岩变形在一般支护条件下无稳定期

围岩松动圈分级有以下突出优点：

①绕过了地应力、围岩强度、结构面性质测定等困难问题，但又着重抓住了它们的影响结果，即松动圈是一个综合指标；

②松动圈系实测所得，未在重要方面做任何假设；

③松动圈大小容易用实测方法获得，确定支护参数时直观简单，现场应用方便。

5. 按围岩变形量大小分级

巷道的稳定性最终体现为巷道开挖后围岩的变形特征与变形量的大小。因此，段振西提出以围岩变形特征和变形量的大小进行围岩分级，见表 1－11。

表 1－11　按围岩变形特征和变形量制定的围岩分级

围岩类别	开挖后围岩变形量/mm	支护结构	
		巷道跨度 $B<5$ m	5 m $<$ 巷道跨度 $B<10$ m
Ⅰ	<5	不支护	30～50 mm 厚喷射混凝土
Ⅱ	6～10	50 mm 厚喷射混凝土	80～100 mm 厚喷射混凝土，必要时设局部锚杆

表 1－11(续)

围岩类别	开挖后围岩变形量/mm	支护结构	
		巷道跨度 $B<5$ m	5 m $<$ 巷道跨度 $B<10$ m
Ⅲ	11～50	80～100 mm 厚喷射混凝土,局部设锚杆或加网	100～150 mm 厚喷射混凝土,设锚杆或加网
Ⅳ	50～100 101～150 151～200	二次支护;100～150 mm 厚喷射混凝土,设锚杆或加网,锚喷网支护,锚喷网、钢拱架	二次支护;150～200 mm 厚喷射混凝土,设锚杆、加网,锚喷网、钢拱架混合支护
Ⅴ	>200	二次支护;150～200 mm 厚喷射混凝土,锚杆、网和钢拱桁架混合支护	二次支护;200～ 250 mm 厚喷射混凝土,锚杆、锚索网和钢拱桁架混合支护

复习思考题

1. 解释岩石、岩体和岩块三者的特点和力学性质的差异。
2. 影响岩石性质的因素有哪些?
3. 解释岩石碎胀性的意义和表示方式。
4. 三向压力作用下岩石的变形和强度特征有哪些?
5. 解释岩石的可钻性和可爆性。
6. 岩石工程分级的目的和意义是什么,常用的表示方法有哪些?

第 2 章　巷道断面设计

巷道断面应满足安全与生产要求，在此前提下力求提高断面利用率，尽量减小断面面积，降低造价。

2.1　巷道断面形状的选择

我国煤矿井下使用的巷道断面形状，按其轮廓线可分为折线形和曲线形两大类。前者如矩形、梯形、半梯形，后者如半圆拱形、圆弧拱形、三心拱形、马蹄形、椭圆形和圆形等(图 2－1)。

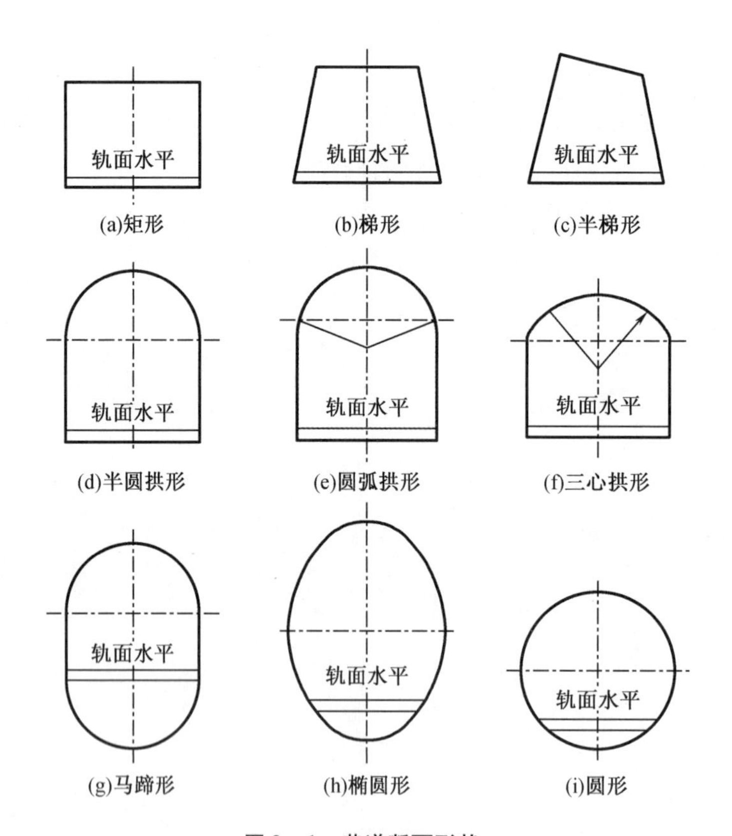

图 2－1　巷道断面形状

巷道断面形状的选择，主要应考虑巷道所处的位置及穿过的围岩性质、作用在巷道上的地压大小和方向、巷道的用途及其服务年限、选用的支架材料和支护方式、巷道的掘进方法和采用的掘进设备等因素,也可以参考邻近矿井同类巷道的断面形状及其支护情况等。

一般情况下,作用在巷道上的地压大小和方向,是选择巷道断面形状时考虑的主要因素。当顶压和侧压均不大时,可选用矩形或梯形断面;当顶压较大、侧压较小时,则应选用直墙拱形断面(半圆拱形、圆弧拱形或三心拱形);当顶压、侧压都很大,同时底鼓严重时,就须选用诸如马蹄形、椭圆形或圆形等封闭式断面。

巷道的用途和服务年限也是选择巷道断面形状不可缺少的重要因素。服务年限长达几十年的开拓巷道,采用砖石、混凝土和锚喷支护的各种拱形断面较为有利;服务年限10年左右的准备巷道以往多采用梯形断面,现在采用锚喷支护的拱形断面日趋增多;服务年限短的回采巷道,多采用梯形断面。

通常,矿区的支架材料和习惯使用的支护方式,往往也直接影响巷道断面形状的选择。木支架和钢筋混凝土支架,多适用于梯形和矩形断面;砖石、混凝土和喷射混凝土支架,适用于拱形等曲线形断面;金属支架或锚杆支护适用于任何形状的断面。

掘进方法与掘进设备对于巷道断面形状的选择也有一定的影响。目前,岩石平巷掘进方法中,钻眼爆破方法仍占主导地位,它适合任何形状的巷道断面。近年来,由于锚喷支护的广泛应用,为了简化设计和有利于施工,巷道断面多采用半圆拱形和圆弧拱形,三心拱形已有被淘汰之势。在使用全断面掘进机组掘进岩石平巷时,选用圆形断面更合适,而使用煤巷掘进机掘进时则可选用多种巷道断面形状。

在通风量很大的矿井中,选择通风阻力小的断面形状和支护方式,既有利于安全生产,又具有显著的经济效益。

上述选择巷道断面形状时应考虑的诸因素,彼此是密切联系而又相互制约的,条件、要求不同,影响因素的主次位置就会发生变化。对于主要巷道宜选用拱形断面,采区巷道可选用拱形、矩形和梯形断面,在特殊地质条件下可选用圆形、马蹄形和带底拱的断面。

2.2　巷道断面尺寸的确定

《煤矿安全规程》第二十一条规定,巷道净断面必须满足行人、运输、通风和安全设施及设备安装、检修、施工的需要。因此,巷道断面尺寸主要取决于巷道的用途,存放或通过它的机械、器材或运输设备的数量与规格,人行道宽度与各种安全间隙以及通过巷道的风量等。

设计巷道断面尺寸时,根据上述诸因素和有关规定,首先,定出巷道的净断面尺寸,并进行风速验算;其次,根据支护参数、道床参数,计算出巷道的设计掘进断面尺寸,并按允许的加大值(超挖值),计算出巷道的计算掘进断面尺寸;最后,按比例绘制包括墙脚、水沟在内的巷道断面图,编制巷道特征表和每米巷道工程量及材料消耗量表。

2.2.1　巷道净宽度的确定

巷道的净宽度是指巷道两侧内壁或锚杆露出长度终端之间的水平距离。对于梯形巷道，当其内通行矿车、电机车时，净宽度是指与车辆顶面水平的巷道宽度；当巷道内不通行运输设备时，净宽度是指自底板起 1.6 m 水平的巷道宽度。

运输巷道净宽度由运输设备本身外轮廓最大宽度和《煤矿安全规程》所规定的人行道宽度及有关安全间隙相加而得。巷道安全间隙不应小于表 2－1 中的规定。

表 2－1　巷道安全间隙表

项目		规定数值/mm
人行侧从道砟面起 1.6 m 高度范围内设备与拱、壁间	综采矿井	1 000
	其他矿井	800
非人行侧设备与拱、壁间	综采矿井	500
	其他矿井	300
移动变电站或平板车上综采设备最突出部分	与拱、壁间	300
	与输送机间	700
人车停车地点人行侧从道砟面起 1.6 m 高度范围内设备与拱、壁间		1 000
安设输送机巷道，输送机与拱、壁间		500
两列对开列车最突出部分间		200
采区装载点两列车最突出部分间		700
电机车架空线与巷道顶或顶梁间		200
导电弓子与拱、壁间		300
矿车摘挂钩地点两列车最突出部分间		1 000
导电弓子与管道最突出部分间		300
运输设备与管道最突出部分间		300
设备上面最突出部分与巷道顶或顶梁、壁间		300
用架空乘人装置运送人员时，蹬座中心与巷道一侧的距离		700

1. 双轨巷道净宽度

如图 2－2 所示，双轨巷道净宽度按下式计算：

$$B = a + 2A_1 + c + t \tag{2-1}$$

式中　B——巷道净宽度，单位为 m，设计时按只进不舍的原则，以 0.1 m 进级。

a——非人行侧的宽度，单位为 m，不得小于 0.3 m（综合机械化采煤矿井为 0.5 m）。巷道内安设输送机时，输送机与巷帮支护的距离不得小于 0.5 m；输送机机头和机尾处与巷帮支护的距离应满足设备检查和维修的需要，并不得小于 0.7 m。

A_1——运输设备（各类电机车、矿车、人车和输送机等）的最大宽度，单位为 m。常用运输设备的宽度和高度（轨道面以上）见表 2－2。

c——人行道的宽度。根据规定，有人员行走的巷道必须设置人行道，人行道上不得有妨碍人员行走的任何设施和物件。在净高 1.6 m 范围内人行道的宽度必须符合下列要求：行驶无轨运输设备的巷道宽度不小于 1.2 m；轨道运输巷道，综采矿井宽度不小于 1.0 m；其他矿井宽度不小于 0.8 m；单轨吊运输、架空乘人器运人巷道宽度不小于 1.0 m；人车停车地点上下人侧，不小于 1.0 m。

t——双轨运输巷道中，两辆对开列车最突出部分之间的距离。该距离应满足下列要求：两列列车对开时不得小于 0.2 m，采区装载点不得小于 0.7 m，矿车摘挂钩地点不得小于 1.0 m。

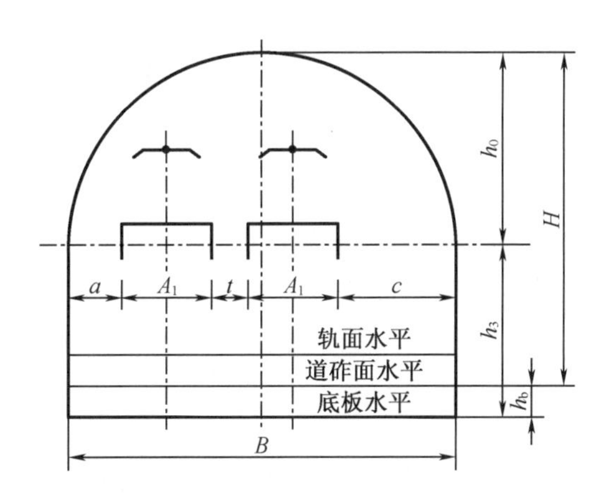

H—拱形巷道净高度；h_0—拱形巷道的拱高；h_3—拱形巷道的壁高；h_b—拱形巷道内道床（砟）厚度。

图 2-2 拱形巷道净断面尺寸示意图

车辆最突出部分与巷道两侧距离符合表 2-1 规定。

在巷道弯道处，车辆四角要外伸或内移，应将运输设备两侧人行道与安全间隙，在直线段人行道与安全间隙的基础上加宽。依据经验，一般外侧加宽 200 mm（20 t 电机车可加宽 300 mm），内侧加宽 100 mm。对于无轨运输巷道，当行车道中线曲线半径大于 10 m 时加宽值宜采用 300 mm；小于或等于 10 m 时，行驶支架运输车的巷道加宽值宜采用 500 mm，不行驶支架运输车的巷道宜采用 600 mm。

巷道加宽段的长度，除曲线段要全部加宽外，与曲线段相连的两端直线段也需加宽，且应符合表 2-3 的规定。当巷道为双轨曲线巷道时，其加宽段的长度起点应从直线段开始，对于机车建议取 5 m，对于 3 t 或 5 t 底卸式矿车建议取 5~7 m，对于 1 t 或 1.5 t 矿车建议取 3 m。

表 2－2　煤矿井下常用运输设备类型及规格尺寸

运输设备类型			长×宽×高/mm	轨距/mm
电机车	直流架线式	ZK7－6/250 ZK7－9/550 ZK10－6/250 ZK10－9/550 ZK14－9/550 ZK20－9/550	4 500×1 060×1 550 4 500×1 360×1 550 4 500×1 060×1 550 4 500×1 360×1 550 4 900×1 335×1 550 7 400×1 600×1 900	600 900 600 900 900 900
	蓄电池式	XK2.5－6/48A XK2.5－9/48A CDXT－5 XK8－6/110A XK8－9/132A	2 100×920×1 550 3 300×1 030×1 550 3 300×1 260×1 550 4 430×1 054×1 550 4 430×1 354×1 550	600 900 600 900 600 900
矿车	固定车厢式	MG1.1－6A MG1.1－6B MG1.7－6A MG1.7－9B	2 000×880×1 150 2 000×880×1 150 2 400×1 050×1 200 2 400×1 150×1 150	600 600 900
	底卸式	MD3.3－6 MD5.5－9	3 450×1 200×1 400 4 200×1 520×1 550	600 900

运输设备类型			长×宽×高/mm	轨距/mm
人车	平巷	PRC－12－6/3 PRC－18－9/3	4 280×1 220×1 525 4 280×1 525×1 525	600 900
	斜巷	XRC－15－6/6S XRC－15－6/6W XRC－20－9/6S XRC－20－9/6W	4 970×1 200×1 474 4 970×1 518×1 474	600 900
输送机	钢丝绳式	GDS－100 GDS－120	130 000×11 430×1 663 160 000×14 470×2 620	—
	吊挂式	SPJ－800 SPJ－800S	6 600×2 110×1 350 6 600×2 100×1 300	机头尺寸
	固定式	TD－75	1 515×1 200	—
	可弯刮板式	SGW－44A SGW－40T	1 500×620×180 1 500×620×180	中部槽的尺寸

表 2-3 运输巷道中与曲线段相连的直线段加宽段长度

序号	运输设备及车辆	直线段加宽段长度/mm	序号	运输设备及车辆	直线段加宽段长度/mm
1	1 t 固定矿车	1 500	5	14 t 架线式电机车、5 t 底卸式矿车	3 500
2	1.5 t 固定矿车、5 t 及以下电机车	2 000	6	无轨运输设备	4 500
3	3 t 底卸式矿车	2 500	7	20 t 架线式电机车	5 000
4	5 t 以上、14 t 以下电机车	3 000			

双轨巷道轨道中心距应根据运输设备和所运送的物件宽度，以及对开列车车辆之间的安全间隙要求，按表 2-4 选取。双轨巷道曲线段及与之相连的一定长度的直线段的轨道中心距，应在直线段轨道中心距的基础上加宽。

表 2-4 双轨巷道轨道中心距

运输设备	600 mm 轨距/mm		900 mm 轨距/mm	
	直线	曲线	直线	曲线
1 t 矿车	1 100	1 300	—	—
1.5 t 矿车	1 300	1 500	1 400	1 600
7 t、10 t、14 t 架线机车	1 300	1 600	1 600	1 900
3 t 矿车	—	—	1 600	1 800
3 t 底卸式矿车	1 500	1 700	—	—
5 t 底卸式矿车	1 600	1 800	1 800	2 000
8 t、12 t 蓄电池机车	1 300	1 600	1 600	1 900

巷道净宽度按式(2-1)确定后，还需要检查掘进机械化施工时的最小净宽度是否满足要求。拱形断面主要运输巷道的净宽度，综采矿井不宜小于 3.2 m，其他矿井不宜小于 3.0 m；矩形巷道断面净宽度不宜小于 3.0 m，梯形巷道断面顶部净宽度不宜小于 1.8 m。

2. 无轨运输巷道净宽度

对于胶轮车无轨运输巷道，巷道坡度尽量控制在 8°以内，不大于 12°。坡度在 5°～8°的，每隔 300 m 需要做 20 m 缓坡段。其净宽度主要根据行人及通风需要来选取。主要运输巷道应留有宽度 1.2 m 以上的人行道；另一侧宽度也应不小于 0.5 m；两车对开最突出部分之间的距离不小于 0.5 m(图 2-3)。其他巷道，人行道宽度可按 0.8～1.0 m 留设，另一侧宽度可按 0.3～0.5 m 留设。

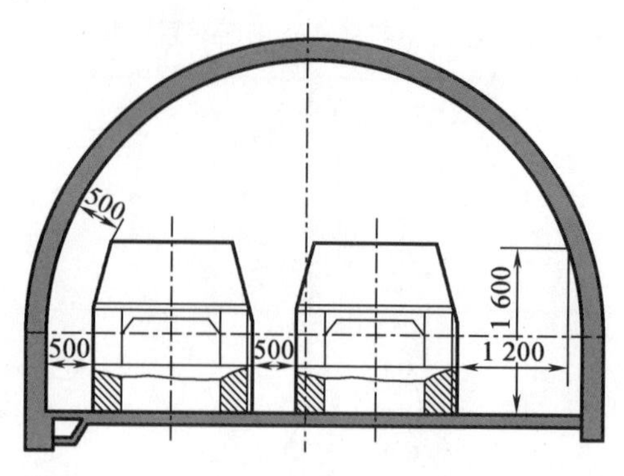

图2-3 无轨运输巷道直线段宽度示意图①

无轨运输巷道的净宽度应不小于3.4 m。

2.2.2 巷道净高度的确定

矩形、梯形巷道的净高度是指自道砟面或底板起至顶梁或顶部喷层面、锚杆露出长度终端的高度。拱形巷道的净高度是指自道砟面起至拱顶内沿或锚杆露出长度终端的高度。

《煤矿安全规程》规定,主要巷道的净高度不得低于2.2 m,采用轨道机车运输的巷道净高度,自轨面起不得低于2.0 m。采(盘)区内的上山、下山和平巷的净高度不得低于2.0 m,薄煤层内的净高度不得低于1.8 m。架线电机车运输巷道的净高度应满足:架空线的悬挂高度,自轨面算起,在行人的巷道内、车场内以及人行道与运输巷道交叉的地方不小于2.0 m;在不行人的巷道内不小于1.9 m;在井底车场内,从井底到乘车场不小于2.2 m;电机车架空线与巷道顶或棚梁之间的距离不得小于0.2 m。

除以上要求外,还必须满足人行道的净高度不得小于1.8 m,架空乘人装置的蹬座、乘人斗箱、单轨吊运输设备与巷道底板之间的安全间隙不得小于0.3 m。

无轨运输巷道的净高度除要满足行人、通风、会车等要求的安全间隙外,最小净高度不得小于2.5 m。

1. 梯形巷道的净高度

巷道的净高度H和其他高度可根据上述规定及按表2-5所列公式求得,并预留必要的巷道变形收敛量。

2. 拱形巷道的净高度

拱形巷道的净高度,主要是确定它的拱高和自底板起的壁(墙)高(图2-2),即

$$H = h_0 + h_3 - h_b \tag{2-2}$$

式中 H——拱形巷道的净高度,m;

h_0——拱形巷道的拱高,m;

h_3——拱形巷道的壁高,m;

h_b——巷道内道床(砟)厚度,按表2-6选取,m。

① 鉴于行业表述习惯,本书图中将长度单位mm略去。

表 2－5 梯形巷道断面尺寸计算公式

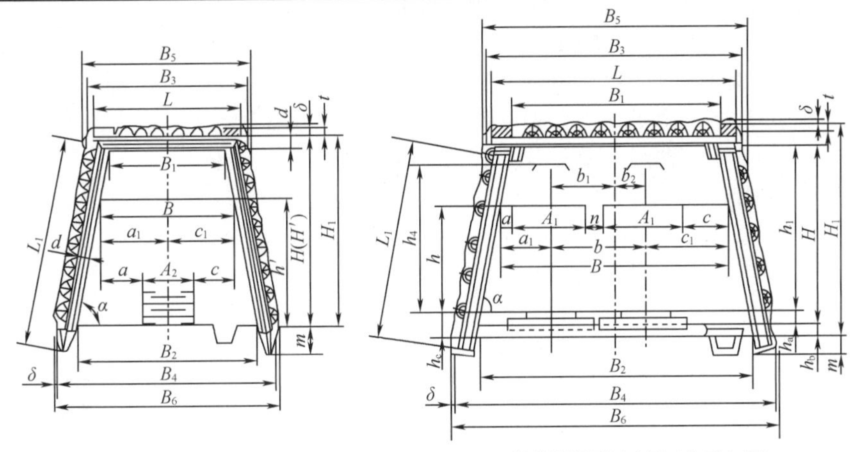

(a)单轨巷道断面尺寸图（木支架）　(b)双轨巷道断面尺寸图（金属支架）

序号	项目	公式
1	轨面起车辆高度、底板起人行计算高度/mm	$h, h' = 1\ 600$
2	轨面起巷道沉实后的净高度/mm	h_1
3	轨面起巷道沉实前的净高度/mm	$h'_1 = h_1 + 100$
4	砟面起巷道沉实后的净高度/mm	$H = h_1 + h_a$
5	砟面起巷道沉实前的净高度/mm	$H' = H + 100$
6	巷道设计掘进高度/mm	$H_1 = H' + t + d + h_b$
7	巷道计算掘进高度/mm	$H_2 = H_1 + \delta$
8	棚腿的斜长/m	木支架:$L_1 = \dfrac{H + m + d/2}{\sin\alpha} + \Delta$;金属支架:$L_1 = \dfrac{H + m}{\sin\alpha} + \Delta$
9	巷道净宽度/mm	单轨巷道:$B = a_1 + c_1$;双轨巷道:$B = a_1 + b + c_1$
10	巷道顶梁处净宽度/mm	$B_1 = B - 2(H - h')\cot\alpha$ 或 $B - 2(H - h - h_c)\cot\alpha$
11	巷道底板处净宽度/mm	$B_2 = B_1 + 2H\cot\alpha$
12	巷道顶梁长/mm	$L = B_1 + 2d + \Delta$
13	巷道顶梁处设计掘进宽度/mm	$B_3 = B_1 + 2d + 2t$
14	巷道底板处设计掘进宽度/mm	$B_4 = B_2 + 2d + dt$
15	巷道顶梁处计算掘进宽度/mm	$B_5 = B_3 + 2\delta$
16	巷道底板处计算掘进宽度/mm	$B_6 = B_4 + 2\delta$
17	净断面面积/m^2	$S = (B_1 + B_2)H/2$
18	设计掘进断面面积/m^2	$S_1 = (B_3 + B_4)H_1/2$
19	计算掘进断面面积/m^2	$S_2 = (B_5 + B_6)H_2/2$
20	巷道净周长/m	$P = B_1 + B_2 + 2H/\sin\alpha$
21	每米巷道背板材料的消耗量/m^3	$V' = 0.025(L + 2xH_1/\sin\alpha)$
22	棚腿倾斜角/(°)	$\alpha = 80$
23	道砟面至轨面高度/mm	h_a
24	道砟厚度/mm	h_b
25	道床总高度/mm	h_c

注:1. 在计算巷道断面各种高度及断面面积时,净尺寸按沉实后计算,掘进尺寸按沉实前计算。

2. 式中符号含义除已注明者外,其余分别列明如下:

δ——允许的超挖量,$\delta \leqslant 75$ mm;

Δ——达到标准长度的附加长度;

m——棚腿插入底板的深度,一般取 150 ~ 250 mm;

d——坑木直径,若为金属棚子则为柱(梁)截面高度;

t——背板厚度,计算掘进断面时取 25 mm;

x——背板密度系数,$f<3$ 时 $x=1$,$f=4 \sim 6$ 时 $x=0.5$,$f \geqslant 8$ 时 $x=0$。

3. 坑木长度以 m 为单位,并取小数点后一位数,只进不舍。

表 2-6 常用道床参数

巷道类型		钢轨型号/(kg·m^{-1})	道床总高度 h_c/mm	道砟高度 h_b/mm	道砟面至轨道面高度 h_a/mm
井底车场及主要运输巷道		30	410	220	190
		22	380	220	160
采区运输巷道	上、下山	22 15	380 350	可不铺道砟,轨枕沿底板浮放,也可在浮放轨枕两侧充填掘进矸石	
	运输巷、回风巷	15	250		

(1)拱高 h_0 的确定

半圆拱形巷道的拱高 h_0、拱的半径 R 均为巷道净宽度 B 的 1/2,即 $h_0 = R = B/2$。圆弧拱形巷道的拱高 h_0,煤矿多取巷道净宽度 B 的 1/3,即 $h_0 = B/3$。个别矿井为了提高圆弧拱形巷道的受力性能,取拱高 $h_0 = 2B/5$。金属矿山由于围岩坚固稳定,可将圆弧拱形巷道的拱高 h_0 取为巷道净宽度 B 的 1/4,即 $h_0 = B/4$。

(2)壁高 h_3 的确定

拱形巷道的壁高 h_3 是指自巷道底板至拱基线的垂直距离(图 2-2)。为了满足行人安全,运输通畅以及安装和检修设备、管缆的需要,设计时应根据架线电机车导电弓子顶端与巷道拱壁间最小安全间隙要求、管道的装设高度要求、人行高度要求、1.6 m 高度人行宽度要求以及设备上缘至拱壁最小安全间隙要求,按图 2-4、图 2-5 和表 2-7 中公式分别计算拱形巷道的壁高 h_3,并取其最大者。

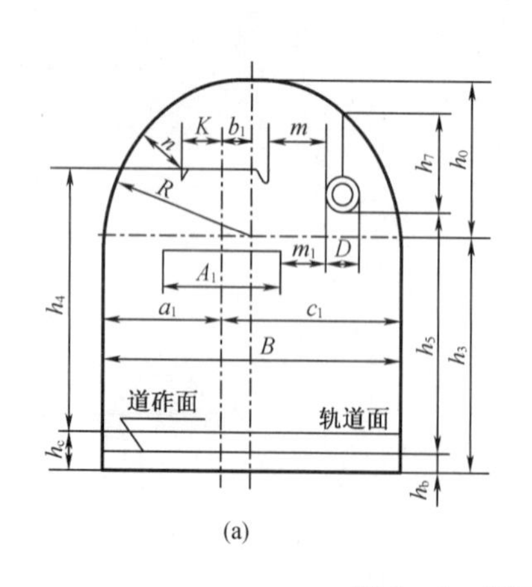

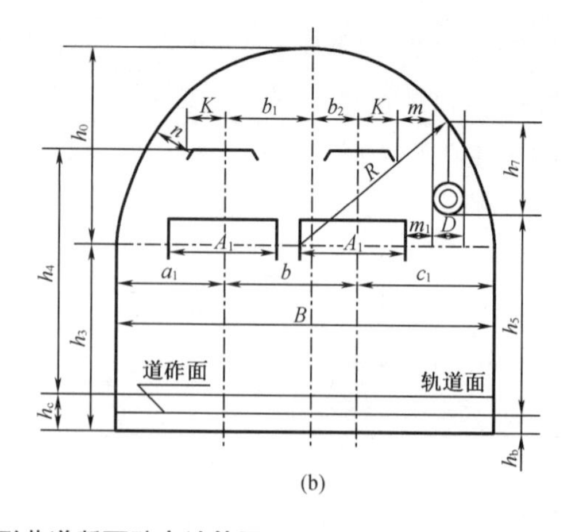

图 2-4 半圆拱形巷道断面壁高计算图

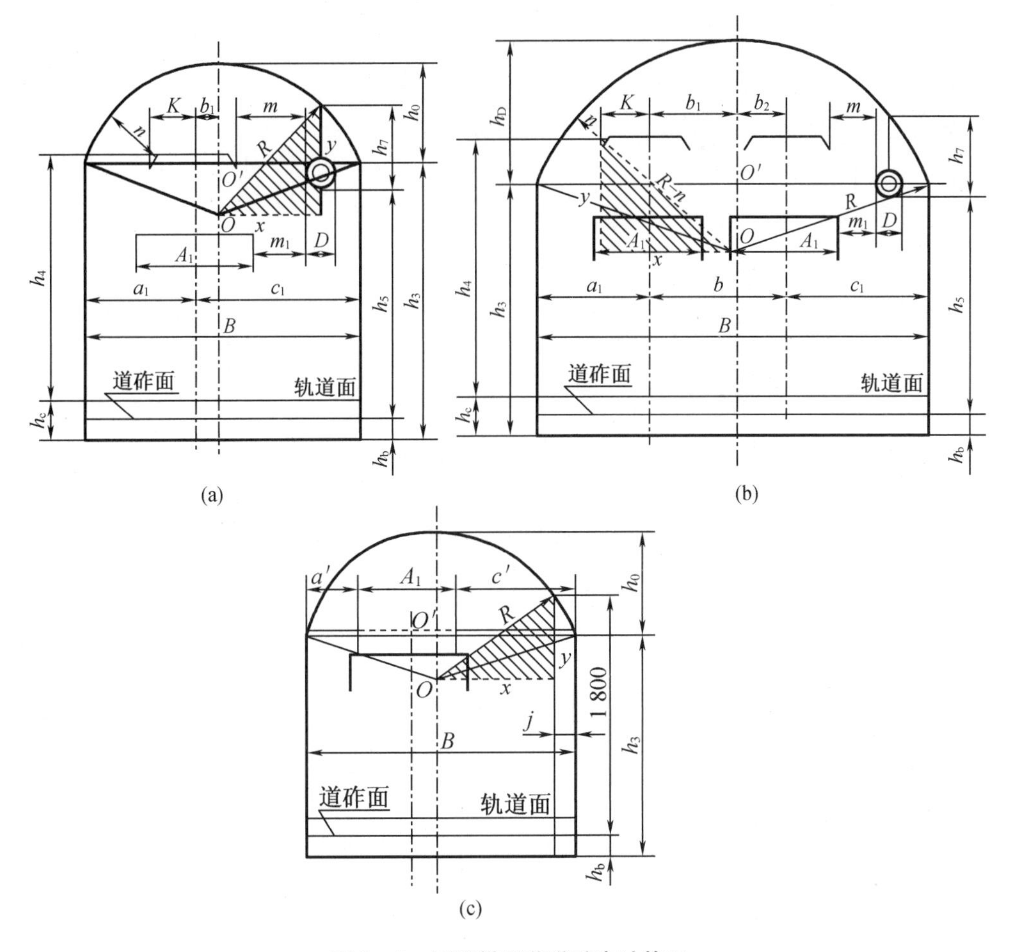

图 2－5 圆弧拱形巷道壁高计算图

对于架线电机车运输的巷道，壁高一般按架线电机车导电弓子和管道装设高度要求计算即能满足设计要求；其他如矿车运输、仅铺设输送机或无运输设备的巷道，一般只按行人高度要求计算即可满足设计要求。但在人行道范围内，管路和电缆架设的架设高度应不低于 1.8 m。

上述计算出的壁高 h_3 值，按只进不舍的原则，以 0.1 m 进级。

2.2.3 巷道的净断面面积

巷道的净宽和净高确定后，便可求出巷道的净断面面积。

半圆拱形巷道净断面面积：

$$S = B(0.39B + h_2) \tag{2-3}$$

圆弧拱形巷道净断面面积：

$$S = B(0.24B + h_2) \tag{2-4}$$

梯形巷道净断面面积：

$$S = \frac{(B_1 + B_2)H}{2} \tag{2-5}$$

上述各式中符号意义如图 2－4、图 2－5 和表 2－5 至表 2－9 所示。

表 2-7　拱形断面巷道壁高计算公式

计算条件				计算公式	
条款			说明	半圆拱	圆弧拱
按架线电机车导电弓子要求计算			电机车导电弓子外缘与巷道拱壁之间距 $n \geqslant 200$ mm，一般取 $n=300$ mm；K 为导电弓子宽度之半	$h_3 \geqslant h_4 + h_c - \sqrt{(R-n)^2-(K+b_1)^2}$	$h_3 \geqslant h_4 + h_c + \sqrt{R^2-(B/2)^2} - \sqrt{(R-n)^2-(K+b_1)^2}$
按管道的装设高度要求计算	按导电弓子	双轨	电机车导电弓子与管子距离不小于一定值 $m \geqslant 300$ mm；管子最下边应满足 1 800 mm 的人行高度，即 $h_5 \geqslant 1\ 800$ mm	$h_3 \geqslant h_5 + h_7 + h_b - \sqrt{R^2-(K+m+D/2+b_2)^2}$	$h_3 \geqslant h_5 + h_7 + h_b + \sqrt{R^2-(B/2)^2} - \sqrt{R^2-(K+m+D/2+b_2)^2}$
		单轨		$h_3 \geqslant h_5 + h_7 + h_b - \sqrt{R^2-(K+m+D/2+b_2)^2}$	$h_3 \geqslant h_5 + h_7 + h_b + \sqrt{R^2-(B/2)^2} - \sqrt{R^2-(K+m+D/2+b_2)^2}$
	按电机车	双轨	电机车距管子不得小于一定值 $m_1 \geqslant 200$ mm；管子最下边应满足 1 800 mm 的人行高度，即 $h_5 \geqslant$ 1 800 mm	$h_3 \geqslant h_5 + h_7 + h_b - \sqrt{R^2-(A_1/2+m_1+D/2+b_2)^2}$	$h_3 \geqslant h_5 + h_7 + h_b + \sqrt{R^2-(B/2)^2} - \sqrt{R^2-(A/2+m+D/2+b_2)^2}$
		单轨		$h_3 \geqslant h_5 + h_7 + h_b - \sqrt{R^2-(A_1/2+m_1+D/2+b_2)^2}$	$h_3 \geqslant h_5 + h_7 + h_b + \sqrt{R^2-(B/2)^2} - \sqrt{R^2-(A/2+m+D/2+b_1)^2}$
按人行高度要求计算			距壁 j 处的巷道有效高不应小于 1 800 mm；$j \geqslant 100$ mm 时，一般取 $j=200$ mm	$h_3 \geqslant 1\ 800 + h_b - \sqrt{R^2-(R-j)}$	$h_3 \geqslant 1\ 800 + h_b + \sqrt{R^2-(B/2)^2} - \sqrt{R^2-(B/2-j)^2}$
按 1.6 m 高度人行宽度要求计算		双轨	砟面起 1.6 m 水平处，运输设备上缘与拱壁间距 $C' \geqslant 700$ mm，即保证有 700 mm 宽的人行道	$h_3 \geqslant 1\ 600 + h_b - \sqrt{R^2-(C'+A_1/2+b_2)^2}$	$h_3 \geqslant 1\ 600 + h_b + \sqrt{R_2-(B/2)^2} - \sqrt{R^2-(C'+A_1/2+b_2)^2}$
		单轨		$h_3 \geqslant 1\ 600 + h_b - \sqrt{R^2-(C'+A_1/2+b_2)^2}$	$h_3 \geqslant 1\ 600 + h_b + \sqrt{R_2-(B/2)^2} - \sqrt{R^2-(C'+A_1/2+b_2)^2}$

表 2-7(续)

计算条件				计算公式	
条款			说明	半圆拱	圆弧拱
按设备上缘至拱壁最小安全间隙要求计算	人行侧	双轨	砟面起 1.6 m 水平处,运输设备上缘与拱壁间距 $C' \geqslant 700$ mm,一般取 $C' = 700$ mm;运输设备上缘与拱壁间距 $a' \geqslant 200$ mm,一般取 $a' = 200$ mm	$h_3 \geqslant h + h_c - \sqrt{R^2 - (C' + A_1/2 + b_2)^2}$	$h_3 \geqslant h + h_c + \sqrt{R^2 - (B/2)^2} - \sqrt{R^2 - (C' + A_1/2 + b_2)^2}$
		单轨		$h_3 \geqslant h + h_c - \sqrt{R^2 - (C' + A_1/2 + b_1)^2}$	$h_3 \geqslant h + h_c + \sqrt{R^2 - (B/2)^2} - \sqrt{R^2 - (C' + A_1/2 + b_1)^2}$
	非人行侧			$h_3 \geqslant h + h_c - \sqrt{R^2 - (a' + A_1/2 + b_1)^2}$	$h_3 \geqslant h + h_c + \sqrt{R^2 - (B/2)^2} - \sqrt{R^2 - (a' + A_1/2 + b_1)^2}$

表 2-8　半圆拱形巷道断面计算公式

顺序	项目	单位	计算公式
1	轨面起车辆的高度	mm	h
2	轨面起巷道的壁高	mm	h_1
3	砟面起巷道的壁高	mm	$h_2 = h_1 + h_a$
4	底板起巷道的壁高	mm	$h_3 = h_2 + h_b$
5	拱高	mm	$h_0 = \frac{1}{2}B$
6	巷道净高	mm	$H = h_2 + h_0$
7	巷道设计掘进高度	mm	$H_1 = H + h_b + T$
8	巷道计算掘进高度	mm	$H_2 = H_1 + \delta$
9	巷道净宽	mm	单轨 $B = a_1 + c_1$ 双轨 $B = a_1 + b + c_1$
10	巷道设计掘进宽度	mm	$B_1 = B + 2T$
11	巷道计算掘进宽度	mm	$B_2 = B_1 + 2\delta$
12	巷道计算净宽	mm	$B_3 = B_2 - 2T$
13	净断面面积	m^2	$S = B(0.39B + h_2)$
14	净周长	m^2	$P = 2.57B + 2h_2$
15	设计掘进断面面积	m^2	$S_1 = B_1(0.39B_1 + h_3)$
16	计算掘进断面面积	m^2	$S_2 = B_2(0.39B_2 + h_3)$
17	锚喷巷道每米墙脚掘进体积	m^3	$V_3 = 0.2(T + \delta)$
18	每米巷道喷射材料消耗	m^3	$V_2 = 1.57(B_2 - T_1)T_1 + 2h_3T_1$
19	每米巷道墙脚喷射材料消耗	m^3	$V_4 = 0.2T_1$
20	每米巷道锚杆消耗	根	$N = (P_1 - 0.5M)/(MM')$
21	仅拱部打锚杆时的消耗	根	$N = [2(P_1'/2M) + 1]M'(\frac{P_1'}{2M}$应为整数)
22	每米巷道锚杆注孔砂浆消耗	m^3	$V_0 = NlS_a$
23	每米巷道托板消耗	个	$N_1 = N$
24	每米巷道金属网消耗	m^2	$N_2 = 1.57B_2$
25	计算锚杆消耗的周长	m	$P_1 = 1.57B_2 + 2h_3$
26	仅拱部打锚杆时的周长	m	$P_1' = 1.57B_2$
27	每米锚喷巷道粉刷面积	m^2	$S_n = 1.57B_3 + 2h_2$
28	每米砌碹巷道砌拱所需材料	m^3	$V_1' = 1.57(B + T')T'$

半圆拱形巷道断面尺寸图

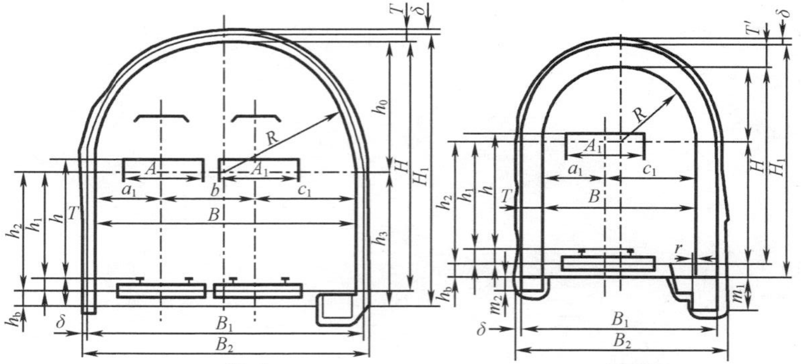

(a)锚喷　　(b)砌碹

顺序	项目	单位	计算公式
29	每米砌壁所需材料	m^3	$V_2' = 2h_3T'$
30	每米基础所需材料	m^3	$V_3' = (m_1 + m_2)T' + m_1e$
31	每米充填所需材料	m^3	$V_4' = 1.57B_2\delta + 2h_3\delta + V_1''$
32	每米充填基础所需材料	m^3	有水沟 $V_4'' = (m_1 + 2m_2 + 2T'' + 3\delta + e)\delta$ 无水沟 $V_4''' = 2(m_1 + m_2 + T'' + 2\delta)\delta$
33	每米基础掘进体积	m^3	有水沟 $V_0' = (m_1 + \delta)(T + \delta + e) + (m_2 + \delta)(T' + 2\delta)$ 无水沟 $V_0' = (m_1 + m_2 + 2\delta)(T' + 2\delta)$
34	每米砌碹巷道计算掘进体积	m^3	$V' = S_2 + V_0'$
35	每米砌碹巷道粉刷面积	m^2	$S_n' = 1.57B + 2h_2$

注：1. M、M'为锚杆间距、排距；l 为锚杆深度；S_a 为钻孔面积；T_1 为喷层厚度。

2. 通常水沟一侧基础深 $m_1 = 50$ mm；无水沟一侧基础深 $m_2 = 250$ mm；e 值随水沟的砌法不同而定，一般 $e = 50$ mm 或 $e = 0$。

表 2－9 圆弧拱形巷道断面计算公式

顺序	项　目	单位	计　算　公　式
1	轨面起车辆的高度	mm	h
2	轨面起巷道的壁高	mm	h_1
3	砟面起巷道的壁高	mm	$h_2 = h_1 + h_a$
4	底板起巷道的壁高	mm	$h_3 = h_2 + h_b$
5	拱高	mm	$h_0 = \frac{1}{3}B$
6	巷道净高	mm	$H = h_2 + h_0$
7	巷道设计掘进高度	mm	$H_1 = H + h_b + T$
8	巷道计算掘进高度	mm	$H_2 = H_1 + \delta$
9	巷道净宽	mm	单轨 $B = a_1 + c_1$ 双轨 $B = a_1 + b + c_2$
10	巷道设计掘进宽度	mm	$B_1 = B + 2T$
11	巷道计算掘进宽度	mm	$B_2 = B_1 + 2\delta$
12	巷道计算净宽	mm	$B_3 = B_2 - 2T$
13	净断面面积	m^2	$S = B(0.24B + h_2)$
14	净周长	m^2	$P = 2.27B + 2h_2$
15	设计掘进断面积	m^2	$S_1 = 0.24B^2 + 1.27BT + 1.57T^2 + B_1h_3$
16	计算掘进断面积	m^2	$S_2 = 0.24B^2 + 1.27BT + 1.57T^2 +$ $0.24T + 0.1B + 0.01 + B_2h_3$
17	锚喷巷道每米墙脚掘进体积	m^3	$V_3 = 0.2(T + \delta)$
18	每米巷道喷射材料消耗	m^3	$V_2 = (1.27B + 1.57T + 0.24)T_1 + 2h_3T_1$
19	每米巷道墙脚喷射材料消耗	m^3	$V_4 = 0.2T_1$
20	每米巷道锚杆消耗	根	$N = (P_1 - 0.5M)/(MM')$
21	仅拱部打锚杆时的消耗	根	$N' = [2(P_1'/2M) + 1]M'(\frac{P_1'}{2M}$应为整数)
22	每米巷道锚杆注孔砂浆消耗	m^3	$V_0 = NlS_a$
23	每米巷道托板消耗	个	$N_1 = N$
24	每米巷道金属网消耗	m^2	$N_2 = 1.27B_2 + 3.14T + 0.24$
25	计算锚杆消耗周长	m	$P_1 = 1.27B + 3.14T + 0.24 + 2h_3$
26	仅拱部打锚杆时的周长	m	$P_1' = 1.27B_2 + 3.14T + 0.24$
27	每米锚喷巷道粉刷面积	m^2	$S_n = 1.27B_3 + 2h_2 + 2.4$

圆弧拱形巷道断面尺寸图

顺序	项目	单位	计算公式
28	每米砌碹巷道砌拱所需材料	m^3	$V_1' = 1.27(B + T')T'$
29	每米砌壁所需材料	m^3	$V_2' = 2h_3T'$
30	每米基础所需材料	m^3	$V_3' = (m_1 + m_2)T'$十m_1e
31	每米充填所需材料	m^3	$V_4' = 1.27B_2\delta + 2h_3\delta + V_4''$
32	每米充填基础所需材料	m^3	有水沟 $V_4'' = (m_1 + 2m_2 + 2T'$十$3\delta + e)\delta$ 无水沟 $V'''_4 = 2(m_1 + m_2 + T'' + 2\delta)\delta$
33	每米基础掘进体积	m^3	有水沟 $V_0' = (m_1 + \delta)(T + \delta + e) + (m_2 + \delta)(T + 2\delta)$ 无水沟 $V_0' = (m_1 + m_2 + 2\delta)(T' + 2\delta)$
34	每米砌碹巷道计算掘进体积	m^3	$V' = S_2 + V_0'$
35	每米砌碹巷道粉刷面积	m^2	$S_n' = 1.27B + 2h_2$

注：1. M、M'为锚杆间距、排距；l 为锚杆深度；S_a 为钻孔面积；T_1 为喷层厚度。
　　2. 通常水沟一侧基础深 $m_1 = 50$ mm；无水沟一侧基础深 $m_2 = 250$ mm；e 值随水沟的砌法不同而定，一般 $e = 50$ mm 或 $e = 0$。

2.2.4 巷道风速验算

通过巷道的风量是根据整个矿井生产通风网络求得的。当通过该巷道的风量确定后,断面越小,风速越大。风速大,不仅会扬起粉(煤)尘,影响工人身体健康和工作效率,而且易引起煤尘爆炸事故。为此,《煤矿安全规程》规定了各种不同用途的巷道所允许的最高风速(表 2-10)。同时,为了给矿井未来增产留有余地,并考虑巷道断面的收敛变形情况,设计时应在不违反《煤矿安全规程》的情况下,按照《煤炭工业设计规范》规定,确定矿井主要进风巷的风速一般不大于 6 m/s。按下式进行风速验算:

$$v=\frac{Q}{S}\leqslant v_{\max} \tag{2-6}$$

式中 v——通过巷道的风速,m/s;

Q——根据设计要求通过巷道的风量,m^3/s;

S——巷道的净断面面积,m^2;

$v_{\max}$——巷道允许通过的最大风速,m/s,矿井主要进风巷道取 6 m/s。

表 2-10 巷道允许的最高风速

井巷名称	允许风速/($m\cdot s^{-1}$)	
	最低	最高
无提升设备的风井和风硐		15
专用升降物料的井筒		12
风桥		10
升降人员和物料的井筒		8
主要进、回风巷		8
架线电机车巷道	1.00	8
运输机巷	0.25	6
掘进中的煤巷和半煤岩巷	0.25	4
掘进中的岩巷	0.15	4

对于低瓦斯矿井,一般按前述方法设计出的巷道净断面尺寸均能满足通风要求,但是对高瓦斯矿井往往不能满足要求。这时,巷道的净断面尺寸就需要根据允许的巷道最高风速和《煤炭工业设计规范》规定的最高风速要求来进行设计和计算。

2.2.5 巷道设计掘进面积

确定巷道设计掘进面积首先必须确定巷道支护参数和道床参数,然后依据表 2-5 至表 2-9 中的有关公式进行计算。

1. 支护参数的确定

通常应根据巷道类型和用途、巷道的服务年限、围岩物理力学性质以及支架材料的特性等因素综合分析,选择合理的支护方式。支护方式确定后,即可进行支护参数的设计与计算。支护参数是指各种支架的规格尺寸,如矿用工字钢和 U 型钢的型号,锚喷支护的锚杆类型、长度、直径、间排距和预紧力,喷射混凝土的厚度与强度等。

对岩石巷道而言,锚喷网支护是主要支护形式,围岩松软破碎地段可采用锚喷网与石材或金属支架的联合支护,也可采用锚喷网与锚索或注浆加固等的联合支护方式。

2. 道床参数的选择

道床参数的选择是指钢轨型号、轨枕规格和道砟高度的确定等。

(1)钢轨型号

钢轨的型号简称轨型,用每米长度的质量表示。一般矿井用钢轨系列有 15 kg/m、22 kg/m、30 kg/m、38 kg/m、43 kg/m 五种。钢轨型号是根据巷道类型、运输方式及设备、矿车容积和轨距来选用的,见表 2-11。轨距是两轨道的内侧距离,矿用标准轨距有 600 mm、900 mm 两种。

表 2-11 巷道轨型选择

使用地点	运输设备	钢轨规格/(kg·m^{-1})
斜井	箕斗 人车 运送液压支架设备车	30,38
	1.0 t、1.5 t	22
平硐 大巷 井底车场	8 t 及以上机车 3 t 及以上矿车 2.4 Mt/a 及以上矿井运送液压支架设备车	30
	1.0 t、1.5 t	22
采区巷道	2.4 Mt/a 及以上矿井运送液压支架设备车	30,22
	1.0 t、1.5 t	22,15

对于轨道铺设的要求如下:钢轨的型号应与行驶车辆的类型相适应,轨道铺设应平直,且具有一定的强度和弹性;在弯道处,轨道连接应平滑,且运输巷道内同一线路必须采用同一型号的钢轨;道岔的型号不得低于线路的钢轨型号;在倾角大于 15°的巷道中,轨道的铺设应采取防滑措施。

(2)轨枕规格

轨枕规格应与选用的钢轨型号相适应。矿井多使用钢筋混凝土轨枕或木轨枕,个别地点也有用钢轨枕的。钢筋混凝土轨枕主要用于井底车场、运输大巷和上(下)山;木轨枕主要用于道岔等处;钢轨枕主要用于固定道床。目前,由于预应力钢筋混凝土轨枕具有较好的抗裂性和耐久性,构件刚度大、造价低,使用最多。常用的轨枕规格见表 2-12。

表 2-12 常用的轨枕规格

轨枕类型	轨距/mm	轨型/(kg·m^{-1})	全长/mm	全高/mm	上宽/mm	下宽/mm
木轨枕	600	15	1 200	120	120	150
		22	1 200	140	130	160
	900	15	1 200	120	120	150
		22	1 200	140	130	160
钢筋混凝土轨枕	600	15 或 22	1 100～1 200	120～150	110～130	140～170
	900	≥30	1 500～1 600	150～200	140～160	180～250
预应力钢筋混凝土轨枕	600	15 或 22	1 200	115	100	140

(3)道砟

道砟道床由钢轨及其连接件、轨枕、道砟等组成。道砟道床的优点是施工简单,容易更换,工程造价较低,有一定的弹性和良好的排水性,并有利于轨道调平。但在生产过程中,煤、岩粉洒落在道床上,使其弹性降低,排水受到阻碍,可能影响机车正常运行,但只要加强维护,这种道床完全能够满足机车运行的要求。

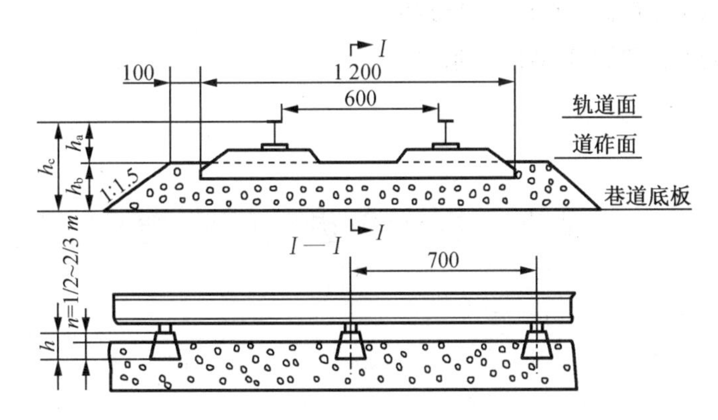

图 2-6 道砟道床铺设关系图

道砟应选用坚硬和不易风化的碎石或卵石,粒度以 20~30 mm 为宜,并不得掺有碎末等杂物,使其具有适当孔隙度,以利排水和有良好的弹性。道砟的高度也应与选用的钢轨型号相适应。在主要运输巷道,其高度不得小于 100 mm,并至少把轨枕高度(m) 1/2~2/3 埋入道砟内,二者关系如图 2-6 所示。

道床宽度可按轨枕长度再加 200 mm 考虑。相邻两轨枕中心线距一般为 0.7~0.8 m,在钢轨接头、道岔和弯道处应适当减小。道床有关参数见表 2-5。

为了减少维护工作量,提高列车运行速度,井底车场和主要运输大巷可采用整体(固定)道床。固定道床用混凝土整体浇筑,将轨道与道床固定在一起,这种道床具有维修工程量小,运营费用低,车辆运行平稳、运行速度快,服务年限长等优点。因此,这种道床主要用于大型矿井的斜井井筒、井底车场和个别运输大巷的轨道铺设中。

3. 巷道设计掘进断面

巷道的净尺寸加上支护和道床参数后,便可获得巷道的设计掘进尺寸,进而算出巷道的设计掘进断面面积。

半圆拱形巷道设计掘进断面面积:

$$S_1 = B_1(0.39B_1 + h_3) \tag{2-7}$$

圆弧拱形巷道设计掘进断面面积:

$$S_1 = 0.24B_2 + 1.27BT + 1.57T^2 + B_1h_3 \tag{2-8}$$

梯形巷道的设计掘进断面面积:

$$S_1 = B_1(B_3 + B_4)H_1/2 \tag{2-9}$$

式中符号意义参见图 2-4、图 2-5 和表 2-5 至表 2-9。

2.2.6 巷道计算掘进断面

巷道设计掘进断面尺寸加上允许的掘进超挖误差值 δ(75 mm),即可算出巷道计算掘进断面尺寸。因此在计算布置锚杆的巷道周长、喷射混凝土周长和粉刷面积周长时,就应用比原设计净宽大 2δ 的计算净宽作为计算基础,以便保证巷道施工时材料应有的消耗量。

煤矿设计部门已编制了常用的拱形和梯形等巷道断面的计算公式,表 2-8、表 2-9 是锚喷支护的半圆拱形和圆弧拱形巷道的断面计算公式,表 2-5 是梯形巷道断面的计算公式。

2.3 水沟与管缆的布置

2.3.1 水沟设计

为了排出井下涌水及其他污水,创造文明的生产环境,设计巷道断面时,应根据矿井生产时通过该巷道的排水量设计水沟。

1. 水沟布置

(1)水平巷道及倾角小于 16°的倾斜巷道的水沟,一般布置在人行侧;当非人行侧有适当空间时,亦可布置;应尽量避免穿越轨道或输送机。

(2)在倾角大于 16°的巷道中,当涌水量小或巷道较窄时,水沟与人行台阶可在巷道同侧平行或重叠布置;当涌水量较大或巷道较宽时,水沟和人行台阶可分设在巷道两侧。

(3)为使立柱牢固和流水畅通,金属或木支架巷道的水沟中线与立柱之间的距离应大于 0.5 m,或者水沟与立柱的最小距离应大于 0.3 m(图 2-7)。

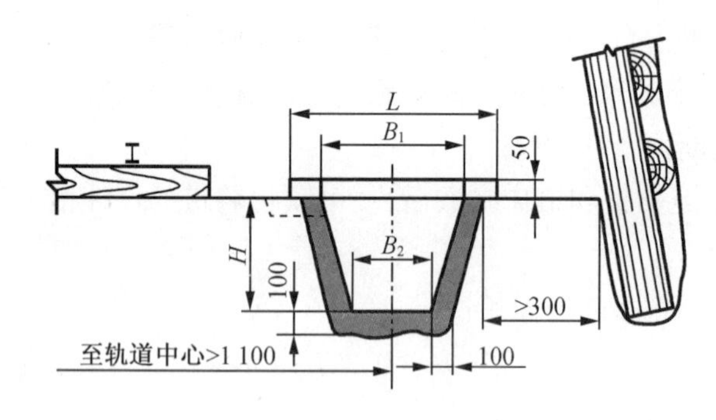

图 2-7 采区梯形巷道水沟断面

(4)对于专用排水巷道、中间设人行道的巷道、有底鼓的巷道和铺设整体道床的巷道,水沟也可布置在巷道中间。

(5)巷道横向水沟,一般应布置在含水层的下方、上(下)山下部车场的上方、带式输送机接头硐室的下方或出水点处。

(6)对于水平和倾斜的砌碹巷道,可将沿水沟一侧的巷道基础加宽 50 mm 以上,以便搭设水沟盖板,同时应使水沟底板掘进面比巷道基础浅 50 ~ 100 mm。

(7)对于倾角小于或等于 10°的行人及车辆来往频繁的主要巷道,水沟上面要加设盖板,盖板顶面应与道砟面平齐。

2. 水沟砌筑

根据水沟服务年限,一般将水沟分为永久性水沟和临时性水沟两类。永久性水沟应砌筑,临时性水沟可不砌筑。对水沟砌筑有如下一般性要求:

(1)井底车场、主要运输大巷、上(下)山等永久性水沟均应砌筑。

(2)水沟一般可用混凝土现浇或片石砌筑,也可采用钢筋混凝土预制。

(3)采区巷道的水沟,根据底板岩性、服务年限、流量大小和运输条件等因素确定其砌筑与否。

(4)如果水沟的围岩坚硬,不会被矿井水腐蚀剥落,或者服务年限较短,可按临时水沟设置。

3. 水沟坡度和流速

矿井水沟坡度应与巷道坡度一致,考虑到流水通畅,平巷坡度不宜小于 3‰;巷道中横向水沟的坡度不宜小于 2‰。

确定采区巷道水沟的坡度应考虑巷道的用途、疏水、煤损和充填料含泥率等因素。采区输送机巷道、分层运输巷道和运输煤门、采区回风巷道和分层回风巷道的水沟可选用 5‰ 的坡度。

水沟采用混凝土砌筑时,水沟中水的最大流速为 10 m/s,不衬砌的水沟中水的最大流速为 4.5 m/s。水沟的最小流速,应以不使煤泥等杂物沉淀为原则,其值一般不应小于 0.5 m/s。

4. 水沟盖板

为行人方便,大巷及倾角小于 15°上(下)山的水沟,一般设置盖板,其规格及材料消耗量见表 2 - 12。盖板的宽度一般比水沟净宽加宽 150 mm,主要巷道的水沟盖板宽度应不大于 500 mm。盖板一般为钢筋混凝土预制板,每块的质量不宜超过 35 kg,厚度不应小于 50 mm,可用设计强度等级不低于 C18 的混凝土、ϕ6 mm 的冷拔 3 号钢筋进行制作。

无运输设备的巷道、倾角大于 15°上(下)山和采区巷道的水沟一般可不设盖板。

5. 水沟的断面

常用的水沟断面形状有对称倒梯形、半倒梯形和矩形。各种水沟断面尺寸应根据水沟的流量、坡度、支护材料和断面形状等因素确定,常用的水沟断面形状及尺寸如图 2 - 7 和图 2 - 8 所示。拱形、梯形巷道水沟规格和材料消耗见表 2 - 13。

2.3.2 管缆布置

根据生产需要,巷道内需要敷设诸如压风管、排水管、供水管、动力电缆、照明和通信电缆等管道和电缆。管缆布置主要是以保证安全和便于安装、检修为原则。

表 2-13　拱形、梯形巷道水沟规格和材料消耗表

巷道类别	支护类别	流量/($m^2 \cdot h^{-1}$)			净尺寸/mm			断面/m^2		每米材料消耗量		
		坡度3‰	坡度4‰	坡度5‰	宽 B		深 H	净	掘进	盖板用钢筋/kg	盖板用混凝土/m^3	水沟用混凝土/m^3
					上宽 B_1	下宽 B_2						
拱形大巷	锚喷	0~86	0~97	0~112	300		350	0.105	0.144	1.336	0.0226	0.114
	砌碹	0~96	0~100	0~123	350	300	350	0.114	0.139	1.336	0.0226	0.099
	锚喷	86~172	97~205	112~227	400		400	0.160	0.203	1.633	0.0276	0.133
	砌碹	96~197	100~227	123~254	400	350	450	0.169	0.207	1.633	0.0276	0.120
	锚喷	172~302	205~249	227~382	500		450	0.225	0.272	2.036	0.0323	0.152
	砌碹	197~349	227~403	254~450	500	450	500	0.238	0.278	2.036	0.0323	0.137
	锚喷	302~374	349~432	382~472	500		500	0.250	0.306	2.036	0.0323	0.161
	砌碹	349~397	403~458	450~512	500	450	550	0.261	0.309	2.036	0.0323	0.145
采区梯形	棚式	0~78	0~90	0~100	230	180	260	0.05	0.146	无		0.093
	棚式	78~118	90~136	100~152	250	220	300	0.07	0.174	无		0.104
	棚式	118~157	136~181	152~202	280	250	320	0.08	0.195	无		0.110
	棚式	157~243	181~280	202~313	350	300	350	0.11	0.236	无		0.122

注:1. 拱形大巷水沟充满系数均为0.75。

2. 梯形巷道水沟超高值为50 mm,即过水断面深度按水面低于水沟上面50 mm考虑。

3. 此表所列规格是常用的部分,并非全部。

1. 管道布置

管道的布置要考虑安全、架设与检修的方便，一般应符合下列要求：

(1)管道应布置在人行道一侧，管道的架设一般采用托架、管墩及锚杆吊挂等方式，并要考虑检修的方便；若架设在人行道上方，管道下部距道砟或水沟盖板的垂直高度不应小于1.8 m，若架设在水沟上，应以不妨碍清理水沟为原则。

砌碴支护的主要运输巷道，一般用槽钢或角钢将管道支托在人行侧的顶部；锚喷支护的主要运输巷道，可将管路锚吊在行人侧的顶部，也可采用毛料石或混凝土墩柱支托管道。

(2)在架线式电机车运输巷道内，管道应尽量避免沿巷道底板架设。

(3)当管道与管道呈交叉或平行布置时，应保证管道之间有足够的更换距离。管道架设在平巷顶部时，应不妨碍其他设备的维修与更换。

(4)管道与运输设备之间必须留有不小于0.2 m的安全距离。

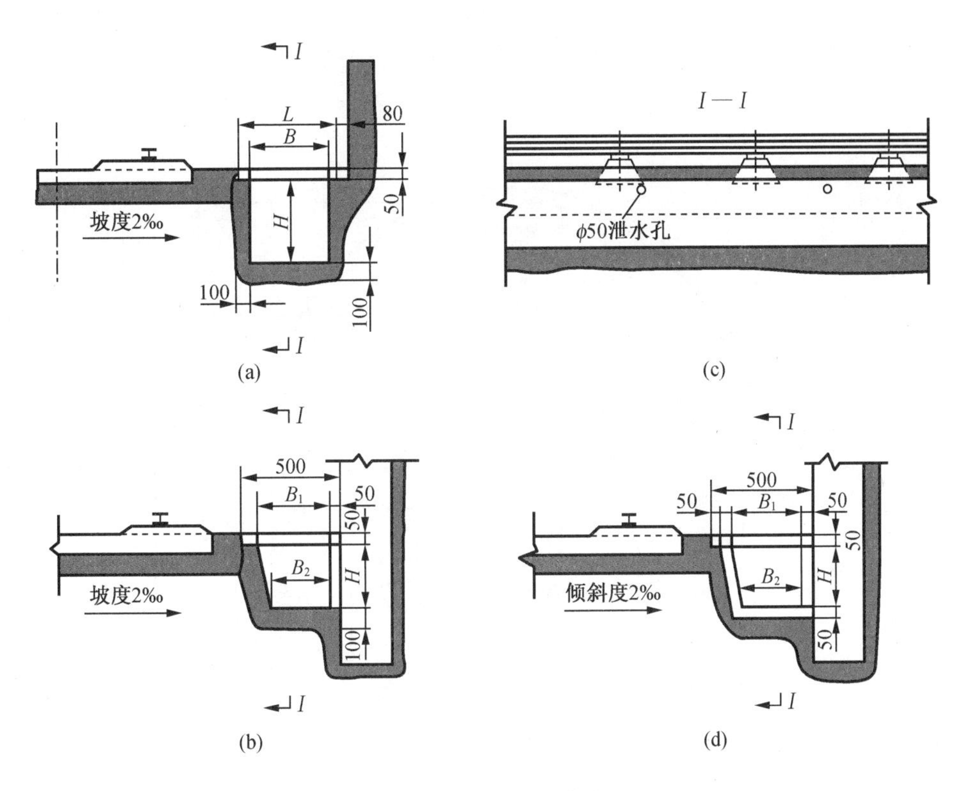

图2-8 拱形巷道水沟断面

2. 电缆布置

电缆布置一般应符合下列要求：

(1)人行道一侧最好不敷设动力电缆。

(2)动力电缆和通信电缆一般不要敷设在巷道的同一侧，如受条件限制设在同一侧时，通信电缆应设在动力电缆上方0.1 m以上的距离处，以防电磁场作用干扰通信信号。

(3)电缆与压风管、供水管在巷道同一侧敷设时，必须敷设在管子上方，并保持0.3 m

以上的距离。

(4)电缆悬挂高度应保证当矿车掉道时不会撞击电缆,或者电缆发生坠落时,不会落在轨道上或运输设备上,所以电缆悬挂高度一般为 1.5 ~ 1.9 m,电缆到巷道顶板的距离一般不小于 300 mm;电缆两个悬挂点的间距不应大于 3.0 m;电缆与运输设备之间距离不应小于 0.25 m;电缆同风筒相互之间应保持 0.3 m 以上距离。

(5)高压电缆和低压电缆在巷道同侧敷设时,相互之间距离应大于 0.1 m 以上。高压电缆之间、低压电缆之间的距离不得小于 50 mm,以便摘挂。

3. 绘制巷道断面施工图

对于已经设计计算的巷道断面尺寸,一般按 1:50 的比例绘制出巷道断面施工图,并附上巷道特征表、每米巷道工程量及材料消耗量表。这些施工图表发至施工单位,作为指导施工的设计依据。目前常用的不同轨距的巷道断面施工图的标准设计已由设计单位编出。图 2 - 9 所示为 600 mm 轨距双轨直线运输大巷(架线式电机车、3 t 底卸式矿车)巷道断面施工图,其巷道特征和每米巷道工程量及材料消耗量分别见表 2 - 14 和表 2 - 15。

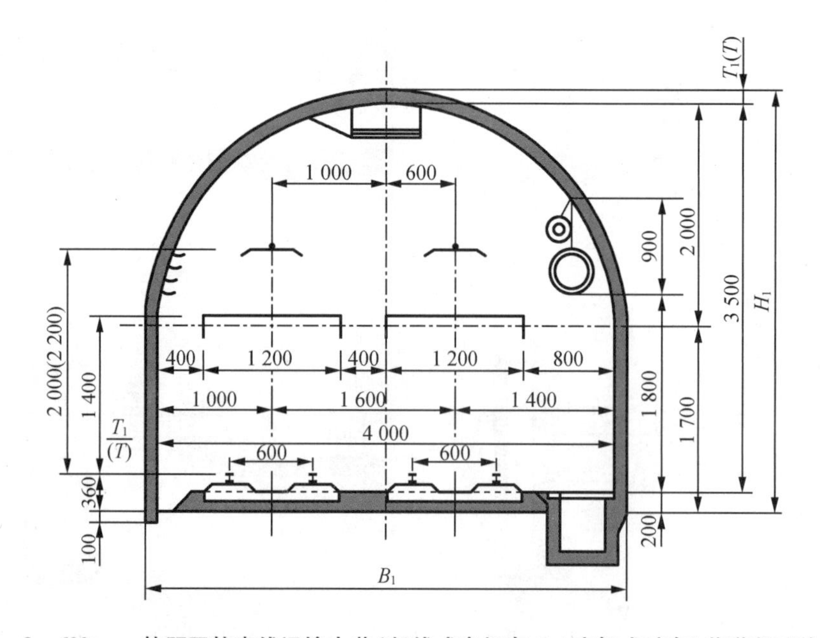

图 2 - 9 600 mm 轨距双轨直线运输大巷(架线式电机车、3 t 底卸式矿车)巷道断面施工图

表 2－14 运输大巷特征

围岩类别	断面/m^2		设计掘进尺寸/mm		喷射厚度（锚喷厚度）$T_1(T)$/mm	锚杆						净周长/m
	净	设计掘进	宽 B_1	高 H_1		类型	外露长度 T_2/mm	排列方式	间排距/mm	锚深/mm	直径/mm	
Ⅰ	12.2	13.2	4 040	3 720	(20)							13.3
Ⅱ	12.2	14.0	4 200	3 800	100							13.3
Ⅲ	12.2	14.0	4 200	3 800	100	钢筋砂浆	50	矩形	800	1 600	14	13.3
Ⅳ	12.2	14.2	4 240	3 820	120	钢筋砂浆	100	三花	800	1 800	14	13.3
Ⅴ	12.2	14.5	4 300	3 580	150	钢筋砂浆	100	三花	600	1 800	14	13.3

注：围岩类别是按《煤矿井巷工程锚杆、喷浆、喷射混凝土支护设计试行规范》中的煤矿围岩分类。

表 2－15 每米巷道工程量及材料消耗量

围岩分类	计算掘进工程量/m^3		锚杆数量/根	材料消耗量							粉刷面积/m^2
				喷射材料/kg	锚杆			托板		钢丝网/(kg·m^{-2})	
	巷道	墙脚			钢筋/kg	木/根	注浆量/m^3	铸铁/kg	木/个		
Ⅰ	14.0			(0.20)							9.5
Ⅱ	14.8	0.04		1.03							9.5
Ⅲ	14.8	0.04	13.8	1.03	27.55		0.030				9.5
Ⅳ	15.0	0.04	15.5	1.24	36.03		0.039	30.07			9.5
Ⅴ	15.3	0.05	28.0	1.55	65.05		0.070	54.33		6.65/7.0	9.5

2.4 巷道断面设计示例

为了简化设计工作,我国煤矿设计部门对常用的巷道断面已编制出巷道断面施工图设计标准,可供查阅选用。下面举例说明巷道断面设计的步骤和方法。

【例题】 某煤矿年设计能力为 90 万 t,低瓦斯矿井,中央分列式通风,井下最大涌水量为 320 m^3/h。通过该矿第一水平东翼运输大巷的流水量为 160 m^3/h,采用 ZK10 - 6/250 直流架线式电机车牵引 1.5 t 矿车运输,该大巷穿过中等稳定的岩层,岩石坚固性系数 $f=4\sim6$,需通过的风量为 48 m^3/s。巷道内敷设一趟直径为 200 mm 的压风管和一趟直径为 100 mm 的水管。试设计运输大巷直线段的断面。

1. 选择巷道断面形状

年产 90 万 t 矿井的第一水平运输大巷,一般服务年限在 20 年以上,采用 600 mm 轨距双轨运输的大巷,其净宽在 3 m 以上,又穿过中等稳定的岩层,故选用螺纹钢树脂锚杆与喷射混凝土支护,半圆拱形断面。

2. 确定巷道净断面尺寸

(1)确定巷道净宽度 B

查表 2 - 2 知 ZK10 - 6/250 电机车宽 $A_1=1\ 060$ mm、高 $h=1\ 550$ mm,1.5 t 矿车宽 1 050 mm、高 1 200 mm。

根据《煤矿安全规程》,取巷道人行道宽 $c=840$ mm、非人行道一侧宽 $a=400$ mm。又查表 2 - 4 知该巷双轨中心距 $b=1\ 300$ mm,则两电机车之间距离为

$$1\ 300\ \text{mm}-(1\ 060/2+1\ 060/2)\ \text{mm}=240\ \text{mm}$$

故巷道净宽度:$B=a_1+b+c_1=(400+1\ 060/2)\ \text{mm}+1\ 300\ \text{mm}+(1\ 060/2+840)\ \text{mm}=930\ \text{mm}+1\ 300\ \text{mm}+1\ 370\ \text{mm}=3\ 600\ \text{mm}$。

(2)确定巷道拱高 h_0

半圆拱形巷道拱高 $h_0=B/2=3\ 600\ \text{m}/2=1\ 800\ \text{mm}$。半圆拱半径 $R=h_0=1\ 800$ mm。

(3)确定巷道壁高 h_3

①按架线式电机车导电弓子要求确定 h_3。由表 2 - 7 中半圆拱形巷道壁高公式得

$$h_3\geqslant h_4+h_c-\sqrt{(R-n)^2-(K+b_1)^2}$$

式中 h_4——轨面起电机车架线高度,按《煤矿安全规程》取 $h_4=2\ 000$ mm;

h_c——道床总高度,查表 2 - 11 选 30 kg/m 钢轨,再查表 2 - 6 得 $h_c=410$ mm,道砟高度 $h_b=220$ mm;

n——导电弓子距拱壁安全间距,取 $n=300$ mm;

K——导电弓子宽度之半,$K=718\ \text{mm}/2=359$ mm,取 $K=360$ mm;

b_1——轨道中线与巷道中线间距,$b_1=B/2-a_1=3\ 600\ \text{mm}/2-930\ \text{mm}=870$ mm。

故 $h_3\geqslant 2\ 000\ \text{mm}+410\ \text{mm}-\sqrt{(1\ 800-300)^2-(360+870)^2}\ \text{mm}=1\ 552\ \text{mm}$。

②按管道装设要求确定 h_3：

$$h_3 \geqslant h_5 + h_7 + h_b - \sqrt{R^2 - (K + m + D/2 + b_2)^2}$$

式中 h_5——砟面至管子底高度，按《煤矿安全规程》取 $h_5 = 1\ 800$ mm；

h_7——管子悬吊件总高度，取 $h_7 = 900$ mm；

m——导电弓子与管子距离，取 $m = 300$ mm；

D——压气管法兰盘直径，$D = 335$ mm；

b_2——轨道中线与巷道中线间距，$b_2 = B/2 - C_1 = 3\ 600\ \text{mm}/2 - 1\ 370\ \text{mm} = 430\ \text{mm}$。

故 $h_3 \geqslant 1\ 800\ \text{mm} + 900\ \text{mm} + 220\ \text{mm} - \sqrt{18\ 002 - (360 + 300 + 335/2 + 430)2\ \text{mm}}$ $= 1\ 633\ \text{mm}$。

③按人行高度要求确定 h_3：

$$h_3 \geqslant 1\ 800 + h_b - \sqrt{R^2 - (R - j)^2}$$

式中，j 为距壁 j 处的巷道有效高度，不小于 1 800 mm。$j \geqslant 100$ mm，一般取 $j = 200$ mm。

故 $h_3 \geqslant 1\ 800\ \text{mm} + 220\ \text{mm} - \sqrt{18\ 002 - (1\ 800 - 200)^2}\ \text{mm} = 1\ 195\ \text{mm}$。

综上计算，并考虑一定的余量，确定该巷道壁高为 $h_3 = 1\ 820$ mm。则巷道高度 $H = h_3 - h_b + h_0 = 1\ 820\ \text{mm} - 220\ \text{mm} + 1\ 800\ \text{mm} = 3\ 400\ \text{mm}$。

(4)确定巷道净断面面积 S 和净周长 P

由式(2-7)得净断面面积：

$$S = B(0.39B + h_2)$$

式中，h_2为道砟面以上巷道壁高，$h_2 = h_2 - h_b = 1\ 820\ \text{mm} - 220\ \text{mm} = 1\ 600\ \text{mm}$。

故 $S = 3\ 600\ \text{mm} \times (0.39 \times 3\ 600 + 1\ 600)\text{mm} = 10\ 814\ 400\ \text{mm}^2 = 10.8\ \text{m}^2$。

净周长 $P = 2.57B + 2h_2 = 2.57 \times 3\ 600\ \text{mm} + 2 \times 1\ 600\ \text{mm} = 12\ 500\ \text{mm} = 12.5\ \text{m}$。

(5)用风速校核巷道净断面面积

查表2-9，知 $v_{max} = 8$ m/s，已知通过大巷风量 $Q = 48\ \text{m}^3/\text{s}$，代入式(2-6)得

$$v = \frac{Q}{S} = \frac{48\ \text{m}^3/\text{s}}{10.8\ \text{m}^2} = 4.4\ \text{m/s} < 8\ \text{m/s}$$

设计的大巷净断面面积、风速没超过规定，可以使用。

(6)选择支护参数

采用锚喷支护，根据巷道净宽3.6 m、穿过中等稳定岩层即属Ⅲ类围岩、服务年限大于10年等条件，确定选用锚固可靠、锚固力大的树脂锚杆，杆体为 $\phi 18$ mm 螺纹钢，每孔安装两个树脂药卷，锚固长度≥700 mm，设计锚固力≥80 kN。锚杆长度2.0 m，成方形布置，其间排距0.80 m×0.80 m，托板为8 mm厚150 mm×150 mm的方形钢板。喷射层厚 $T_1 = 100$ mm，分两次喷射，每次各喷50 mm厚，故支护厚度 $T = T_1 = 100$ mm。

(7)选择道床参数

根据该巷道通过的运输设备，已选用30 kg/m钢轨，其道床参数 h_c、h_b 分别为410 mm和220 mm，道砟面至轨面高度 $h_a = h_c - h_b = 410\ \text{mm} - 220\ \text{mm} = 190\ \text{mm}$，采用钢筋混凝土轨枕。

(8)确定巷道掘进断面尺寸

由表2－7计算公式得：

巷道设计掘进宽度 $B_1 = B + 2T = 3\ 600\ \text{mm} + 2 \times 100\ \text{mm} = 3\ 800\ \text{mm}$。

巷道计算掘进宽度 $B_2 = B_1 + 2\delta = 3\ 800\ \text{mm} + 2 \times 75\ \text{mm} = 3\ 950\ \text{mm}$。

巷道设计掘进高度 $H_1 = H + h_b + T = 3\ 400 + 220 + 100 = 3\ 720\ \text{mm}$。

巷道计算掘进高度 $H_2 = H_1 + \delta = 3\ 720 + 75 = 3\ 795\ \text{mm}$。

巷道设计掘进断面面积 $S_1 = B_1(0.39B_1 + h_3) = 3\ 800\ \text{mm} \times (0.39 \times 3\ 800 + 1\ 820)\ \text{mm} = 12\ 547\ 600\ \text{mm}^2$，取 $S_1 = 12.55\ \text{m}^2$。

巷道计算掘进断面面积 $S_2 = B_2(0.39B_2 + h_3) = 3\ 950\ \text{mm} \times (0.39 \times 3\ 950 + 1\ 820)\ \text{mm} = 13\ 273\ 975\ \text{mm}^2$，取 $S_2 = 13.27\ \text{m}^2$。

3. 计算巷道掘进工程量及材料消耗量

由表2－7计算公式得：

每米巷道拱与墙计算掘进体积 $V_1 = S_2 \times 1 = 13.27\ \text{mm}^2 \times 1\ \text{m} = 13.27\ \text{m}^3$。

每米巷道墙脚计算掘进体积 $V_1 = 0.2(T + \delta) \times 1 = 0.2\ \text{m} \times (0.1 + 0.075)\text{m} \times 1\ \text{m} = 0.04\ \text{m}^3$。

每米巷道拱与墙喷射材料消耗 $V_2 = [1.57(B_2 - T_1)T_1 + 2h_3T] \times 1 = [1.57 \times (3.95 - 0.10) \times 0.10 + 2 \times 1.82 \times 0.10]\text{m}^2 \times 1\ \text{m} = 0.968\ \text{m}^3$。

每米巷道墙脚喷射材料消耗 $V_4 = 0.2T_1 \times 1 = 0.2\ \text{m} \times 0.10\ \text{m} \times 1\ \text{m} = 0.02\ \text{m}^3$。

每米巷道喷射材料消耗(不包括损失) $V = V_2 + V_4 = (0.968 + 0.02)\text{m}^3 = 0.988\ \text{m}^3$。

每米巷道锚杆消耗为

$$N = \frac{P_1 - 0.5a}{aa'}$$

式中 P_1——计算锚杆消耗周长，$P_1 = 1.57B_2 + 2h_3 = 1.57 \times 3.95\ \text{m} + 2 \times 1.82\ \text{m} = 9.84\ \text{m}$；

a、a'——锚杆间距、排距，$a = a' = 0.8\ \text{m}$。

故 $N = \dfrac{9.84 - 0.5 \times 0.8}{0.8 \times 0.8} = 14.75$ 根。

折合质量为

$$G = 14.75 \times \left[l\pi\left(\frac{d}{2}\right)2\rho\right]$$

式中 l——锚杆长度，$l = 2.0\ \text{m}$；

d——锚杆直径，$d = 18\ \text{mm}$；

ρ——锚杆材料密度，$\rho = 7\ 850\ \text{kg/m}^3$。

经计算得 $G = 72.71\ \text{kg}$。

由于每根锚杆安装2个树脂药卷，则每米巷道树脂药卷消耗 $M = 2N = 29.5$ 个。

每排锚杆数为 $N \times 0.8 = 14.75 \times 0.8 = 11.8 \approx 12$ 根。

每排树脂药卷数：$M \times 0.8 = 29.5 \times 0.8 = 23.6 \approx 24$ 个。

每米巷道粉刷面积：$S_n = 1.57B_3 + 2h_2$。

式中，B_3为计算净宽，$B_3 = B_2 - 2T = 3.95 - 2 \times 0.10 = 3.75\ \text{m}$。故 $S_n = 1.57 \times 3.75 + 2 \times$

1.60 = 9.1 m²。

4. 绘制巷道断面施工图、编制巷道特征表和每米巷道工程量及材料消耗量表

根据以上计算结果，按 1∶50 比例绘制出巷道断面施工图（图 2－10），并附上运输大巷特征表（表 2－16）和每米工程量及材料消耗量（表 2－17）。

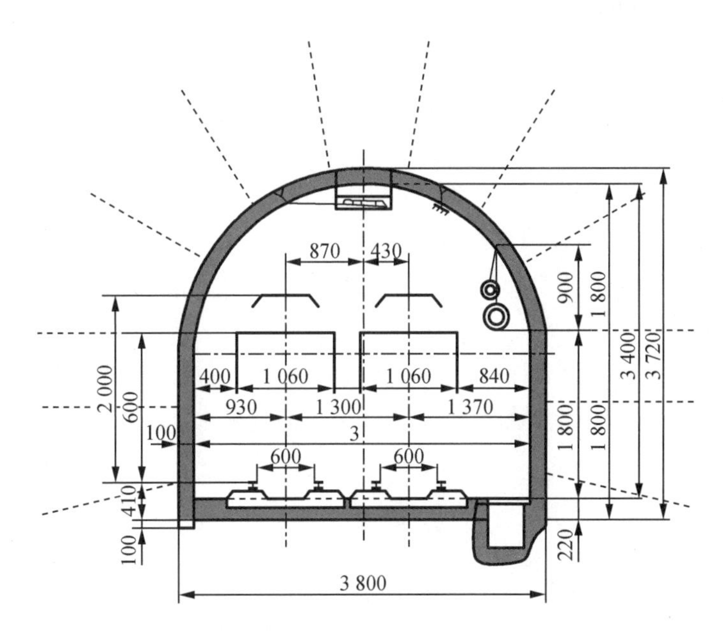

图 2－10 运输大巷断面施工图

表 2－16 运输大巷特征表

围岩类型	断面面积/m³		设计掘进尺寸/mm		喷射厚度/mm	锚杆/mm					净周长/m
	净	设计掘进	宽	高		形式	排列方式	间排距	锚杆长	直径	
Ⅲ	10.8	12.5	3 800	3 700	100	螺纹钢筋树脂锚杆	方形	800	2 000	18	12.5

表 2－17 运输大巷每米工程量及材料消耗量

围岩类型	计算掘进工作量/m³		锚杆数量/根	材料消耗			粉刷面积/m²
	巷道	墙脚		喷射材料/m³	锚杆		
					钢筋/kg	树脂药卷/个	
Ⅲ	13.27	0.04	14.75	0.98	58.90	29.5	9.1

复习思考题

1. 巷道按用途分有哪几类?

2. 巷道断面形状有哪几类?选择断面形状的依据是什么?

3. 巷道断面设计的基本原则是什么?巷道断面尺寸应满足哪些要求?

4.《煤矿安全规程》对巷道的净宽和净高有哪些明确规定?

5. 拱形巷道的墙高受哪些因素的制约?

6. 采用光面爆破技术的锚喷支护巷道,为什么必须考虑超挖值?

7. 在确认巷道净断面规格时,为什么必须验算风速?《煤矿安全规程》对风速有何具体要求?

8. 净断面、设计掘进断面和计算掘进断面有何区别?巷道超挖和欠挖的后果是什么?

9. 根据什么原则选择水沟断面?对水沟的坡度有何要求?

第3章　岩巷施工

岩巷掘进按破岩方法分为钻眼爆破法和机械破岩法两种。我国煤矿岩巷掘进目前仍主要采用钻眼爆破法,光面微差中深孔爆破技术、锚喷支护技术等的成功应用,为我国岩巷钻眼爆破法安全高效掘进创造了积极条件。但是,岩巷掘进速度长时间维持在每月 60 ~ 70 m,难以适应煤矿安全生产和矿井建设速度的要求。我国掘进机的研制和应用从轻型、中型发展到重型,已经形成了 EBJ、EBZ、EBH 三大系列的部分断面岩石掘进机,全断面岩石掘进机也在个别矿区开始试验。但是,这两类掘进机在煤矿岩巷中的推广应用还需要很长时间的发展过程。

3.1　钻眼爆破

钻眼爆破法工序包括工作面定向、钻眼工作、装药连线、爆破通风、安全检查与洒水、临时支护、装岩与运输、清底、永久支护、水沟掘砌、永久轨道铺设和管线安设等。各工序的质量及工序间的衔接,特别是钻眼爆破工作的质量,对巷道的施工安全、施工质量、掘进速度及工效、成本等都有较大的影响。因此,钻眼爆破工作应当做到以下几点。

(1)巷道断面形状与规格、方向与坡度均应符合设计要求和施工规范与质量验收规范的标准,要求超挖不得大于 150 mm,欠挖不得超过质量标准规定。

(2)爆破后的岩石块度应有利于提高装岩生产率,岩堆形状应有利于组织装运与钻眼的平行作业,巷道底板平整有利于各种设备和人员行走。

(3)对围岩的震动和破坏要小,减少支护难度,并有利于巷道长期稳定。

(4)爆破单位体积岩石所需炸药和雷管的消耗量要低,炮眼利用率应达到 80% 以上。

(5)不破坏已完成的工程,且有利于后续作业的安全和机械化施工。

因此,为了获得良好的爆破效果,工作面的炮眼必须正确布置,爆破参数确定合理,炸药选用适宜,爆破技术也要不断改进。

3.1.1　炮眼布置

由于爆破工作是在只有一个自由面的狭小空间内进行的,要达到理想的爆破效果,必须将各类不同作用的炮眼合理地布置在相应位置上,使每个炮眼都能起到应有的爆破作用。工作面的炮眼,按其用途和位置可分为掏槽眼、辅助眼和周边眼三类(图 3 - 1)。当采用毫秒延期爆破技术时,其起爆顺序先是掏槽眼,然后是辅助眼,最后是周边眼,以保证爆破效果。

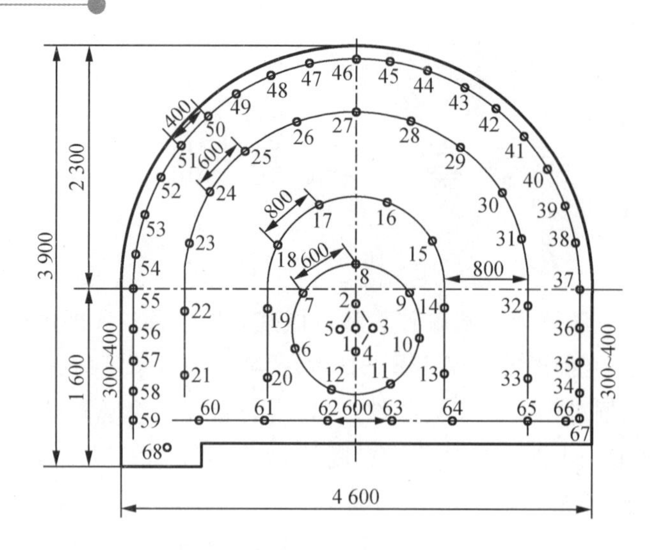

1—中空掏槽眼;2,3,4,5—装药掏槽眼;6,7,8,9,10,11,12—第一圈辅助眼;
13,14,15,16,17,18,19,20—第二圈辅助眼;21,22,23,24,25,26,27,28,29,30,31,32,33—第三圈辅助眼;
34,35,36,37,55,56,57,58,59—帮眼;38,39,40,41,42,43,44,45,46,47,48,49,50,51,52,53,54—拱眼;
60,61,62,63,64,65,66,67—底眼;68—水沟眼。

图3-1 工作面炮眼布置

1. 掏槽眼

掏槽眼首先起爆,为其他炮眼的爆破创造附加自由面,因此掏槽效果对循环进尺起着决定性的作用。在掘进工作面中如果存在显著易爆的软弱岩层,应将掏槽眼布置在这些软弱岩层中。另外,因为掏槽眼爆破时自由面小、炮眼利用率较低,为保证辅助眼和周边眼有较高的炮眼利用率,掏槽眼通常比其他炮眼深200~300 mm,并增大装药量。

掏槽眼一般布置在巷道断面中央偏下位置,距底板1.2 m左右,便于钻眼时掌握方向,并有利于其他多数炮眼借助岩石的自重崩落。掏槽方式按照掏槽眼的方向可分为三大类,即斜眼掏槽、直眼掏槽和混合掏槽。

(1)斜眼掏槽

斜眼掏槽是巷道掘进中常用的掏槽方法,适用于各种岩石。斜眼掏槽主要包括单向掏槽、扇形掏槽、楔形掏槽和锥形掏槽四种,其中以楔形掏槽应用最为广泛。

①单向掏槽时,掏槽眼排列成一行并朝一个方向倾斜,如图3-2所示,眼距300~600 mm,眼深一般不超过1.5 m,各掏槽眼同时起爆。这种掏槽方式由于炸药集中程度低,主要用于中硬以下或较软岩层,特别是当工作面有软弱岩层的情况。

②扇形掏槽时,各掏槽眼的角度、深度及起爆顺序均不同,适用于煤层、半煤岩或有软夹层的巷道(图3-3)。扇形掏槽需要多段延期电雷管顺序起爆各掏槽眼,逐渐加深、加大槽腔。

③楔形掏槽一般用在中硬及以上岩石,爆破后形成楔形槽腔,如图3-4所示。这种掏槽方法装药比较集中,槽腔体积较大,爆破效果较好。掏槽眼数目取决于断面尺寸和岩石的坚硬程度,一般是2~3对,两两对称地布置在巷道断面中央偏下的位置。掏槽眼与工作面夹角在60°~75°,槽口宽度一般为1.0~1.4 m,掏槽眼的排距为0.3~0.5 m。各对掏槽

眼应同在一个水平面上，两眼底距离为 200～300 mm，掏槽眼深度眼深要比一般炮眼加深 200 mm 以上，这样才能保证较好的爆破效果。

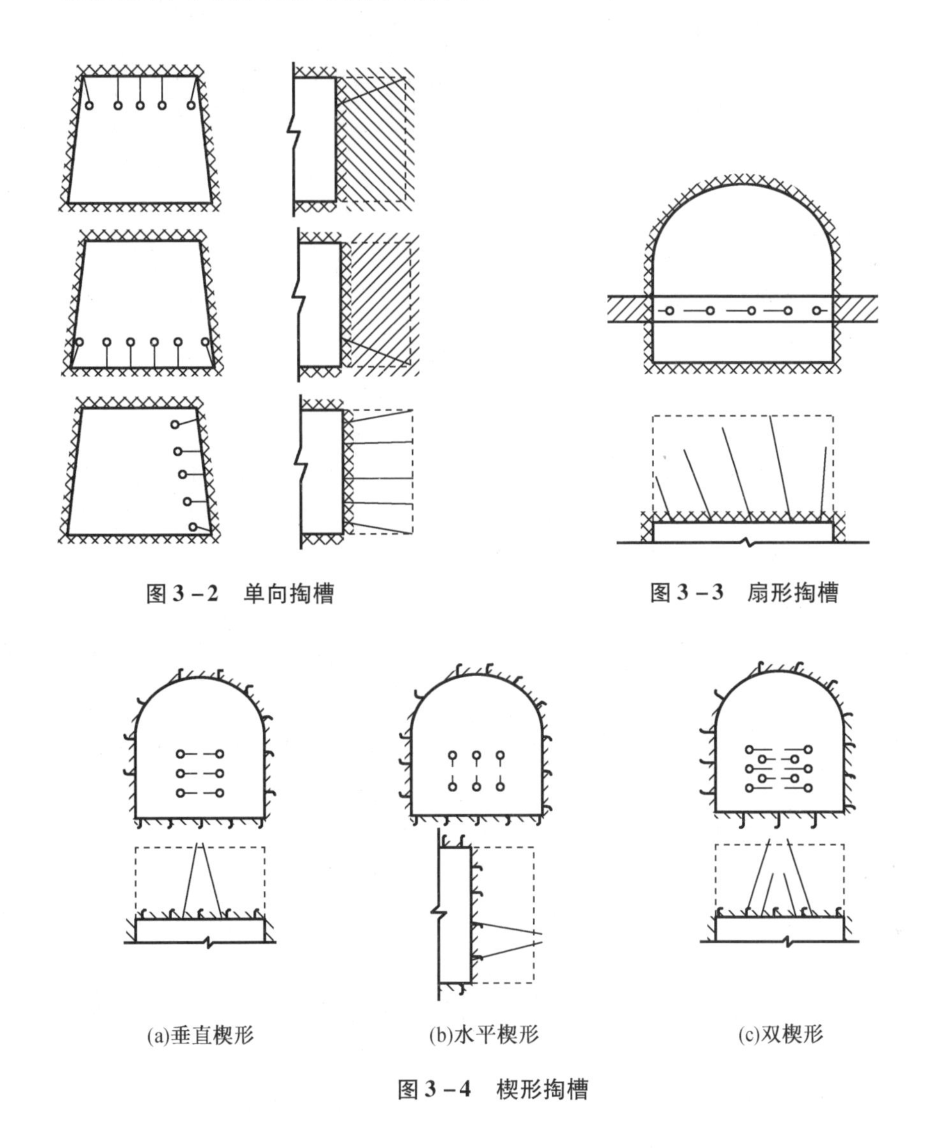

图 3－2 单向掏槽

图 3－3 扇形掏槽

(a)垂直楔形 (b)水平楔形 (c)双楔形

图 3－4 楔形掏槽

水平楔形掏槽钻眼比较困难，除非是岩层的层节理比较发育时才使用。岩石特别坚硬，难爆或眼深超过 2 m 时，可增加 2～3 对初始掏槽眼[图 3－4(c)]形成双楔形，也称为复式掏槽。

④锥形掏槽是由数个共同向中心倾斜的掏槽眼组成，所掏出的槽腔是一个锥体(图 3－5)。由于炸药相对集中程度高，只要严格掌握好钻眼质量，在坚硬的岩石中可取得较好的爆破效果。掏槽眼数目多采用 3 个或 4 个。该方法因钻眼工作很不方便，钻眼深度受到限制，在煤矿巷道中应用甚少，主要适用于立井井筒掘进。

斜眼掏槽的优点是：装药在槽腔内较为集中，能获得较好的掏槽效果；适用于各类岩层，可充分利用自由面，逐步扩大爆破范围；所需的掏槽眼数目较少，掏槽面积较大，单位耗药量小于直眼掏槽；槽眼位置和倾角的精确度对掏槽效果的影响较小。

斜眼掏槽的缺点是：因掏槽眼倾斜，钻眼方向难以掌握，掏槽眼深度也受到巷道宽度的限制;爆破后碎石抛掷距离较大,岩堆分散,且易损坏设备和支护。

另外,斜眼掏槽时,掏槽眼的装药长度系数一般要达到0.6以上。

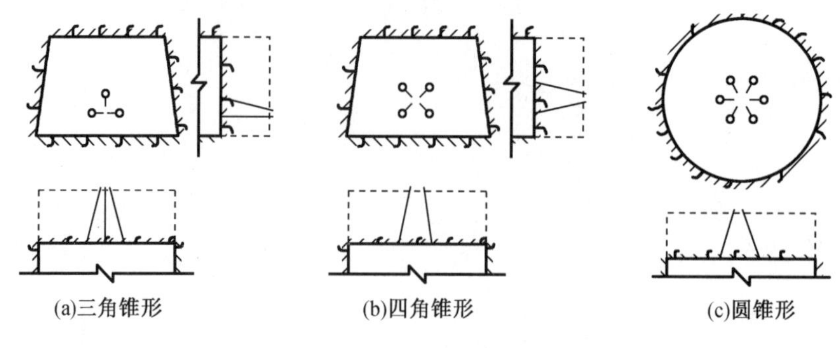

图3-5 锥形掏槽

(2)直眼掏槽

直眼掏槽时所有的掏槽眼都垂直于工作面,各掏槽眼之间互相平行,且间距(L)较小。直眼掏槽一般都有不装药的空眼,其作用是给装药眼提供附加自由面和作为破碎岩石的膨胀空间。

直眼掏槽可分为缝隙掏槽、角柱式掏槽和螺旋掏槽三种。

①缝隙掏槽又称龟裂掏槽,掏槽眼布置在一条直线上且相互平行,隔眼装药,同时起爆,爆破后形成一条稍大于掏槽眼直径的条形槽口,如图3-6所示。缝隙掏槽尤其适用于掘进断面中有较软夹层的情况。掏槽眼间距视岩层性质而定,一般为100~200 mm,掏槽眼深度以小于2.0 m为宜。在多数情况下,装药眼与空眼的直径相同。

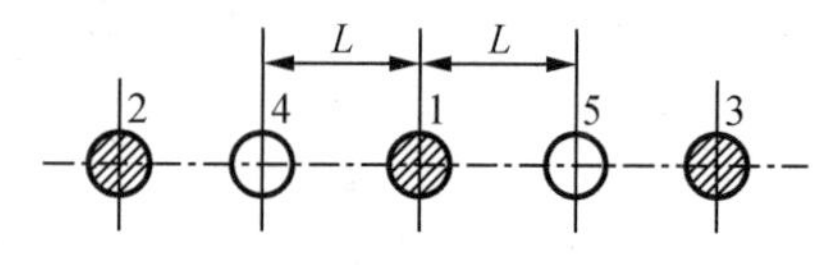

图3-6 缝隙掏槽

②角柱式掏槽,掏槽眼按各种几何形状布置,形成的槽腔呈柱体状,又称为桶状掏槽。这种掏槽方式掏槽眼布置方式很多,多为对称式布置,在中硬岩石中使用效果好,故采用较多。装药眼和空眼数目及其相互位置与间距是根据岩石性质和井巷断面来确定的。空眼直径可以采用等于或大于装药眼的直径。掏槽眼深度在2.5 m以下时,经常采用的掏槽方式有三角柱掏槽、菱形掏槽和五星掏槽等。

三角柱掏槽的掏槽眼布置如图3-7所示。掏槽眼间距为100~300 mm,各装药孔一般可用一段雷管同时起爆,也可分两段或三段起爆。

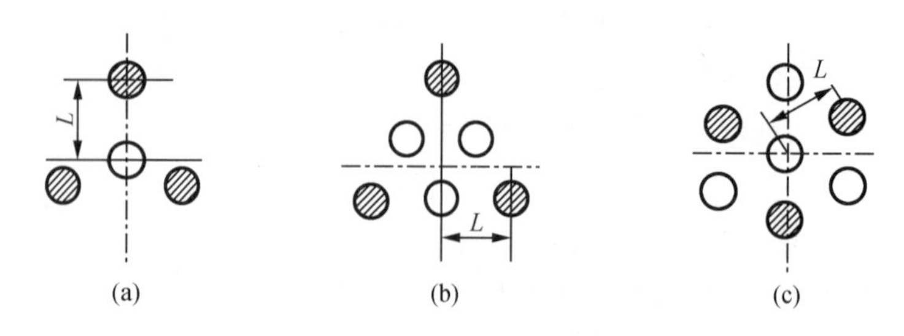

图3-7 三角柱掏槽的掏槽眼布置

菱形掏槽的掏槽眼布置如图3-8所示。在中硬岩石中,a 取100~130 mm,b 取170~

200 mm;在坚硬岩石中,可将中空眼改为相距 100 mm 的两个空眼,分两段起爆,1 号、2 号眼为一段,3 号、4 号眼为二段。这种掏槽方式简单,易于掌握,适用于各种岩层条件,掏槽眼深度小于 2.0 m 时效果很好。

五星掏槽的掏槽眼布置如图 3-9 所示。在软岩中,a 不大于 200 mm,b 取 250 ~ 300 mm;在中硬岩层中,a 取 160 mm,b 取 250 mm。这种掏槽方式分两段起爆,1 号眼为一段,2 ~ 5 号眼为二段。

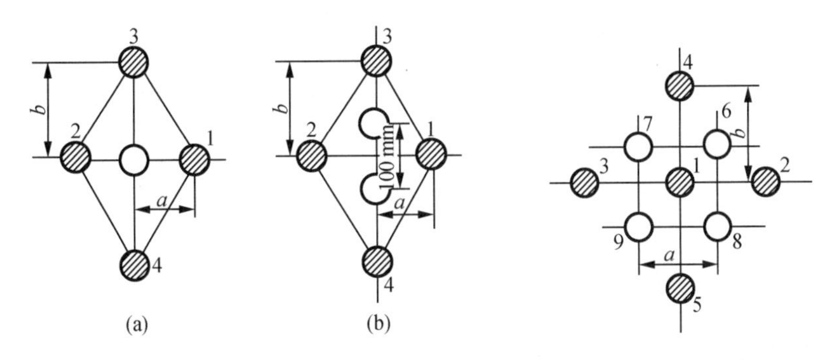

图 3-8 菱形掏槽的掏槽眼布置　　图 3-9 五星掏槽的掏槽眼布置

③螺旋掏槽,所有装药眼围绕中心空眼呈螺旋状布置,并从距空眼最近的掏槽眼开始顺序起爆,逐步扩大槽腔,可以用较少的掏槽眼和炸药获得较大体积的槽腔。但螺旋掏槽需要的雷管段数较多,使其使用受到限制。

中心空眼为小直径的螺旋掏槽[图 3-10(a)],眼距 L_1 为(1 ~ 2)d、L_2 为(2 ~ 3)d、L_3 为(3 ~ 4)d、L_4 为(4 ~ 5)d、d 为空眼直径。0 ~ 4 号掏槽眼深度相同,0_1 号、0_2 号掏槽眼深度加深 200 ~ 400 mm。0_1 号、0_2 号掏槽眼是为加强抛掷设置的半空眼,可装 1 ~ 2 个药卷反向装药,以加强抛掷。这种掏槽方式适应于各种岩石,眼深可加深到 3 m。按眼序 1— 4 逐个分四段起爆,如 0_1 号、0_2 号掏槽眼装药时则为第五段起爆。

中心空眼为大直径(100 ~ 120 mm)的螺旋掏槽[图 3-10(b)],掏槽眼深度一般不宜超过 2.5 m,按眼序 1— 4 分四段起爆,可用于坚硬岩石的大断面巷道。

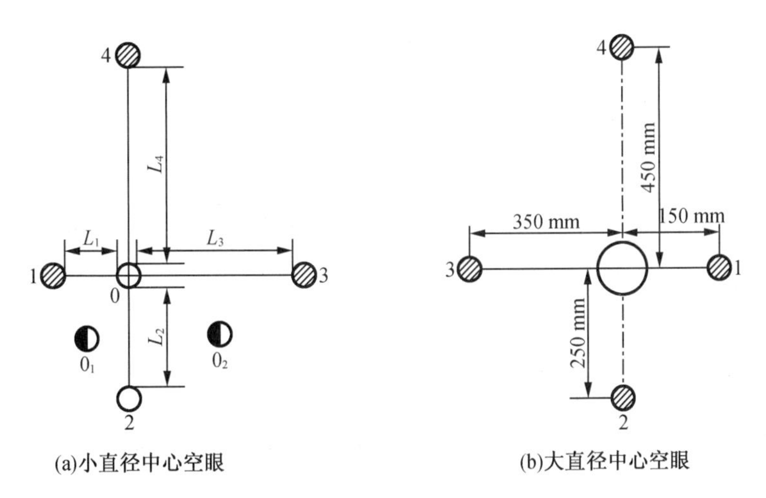

图 3-10 螺旋掏槽的掏槽眼布置

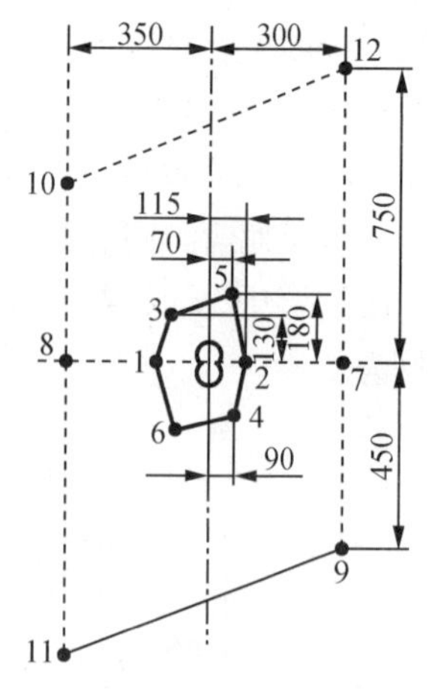

图 3-11　双螺旋掏槽的掏槽眼布置

图 3-11 所示为双螺旋掏槽的掏槽眼布置，装药眼围绕中心大直径空眼沿相对的两条螺旋线布置（1,3,5,7,9,11 和 2,4,6,8,10,12）。中心空眼一般采用大直径钻孔，或采用两个贯通的小直径空眼（形成“8”字形空眼）。此种掏槽方式适用于岩石坚硬、密实，无裂缝和存在层节理的情况。掏槽眼的起爆顺序：距空眼最近的炮眼最先起爆，起爆眼数目视掏槽方式及空眼直径和个数而定，同时受现有雷管总段数的限制，一般先起爆 1 ~ 4 个。后续掏槽眼同样按上述原则确定其起爆顺序及同一段起爆眼数目。各段雷管间隔时间 50 ~ 100 ms 时，掏槽效果比较好。

直眼掏槽的装药量，应当保证掏槽范围内的岩石充分破碎并有足够的能量将破碎后的岩石尽可能地抛掷到槽腔以外，因此掏槽眼均为超量装药，装药系数一般为 0.7 ~ 0.8，药卷和炮泥往往将掏槽眼基本填满。当掏槽眼深度改变时，掏槽眼布置可不变，只调整装药量即可。

直眼掏槽均以空眼作为附加自由面，由于自由面很小，装药所受的夹制作用较大，因此空眼直径、数量和位置对掏槽效果起着重要作用。

试验表明，直眼掏槽的掏槽眼间距（包括装药眼之间以及距空眼的距离）是影响掏槽效果最敏感的参数：过大，爆破后岩石仅产生塑性变形而出现“冲炮”现象；过小，会将邻近炮眼内的炸药“挤死”，使之拒爆，或使岩石“再生”。

直眼掏槽的优点是：掏槽眼深度不受巷道断面的限制，可用于深孔爆破，同时也便于使用高效凿岩机和凿岩台车钻眼；岩石的抛掷距离较近，爆堆集中，不易崩坏设备和支架。

直眼掏槽的缺点是：需要较多的炮眼数目和较大的装药量。

（3）混合掏槽

混合掏槽以直眼掏槽为主并利用斜眼掏槽的优点，可在加强直眼掏槽的抛砟能力的同时提高炮眼的利用率（图 3-12）。斜眼布置成垂直楔形，与工作面的夹角为 75° ~ 85°，装药系数以 0.4 ~ 0.5 为宜，在所有垂直槽眼起爆之后起爆，以发挥其抛砟扩槽作用。

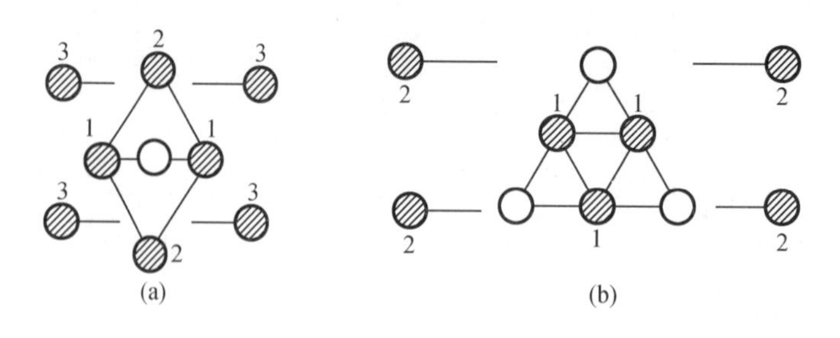

图 3-12　混合掏槽

在钻凿小直径炮眼的同时，多功能凿岩台车可钻凿 100 mm 以上的大直径炮眼代替掏槽眼，改变传统的掏槽方式，提高了掏槽爆破的炮眼利用率，从而从根本上解决巷道掘进掏槽难的问题，也大大地提高了巷道掘进速度。

2. 辅助眼

辅助眼又称为崩落眼，是破碎岩石的主要炮眼，并继续扩大掏槽范围。辅助眼利用掏槽眼爆破后创造的平行于炮眼的自由面，爆破条件大大改善，故能在该自由面方向上形成较大体积的破碎漏斗。

辅助眼成圈且均匀布置在掏槽眼与周边眼之间，一般垂直于工作面，间距为 500 ~ 700 mm，装药系数为 0.4 ~ 0.6。如采用光面爆破，则紧邻周边眼的辅助眼要为周边眼创造一个理想的光面层，即光面层厚度要比较均匀，且大于周边眼的最小抵抗线（即最外一圈辅助眼与周边眼的距离）。

3. 周边眼

周边眼包括拱眼（顶眼）、帮眼和底眼，是爆落巷道周边岩石，形成设计断面轮廓的炮眼。周边眼布置合理与否，直接影响巷道成型是否规整，一般按光面爆破要求布置周边眼。其眼口应布置在巷道设计掘进断面的轮廓线上，炮眼稍向轮廓线外偏斜，眼底偏斜量每米深度的炮眼不超过 50 mm。炮眼深度应控制其眼底均落在一个平面上。周边眼的间距与其最小抵抗线存在一定的比例关系，即

$$K = \frac{E}{W} \tag{3-1}$$

式中 K——炮眼密集系数，一般为 0.8 ~ 1.0，岩石坚硬时取大值，较软时取小值；

E——周边眼间距，一般取 400 ~ 600 mm；

W——最小抵抗线，m。

为保证周边眼贯穿裂缝的形成，周边眼之间的距离要适当减小，严格控制周边眼的装药量，并合理选择炸药和装药结构，有条件的可直接选用光面爆破专用炸药，也可采用直径 25 mm 的小药卷。煤矿巷道周边眼光面爆破参数可参考表 3 - 1 选取。

表 3 - 1 周边眼光面爆破参数表

岩层情况	岩石坚固性系数	炮眼直径/mm	炮眼间距/mm	最小抵抗线/mm	炮眼密集系数/mm	装药集中度/(g · m^{-1})
完整、稳定、中硬以上	8 ~ 10	42 ~ 45	500 ~ 700	500 ~ 700	1.0 ~ 1.1	200 ~ 350
中硬、层节理不发育	6 ~ 8	35 ~ 42	400 ~ 600	500 ~ 600	0.8 ~ 0.9	150 ~ 300
松软、层节理发育	<6	35 ~ 42	300 ~ 500	400 ~ 600	0.7 ~ 0.8	70 ~ 120

底眼用以控制巷道底板标高和平整度，眼距一般为 500 ~ 700 mm，装药系数为 0.5 ~ 0.6。底眼眼口应比巷道底板高 150 ~ 200 mm，但其眼底应深入底板以下 100 ~ 200 mm。为了给钻眼与装岩平行作业创造条件，可采用抛砟爆破，即将底眼眼距适当缩小，眼深加深 200 mm 左右，每个底眼增加 1 ~ 2 个药卷，最后一段起爆。

综上所述，影响炮眼布置的因素很多，主要有岩石的性质和结构、巷道断面形状和尺寸、炸药的性能和装药量等。炮眼布置的方法和原则如下：

(1)各类炮眼的布置是“抓两头、带中间”。首先选择掏槽方式和掏槽眼位置,然后布置好周边眼,最后根据断面尺寸布置辅助眼。

(2)掏槽眼通常布置在断面的中央偏下,辅助眼的布置较为均匀并考虑减少崩坏支护及其他设施的可能。

(3)周边眼一般布置在巷道断面轮廓线上,拱眼和帮眼按光面爆破要求,各炮眼相互平行,眼底落在同一平面上。

(4)辅助眼均匀地布置在掏槽眼和周边眼之间,以掏槽眼形成的槽腔为自由面层层布置。

在巷道掘进施工过程中,地质条件常常会发生变化,炮眼布置也不能一成不变,必须根据具体情况进行调整和优化。

3.1.2 钻眼机具与爆破器材

1. 钻眼机具

在煤矿岩巷中,一般采用以压风为动力的各种凿岩设备和设施,包括凿岩机、钎杆、钎头等。而在煤巷中,多采用煤电转、麻花钎杆和两翼(或三翼)旋转式钻头。

(1)凿岩机

岩巷掘进中大量应用的是风动凿岩机,液压凿岩机还处于推广阶段。气腿凿岩机,根据巷道断面尺寸可2~5台同时作业,也可与装岩平行作业,以有效提高掘进速度,是目前应用最为广泛的凿岩设备。

液压凿岩机定型产品的质量较大,需与液压台车配套使用。液压凿岩台车投资大,操作和维修技术要求高,但是自动化程度高,可钻装锚杆及大直径掏槽孔,与装载、转载和运输设备配套使用,可组成巷道掘进机械化作业线,提高掘进效率。

(2)钎杆、钎头

凿岩机使用的是六角形(或圆形)中空钎杆和冲击式活钎头。钎杆用于传递冲击功和扭矩,其长度应与炮眼深度相适应。钎头为破碎岩(煤)的刀具,最常用的是镶有硬质合金片的一字形和十字形钎头,而在坚硬岩石中钻眼时宜采用镶硬质合金齿的球齿钎头。

2. 爆破器材

(1)炸药

炸药是破碎岩石的能源,一般根据岩层性质、瓦斯情况及含水性等因素来选取炸药。在瓦斯矿井中必须使用煤矿许用炸药,岩石坚硬性强时选取高威力炸药,岩石含水性强时选取抗水炸药。此外,深孔光面爆破的经验表明,必须根据各类炮眼的不同爆破作用采用不同性能的炸药,如周边眼需采用低威力、低密度的炸药,才能获得光面和不破坏围岩的效果。

近年来,安全性高、环保性好、性能优的水胶炸药和乳化炸药发展很快,特别是煤矿许用乳化炸药,已成为应用最多、最有前景的煤矿许用炸药。为保证爆破工作安全,高瓦斯矿井、低瓦斯矿井的高瓦斯区域,必须使用安全等级不低于三级的煤矿许用炸药。有煤(岩)与瓦斯(二氧化碳)突出危险的工作面,必须使用安全等级不低于三级的煤矿许用含水炸药。

(2)起爆器材

煤矿井下均采用电力起爆法,这种方法通过由电雷管、导线和起爆电源(专用起爆器)三部分组成的起爆网络来实现。

电雷管一般采用8号工业电雷管,其中秒延期电雷管、半秒延期电雷管以及毫秒延期电雷管都能满足岩石巷道爆破的起爆要求。但在穿过含有瓦斯的地层或离瓦斯地层不远的工作面放炮时,只能采用瞬发电雷管或总延期时间在130 ms内的毫秒延期电雷管。煤矿许用延期电雷管不准跳段使用,相邻两段的间隔时间不超过50 ms。不同厂家生产的或不同品种的电雷管,不得掺混使用。

起爆电源主要采用防爆型电容式起爆器。电容式起爆器所能提供的电流不大,一般只用于起爆串联网路的电雷管。不得使用导爆管或普通导爆索,严禁使用火雷管。

3.1.3 爆破参数

爆破参数主要包括炮眼直径、炮眼深度、炮眼数目、单位炸药消耗量等。

1. 炮眼直径

炮眼直径对钻眼效率、全断面炮眼总数、炸药耗量、岩石块度及岩壁平整度均有影响,应根据巷道断面尺寸、块度要求、炸药性能和凿岩机性能综合考虑。

炮眼直径过小,钻眼速度加快,但不利于装填药卷;炮眼直径大,可减少炮眼数目、炸药能量相对集中,有利于提高爆破效率,但钻速下降,同时影响光面爆破效果,降低围岩的稳定性。在采用气腿式凿岩机的情况下,多根据药卷直径确定炮眼直径。目前,岩巷掘进均采用直径为32 mm或35 mm的两种药卷,炮眼直径比药卷直径大6~8 mm为宜,因此岩巷掘进的炮眼直径多采用40~42 mm,而立井井筒由于采用机械化的伞钻钻眼,炮眼直径达45~50 mm。

2. 炮眼深度

炮眼深度决定了每一掘进循环钻眼和装岩的工作量、循环进尺以及每班的循环次数,是在施工管理中最活跃的参数。炮眼深度主要根据岩石性质、巷道断面尺寸、循环作业方式、凿岩机类型、炸药威力等因素来确定。单从爆破理论分析,采用炮眼深度大于2.5 m的中深孔爆破最为合理,但在目前,深度小于2.0 m的浅眼多循环方式取得了较好的成绩。从近年发展趋势来看,炮眼平均深度逐渐由浅孔向中深孔(2.0~2.5 m)发展,一些采用凿岩台车打眼的掘进队正在向较深孔发展(大于3.0 m),在立井井筒中采用伞钻钻眼,炮眼深度已超过4.0 m。

合理的炮眼深度应以高速、高效、便于组织正规循环作业为原则。采用气腿式凿岩机时,炮眼深度以1.6~2.2 m为宜,眼深超过2.5 m后,钻眼速度明显降低。采用凿岩台车时,应向深孔发展,一般可达2.5 m以上。我国煤矿巷道掘进中,通常以月进尺任务和凿岩、装岩设备的能力来确定每一循环的炮眼深度,即

$$l \geqslant \frac{L}{Nkn\eta} \tag{3-2}$$

式中 l——炮眼深度,m;

L——计划月进度,m;

N——每月用于掘进的天数,$N=30$ d;

k——正规循环率,即每月实际掘进工作的天数与30 d之比,一般取 $k=0.8\sim0.9$;

n——每日完成掘进循环数,次;

η——炮眼利用率,一般要求 $\eta\geqslant80\%$。

现阶段,炮眼深度以1.8~2.0 m的爆破技术为主流,单循环进尺在1.5~1.8 m,炮眼利用率平均只有83%左右。炮眼深度2.2~2.5 m及以上的爆破技术推广进展缓慢。

3. 炮眼数目

炮眼数目直接影响钻眼工作量、爆破岩石的块度、巷道成型质量等。炮眼数目取决于岩石性质、巷道断面形状和尺寸、炮眼直径和炸药性能等因素。合理的炮眼数目一般是先以岩石性质和巷道断面尺寸进行初步估算,然后在设计掘进断面图上画炮眼布置图,得出炮眼总数,并通过实践进行调整与优化。

炮眼数目可根据单位炸药消耗量定额,按式(3-3)估算后,再按上述经验方法确定:

$$N=\frac{qSm\eta}{aP} \tag{3-3}$$

式中 N——炮眼数目,个;

q——单位炸药消耗量定额,kg/m³,见表3-2;

S——巷道掘进断面面积,m²;

m——每个药卷长度,m;

a——平均装药系数,即装药长度与炮眼长度之比,一般取0.5左右;

P——每个药卷的质量,kg。

4. 单位炸药消耗量

单位炸药消耗量是指爆破1.0 m³实体岩石所需要的炸药量,也就是工作面一次爆破所需的总装药量 Q 与工作面一次爆下的实体岩石总体积 V 之比,用符号 q 表示,即

$$q=\frac{Q}{V}=\frac{Q}{Sl\eta} \tag{3-4}$$

单位炸药消耗量是一个很重要的参数,它将直接影响岩石块度、钻眼和装岩的工作量、炮眼利用率、巷道轮廓、围岩稳定性以及爆破成本等。影响单位炸药消耗量的主要因素有炸药性能、岩石的物理力学性质、自由面的大小和数目以及炮眼直径和炮眼深度等。目前,还没有精确计算单位炸药消耗量的方法,计算数据一般仅作为参考,所以多按定额选用,见表3-2。

表 3-2 平硐、平巷炸药和雷管消耗量定额

掘进断面面积/m^2	煤岩坚固性系数f											
	<1.5		2~3		4~6		8~10		12~14		15~20	
	普通爆破	光面爆破	普通爆破	光面爆破	普通爆破	光面爆破	普通爆破	光面爆破	普通爆破	光面爆破	普通爆破	光面爆破
<4	114 218	114 327	199 292	199 390	274 370	274 473	294 542	294 592	404 712	404 769	485 999	485 1 033
<6	96 169	96 303	160 273	160 351	224 357	224 385	251 492	251 526	323 627	323 667	389 825	389 848
<8	91 157	91 265	144 232	144 305	202 310	202 344	224 419	224 448	298 578	298 609	354 713	354 713
<10	80 139	80 244	129 209	129 279	190 294	190 312	202 371	202 416	267 520	267 546	314 654	314 669
<12	72 128	72 235	121 208	121 272	168 265	168 295	186 354	186 391	241 472	241 494	295 589	295 613
<15	66 116	66 202	104 182	104 239	148 242	148 264	163 315	163 358	212 429	212 455	256 551	256 570
<20	59 111	59 193	96 165	96 220	135 213	135 247	145 288	145 322	192 400	192 441	232 499	232 530

注：左上角数字为每 100 m^3 炸药消耗量，kg；右下角数字为每 100^2 雷管和电雷管消耗量，个。

对于岩巷,表 3 - 2 中所列数据是按 2 号岩石硝铵炸药、毫秒延期电雷管制定的。若采用其他炸药时,则需根据换用炸药的爆力,按下式修正:

$$q' = \frac{320}{\text{换用炸药的爆力}} \times q \tag{3-5}$$

式中 320——2 号岩石硝铵炸药的爆力, mL;

q——2 号岩石硝铵炸药的定额消耗量,kg/m^3。

确定单位炸药消耗量后,根据巷道断面和炮眼深度可计算出每循环所用的炸药消耗总量 Q,然后按炮眼数目、各炮眼所起的作用和所分担的爆破岩体加以分配,最后确定掏槽眼、辅助眼和周边眼的各眼装药量。

3.1.4 装药结构与起爆方法

装药结构是指炸药药卷在炮眼内的装填情况,有连续装药和间隔装药、耦合装药和不耦合装药、正向起爆装药和反向起爆装药之区别,是影响爆破效果的重要因素。

1. 装药结构

装药结构根据起爆药卷所在位置不同,有正向装药与反向装药两种方式(图 3 - 13)。

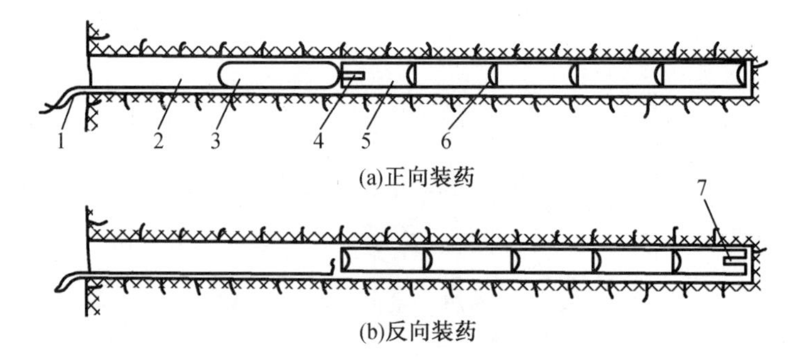

1—雷管脚线;2—黏土炮泥;3—水炮泥;4—雷管;5—炸药卷;6—药卷聚能穴;7—雷管聚能穴。

图 3 - 13 装药结构

除了无瓦斯或煤尘爆炸危险的爆破工作面外,其余井下爆破的所有炮眼都必须采用正向装药,不准反向装药,即要求雷管和药卷的聚能穴方向一致,都朝向眼底[图 3 - 13(a)]。因为正向起爆的起爆药包位于柱状装药的外端,靠近炮眼口,雷管底部朝向炮眼底,所以飞散的炸药颗粒和爆轰波是朝向炮眼内部的,不易引爆瓦斯。若反向装药[图 3 - 13(b)],容易引爆瓦斯。但是,反向装药起爆后爆轰波是由里向外传播,与破碎岩石的运动方向一致,有利于反射拉伸波破碎岩石,同时起爆药卷距自由面较远,爆炸气体在时间上相对较迟地冲出炮眼,爆炸能量能得到充分利用,因此可取得较好的爆破效果。因此在岩石巷道掘进中,掏槽眼和辅助眼主要采用连续、耦合的反向起爆装药结构。

在目前普遍采用直径为 32 ~ 35 mm 药卷的情况下,周边眼可采用单段空气柱耦合装药结构[图 3 - 14(a)]。为实现光面爆破,还可采用空气柱间隔装药结构[也称为轴向不耦合装药,图 3 - 14(b)]。采用空气柱间隔装药时,两药包的间隔距离不能大于该种炸药在炮眼内的残爆距离。但当眼深超过 2.0 m 后,应采用小直径药卷(23 ~25 mm)实现不耦合间隔装药结构[也称径向不耦合装药,图 3 -14(c)],这时不耦合系数可达 1.5 以上,可显著提高光面爆破效果。

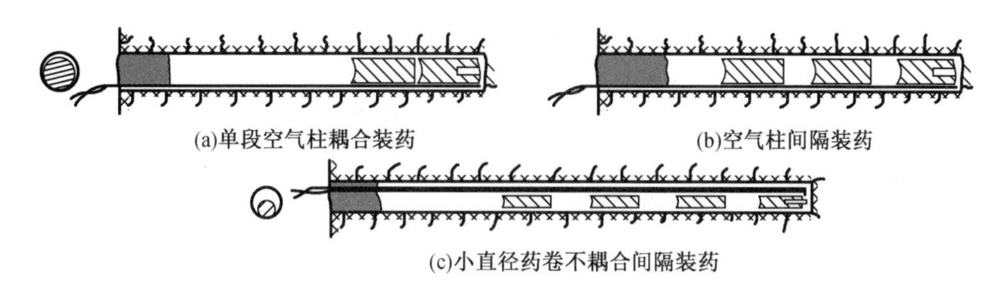

(a)单段空气柱耦合装药　(b)空气柱间隔装药

(c)小直径药卷不耦合间隔装药

图 3 -14　周边眼反向装药结构

2. 炮眼的填塞

炮眼的填塞应保证炸药充分反应,使之放出最大热量和减少有毒气体生成量,降低爆炸气体逸出自由面的温度和压力,使炮眼内保持较高的爆轰压力和较长的作业时间。特别是在有瓦斯与煤尘爆炸危险的工作面上,炮眼填塞可以阻止灼热的固体颗粒从炮眼中飞出。

炮眼深度小于 0.6 m 时,不应装药、爆破;炮眼深度为 0.6 ~1.0 m 时,封泥长度不应小于炮眼长度的 1/2;炮眼深度超过 1.0 m 时,封泥长度不应小于 0.5 m;炮眼深度超过 2.5 m 时,封泥长度不应小于 1.0 m。光面爆破时,周边眼封泥长度不得小于 0.3 m。

炮眼封泥应用水炮泥,水炮泥外剩余的炮眼部分应用黏土炮泥或用不燃性的、可塑性松散材料制成的炮泥封实。根据炮眼深度不同,炮眼的封泥长度应符合相关规定要求。无炮泥、封泥不足或不实的炮眼严禁爆破,不允许只装水炮泥而不装黏土炮泥。严禁用煤粉、块状材料或其他可燃性材料作炮眼封泥,因为具有可燃性的材料会参与爆炸反应,导致爆生气体中有害气体一氧化碳的含量增加,并生成二次火焰,易引燃瓦斯和煤尘。

3. 起爆

巷道掘进采用起爆器起爆,使用多段毫秒延期电雷管,电雷管采用串联方式,按照爆破图表规定的起爆顺序全断面一次起爆。炮眼应按掏槽眼、辅助眼、帮眼、拱眼、底眼的顺序先后起爆,以使先爆炮眼所形成的槽腔作为后爆炮眼的自由面。在有瓦斯的工作面起爆时,电雷管的总延期时间不得超过 130 ms。

井下爆破工作必须由专职爆破工担任。在煤与瓦斯(二氧化碳)突出煤层中,专职爆破工的工作必须固定在一个工作面,并配备便携式瓦斯报警仪或报警矿灯。爆破作业必须执行“一炮三检制”“三人联锁放炮制”。装药前和爆破前有下列情况之一的,严禁装药、爆破:

(1)掘进工作面的控顶距离不符合作业规程的规定,或者支架有损坏;

(2)爆破地点附近 20 m 以内风流中瓦斯浓度达到 1.0%;

(3)在距爆破地点 20 m 以内,矿车,未清除的煤、矸或其他物体堵塞巷道断面 1/3 以上;

(4)掘进工作面风量不足。

在有煤尘爆炸危险的煤层中,爆破前后,掘进工作面附近20 m的巷道内必须洒水降尘。爆破前,班组长必须布置专人在警戒线和可能进入爆破地点的所有通路上担任警戒工作。警戒线处应设置警戒牌、栏杆或拉绳。爆破前,只准爆破工一人进行爆破母线连接脚线、检查线路和通电的工作,必须在符合安全要求的指定地点起爆。

爆破15 min后,待工作面的炮烟被吹散,爆破工、瓦斯检查工和班组长必须首先巡视爆破地点,检查通风、瓦斯、煤尘、顶板、支架、拒爆、残爆等情况,如有危险情况,立即处理。

3.1.5 爆破说明书及爆破图表

爆破说明书是井巷施工组织设计中的一个重要组成部分,是指导、检查和总结爆破工作的技术文件。爆破说明书的主要内容包括以下几个方面。

1. 爆破工程的原始资料

这包括井巷名称、用途、位置、断面形状和尺寸,穿过岩层的性质,地质与水文条件以及瓦斯情况等。

2. 选用的钻眼爆破器材

这包括炸药、雷管的品种和规格,凿岩机具的型号、性能,起爆器材等。

3. 爆破参数的设计与计算

(1)掏槽方法,炮眼直径、深度、数目,单位炸药消耗量;

(2)炮眼的名称、位置、角度及炮眼编号;

(3)各类炮眼的装药结构、装药量、炮泥填塞长度,连线方法和起爆顺序。

4. 爆破网路的设计与计算

5. 爆破作业安全措施

爆破图表是在爆破说明书的基础上编制的,内容包括炮眼布置图,爆破原始条件,炮眼布置参数、装药参数,预期爆破效果和经济指标等。在执行过程中,要严格执行岗位责任制,按劳动效率、材料消耗、爆破效果等全面检查,并及时调整,使爆破图表更符合实际条件。爆破图表的内容可参见表3-3至表3-5及图3-15(包括炮眼布置的正面图、平面图和剖面图)。

表3-3 爆破原始条件

序号	名称	单位	数量
1	掘进断面面积	m^2	13.63
2	岩石普氏系数f	—	6~8
3	工作面瓦斯情况	%	无瓦斯
4	工作面涌水情况	m^3/h	无涌水
5	炸药和雷管的类型	—	2号岩石硝铵炸药,Ⅶ段毫秒延期电雷管

表 3－4 装药量及起爆顺序

眼号	炮眼名称	眼数目/个	眼深/m	每个炮眼装药量			合 计		装药结构	起爆顺序	连线方式
				卷数/个	长度/m	装填率/%	卷数/个	质量/kg			
1	中线眼	1	2.6	3	0.50		3	0.45	反向	Ⅱ	串
2～4	正槽眼	3	2.4	12	2.00	80	36	5.40	反向垫 4 卷药	Ⅰ	串
5～10	副槽眼	6	2.4	11	1.80	75	66	9.90	反向垫 3 卷药	Ⅱ	串
11～14	辅助眼	4	2.3	10	1.60	70	40	6.00	反向垫 2 卷药	Ⅲ	串
15～25	三圈眼	11	2.3	9	1.40	60	99	14.85	反向垫 2 卷药	Ⅳ	串
26～37	二圈眼	12	2.3	8	1.20	52	96	14.40	反向垫 2 卷药	Ⅴ	
38～46	底　眼	9	2.4	8	1.20	50	72	10.80	反向垫 2 卷药	Ⅵ	串
47～67	周边眼	21	2.2	拱基线以上 2	0.30		30	4.50	反向空气柱间隔装药	Ⅶ	串
				拱基线以下 3	0.45		18	2.70			
合计		67	18.9				460	69.00			

表 3－5 预期爆破效果

名　称	单位	数值	名　称	单位	数值
炮眼利用率	%	85	每米巷道炸药消耗量	kg	35.20
每循环工作面进尺	m	1.95	每循环炮眼总长度	m	154.10
每循环爆破实体岩石	m^3	26.50	每立方米岩石雷管消耗量	个	2.50
炸药消耗量	kg/m^3	2.60	每米巷道雷管消耗量	个	34.10

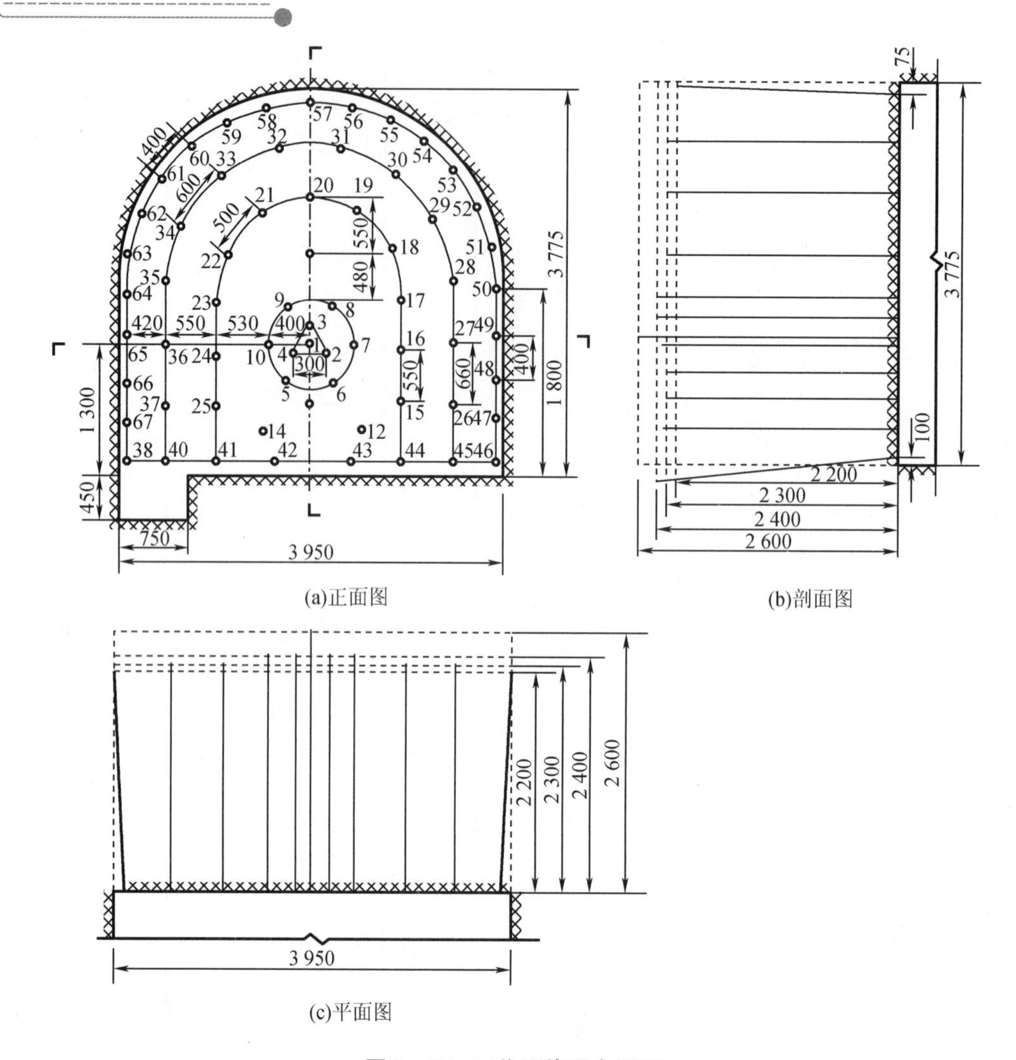

(a)正面图

(b)剖面图

(c)平面图

图 3-15 工作面炮眼布置图

3.1.6 巷道施工测量

巷道施工测量的任务是按照矿井设计的规定和要求，在现场实地标定掘进巷道的几何要素(位置、方向和坡度等)，并在巷道掘进过程中及时进行检查和校正，通常将这项工作称为给向。掘进巷道时，为了在工作面上正确布置炮眼位置和掌握巷道掘进的方向和坡度，常采用中线指示巷道的掘进方向，用腰线控制巷道的坡度。腰线通常布设在巷道无水沟侧的墙上，且对于一个矿井，腰线距底板或轨面的高度应为定值。新开口的巷道中、腰线，可根据现场实际情况，用经纬仪或罗盘仪标定。掘进到 4 ~ 8 m 时，应检查或重新标定中、腰线。主要巷道中线应用经纬仪标定，主要运输巷道腰线应用水准仪、经纬仪或连通管器水准标定。次要巷道的腰线可用悬挂半圆仪来延长(图 3-16)。急倾斜巷道的腰线应尽量用经纬仪来标定，短距离时，也可用悬挂半圆仪等来标定。

成组设置中、腰线点时，每组均不得少于 3 个(对)，点间距离以不小于 2 m 为宜。最前面的一个中、腰线点至掘进工作面的距离，一般应在 30 ~ 40 m。在延设中、腰线点过程中，对所使用的和新设的中、腰线点均须进行检查。巷道每掘进 100 m,应对中、腰线点至少进行一次检查测量,并根据检查测量结果调整中、腰线。

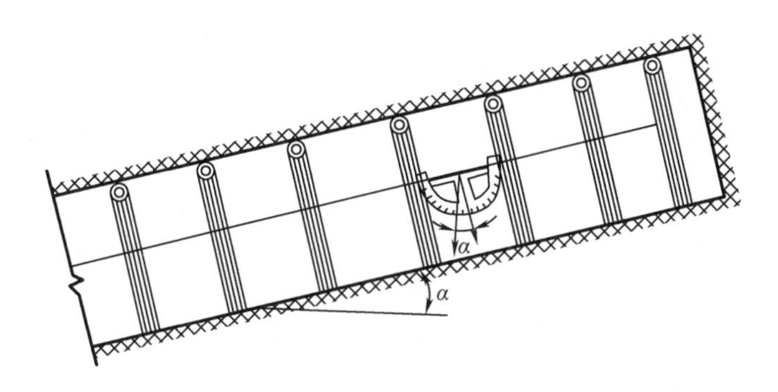

图 3-16 巷道腰线的测定

用激光指向仪指示巷道掘进方向时,应遵守下列规定:

(1)激光指向仪的设置位置和光束方向,应根据经纬仪和水准仪标定的中、腰线点确定。所用的中、腰线点一般应不少于 3 个,点间距离以大于 30 m 为宜。

(2)仪器的设置必须安全牢靠,仪器至掘进工作面的距离应不小于 70 m。在使用过程中要加强管理,每次使用激光指向仪前,首先应对激光指向仪的电源、发光情况以及各调节机构进行检查,使其正确指示巷道掘进方向。

工作面上的炮眼布置,应以巷道中线为基准,准确定出周边眼、辅助眼和掏槽眼的位置,并做好标志。钻眼工作必须严格按照爆破图表所要求的炮眼位置、方向、深度和角度进行,并组织好凿岩机的分区、分工作业,以保证钻眼质量和提高钻眼速度。

3.1.7 爆破事故的预防

1. 早爆事故

爆破作业的早爆往往会造成重大恶性事故。在电爆网路敷设过程中,引起电爆网路早爆的主要因素是爆破地点周围的外来电场,包括雷电、杂散电流、静电、感应电流、射频电、化学电等。另外,不正确地使用电爆网路的测试仪表和起爆电源也是引起电爆网路早爆的原因,而雷管的质量问题也可能引起早爆。

杂散电流是存在于起爆网路的电源电路之外的杂乱无章的电流。预防杂散电流引起早爆的措施包括:减少杂散电流的来源,检查爆破地点周围的各类电气设备,防止漏电;切断进入爆破地点的电源、导电体等;装药前应检测爆破地点内的杂散电流,当杂散电流超过 30 mA 时,禁止采用普通电雷管,应采用抗杂散电流的电雷管或采用防杂散电流的电爆网路。

预防静电早爆的措施包括:爆破作业人员禁止穿戴含化纤、羊毛等可产生静电成分的衣物;机械化装药时,所有设备必须有可靠接地,防止静电积累;采用抗静电雷管;装药后,必须把电雷管脚线悬空,严禁电雷管脚线、爆破母线与运输设备、电气设备以及采掘机械等导体相接触。

2. 盲炮事故

(1)盲炮事故原因

盲炮(又称拒爆、瞎炮),是指炸药未按设计预期发生爆炸的现象。导致盲炮的原因包括雷管因素、起爆电源或电爆网路因素、炸药因素和施工质量因素等方面。

(2)盲炮的处理

①处理盲炮前应由爆破领导人定出警戒范围,并在该区域边界设置警戒,处理盲炮时无关人员不许进入警戒区。

②通电后发生盲炮时,爆破工必须先取下把手或钥匙,并将爆破母线从电源上摘下,扭结成短路,再等一定时间(使用瞬发电雷管时,至少等 5 min;使用延期电雷管时,至少等 15 min),才可沿线路检查,找出导致盲炮的原因。

③因连线不良、错连、漏连等电力起爆发生的盲炮,应立即切断电源,然后再重新连线放炮。

④导爆索和导爆管起爆网路发生盲炮时,应首先检查是否有破损或断裂,发现有破损或断裂的应修复后重新起爆。

⑤严禁用镐刨或从炮眼中掏出起爆药卷或从起爆药卷中拉出电雷管。

⑥其他原因造成的浅孔爆破的盲炮,可打平行孔装药爆破,平行孔距盲炮不应小于0.3 m。为确保平行炮眼的方向,可从盲炮眼口掏出部分填塞物。

⑦处理深孔爆破的盲炮,爆破网路未受破坏,且最小抵抗线无变化者,可重新连线起爆;最小抵抗线有变化者,应验算安全距离,并加大警戒范围,再连线起爆;爆破网路受破坏的,可在距盲炮眼口不小于 10 倍炮眼直径处另打平行炮眼装药起爆。

⑧不论有无残余炸药,严禁将炮眼残底继续加深;严禁用钻眼的方法向外掏药;严禁用压风吹盲炮(残爆)炮眼。

⑨在盲炮处理完毕前,严禁在该地点进行与处理盲炮无关的工作。

⑩处理盲炮的炮眼爆炸后,爆破工必须详细检查炸落的煤、矸石,收集未爆的电雷管。

3.2 通风、防尘与降温

在巷道掘进过程中,为了供给人员足够的新鲜空气,稀释和排出各种有害气体和粉尘,调节气候条件,创造一个良好的工作环境,保护工人健康,保证生产安全,必须进行机械式通风。

《煤矿安全规程》规定,井下掘进工作面进风流中的空气成分,氧气不低于 20%,二氧化碳不高于 0.5%。因此,掘进工作面的风量应符合下列规定:①爆破后 15 min 内能把工作面的炮烟排出;②按掘进工作面同时工作的最多人数计算,每人每分钟的新鲜空气量不小于 4 m^3;③按井下同时放炮使用的最大炸药量计算,每千克一级煤矿许用炸药供给新鲜风量不得小于 25 m^3/min,每千克二、三级煤矿许用炸药供给新鲜风量不得小于 10 m^3/min。

3.2.1 掘进通风

掘进通风方法有三种，即利用矿井全风压通风、水力或压气引射器通风和利用局部通风机通风。全风压通风是指直接利用矿井主要通风机及自然因素造成的风压，并借助导风设备对掘进工作面进行通风的一种方法。《煤矿安全规程》规定，掘进巷道必须采用矿井全风压通风或局部通风机通风。

1. 掘进通风方式

利用局部通风机通风的方式可分为压入式、抽出式和混合式三种，其中以混合式通风效果最佳。

(1)压入式通风

压入式通风是指局部通风机把新鲜空气经风筒压入工作面，污浊空气沿巷道排出的通风方式，如图3-17所示。在通风过程中炮烟随风流逐渐排出，当巷道出口处的炮烟浓度下降到允许浓度时，即认为排烟过程结束。

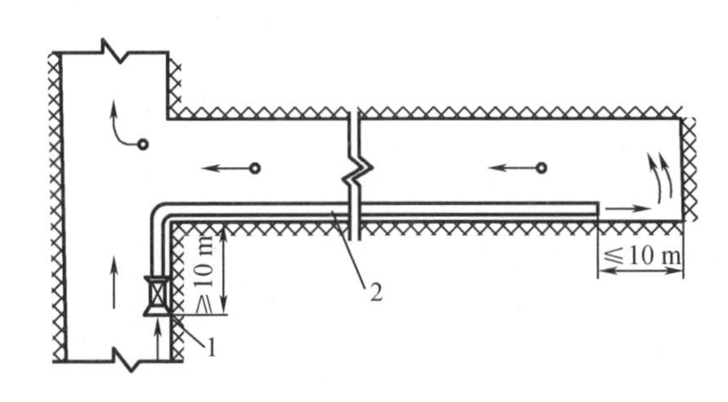

1—局部通风机；2—柔性风筒。

图3-17 压入式通风

为了保证通风效果，局部通风机必须安设在有新鲜风流中，距掘进巷道回风口不小于10 m，以免产生循环风流。为了尽快而有效地排出工作面的炮烟，巷道掘进时风筒口距工作面的距离一般以不大于10 m为宜。

压入式通风方式可采用胶质或塑料等柔性风筒，这种风筒比金属风筒吊挂方便，漏风少，可用于长距离的独头巷道中。压入式通风的优点是：有效射程大，冲淡和排出炮烟的作用比较强；工作面回风不通过风机，在有瓦斯涌出的工作面采用这种通风方式比较安全；工作面回风沿井巷排出，沿途能把粉尘等有害气体一并带走。其缺点是：长距离巷道掘进排出炮烟需要的风量大，所排出的炮烟在井巷中随风流扩散，蔓延范围大，时间长，工人进入工作面往往要穿过这些蔓延的污浊气流。总体上压入式通风因方便、有效，而被广泛采用。

(2)抽出式通风

抽出式通风是用局部通风机把工作面的污浊空气用风筒抽出，新鲜风流沿巷道流入。局部通风机的排风口必须设在主要巷道风流方向的下方，距掘进巷道口也不得小于10 m，以避免产生循环风流，如图3-18所示。

抽出式通风只能使用刚性风筒或有刚性骨架的柔性风筒。由于污浊风流不经过巷道，故通风的时间和所需风量与巷道长度无关，只与排烟抛掷区的体积有关。抽出式通风回风流经过风机，如果因叶轮与外壳碰撞或其他原因产生火花，有引起煤尘、瓦斯爆炸的危险，因此在有瓦斯涌出的工作面不得采用。

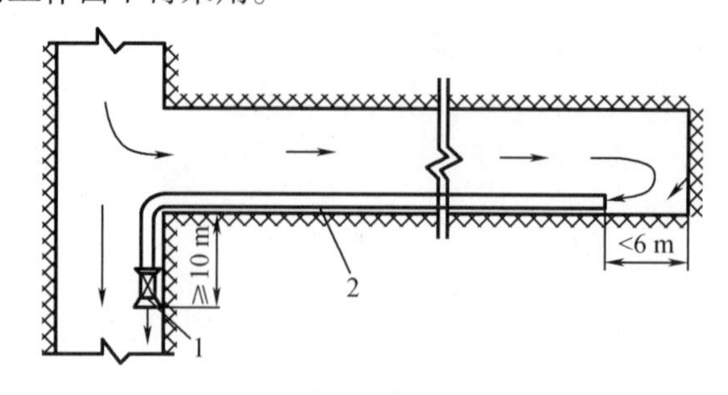

1—局部通风机；2—刚性风筒。

图 3 – 18　抽出式通风

抽出式通风的优点：在有效吸程内排尘的效果好，排除炮烟所需的风量较小，回风流不污染井巷，进入工作面的工人和在掘进巷道中工作的人员不受污浊空气的影响。抽出式通风的缺点：由于有效吸程很短，冲淡和排出工作面炮烟的作用较弱、速度慢，只有当风筒口离工作面很近时才能获得满意效果，而这一点对于钻爆法工作面很难做到，故在巷道掘进中很少采用。

(3)混合式通风

单独采用压入式或抽出式通风的方式都有不足之处，当满足不了掘进通风要求时，或为达到快速通风的目的，可采用一台局部通风机进行压入式通风，使新鲜风流压入工作面排出工作面的有害气体和粉尘；而为使排出的污浊空气不在巷道中蔓延而经风筒排出，可用另一台局部通风机进行抽出式通风，这样便构成了混合式通风，如图 3 – 19 所示。

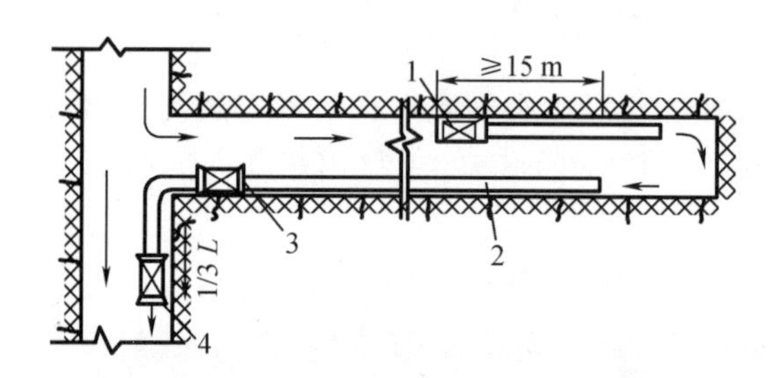

1—压入式局部通风机；2——风筒；3，4—抽出式局部通风机。

图 3 – 19　混合式通风

局部通风机 1 的吸风口与抽出风筒抽入口之间的距离应不小于 15 m，以防止造成循环风流。当掘进巷道很长，一台局部通风机抽出风量不能满足通风要求时，可在距局部通风机 4 的 $1/3L$（L 为风筒长度）处串联一台局部通风机 3，要求局部通风机 3 和 4 的抽出风量比局部通风机 1 的吸入风量大 20% ~25%。抽出风筒抽入口到工作面的距离要等于炮烟抛掷长度，压入新鲜空气的风筒出风口到工作面的距离要小于或等于压入风流的有效作用长度，只有这样才能取得预期的通风效果。

在有瓦斯涌出或突出煤层巷道中不得采用混合式通风。

2. 掘进通风设施

掘进通风设施有局部通风机、风筒及引射器(辅助通风用)等。

(1)局部通风机

局部通风机是掘进通风的主要设备,有轴流式和离心式两种。轴流式通风机因具有体积小、使用安装方便等优点,在掘进通风中应用较普遍。目前常用的有 BKJ 系列,其中 BKJ66 - 11 子午加速型系列局部通风机应用子午加速方法,同一般轴流通风机相比,具有效率高、噪声低、结构紧凑、维修方便等优点。BKJ(KJ)66 - 11 型矿井局部轴流式通风机性能参数见表 3 - 6。该系列通风机制成 BKJ 及 KJ 两种类型,其中 BKJ 型通风机配用专业型电动机,适用于煤矿井下。

表 3 - 6 BKJ(KJ)66 - 11 型矿井局部轴流式通风机性能参数表

产品型号	叶轮直径 /mm	转速 /(r · min^{-1})	流量 /(m^3 · min^{-1})	全风压 /Pa	配套电动机 /kW
BKJ(KJ)66 - 11No. 3.2	320	2 900	61 ~ 95	912 ~ 627	2.2
BKJ(KJ)66 - 11No. 3.8	380	2 900	103 ~ 159	1 284 ~ 892	4.0
BKJ(KJ)66 - 11No. 4.5	450	2 900	171 ~ 263	1 804 ~ 1 245	8.0
BKJ(KJ)66 - 11No. 5.0	500	2 900	234 ~ 361	2 226 ~ 1 539	15.0
BKJ(KJ)66 - 11No. 5.6	560	2 900	329 ~ 507	2 794 ~ 1 931	30.0
BKJ(KJ)66 - 11No. 6.3	630	2 900	468 ~ 722	3 540 ~ 2 451	45.0

对旋式通风机在构造上属于轴流式,采用双级双电机驱动结构,两电机叶轮相对并反向旋转,相当于两台同型号轴流式通风机对接在一起串联工作。其结构特征为隔爆型、对旋、消声、轴流式。与普通轴流式通风机相比,在产生同样的风量和风压的情况下,对旋式通风机可减少通风机数量或增加通风距离,可供煤矿采掘工作面中、长距离通风使用。FBD 系列煤矿用局部通风机技术性能参数及外形尺寸见表 3 - 7。

表 3 - 7 FBD 系列煤矿用局部通风机技术性能参数及外形尺寸

型号	转数 /(r · min^{-1})	功率 /kW	额定电压 /V	风量 /(m^3 · min^{-1})	全风压 /Pa	最高静压效率 /%	长 × 宽 × 高 /mm
No. 4.0/2 × 2.2	2 900	2 × 2.2	380/660	190 ~ 90	1 610 ~ 350	≥75	1 450 × 580 × 710
No. 4.5/2 × 5.5	2 900	2 × 5.5	380/660	254 ~ 156	2 892 ~ 330	≥75	1 720 × 630 × 750
No. 5.6/2 × 11	2 900	2 × 11	380/660/1 140	310 ~ 230	4 250 ~ 2 140	≥80	2 090 × 722 × 920
No. 6.0/2 × 15	2 900	2 × 15	380/660/1 140	380 ~ 240	5 000 ~ 1 800	≥80	2 130 × 762 × 980
No. 6.3/2 × 22	2 900	2 × 22	380/660/1 140	567 ~ 380	5 400 ~ 1 800	≥80	2 460 × 793 × 1 020
No. 7.1/2 × 30	2 900	2 × 30	380/660/1 140	600 ~ 350	5 000 ~ 3 800	≥80	3 000 × 880 × 1 130

表 3-7(续)

型号	转数/(r·min^{-1})	功率/kW	额定电压/V	风量/(m^3·min^{-1})	全风压/Pa	最高静压效率/%	长×宽×高/mm
No.7.1/2×37	2 900	2×37	380/660/1 140	740~480	5 600~1 500	≥80	3 000×880×1 130
No.7.1/2×45	2 900	2×45	380/660/1 140	808~485	6 500~1 600	≥80	3 440×925×1 170
No.8.0/2×55	2 900	2×55	380/660/1 140	850~500	7 000~1 600	≥80	3 650×1 025×1 200

2. 风筒

风筒分刚性和柔性两大类。常用的刚性风筒有铁风筒和玻璃钢风筒,坚固耐用,适用于各种通风方式,但笨重,接头多,体积大,储存、搬运、安装都不方便。常用的柔性风筒有胶布风筒、软塑料风筒等,具有轻便、安全性能可靠等优点,在巷道掘进中广泛使用,但易被划破,只能用于压入式通风。在柔性风筒内每隔一定距离,加钢丝圈或螺旋形钢丝圈,形成具有刚性骨架的可缩性风筒,也可用于抽出式通风,同时具有可收缩的特点。常用风筒规格见表 3-8。

表 3-8　常用风筒规格表

名称	直径/mm	每节长度/m	壁厚/mm	质量/(kg·m^{-1})
铁风筒	500	2.5,3.0	2.0	28.30
	600	2.5,3.0	2.0	34.80
	700	2.5,3.0	2.0	46.10
	800~1 000	2.5,3.0	2.5	64.50~68.00
玻璃钢风筒	700	3.0	2.2	12.00
	800	3.0	2.5	14.00
胶布风筒(含胶 30%)	400	10.0	1.2	1.60
	500	10.0	1.2	1.90
	600	10.0	1.2	2.30
软塑料风筒	400	50.0	0.4	1.28

应根据通风量与通风距离来选择局部通风机和风筒直径。根据现场经验,通风距离为 200 m 以内可选用直径为 400 mm 的风筒,通风距离为 200~600 m 可选用直径为 500 mm 的风筒,通风距离为 500~1 000 m 可选用直径为 600~800 mm 的风筒,通风距离为 1 000 m 以上可选用直径为 800~1 000 mm 的风筒。

3. 掘进通风管理

在现有通风设备的基础上,只要加强通风管理工作就可提高通风效率,实现单机独头长距离通风。独头长距离通风的关键是最大限度地保持风筒平、直、紧、稳,减少漏风和降低阻力,并保证风机的正常运转。一般应做到以下几点。

(1)防止和减少漏风:方法主要包括减少风筒接头,改进接头形式,消除针眼漏风,发现破口应及时修补等。

(2)降低通风阻力:方法主要包括采用相同直径的风筒对接,保证风筒吊挂质量,排除风筒内的积水,采用大直径风筒或双风筒并联供风等,必须拐弯时应尽可能使拐弯平缓或采用铁制弯头。

(3)风机的安装和使用:风机的部件要齐全,螺栓要拧紧;应采用双回路或单独供电,保证风机正常运转;为了保证风机最大风量和风压,叶轮与外壳间隙不得小于2 mm,否则应及时修理或更换;风机必须专人管理,定期检查,发现问题及时处理。

(4)保障风机的安全正常运转:注意电动机的保护、实现风机的风电闭锁、增加风机的消音装置等。安设消音器可以大大减少局部通风机运转时的噪声。

(5)掘进工作面不得停风,因检修、停电等原因停风时,人员必须撤出,并切断电源。恢复通风前,必须检查瓦斯,只有在局部通风机及其开关附近10 m以内风流中的瓦斯浓度不超过0.5%时,方可人工开启局部通风机。

3.2.2 综合防尘技术

巷道掘进时,在钻眼、爆破、装岩、运输以及喷射混凝土等工作中,不可避免地要产生大量的岩矿微粒(岩尘、煤尘和水泥粉尘),统称为煤矿粉尘。粉尘给煤矿工人和安全生产造成极大危害:一方面,煤矿粉尘中游离SiO_2含量达到30%~70%,其中大量的是粒径小于5 μm的吸入性粉尘,可引起肺部病变,导致尘肺病。资料表明,我国实际的严重尘肺病患者有120万之多,每年因此死亡的人数超过4 000人。而在所有因各种粉尘引起的尘肺病中,煤矿工人所占比例最高。另一方面,粉尘浓度过高潜伏着爆炸的危险,悬浮的煤尘也是造成煤矿煤尘爆炸的主要原因之一。此外,高浓度粉尘还会加速机械设备磨损,缩短精密仪器的使用寿命。

《煤矿安全规程》规定,井下作业场所空气中粉尘(总粉尘、呼吸性粉尘)浓度应符合表3-9所示标准要求。监测作业场所粉尘浓度,控制煤矿粉尘的产生,对于确保从业人员生命健康、预防事故的发生尤为重要。

表3-9 井下作业场所空气中粉尘浓度标准

粉尘中游离SiO_2含量/%	最高允许浓度/($mg \cdot m^{-3}$)		粉尘中游离SiO_2含量/%	最高允许浓度/($mg \cdot m^{-3}$)	
	总粉尘	呼吸性粉尘		总粉尘	呼吸性粉尘
<10	10	3.5	50~80	2	0.5
10~50	2	1.0	≥80	2	0.3

掘进井巷时,必须采取湿式钻眼、冲洗井壁巷帮、水炮泥、爆破喷雾、装岩(煤)洒水和净化风流等综合防尘措施。

1. 湿式钻眼

湿式钻眼是综合防尘最主要的技术措施。湿式钻眼就是在钻眼过程中用水冲洗炮眼，使岩粉变成浆液从炮眼流出，避免粉尘飞扬，可显著降低巷道中的粉尘浓度。近年来，很多矿井对煤电钻进行改造，试制成功了湿式煤电钻，已广泛应用于煤巷、半煤岩巷以及一些采煤工作面，能有效地控制工作面的煤尘。另外，装药时使用水炮泥是降低爆破粉尘的重要措施，使用水炮泥爆破的降尘率可达70% ~80%，空气中的有害气体可减少37% ~46%。

冻结法凿井和在遇水膨胀的岩层中掘进不能采用湿式钻眼时，可采用干式钻眼，但必须采取捕尘措施，并使用个体防尘用具。

2. 喷雾洒水

在易产生矿岩粉尘的作业地点（矿岩粉碎、岩石爆破后与装岩、水泥搅拌施工、喷射混凝土等）均应采取专门的洒水防尘措施。产尘量大的设备和地点，要设自动洒水装置。

在矿岩粉尘产生量较大的地点进行喷雾洒水，是捕获浮尘和湿润落尘最简单易行的有效措施。在爆破前用水冲洗10 m范围内的岩帮，爆破后立即进行喷雾，装岩前要向岩堆上洒水，使细粒粉尘黏结，以避免在装岩时被铲斗扬起。

无法实施洒水防尘的工作地点，可采取密闭抽尘措施来降尘。

3. 加强通风排尘工作

通风工作除不断向工作面供给新鲜空气外，还可将含尘空气排出，以降低工作面的含尘量。根据试验，当巷道中风速达到0.15 m/s时，粒径在5 μm以下的粉尘能浮游并与空气混合而随风流动，这一风速称为最低排尘风速。风速增大，粒径较大的尘粒也能浮游并被排走，使粉尘浓度随之降低。当风速在1.5 ~2 m/s时，作业点的粉尘浓度将降到最低值，这一风速称为最优排尘风速。风速再提高，会吹扬起已沉降的粉尘，使矿尘浓度再度提高。

《煤矿安全规程》规定，掘进工作面的最低风速，岩巷不低于0.15 m/s，采煤工作面、掘进中的煤巷和半煤岩巷不得低于0.25 m/s；而最高风速均不得超过4.0 m/s。

4. 加强个人防护工作。

煤矿各生产环节尽管都采取了多项防尘措施，但也难以使各作业地点粉尘浓度达到卫生标准。此种情况下，特别是在强产尘源和个别不宜安装防尘设备条件下作业的人员，必须佩戴个体防尘用具。煤矿经常使用的个体防尘用具主要有自吸过滤式防尘口罩、动力送风过滤式个体防尘用具和隔绝式压风呼吸器等，这些用具对保护在粉尘区工作的人员身体健康起到积极作用。另外，这类工作人员要定期进行身体健康检查，发现病情及时治疗。

5. 清扫落尘

沉降在巷道四周、支架及设备、物料上的矿尘（即落尘）一旦受到冲击，就会再度飞扬。落尘既影响生产环境，又是井下煤尘爆炸的隐患。当巷道周壁沉积的煤尘厚度达0.05 mm时，若受到气浪冲击，成为浮尘即可达到爆炸下限浓度。矿井必须及时清除巷道中的浮煤，清扫或冲洗沉积煤尘，定期撒布岩粉，并定期对主要大巷刷浆。

3.2.3 矿井热害防治

随着矿井开采深度的增加,煤矿井下高温高湿危害问题越来越突出。工人在高温高湿条件下工作会出现体温调节功能失调、水盐代谢紊乱、血压下降,严重时可导致心肌损伤、肾脏功能下降等生理功能改变,使人产生热疲劳、中暑、热衰竭、热虚脱、热痉挛、热疹,甚至死亡。高温高湿环境也是导致工伤事故的重要诱因之一。

《煤矿安全规程》规定:生产矿井采掘工作面空气温度不得超过 26 ℃,机电设备硐室的空气温度不得超过 30 ℃;当空气温度超标时,必须缩短超温地点工作人员的工作时间,并给予高温保健待遇。采掘工作面的空气温度超过 30 ℃、机电设备硐室的空气温度超过 34 ℃时,必须停止作业。

矿井热害防治措施很多,当前煤矿高温矿井采取的治理措施主要有非人工制冷降温和人工制冷降温两大类,一般进行综合治理。

1. 非人工制冷降温措施

(1)通风降温

在矿井热害不太严重的情况下,可以加大风量以降低井下温度。但是,风量的增加不是无限制的,它受规定的风速和降温成本的制约,且当风量加大到一定程度后,其降温作用会逐渐减小直至消失,因此增风降温存在一个有效范围。

选择合理的通风系统,就是要尽量缩短进风线路的长度。当井巷走向长度一定时,采用的通风系统不同,进风线路的长度也会不相同。中央式、对角式及混合式通风系统,有不同的降温效果。与中央式通风系统相比,在风速相同时,对角式风温低 2.2 ~6.3 ℃,混合式风温低 2.1 ~9.3 ℃。

(2)其他措施

采用某些隔热材料喷涂岩壁,以减少围岩放热。目前国内外常用的隔热材料有聚乙烯泡沫、硬质氨基甲酸泡沫、膨胀珍珠岩以及其他防水性能较好的隔热材料。

利用回采工作面附近的平巷或斜巷布置钻孔,将低温水通过钻孔注入煤体中,使采煤工作面周围的岩体冷却。预冷煤层,要比采用制冷设备更为经济有效,并可兼顾降尘之。在进风井处,用冷水喷雾降低矿井进风温度,从而改善作业地点的温度条件。

(3)个体防护

缩短超温地点人员的工作时间,增加休息频次,给予高温保健待遇,加大健康监护力度,是个体防护的主要措施。研究表明,穿冷却服是保护个体免受高温环境危害的有效措施,由于其成本仅为其他制冷成本的 1/5 左右,因而世界各国都在开展冷却服的研制工作。

2. 人工制冷降温措施

在高温矿井中,当采用加大风量等非人工制冷降温措施后,矿井内主要作业地点的温度条件仍达不到现行规程要求,或不经济时,应采取人工制冷降温措施。目前,矿井中常用的人工制冷降温技术主要分为以下几类:蒸汽压缩式制冷水降温技术、人工制冰降温技术、压缩空气制冷技术和冷热电联产空调降温技术等。从 20 世纪 70 年代以来,蒸汽压缩式制冷水降温技术开始迅速发展。该种矿井降温技术依据制冷设备放置的位置不同,主要分为:井下集中式、地面集中式、井下地面联合式、分散式等。

井下集中式就是将制冷机组设置在矿井下的一种降温方式。由设置在井下的制冷机组,通过管道集中向各工作面供冷冻水,冷冻水冷量在空冷器等末端设备与风流交换,利用冷风风流来降低工作面的温度,吸收了工作面热量的冷风风流变为热风风流,随矿井通风系统排出。整个系统比较简单,供冷冻水的管道短,且仅有冷水循环管路。但在矿井下放置制冷机组,就必须在井下开凿大断面的硐室,并且电机和控制设备都需防爆保护。这种布置形式大多适用于需冷量不太大的矿井。

地面集中式就是在矿场地面上设置制冷站,制冷机组整体布置在地面上,冷量通过供冷管道输送到矿井中,从而达到降温的目的。

3.3 装岩与运输

巷道施工中,岩石的装载与运输是最繁重、最费工时的工序,一般占掘进循环时间的35% ~50%。因此,做好装岩与运输工作对提高劳动效率、加快掘进速度、改善劳动条件和降低施工成本有重要意义。

目前,国内已生产出各种类型、适应不同条件的装载机和调车运输设备。装载机由铲斗后卸式单一机型,发展到耙斗式装载机、铲斗侧卸式装载机、蟹爪或立爪式装载机以及挖掘式装载机等各种类型。与装载机配套的转载运输设备也在不断改善,先后出现了 QZP - 160 型桥式转载机、SJ - 80 型与 SJ - 44 型可伸缩带式输送机、ZP - 1 型胶带转载机等,以及梭式矿车和 5 t 以上防爆型蓄电池电机车等。可运输材料的胶带输送机、无轨胶轮车、卡轨齿轨车和单轨吊车等辅助运输设备也得以发展,这些设备组成了各种工艺的岩巷机械化作业线,提高了岩巷的掘进速度和施工工效。

3.3.1 装岩工作

1. 装岩设备

井下常用的巷道掘进的装岩设备按工作机构分,有铲斗式装载机、耙斗式装载机、蟹爪式装载机、蟹爪式和立瓜式装载机以及挖掘式装载机等。

(1)铲斗式装载机

铲斗式装载机有后卸式和侧卸式两大类,其工作原理和主要组成部分基本相同。这种装载机工作时依靠自重运动所产生的动能,将铲斗插入矸石,铲满后抬起铲斗将矸石卸入转载设备或矿车中,其工作过程为间歇式。

铲斗后卸式装载机是我国最早使用的装载设备,曾创造了不少巷道快速施工的好成绩。但由于适应性不强、生产能力小、机械化程度低等原因,现在只在小型煤矿中使用。铲斗侧卸式装载机正面铲取岩石,在设备前方侧转卸载,行走方式为履带式。国产 ZLC - 60 型铲斗侧卸式装载机如图 3 - 20 所示,适用于宽度 4 m 以上、高度大于 3.5 m 的巷道。

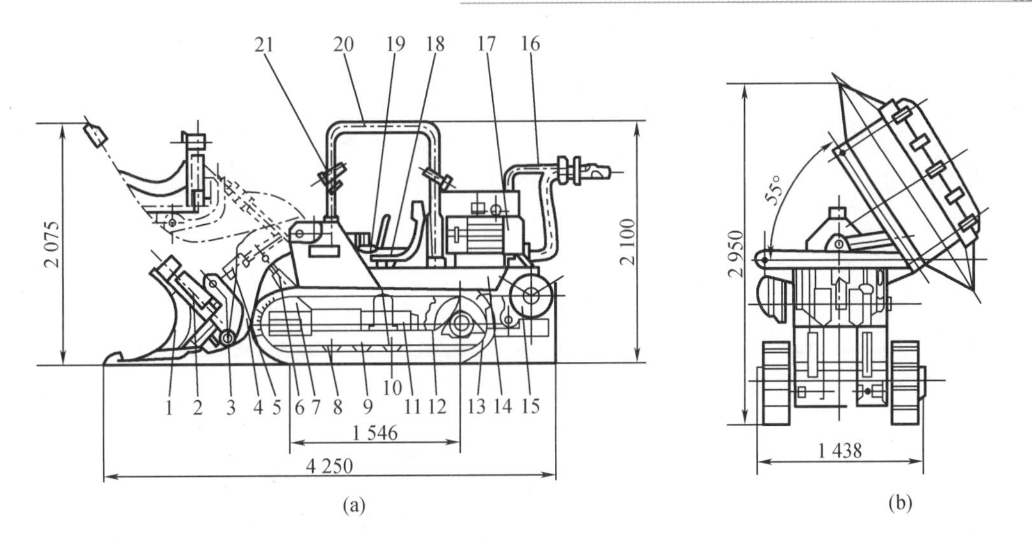

1—铲斗;2—侧卸油缸;3—铲斗座;4—摇臂;5—连杆;6—举升油缸;7—导轮;8—履带架;9—支重轮;10—托轮;11—张紧装置;12—驱动轮;13—履带;14—机器机架;15—行走部电动机;16—电缆;17—泵端电动机;18—司机座;19—操纵台;20—司机棚;21—照明灯。

图3-20 ZLC-60型铲斗侧卸式装载机

与铲斗后卸式装载机比较,铲斗侧卸式装载机的铲斗斗型好、斗容大、插入力大、提升距离短;由于采用履带行走,机动性好,装岩宽度不受限制,可在平巷及倾角10°以内的斜巷使用。另外,铲斗还可兼做活动平台,用于安装锚杆和挑顶等。铲斗侧卸式装载机可避免耙斗式装载机钢丝绳摩擦引起的火花,电气设备均为防爆型,可用于有瓦斯和煤尘爆炸危险的矿井。

但如果直接将矸石装入矿车,铲斗侧卸式装载机在巷道中需要频繁行走,不仅会碾碎巷道底板,形成大量淤泥给后续清理工作带来麻烦,也缩短了履带行走部件的使用寿命,降低了整机的效率。因此,铲斗侧卸式装载机应与转载机配套,转载机布置在装载机铲斗卸载一侧的轨道上(图3-21),装载机将矸石卸载到转载机的料仓中,由转载机转卸到矿车中,以提高装岩效率。

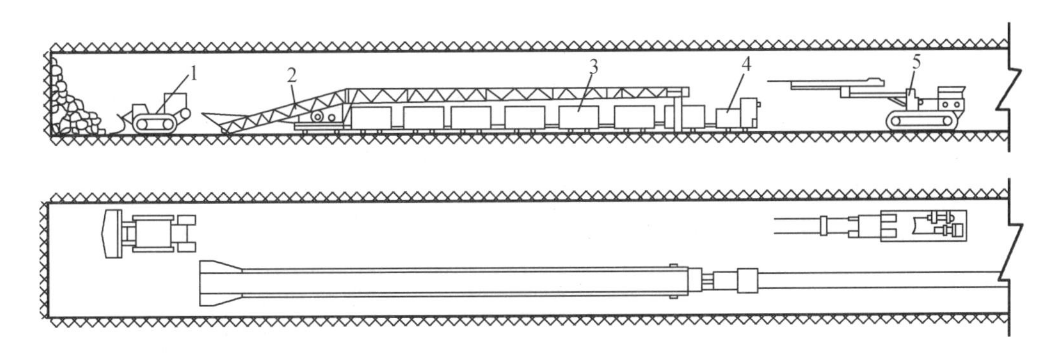

1—铲斗侧卸式装载机;2—转载机;3—矿车组;4—电机车;5—凿岩台车。

图3-21 转载机与铲斗侧卸式装载机配套示意图

(2)耙斗式装载机

耙斗式装载机是一种结构简单的装岩设备,动力为电动,行走方式为轨轮。从 1963 年开始,我国煤矿逐步推广使用了耙斗式装载机,现已形成系列,是目前应用最广的装载设备。耙斗式装载机主要由绞车、耙斗、台车、槽体、滑轮组、卡轨器、固定楔等部分组成,如图 3 - 22 所示。

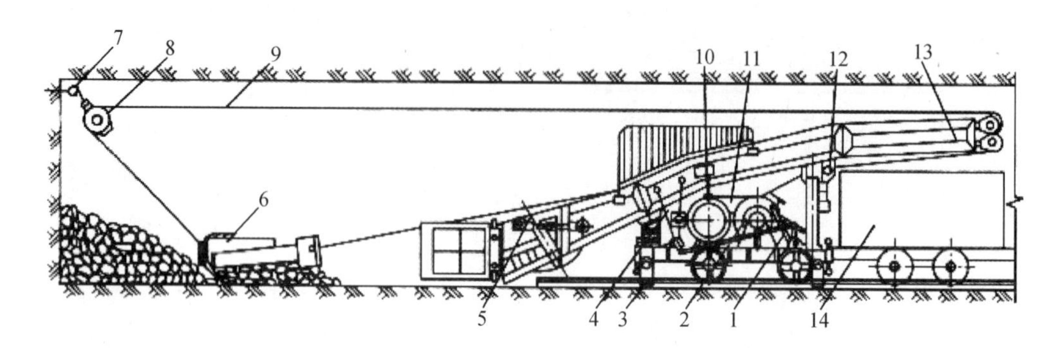

1—连杆;2—主、副滚筒;3—卡轨器;4—操作手把;5—调整螺丝;6—耙斗;7—固定楔;8—尾轮;9—耙斗钢丝绳;10—电动机;11—减速器;12—架绳轮;13—卸料槽;14—矿车。

图 3 - 22 耙斗式装载机总装示意图

耙斗式装载机在工作前,用卡轨器 3 将台车固定在轨道,并用固定楔 7 将尾轮 8 悬吊在工作面的适当位置。工作时,通过操纵手把 4 启动行星轮或摩擦轮传动装置,驱使主绳滚筒转动,通过钢丝绳牵引耙斗 6 将矸石耙到卸料槽 13,矸石靠自重从槽口溜入矿车,然后使副绳滚筒转动,主绳滚筒变为从动,耙斗空载返回工作面。这样就能使耙斗往复运行进行装岩。当台车需要向前移动时,可同时使主、副绳滚筒缠绕主、副绳,台车即整体向前移动。

耙斗式装载机适用的块度一般不能大于 200 ~ 380 mm,其生产率随着耙岩距离的增加而下降,所以耙斗式装载机距工作面不能太远,一般以 6 ~ 20 m 为宜。

耙斗式装载机适用于净高大于 2 m,净断面 5 m 以上的巷道。它不但可以用于平巷装岩,而且还可以在倾角 35° 以下的上(下)山掘进中装岩,亦可在拐弯巷道中作业(图 3 - 23)。

耙斗式装载机下山施工时,当巷道坡度小于 25°时,除了用本身的卡轨器进行固定外,还应增设两个大卡轨器。当巷道坡度大于 25°时,除增设大卡轨器外,还应再增设一套防滑装置。在上山掘进时,耙斗式装载机除了采用下山施工时的固定方法以外,还应在台车的后立柱上增设两根斜撑。

耙斗式装载机的优点是结构简单、维修量小、制造容易、适应面广。其缺点是钢丝绳和耙斗磨损较快、工作面堆矸较多,不但影响其他工序工作,且需要大量的人工清底时间。

(3)蟹爪式装载机

这种装载机的特点是装岩工作连续、生产率高。其主要组成部分有蟹爪、履带行走部分、转载输送机、液压系统和电气系统等,如图 3 - 24 所示。

这类装载机前端的铲板上设有一对蟹爪,在电机或液压马达驱动下,连续交替耙取矸石，矸石经刮板输送机运到机尾的胶带输送机上，再装入运输设备。输送机的上下、左右摆动，以及铲板的上下摆动都由液压马达驱动。装岩时，铲板必须插入岩堆，当发生岩堆塌落压住蟹爪时，必须将装载机退出，再次前进插入岩堆后装载。

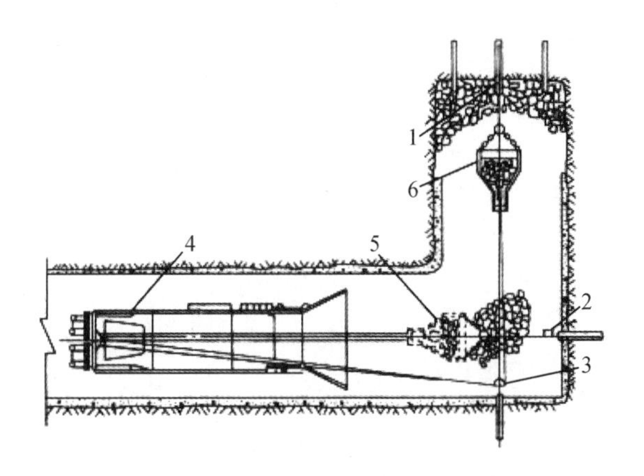

1,2—尾绳轮;3—双滑轮;5,6—把斗;4—耙斗装载机。

图3－23 拐弯巷道耙斗式装载机装岩示意图

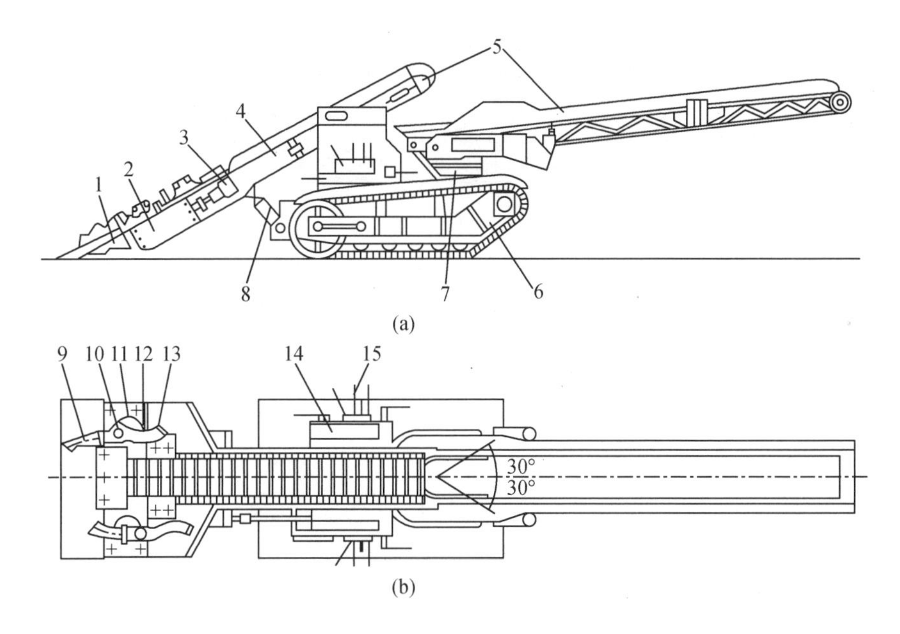

1—蟹爪装载机构;2—减速器;3—液压马达;4—机头架;5—转载输送机;6—行走机构;7—回转台;8—升降油缸;9—耙杆;10—销轴;11—主动圆盘;12—弧线导杆;13—固定销;14—电气装置;15—液压操纵装置。

图3－24 ZS－25型蟹爪式装载机

近年来，蟹爪式装载机已有很大改进，如ZB－1型大功率蟹爪式装载机及ZXZ－60型蟹爪式装载机，在装载中硬以上岩石中也显示出很大的优势。

这类装载机装载宽度大，生产率高，机器高度低，粉尘产生少，但软岩巷道不利于履带行走，因此适合于中硬岩巷道。

(4)立爪式装载机和蟹爪立爪式装载机

这是两种新型连续工作的装载机。从20世纪70年代起,北京矿冶科技集团有限公司和华铜铜矿及云南锡业股份有限公司等单位,先后研制了立爪式装载机。立爪式装载机由机体、刮板输送机及立爪耙装机构三部分组成,如图3-25所示。

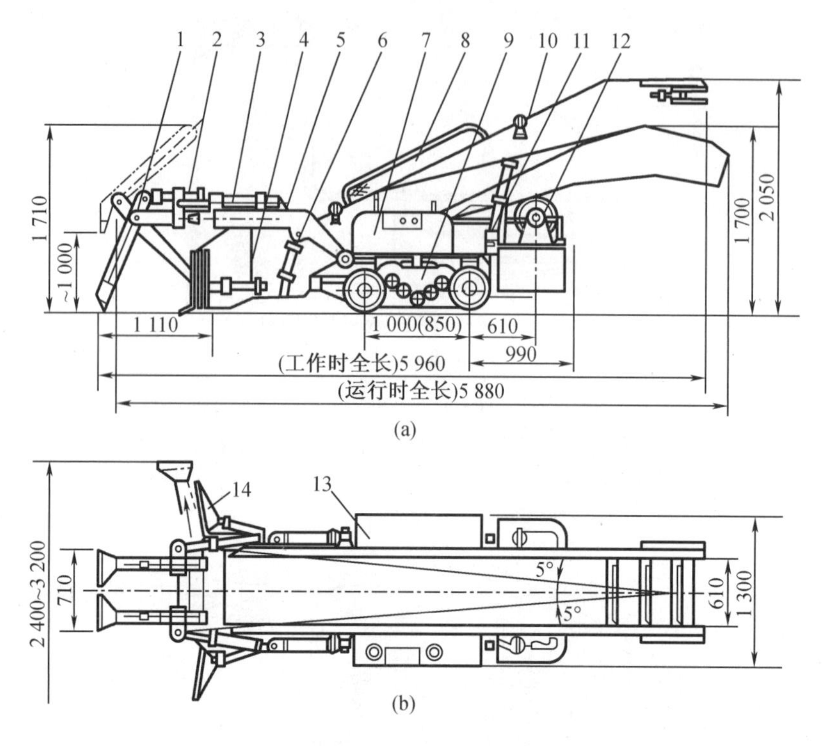

1—立爪;2—耙取油缸;3—回转油缸;4—集砟油缸;5—工作大臂;6—大臂油缸;7—液控箱;8—回转机构;9—行走底盘;10—刮板输送机;11—支撑油缸;12—油泵;13—电控箱;14—集砟门。

图3-25　LZ-60型立爪式装载机

立爪式装载机的装岩顺序,一般自上而下、由表向里,装载岩堆中自由度大的岩块,因此立爪式装载机工作方式比较合理。其装岩过程为:由一对液压马达驱动的立爪耙装矸石,刮板输送机转送矸石至运输设备,这比铲斗式装载机的先插入岩堆内而后铲取矸石的工作方式更合理。装岩时,如果岩堆较高,则将铲板靠近岩堆,利用矸石自重由立爪将矸石自上而下耙给输送机;当矸石较分散时,也可以将铲板插入矸石进行装岩。

立爪式装载机的主要优点是对巷道断面和矸石块度适应性强,能挖水沟和清理底板,生产率较高。其缺点是爪齿容易磨损,操作亦较复杂,对维修水平要求高。

还有一种蟹爪立爪式装载机,兼顾了蟹爪式和立爪式装载机的优点,采用蟹爪和立爪组合的耙装机构,是一种新颖高效的装载机。它以蟹爪为主,以立爪为辅,结合了两种装载机的优点,有较强的生产能力。

(5)挖掘式装载机

挖掘式装载机简称"挖装机""扒渣机"。按照行走方式的不同,挖掘式装载机可分为履带式、轮式及轨轮式。履带式挖装机的总体结构如图 3－26 所示，它主要由工作装置、集渣推板、刮板输送部、回转龙门架、机架、履带行走部、司控室、液压系统、电气系统及相关附件组成。挖掘式装载机采用全液压传动，再操纵台控制电源及整机液压系统的工作，如将耙斗换成附件液压锤，则可用于巷道修护中的破碎施工。

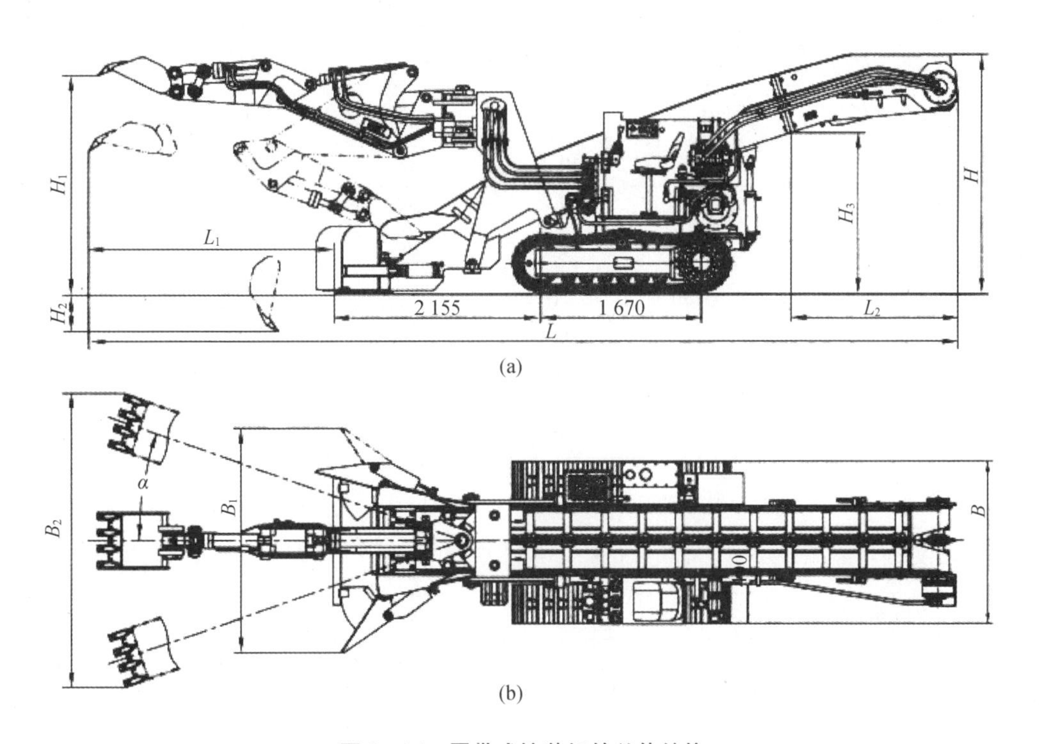

图 3－26 履带式挖装机的总体结构

工作装置通过油泵的多路阀手柄来操纵大臂、斗杆、挖斗来完成上升、下降、前伸、后缩、回转、挖掘等各种功能。铲斗上装有斗齿，磨损后可以更换。运输槽机构主要由运输槽、主传动总成、刮板链、主动链轮和输送液压马达等部件组成，控制举升油缸伸缩可使运输槽升降，以分别满足工作和行走的需要。启动液压马达驱动刮板链可将矸石从料口运送到运输槽尾部卸载。

表 3－10 列出了石家庄煤矿机械有限责任公司生产制造的系列挖掘式装载机的技术特征。其中 ZWY－150/55L 型和 ZWY－180/55L 型爬坡能力强，可适应 25°的大坡度工作。

掘挖式装载机集耙矸和输送装车功能为一体，具有行走、挖掘、采集、输送、装车、清理场地 6 种功能，可连续不间断装运，速度快；履带行走可全断面装岩，不留死角，不需要人工辅助清理工作面，所以能与凿岩台车配套组成高效的机械化作业线，是近年来发展最快的一种装载机。相比耙斗式装载机需要通过绞车的两个滚筒分别牵引主绳和副绳使耙斗做往复运动实现出矸来说，这种装载机在安全方面有了很大提升。

表 3－10　石家庄煤矿机械有限责任公司生产制造的系列挖掘式装载机的技术特征

产品型号	ZWY－80/45L	ZWY－100/45 (J6896)	ZWY－120/55L	ZWY－150/55L	ZWY－180/55L
装载能力/($m^3 \cdot h^{-1}$)	80	100	120	150	180
挖掘宽度/mm	3 500	3 500	4 200	4 200	4 200
挖掘高度/mm	3 500	3 500	3 500	3 500	3 650
卸载高度/mm	1 440	1 440	1 300	1 383	1 435
爬坡能力/(°)	14	14	32	32	25
工作坡度/(°)	14	14	25	25	20
装机功率/kW	45	45	55	55	55
行走速度/($m \cdot s^{-1}$)	0.30～0.40	0.30～0.40	0.30～0.57	0.30～0.57	0.15～0.20
液压系统类型	定量系统	定量系统	变量系统	变量系统	定量系统
额定工作压力/MPa	20	15	25	25	20
接地比压/MPa	0.100	0.100	0.062	0.064	0.100
外形尺寸(长×宽×高)/mm	7 350×1 600×1 830	7 350×1 600×1 830	6 670×1 900×1 975	6 670×2 100×1 975	7 550×1 900×2 115
履带内侧宽度/mm	900	900	1 000	1 000	855
整机质量/t	13.0	12.5	13.6	14.0	16.0
最小适用断面尺寸(长×宽)/mm	2 000×2 600	2 000×2 600	2 300×2 600	2 500×2 600	2 500×2 800

2. 装载机的选择

选择装载机主要应考虑巷道断面尺寸，装载机的适应性和可靠性，操作和维修的难易程度，装载机与其他设备的配套以及装载机的造价和效率等因素，最后综合确定。

铲斗侧卸式装载机，铲取能力强，生产效率高，对坚硬岩石、大块岩石适应性强，装卸宽度大，清底干净。但是其构造较复杂、造价高、维修要求高，适用于断面面积 12 m^2以上的双轨巷道。

耙斗式装载机的适应性强，可用于平巷、斜巷以及煤巷、岩巷等。但是，它的体积较大，移动不便，有碍于其他设备的使用；另外，底板清理不干净，人工辅助工作量大，耙齿和钢丝绳损耗量大，效率低。因此，耙斗式装载机用于单轨巷道较为合适。

以上两种装载机均属于间歇式装岩，而挖掘式装载机、蟹爪式及立爪式装载机的装岩动作连续，属于连续式装岩。因此，挖掘式装载机、蟹爪式及立爪式装载机可与大容积、大转载能力的运输设备和转载机配合使用，适用于单、双轨巷道，生产率高。但这两种装载机装坚硬岩石时，耙爪与铲板易磨损，对制造工艺和材料耐磨要求较高，立爪式装载机在煤矿使用很少。

目前使用较多的仍然是耙斗式装载机，铲斗侧卸式装载机次之，挖掘式装载机将会得到逐步推广应用。在实际工作中应根据工程条件、设备条件及维修操作水平等因素，参照各种装载机的技术特征（表 3－10 和表 3－11）进行选择。

表 3－11 装载机的技术特征

分类	铲斗式装载机				耙斗式装载机						蟹爪式装载机		
型号	Z－20B	Z－30B	ZCZ－26	ZLC－60 侧卸式	P－60B	P－30B	P－15B	YP－20	YP－60	YP－90	LB－150	ZS－60	ZXZ－60
生产能力/($m^3 \cdot h^{-1}$)	30～40	45～60	50	90	70～105	35～50	15	25～35	80～100	120～150	150	60	60
铲斗容积/m^3	0.20	0.30	0.26	0.60	0.60	0.30	0.15	0.20	0.60	0.90	—	—	—
装载宽度/mm	2 200	2 550	2 700	—	—	—	—	—	—	—	—	—	—
最大装料块度/mm	400	500	500	—	—	—	—	—	—	—	600	500	600
最大长度/mm	2 395	2 660	2 375	4 250	9 800	6 600	4 700	5 300	7 725	8 391	8 850	7 570	8 100
最大宽度(不包括踏板)/mm	1 426	1 410		1 800	2 750	2 045	1 040	1 400	1 850	2 000	2 170	1 350	1 600
最大高度(运输状态)/mm	1 518	1 455	1 378	2 100	—	1 650	1 500				2 040	1 720	1 770
工作时最大高度/mm	2 180	2 380	2 240	2 950	2 220	1 950	1 750	1 680	2 340	2 423	—	—	1 980
卸载高度/mm	1 280	1 300	1 250	1 300	—	—	—	—	—	—	1 150～2 400	—	—
行走机构	轨轮	轨轮	轨轮	履带	轨轮	轨轮	轨轮	轨轮	轨轮	轨轮	履带	履带	履带
轨距/mm	600,900	600	600,762	—	600,762,900	600,762,600	600	600,750,600	600,750,762	600,750,762,900	600,750,762	—	—
动力	电动	电动	风动	电动	电动	电动	电动	电动	电动	电动	电动	液压	电动
设备总功率/kW	21.0	30.0	—	52.0	30.0	17.0	11.0	13.0	30.0	40.0	97.5	43.0	64.5
质量/kg	4 100	5 000	2 700	7 430	6 450	4 500	2 200	2 600	6 140	8 000	23 430	6 000	15 000
适用巷道最小断面尺寸(宽×高)或面积/m(m^2)	3.0×2.5	2.5×3.0	2.2×2.5	4.0×3.5	3.0×2.5	2.5×2.0	2.0×1.8	—	—	—	8.5m^2	—	7 m^2

3. 提高装岩工作效率的途径

装岩工作效率的指标是 m^3/台班或 m^3/工。单从巷道经济效益分析,这两项指标越高,施工成本越低。从施工组织管理角度出发,工作面的工作内容越单一,相互干扰越少,效率越高。因此,国外主要着眼于人工效率,以此为目的进行装岩组织工作,采用机械化设备配套,使工作面工序单一,人员减少,以提高效率、降低成本。但是,巷道的施工速度一般不快。

为了组织快速施工,往往要组织多工序平行作业,人员设备必然增多,相互干扰增加,效率较低。但是有时为了生产或建设的总体需要,往往对某项工程组织快速施工以获得更大的经济效益。因此,要区别这两种情况,根据具体要求,采取不同措施,提高装岩效益。

(1)研究和推广装岩、运输及转载机械化作业线,不断提高装载机工时利用率,缩短循环中的装岩时间。

(2)研制和选用高效能的装载机。根据巷道断面尺寸选用装载机,对于双轨巷道尽量选用大型耙斗式装载机、全液压履带行走的铲斗侧卸式装载机或挖掘式装载机等大型装载机。一般情况下,应避免同时使用两台装载机或大断面巷道选用生产能力小的装载机。

(3)提高爆破技术。当岩石的块度均匀、适宜、堆放集中,底板平整时,装载机的效率较高,如铲斗侧卸式装载机,当矸石块度小于 200 mm 时工作效率最高。

(4)巷道内工作面空间有限,工序繁多,设备拥挤而且利用率低,辅助时间增加,特别在单轨巷道,高效工作尤为困难。发展一机多用设备,如钻装机、钻装锚机等可使情况得到改善。

(5)加强装岩与调车的组织管理工作;提高装载机司机的操作技术;加强作业线的维修保养,减少设备故障;严格执行各工种岗位责任制,保证各工种密切配合,工序迅速衔接;保证稳定的电压或合理提高风动装载机的风压;保证轨道质量,加强维护,提高行车速度,减少矿车掉道事故;加强调度工作,及时供应空车。

3.3.2 调车运输工作

采用固定式矿车运输矸石时,工作面一般铺设单轨,因此矿车装满后重车必须退出,调换一个空车继续装岩,这就是调车工作。装岩效率的提高,除了选用高效能装载机和改善爆破效果以外,还应结合实际条件,合理选择工作面各种调车和转载设施,以减少装载间歇时间,提高实际装岩生产率。采用不同的调车或转载方式,装载机的工时利用率差别很大。据统计,我国煤矿采用固定错车场时装载机工时利用率为 20% ~30%,采用浮放道岔时为 30% ~40%,采用转载输送机时为 60% ~70%,采用梭式矿车时为 80%以上。因此,应尽可能地选用转载输送机或梭式矿车,以减少装载的间歇时间。

1. 固定错车场调车法

固定错车场调车如图 3 - 27 所示。在单轨巷道中,调车较为困难,一般每前进一段距离需要加宽一部分巷道,以安设错车的道岔,构成环形错车道或单向错车道。在双轨巷道中,可在巷道中轴线铺设临时单轨合股道岔,或利用临时斜交道岔调车。

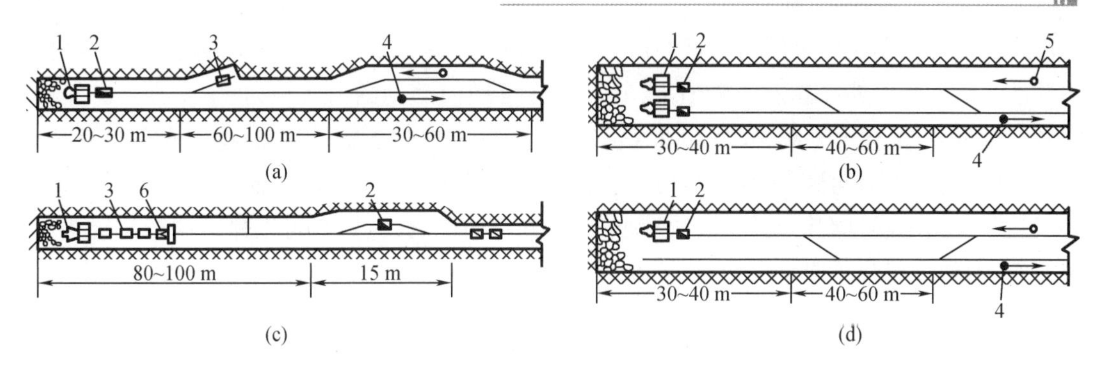

1—装载机;2—重车;3—空车;4—重车方向;5—空车方向;6—电机车。

图3－27 固定错车场调车

这种调车方法简单易行,一般可用电机车调车,或辅以人力。单独使用固定道岔调车法,需要增加道岔的铺设,加宽部分巷道的断面,且不能保持较短的调车距离,故调车效率不高,装载机工时利用率只有20%～30%,可用于工程量不大、工期要求较缓的工程。

2. 活动错车场调车法

为了缩短调车的时间,将固定道岔改为浮放道岔、翻框式调车器等专用调车设备,这些设备可紧随工作面向前移,保持较短的调车距离,装载机的工时利用率可达30%～40%。

(1)浮放道岔

浮放道岔是临时安设在原有轨道上的一组完整道岔,它结构简单,可以移动,现场可自行设计、加工。双向菱形浮放道岔如图3－28所示,是用于双轨巷道的浮放道岔。用于单轨巷道的单轨浮放双轨道岔如图3－29所示。浮放道岔调车的缺点是结构笨重,移动困难。

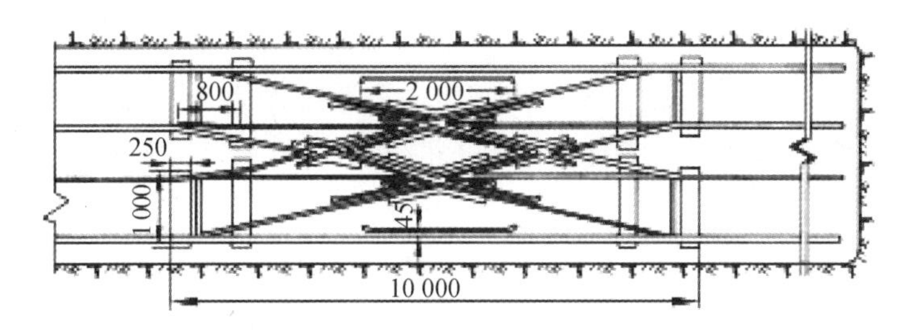

图3－28 双向菱形浮放道岔

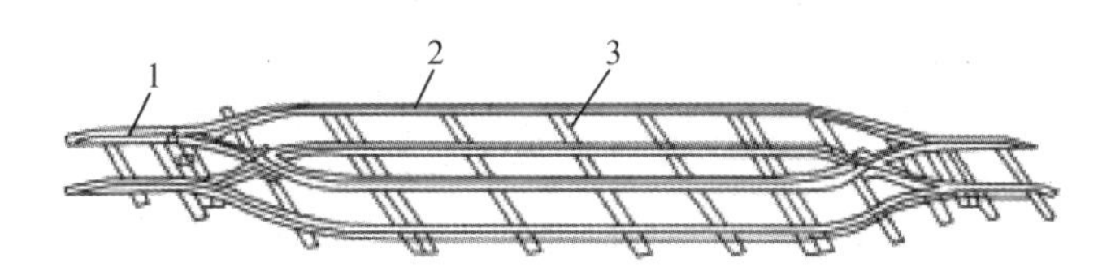

1—道岔;2—浮放轨道;3—支撑装置。

图3－29 单轨浮放双轨道岔

(2)翻框式调车器和风动调车器

翻框式调车器一般用于单轨巷道,风动调车器可用于单轨巷道和双轨巷道,如图3－30

所示。翻框式调车器由金属活动盘和滑车板组成[图 3 - 30(a)],可以紧随装岩工作面向前移动。活动盘浮放在巷道的轨面上,其上设有可横向移动的滑车板,当空车推上滑车板后,滑车板可以横向移动离开,然后翻起活动盘,为重车提供了出车线路;待重车通过后,再放下活动盘,空车随同滑车板返回轨面,然后用人力将空车送至工作面装车。

翻框式调车器具有结构简单、质量小、移动方便的优点,特别是可以保证调车位置接近工作面,为独头巷道快速掘进创造了有利条件。以同样原理制作的气动调车器[图 3 - 30(b)],用压气气缸将空车吊离轨面以达到上述调车目的。

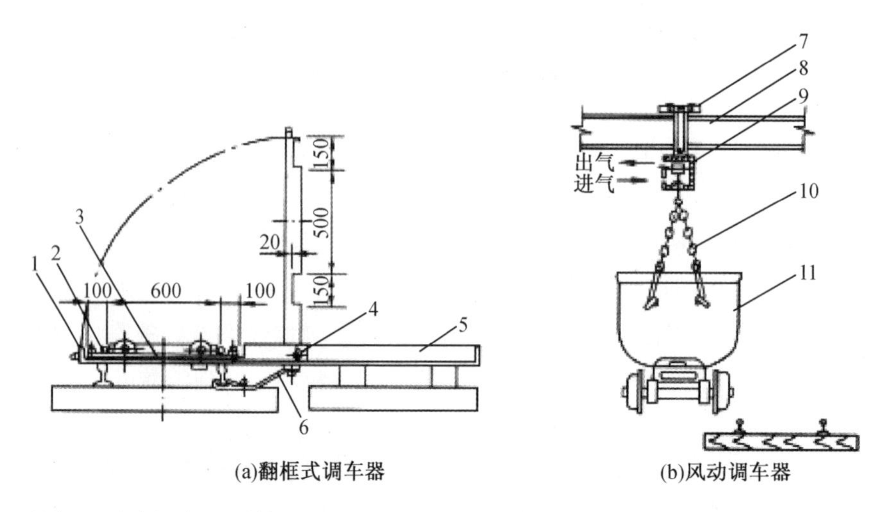

1—活动盘;2—轨条;3—滑车板;4—活动轴;5—固定板;6—定位卡;7—小车;8—钢梁;9—汽缸;10—悬吊链;11—矿车。

图 3 - 30　调车器示意图

3. 利用专用转载设备

转载设备可大大改进装运工作,提高装载机的实际生产率,使装载运输连续作业,有效地加快装运速度。常用的转载设备有胶带转载机、梭式矿车和斗式转载车等。

(1)胶带转载机

平巷掘进中使用的胶带转载机的形式很多,但胶带转载机的框架和托滚等部分大致相同,主要区别是在胶带转载机的支撑方式上。按胶带转载机架支撑方式分,有悬臂式胶带转载机、支撑式胶带转载机和悬挂式胶带转载机等多种。

如图 3 - 31 所示,悬臂式胶带转载机结构简单,长度较短,行走方便,可适应弯道装岩。不足之处在于其下边最多只可存放 3 辆矿车,需要采用反复调车的方法,虽然可以增加连续装车的数目,但其调车组织工作比较复杂。

支撑式胶带转载机设有辅助轨道,专供支撑行走。这种转载机由于长度较长,往往能存放足以将一个循环矸石全部装走的矿车数量(图 3 - 32),因而可完全消除由于调车而导致的装岩中断,并大大减少单轨长巷道铺设道岔或错车场的工作量,但只适用于直线段巷道的掘进。

悬挂式胶带转载机的特点是转载机悬挂在巷道顶部的轨道上,如图 3 - 33 所示。轨道可采用钢轨或用槽钢制成,并用锚杆吊挂或直接固定于巷道支架的顶梁上,随工作面推进而向前接长延伸;需要移动时,可用装载机或电机车牵引或推顶。

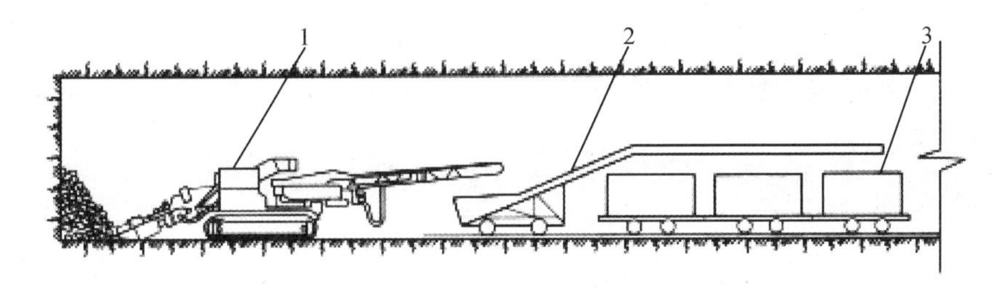

1—蟹爪式装载机;2—悬臂式胶带转载机;3—矿车。

图3-31　蟹爪式装载机与悬臂式胶带转载机配套示意图

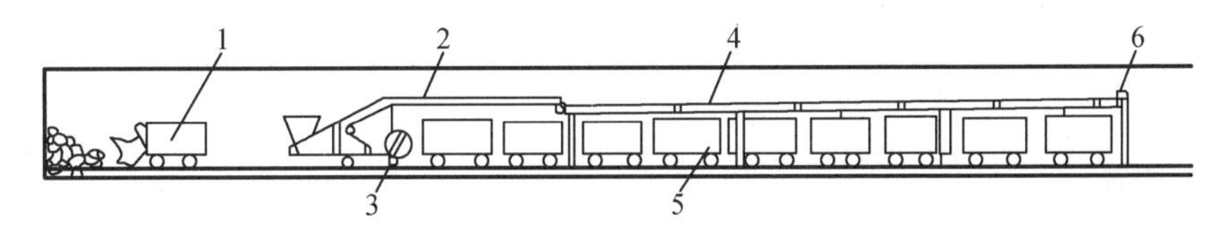

1—装载机;2—悬臂式转载机;3—转载机电动机;4—支撑式转载机;5—矿车;6—输送机电动机。

图3-32　支撑式胶带转载机工作布置示意图

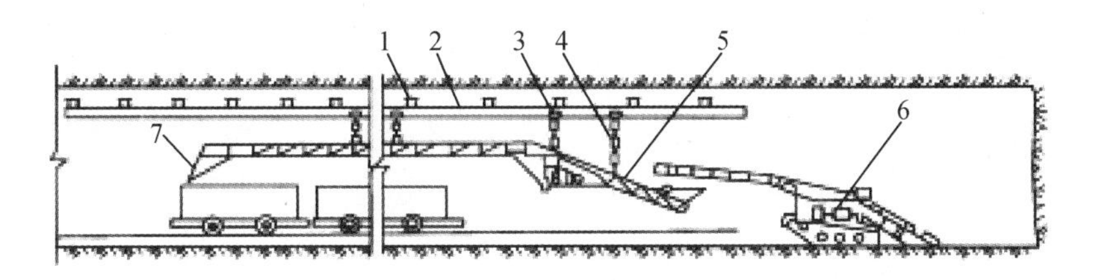

1—吊挂装置;2—单轨架空轨道;3—行走小车;4—悬吊链;5—悬挂式胶带转载机;6—装载机;7—卸矸溜槽。

图3-33　悬挂式胶带转载机布置示意图

(2)梭式矿车

梭式矿车是一种大容积的矿车,也是一种转载设备,由在车厢底板安设运输机的槽形车厢和行走部分组成,用电机车牵引在轨道上行驶。矿料石碴从车厢的装碴端装入,刮板或链板运输机将矿料石碴转载到卸碴端;待整个梭车装满,由电机车牵引至卸碴场,然后再开动运输机,将矿料石碴自动卸掉。这种矿车车厢容积较大,效率高,因往返如穿梭般频繁而得名。

梭式矿车具有容积大、装载连续,运输、转载和卸载设备合一,性能可靠等优点;既可作为运矸设备,又可作为大的储仓使用;但井下使用需要有专门的卸载点,可采取将梭式矿车尾部抬高直接卸入矿车的方法,也可由梭式矿车卸入固定地点的转载机,再由转载机装入矿车。特别注意,梭式矿车仅用于运送物料,严禁载人。

根据工作面的条件,梭式矿车可单车使用,也可若干辆搭接组成梭式列车运行,如图3-34所示。采用梭式列车时可将爆破方量一次性装完,减少调车和出碴时间,加快掘进速度,特别适用于斜井或平硐施工。国内生产的梭式矿车定型产品分为小型梭式矿车、大型梭式矿车,容积有 4 m^3、6 m^3、8 m^3、10 m^3、12 m^3、14 m^3、16 m^3、20 m^3、25 m^3、30 m^3、45 m^3,共 11 种。小型梭式矿车型号及技术特征见表 3-12。

图 3-34 梭式矿车搭接组成梭式列车

表 3-12 小型梭式矿车型号及技术特征表

名称		型号			
		SD-4B	SD-6B	SD-8B	SD-10B
车厢容积/m^3		4	6	8	10
自重/t		6.5	8.4	10.5	11.5
载重/t		10	15	20	25
外形尺寸(长×宽×高)/mm		6 250×1 270×1 740	7 160×1 450×1 770	6 900×1 560×1 840	10 200×1 560×1 950
轨距/mm		600,762,900	600,762,900	600,762,900	600,762,900
最小转弯半径/m		15	18	20	22
装载高度/mm		1.2	1.2	1.2	1.2
卸载时间/min		1.0	1.2	1.5	1.6
最大运行速度/($km \cdot h^{-1}$)		15	15	15	15
电动机功率/kW	660/380	11.0(YBI)	13.0(YBI)	18.5(YBI)	18.5(YBI)
	1 140/660	22(YBK2)	22(YBK2)	22(YBK2)	22(YBK2)
推荐轨型/($kg \cdot m^{-1}$)		≥15	≥18	≥18	≥18
适用巷道断面尺寸(宽×高)/mm		≥2.4×2.4	≥2.6×2.6	≥3.0×3.0	≥3.2×3.2

3.3.3 辅助运输工作

煤矿运输是煤炭生产的重要组成部分。根据任务的不同,煤矿运输分为主要运输和辅助运输。所谓煤矿辅助运输,是指煤矿生产中除煤炭运输之外的各种运输的总和,主要包括材料、设备、人员和矸石等的运输,它是整个煤矿运输系统不可或缺的重要组成部分。

1. 辅助运输设备

我国煤矿井下推广应用的辅助运输形式有:采用单轨吊车、卡轨机车、齿轨机车、无轨胶轮机车等设备的高效形式与采用小绞车、无极绳绞车分段分散的、较落后设备的辅助运输形式,见表 3-13。这些设备的使用,不仅改变了煤矿井下辅助运输的落后面貌,也为减少事故、提高全员效率提供了保障。

表 3-13 我国研制的煤矿辅助运输设备技术性能一览表

类型	型号	动力	功率/kW	传动方式	最大牵引力/kN	牵引速度/$(m \cdot s^{-1})$	最大爬坡角度/(°)	轨道类型	轨距/mm	最大载重/t
单轨吊车	FND-90	柴油发动机	66	液压	60	0~2	18	I 型轨	—	14
	FND-40	柴油发动机	30	机械	30	最大 2	12	I 型轨	—	12
	FND-30	柴油发动机	15	液压	12	0~2	12	I 型轨	—	12
	XTD-25	蓄电池	25	机械	37	最大 1.1	10	I 型轨	—	10
	XTD-7	蓄电池	4.5	机械	10.3	最大 1.3	10	I 型轨	—	2
胶套轮齿	CK-66	柴油发动机	86	液压	黏着 45 齿轨 100	0~3.5 0~1.5	黏着 6 齿轨 19	普轨 24	600 900	— —
卡轨机车	JCP-8 /600(900)	柴油发动机	69	机械	黏着 28 齿轨 80	最大正 3.0 反 0.37	黏着 5 齿轨 12	普轨 24	600 900	— —
绳牵引卡轨机车	KCY-6/900	液压绞车	100	液压	60/30	0~2	25	槽钢内卡	900	15
	KCY-8/600	液压绞车	100	液压	80/40	0~1.5	20	普轨内卡	600	15
	F-1	液压绞车	170	液压	90/45	0~1.5	25	槽钢外卡	600/900	20
	F-1A	液压绞车	170	液压	90/45	0~1.5 0~3.0	25	工字钢 内卡	600 900	20
	SPK-9/600	液压绞车	170	液压	90/45	0~1.5 0~3.0	25	普轨 24 外卡	600	20
	KJS-6/600	调速液电 牵引绞车	55	电	60	单 0.35 双 1.50	18	普轨 24	600	20

表 3 - 13(续)

类型	型号	动力	功率/kW	传动方式	最大牵引力/kN	牵引速度/(m·s^{-1})	最大爬坡角度/(°)	轨道类型	轨距/mm	最大载重/t
胶套轮机车	CK30	柴油发动机	40	机械	25	最大 3.5	5.7	普轨 24	600/900	12
	XKJ - 10	蓄电池	2×21	机械	20	最大 2.0	5.7	普轨 24	600/900	黏重 10
	JX20FBJ	柴油发动机	15	机械	18	最大 2.0	5.7	普轨 24	600	4
	XKJ4/5	蓄电池	2×7.5	机械	11	最大 1.8	5.7	普轨 24	600	4
	J6	蓄电池	25	机械	18	最大 2.0	5.7	普轨 24	600	6
无轨胶轮车	WY - 20	柴油发动机	15	液压	22	最大 2.0	8.0	无轨	—	2
	DZY - 16	柴油发动机	66	机械/液压	53.9	最大 3.3	12.0	无轨	—	16
	WY - 12	柴油发动机	66	液压/机械	—	最大 2.5	14.0	无轨	—	12
	WY - 40	柴油发动机	30	液压/机械	—	最大 4.2	12.0	无轨	—	4

(1)无轨胶轮机车

无轨胶轮机车是近年来发展较快的一种运输设备,以柴油机或蓄电池为动力、不需轨道、自由行驶,具有转弯半径小、机动灵活、多功能、运量大等优点。这种车辆虽然不需专设轨道,但对巷道宽度和路面有一定要求,需要技术熟练的司机驾驶,以确保车辆安全快速地正常运行。

无轨胶轮机车按用途分为运输类车辆和铲运类车辆。运输类车辆主要完成长距离的人员、材料和中小型设备的运输,包括运人车、运货车和客货两用车;铲运类车辆主要完成材料和设备装卸,支架和大型设备的铲装运输,包括铲斗和铲叉多用式装载车和支架搬运车。无轨胶轮机车按动力装置分为柴油机胶轮机车、蓄电池胶轮车和拖电缆胶轮车(梭车)。

无轨胶轮机车特别适用于赋存较浅、倾角不大的近水平煤层矿井,最理想的是8°左右的斜副井,用这种车从地面到采区直接上下运送人员、材料、设备和矸石。例如,可用柴油机无轨胶轮运煤车运送掘进的煤和矸石,用支架叉车或铲车运送液压支架和大型设备,以多用途自由驾驶车运送人员和材料,实现井上、井下一条龙直达运输,从而大大提高全矿井效率。

无轨胶轮机车也可用于顶、底板条件较好的竖井开拓方式的矿井。

无轨胶轮机车具有以下缺点:噪声较大,排气有污染,需加大通风量。为确保矿井生产安全和井下环境质量,应采用矿用防爆型低污染无轨胶轮机车。

(2)卡轨机车

卡轨机车系统是窄轨铁路运输发展的分支,系统主要由出轨道装置、卡轨车车辆及牵引控制设备三部分组成。卡轨机车的主要特点是专用轨道和特殊车轮,除装有承重行走车轮外,还增设了卡轨轮,使车辆在轨道上行驶运行时不致掉道,提高了运输的安全可靠性,特别适用于在上下坡道及弯道上运输重物和人员。

卡轨机车的轨道多用槽钢制成,槽钢轨与轨枕固定在一起形成梯子道,长3 m或6 m。车辆一般由转向架轮组和平板车体构成,转向架轮组装有垂直和水平卡轨轮组,当车辆在专用轨道上运行时,卡轨轮卡在轨道的槽口内滚动,可防止车辆掉道。

卡轨机车的牵引方式有液压绞车钢丝绳牵引,也有内燃机、蓄电池和电机车牵引。防爆柴油机牵引卡轨机车自重比较大,爬坡能力有限,适应巷道坡度一般不超过8°~10°,但具有可进入多条分支巷道运送物料、易实现由大巷至工作面顺槽直达运输的优点。钢丝绳牵引卡轨机车具有适应巷道坡度大(可达25°)、承载量大的优点,但只能在一条巷道系统内运行,不能进入多分支轨道,运输距离一般在1.5 km之内,如果巷道平直、转弯少、坡度小,运输距离可增至3 km以上。

卡轨机车的突出特点是载重量大,爬坡能力强,允许在小半径的弯道上行驶,可有效防止车辆掉道和翻车。轨道的特殊结构允许在列车中使用闸轨式安全制动车,可防止列车超速和跑车事故。卡轨机车主要用于煤矿井下材料、设备、人员和矸石的辅助运输,尤其适用于重型设备(如综采设备)的搬运,是目前矿井运输中较理想的辅助运输设备,能安全、可靠、高效地完成材料、设备、人员的运输任务。

(3)单轨吊车

单轨吊车是将材料、设备、人员等通过承载车或起吊梁悬吊在巷道顶部的单轨上，再由单轨吊车的牵引机构牵引进行运输的系统。单轨吊车的轨道是一种特殊的工字钢，悬吊在巷道支架上或砌碹梁、锚杆及预埋链上。

单轨吊车按动力不同可分为防爆柴油机单轨吊车、防爆蓄电池单轨吊车、钢丝绳牵引单轨吊车、风动单轨吊车四种。防爆柴油机和防爆蓄电池单轨吊车(图3-35和图3-36)可进入多条分支岔道，适用于巷道坡度小于12°、底板条件较差的近水平和缓倾斜煤层的辅助运输，易于实现由车场大巷或斜井至工作面的不转载直达运输。钢丝绳牵引单轨吊车在弯道上须装设大量绳轮，而且不能进入分支岔道，运距一般为1~2 km，最大不超过3 km，爬坡角度可达18°~25°。

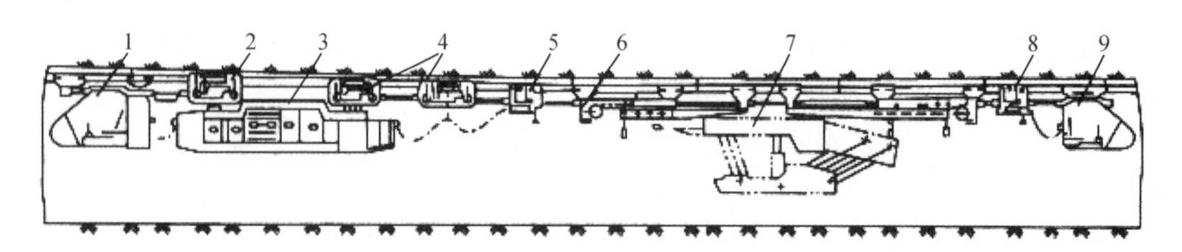

1—主司机室;2,4—驱动器;3—主机;5,8—制动车;6—12 t起吊梁;7—液压支架;9—副司机室。

图3-35　防爆柴油机单轨吊车运输系统示意图

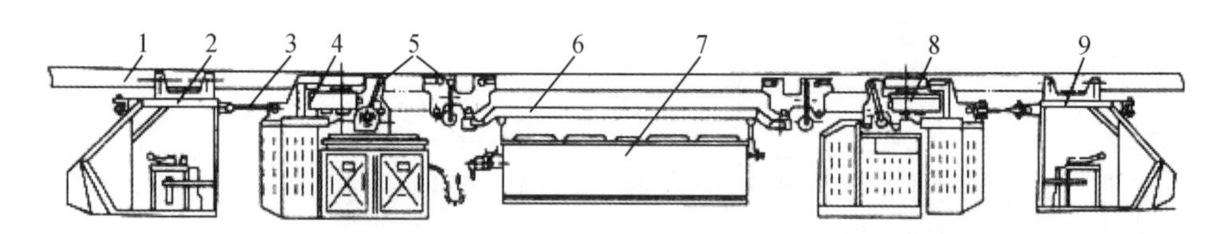

1—轨道;2,9—司机室;3—连接拉杆;4,8—驱动部;5—制动闸;6—电源专用吊梁;7—电源箱。

图3-36　防爆蓄电池单轨吊车运输系统示意图

单轨吊车具有能充分利用巷道断面，基本不受底板变形(底鼓)及巷道底板物料堆积的影响，能适应巷道底板的起伏变化，爬坡能力较强的优点。为了保证巷道和支架能承受足够的吊挂力，其对顶板岩石强度和巷道支护均有较高要求。用锚杆悬吊时，每个吊轨点要使用两根锚固力各为60 kN以上的锚杆，巷道断面应不小于7 m^2。

单轨吊车运输不论运距长短和运量大小，都必须有一个相互配套的完整系统。这个系统主要由巷道条件、轨道性能、悬吊结构、配套设备、辅助设施等主要部分组成。这个系统应具备的技术条件有：满足运输设备的巷道断面和坡度，可靠的巷道支护和轨道吊挂；满足选型计算要求的主机和配套设备，合理的巷道布置和为运输服务的辅助设施。与其他辅助运输设备相比，单轨吊车运行速度较慢，载重量较小。

(4)齿轨机车

一般来说，靠机车质量钢轮黏着力牵引列车的适用坡度不大于1/30，即3.3%或1.9°。这主要是考虑安全制动的因素而规定的(我国现行规程规定，制动距离不超过40 m，人员列车不超过20 m)。因而普通轨道机车运输只限于大巷阶段平巷,而不能进入斜巷和起伏不平的顺槽巷道。为了解决这个问题,两种新型机车运输系统得以发展,即齿轨机车和胶套轮机车。

齿轨机车是在普通窄轨轨道的基础上,在两根钢轨中间加装一根平行的齿条作为齿轨,而在机车上,除了车轮做黏着传动牵引外,另增加1~2套驱动齿轮(及制动装置),通过啮合增大牵引力和制动力的一种系统。当机车在平道上时仍用普通轨道,用车轮黏着力高速牵引列车,而在坡道上时可以较低的速度用齿轮加黏着力牵引,或单用齿轨系统牵引。齿轨机车以防爆型低污染柴油机为动力,采用机械或液压传动,按其轨道系统结构和轮系的不同,又可分为齿轨机车、齿轨卡轨机车和胶套轮齿轨卡轨机车。机车上装有工作制动、紧急制动和停车制动三套系统,可以保证在10°以内的上、下坡道上可靠运行。

CK-66型柴油机胶套轮齿轨卡轨机车(图3-37)是煤炭工业“七五”科技攻关项目研制的一种新型辅助运输设备,适应性强,兼有齿轨机车、卡轨机车和胶套轮机车的特点,适于在有瓦斯或煤尘爆炸危险的矿井中使用,主要用于煤矿井下大巷和采区巷道,完成材料、设备、人员或矸石的辅助运输任务。

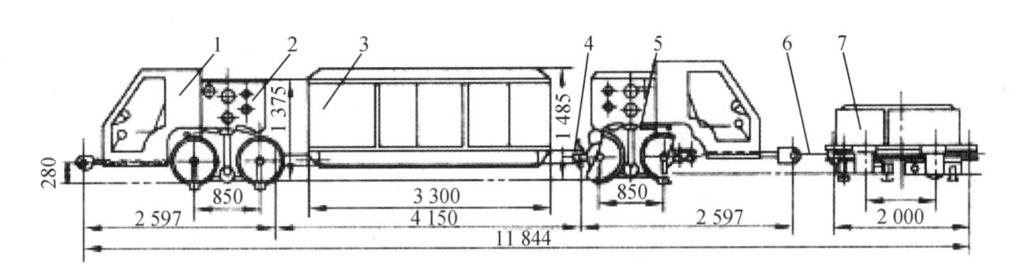

1—驾驶室;2—传动部;3—动力部;4—连接器;5—胶轮调整机构;6—拉杆;7—制动车。

图3-37 CK-66型柴油机胶套轮齿轨卡轨机车

齿轨机车系列具有载重量大、机动灵活、运距不限等优点,适应开采近水平或缓倾斜煤层的辅助运输,易于实现由车场大巷或斜井、平硐至工作面的不转载直达运输。但该系列机车的质量较大,造价较高,轨道系统安装要求严格,尤其对巷道底板岩性有较高要求,有底鼓、遇水泥化和膨胀或泥水多的巷道不宜选用。由于转弯半径要求较大,齿轮机车基本不能用于采区巷道。

2. 井下辅助运输系统的选择

随着采掘机械化和煤炭运输机械化程度的提高,矿井进一步向集中化和大型化发展,井下货运品种增多、单体设备质量加大、重型采掘设备限期搬运、运输线路加长,辅助运输越来越成为高产高效矿井的瓶颈。因此,应根据井下开拓部署、煤的运输方式、辅助运输的运量及运距等因素,经综合比较确定井下辅助运输系统,并应符合下列原则:

(1)减少辅助运输环节及转载次数,减少辅助运输人员,提高运输效率。

(2)当大巷、采区上(下)山沿煤层布置且倾角适宜时,从井底车场至大巷、采区上(下)山至采煤工作面顺槽宜实行直达运输。

(3)当矿井采用平硐开拓或副井为斜井,采区上(下)山沿煤层布置且倾角适宜时,宜从地面至井底车场、大巷、采区上(下)山至采煤工作面顺槽实行直达运输系统。

(4)当开采近水平煤层的大型矿井时,煤的运输采用带式输送机,辅助运输可优先选用无轨运输系统。

具体宜按下列要求选择辅助运输设备:

(1)当采用无轨运输系统时,应采用矿用防爆型低污染无轨胶轮机车;

(2)当组成直达运输系统且倾角适宜时,可选用齿轨机车、卡轨机车、胶套轮机车;

(3)当组成直达运输系统,而上、下山倾角较大或巷道底鼓严重时,可选用单轨吊车;

(4)当不适合直达运输时,可选用绳牵引式轨道运输设备。

3.4 岩巷快速施工机械化作业线

我国煤矿立井、斜井的机械化施工已达到世界先进水平,具备了在国际市场竞争的能力。但岩巷的掘进速度和机械化水平都明显落后,与20世纪80年代相比,岩巷施工技术和机械化水平变化不大,绝大多数岩巷施工仍在采用安全条件差、劳动强度大的气动凿岩机钻眼、耙斗机装岩和人力推车,岩巷月进尺平均在65 m左右。岩巷施工技术滞后的现状已成为制约我国煤炭工业可持续发展的瓶颈。近年来,各个煤矿相继引进了一些岩巷掘进机械化作业设备,但由于种种原因大都不能充分发挥其效能,因此如何提高岩巷掘进机械化作业线的效能成为煤炭矿山建设急需解决的关键性问题。

国内应用的岩巷机械化作业线主要有3种。第一种是气腿式凿岩机配耙斗装载机作业线,掘进速度一般为60~70 m/月,在我国应用最多;第二种是全液压钻车配侧卸式装载机作业线,目前在我国应用较少,但是将来的发展方向;第三种是悬臂式掘进机配梭式矿车或带式输送机作业线,正在部分煤矿试用,有望获得较快发展。此外,还有一种全断面岩巷掘进机由于煤矿条件限制,仅在个别长大平硐或斜井掘进中得到应用。

3.4.1 以耙斗装载机与气腿式凿岩机为主的机械化作业线

以耙斗装载机与气腿式凿岩机为主的机械化作业线是目前我国煤矿岩巷掘进中最常用的作业线,使用面遍及全国大、中、小型矿井。由于耙斗式装载机已形成系列,可根据巷道断面大小选用并配以多台气腿式凿岩机、适当的转载调车设施与支护设备、不同的施工工艺和劳动组织形式,可以形成不同能力的机械化作业线,满足施工要求。

以耙斗装载机与气腿式凿岩机为主的机械化作业线在掘进工作面的布置如图3-38所示。为保证作业线的钻眼能力,多台气腿式凿岩机可在工作面同时作业。凿岩机的台数根据巷道断面大小、压风能力和施工队伍素质而定,作业时实行定人、定机、定眼位的制度。

采用这种传统作业线工艺,岩巷掘进月进尺一般保持在65 m左右的水平。除采用耙斗装载机外,为提高装岩效率、改善工作面环境,也可采用挖掘式装载机、侧卸式装载机进行装岩。在单个工序上进行工艺改革后,如推广中深孔光面爆破技术,岩巷掘进水平可提高到100 m以上,但与国内外先进技术相比,这种作业线仍存在很大差距,还有一定发展空间。

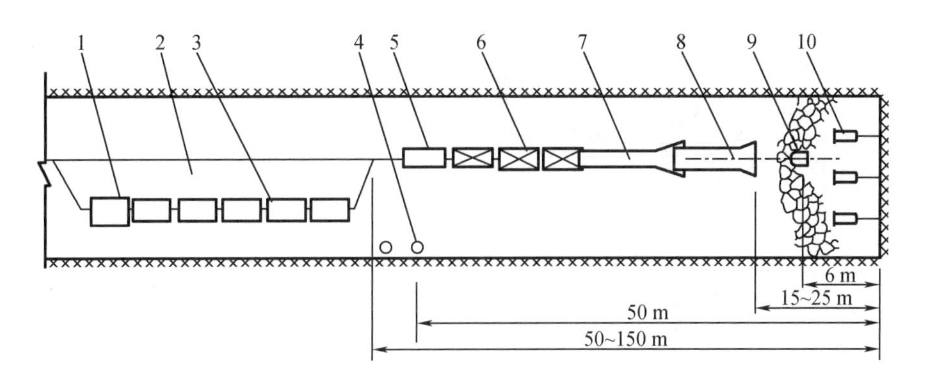

1,5—电机车;2—调车场;3—空车;4——混凝土喷射机;6—重车;
7—转载机;8—装载机;9—耙斗;10—气腿式凿岩机。

图3-38 以耙斗装载机与气腿式凿岩机为主的机械化作业线

该作业线可多台钻机同时工作,使用灵活且不受断面大小影响,钻眼、装岩两大工序大部分时间都能平行作业。由于初期投入小,目前该作业线应用最广泛,尤其在一些中小型煤矿。但钻眼机械化水平低、钻孔速度慢、人工成本高、劳动强度大、危险性高以及装岩不彻底,使得作业面环境较差。这种作业线不能与全液压钻车配套,钻眼工序很难实现机械化,与锚喷机配套性也差,掘进速度提高的潜力不大。

3.4.2 侧卸装载机或挖掘式装载机配全液压钻车作业线

侧卸装载机从一出现就与机械化快速施工联系在一起,履带行走机动灵活,全断面装岩不留死角,可以连续向一列矿车装载。侧卸装载机与液压凿岩台车在工作面的布置如图3-39所示。

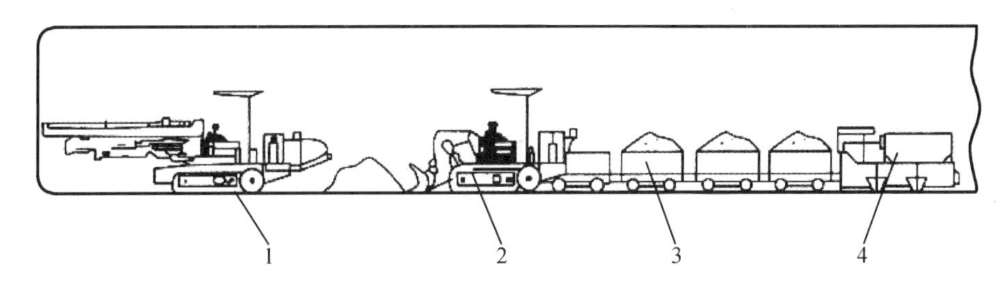

1—液压凿岩车;2—侧卸式装载机;3—矿车;4—蓄电池电机车。

图3-39 侧卸式装载机与液压凿岩车在工作面的布置

我国大断面岩巷快速高效机械化作业线以CMJ-17履带式全液压钻车配ZCD-60R履带式侧卸装载机为代表,在岩巷掘进中取得了较好的掘进速度和效益。国产履带式全液压钻车主要技术参数见表3-14。

表 3－14　国产履带式全液压钻车主要技术参数

技术参数	履带式全液压钻车型号		
	CMJ17	CMJ17A	LC12－2B
钻孔速度/($m \cdot min^{-1}$)	0.8～2.0	0.8～2.0	0.8～2.0
钻杆长度/m	2.745	2.745	2.745
孔径/mm	27～42	27～42	27～42
孔深(一次推进)/m	2.13	2.13	2.50
适应断面尺寸(宽×高)/m	2.0×2.0～5.02×3.53	2.0×2.0～5.02×4.23	2.0×2.0～5.97×4.6
行走速度/($km \cdot h^{-1}$)	3.0	3.0	3.0
爬坡角度/(°)	14	14	14
凿岩机型号	HYD200	HYD200	HYD200
外形尺寸(长×宽×高)/mm	7 200×1 030×1 600	7 200×1 030×1 800	7 200×1 200×1 800
电机容量/kW	45	45	55
电压等级/V	660 或 380	660 或 380	660 或 380
整机质量/t	8	8	9

1. 优点

(1)这种作业线降低了钻眼工人的劳动强度,工作时可远离迎头(约 5.0 m),处于支护下作业,同时作业所需人员相对较少,提高了安全性。

(2)侧卸装载机代替耙斗装载机装矸,避免因钢丝绳甩动、断绳伤人,避免钢丝绳摩擦引起火花等事故,而且侧卸装载机的生产效率比普通耙斗装载机至少提高 2 倍。

(3)炮眼深度、角度便于控制,有利于光面爆破,节约支护材料和出矸费用;钻孔速度提高,大断面岩巷钻凿 70 多个炮眼,液压钻车可在 60 min 内完成,而气腿式凿岩机则需 200 min以上。

(4)降低噪声、减少粉尘,工作环境得以改善,减少职业病(尘肺病)的发生;劳动强度降低,作业由体力劳动转向技术操作,减少作业人员数量,缩短作业时间。

(5)相对风动凿岩,液压凿岩机凿岩能量利用率高,动力消耗仅为风动凿岩机的1/2～1/4。

2. 缺点

(1)作业时,由于设备需相互错车,因此这种作业线不适用于较窄断面。目前全液压钻车宽 1.2 m,梭式矿车的宽度为 1.8 m,则采用这种作业线巷道断面宽不应小于 3.8 m。

(2)设备结构较复杂,技术含量高,对维修人员要求较高。

根据工艺、后配套设备的不同,这种作业线可细分为 3 种:第一种是侧卸装载机配全液压钻车作业线;第二种是侧卸装载机、全液压钻车配胶带转载机作业线(图 3－40);第三种是侧卸装载机、全液压钻车配耙斗装载机作业线(图 3－41)。目前,我国广泛采用的是侧卸装载机、全液压钻车配胶带转载机组成的作业线,而采用侧卸装载机与耙斗装载机配套,可实现连续清理工作面矸石,是大断面岩巷掘进中较好的设备配套方案。

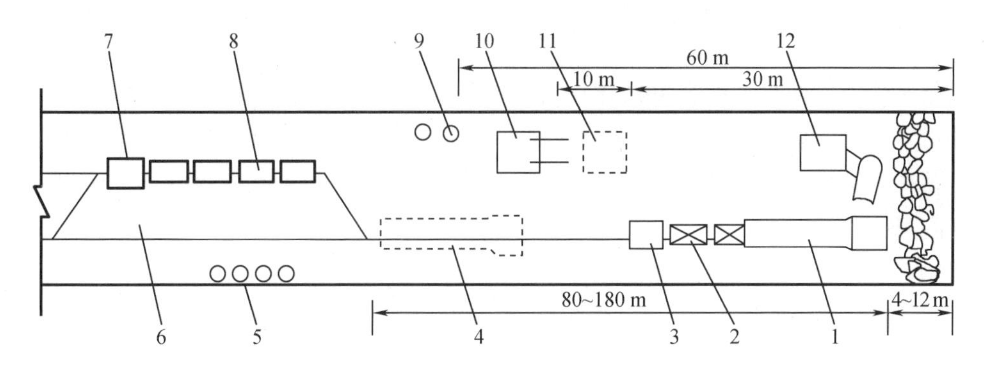

1—胶带转载机;2—重车;3,7—电机车;4—爆破时转载机的位置;5—开关;6—调车场;
8—空车;9—混凝土喷射机;10—液压钻车;11—爆破时装载机的位置;12—侧卸装载机。

图3-40 侧卸装载机与胶带转载机配套示意图

该作业线也可采用挖掘式装载机(图3-41),具有高效、节能、噪声低、出渣速度快、性能稳定等特点,适合煤矿井巷施工中的工作环境,同时很好地解决了《煤矿安全规程》关于高瓦斯区域、煤与瓦斯突出危险区域巷道掘进工作面,严禁使用钢丝绳牵引耙斗式装载机的问题。但其整机体积大,后溜槽短,不便于下井及装多部矿车。

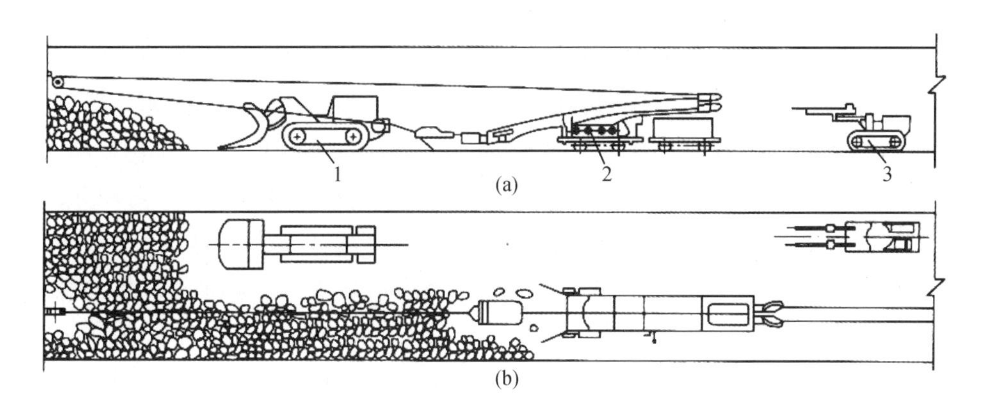

1—侧卸装载机;2—耙斗装载机;3—液压钻车。

图3-41 侧卸装载机与耙斗装载机配套示意图

侧卸装载机配全液压钻车作业线与中深孔光面爆破技术相结合,可实现掘进效率的进一步提高,是钻爆法岩巷快速掘进的主要发展方向。淮南新庄孜煤矿采用CMJ17HT煤矿全液压钻车、ZCD60R侧装机、P90B耙斗装载机机械化作业线,结合中深孔爆破技术,使岩巷月单进尺达到90 m以上,最高月单进尺达110 m。但这种机械化作业线初期投资较大、机械化程度高,要求施工队伍操作熟练、维修技能高。为此,不少施工单位针对装岩工作量大,侧卸式装载机效率高的特点仍采用多台气腿式凿岩机钻眼,利用以气腿式凿岩机与侧卸式装载机为主的作业线,在一定程度上缓解了上述矛盾。

3.4.3 重型悬臂式掘进机全岩巷掘进

该施工作业工艺称为综合机械化掘进法（简称综掘法）。这种作业由于能准确地控制巷道的设计轮廓，减少对围岩的破坏和超挖量，故能减少支护工作量，特别是喷射混凝土的消耗显著少于钻爆法。另外，这种作业自动化程度高、作业人员少，掘进速度可至少提高2倍，从而降低巷道的施工费用。

我国经过多年的消化吸收和创新，悬臂式掘进机从轻型、中型发展到重型，已经形成了EBJ、EBZ、EBH三大系列。以全国的应用情况来看，其对坚固性系数$f<8$岩石巷道效果较好，$f>8$的硬岩效果差，且粉尘污染问题较难解决。重型悬臂式掘进机与带式输送机配套如图3－42所示。

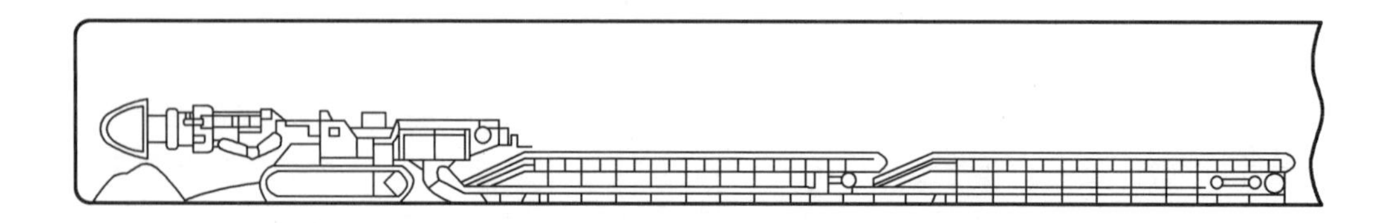

图3－42　重型悬臂式掘进机与带式输送机配套示意图

重型悬臂式掘进机用于大断面岩巷的掘进，在我国尚处于试验推广阶段。国投新集能源股份有限公司、新汶矿业集团有限责任公司、淮南矿业（集团）有限责任公司及中国平煤神马集团等企业先后引进了德国生产的WAV33、奥地利生产的AHM105、英国生产MK3等重型悬臂式掘进机。新汶矿业集团有限责任公司经对上述各型号设备进行对比分析，认为AHM105型掘进机比较适应复杂的地质条件，机器的稳定性好，故障点少，遥控器的使用给操作带来了方便，但存在拱形巷道成型比较困难和湿式除尘器使用效果不好等问题。淮南矿业（集团）有限责任公司采用的MK3重型掘进机经试验表明，设备配备的断面显示功能对巷道超挖控制较为实用，但铲板前伸功能作用不突出，掘进面降尘效果也不好。此外，淮北矿业股份有限公司海孜煤矿于2012年5月安装使用EBZ－315(A)型悬臂式掘进机施工，在解决临时支护、防尘降尘、排淤排水等难点问题上也进行了探索和改进。

我国岩巷及半煤岩掘进机主要技术性能见表3－15（表中的“二运”指第二运输系统）。

表3－15　我国岩巷及半煤岩掘进机主要技术性能

技术参数	最大掘进高度/m	最大掘进宽度/m	适用岩石普氏系数f	整机质量/t	总功率/kW	截割功率/kW	外形尺寸/m	生产厂家
EBZ160TY	4.00	5.50	8	51.5	250	160/160	9.80×2.55×1.70	太原研究院
EBZ220TY	4.80	6.00	9	62.0	355	220/160	10.53×2.70×1.80	太原研究院
EBZ200H	4.80	6.00	9	78.0(含二运)	332	200/150	11.50×3.20×1.90	三一重装

表 3-15(续)

技术参数	最大掘进高度/m	最大掘进宽度/m	适用岩石普氏系数f	整机质量/t	总功率/kW	截割功率/kW	外形尺寸/m	生产厂家
EBZ260	5.00	6.20	11	85.0(含二运)	447	260	11.70×2.70×1.955	三一重装
EBZ300	5.60	6.50	12	107.0	552	300	12.25×3.60×2.13	北方重工
EBH315	5.83	7.01	12	130.0	533	315	12.95×3.08×2.50	太原研究院
EBZ318H	5.42	6.78	12	125.0(含二运)	589	350	12.80×2.93×2.25	三一重装
EBH418	6.10	8.40	13	158	668	418	13.40×3.59×2.60	三一重装

超重型掘进机的研制尚处在起步阶段,但发展迅速,已取得了部分研究成果,并开始井下工业性试验。超重型掘进机主要技术参数:整机质量 80～125 t,截割功率 260～418 kW,可经济截割岩石普氏系数f≤12,适应巷道断面面积 16～35 m^2,装机总功率不大于550 kW,供电电压 1 140 V。机型以中国煤碳集团太原研究院 EBH315、石家庄煤矿机械有限责任公司 EBH300、上海创力集团股份有限公司 EBZ315、佳木斯煤矿机械制造有限公司 EBZ260 和三一重型装备有限公司的 EBZ318H、EBH418 等为主。但是,与国际先进水平相比,国内掘进机在破岩能力、适应性及可靠性方面还存在一定的差距。

目前,重型或超重型悬臂式掘进机用于大断面岩巷掘进,存在以下难以克服的缺点:

(1)为了克服切割时的反作用力,机重较重,体积大,不便于下井以及不适用于小于 16 m^{2}的断面。

(2)掘进岩石的普氏系数不宜大于 8。

(3)截齿寿命低,使用成本高。

(4)对于不同地质构造、不同岩性,适应能力较差。

3.4.4 全断面岩巷掘进机

全断面岩巷掘进机(tunnel boring machine,TBM)是当今最先进的隧道掘进设备,与钻爆法相比,TBM 集钻、掘进、支护于一体,使用电子、信息、遥测、遥控等高新技术对全部作业进行制导和监控,使掘进过程始终处于最佳状态,掘进速度为钻爆法的 5 倍以上。在国际上,TBM 已广泛应用于水利水电、矿山开采、交通、市政、国防等工程中,尤其是 3 km 以上的大断面隧道,但在煤矿的应用仅为个例。

全断面岩巷掘进机由机头部和后配套组成,如图 3-43 所示。机头部主要实现截割、装渣、行走等功能。后配套主要功能是实现设备的控制、配电、供水、排水、支护及矸石的运输装车等,此外还有压风机、高压油泵等辅助系统。

我国煤矿全断面岩巷掘进机的研制始于 20 世纪 60 年代末。到了 80 年代,我国所研制的直径 5 m 和 3.2 m 的全断面岩巷掘进机,在煤矿岩石巷道掘进中取得了一定效果,但也暴露出了一些问题。直径 5 m 的全断面岩巷掘进机于 1986 年 6 月—1989 年 12 月,在山西古交东曲煤矿掘进 3 600 m 平硐,岩石单轴抗压强度 30～140 MPa,平均月进尺 103.4 m,最高月进尺 202 m。直径 3.2 m 的全断面岩巷掘进机于 1988 年 1 月—1989 年 2 月,在云南羊场煤矿杨家矿井掘进 1 014 m 巷道,岩石单轴抗压强度 50 ~ 180 MPa,平均月进尺 156.13 m。

图 3-43　全断面岩巷掘进机(TBM)组装现场

大同矿区塔山矿于 2003 年引进由美国罗宾斯(Robins)公司生产的全断面岩巷掘进机,这台掘进机前期在"山西引黄工程"中曾创下日进尺 113.21 m 和平均月进尺 1 333 m 的世界纪录。从 2003 年 8 月在大同矿区塔山矿主平硐开工,至 2004 年 2 月共完成进尺 2 960 m,平均月进尺 493.3 m,其中 10 月份创造了月进尺 605 m 的记录,充分显示了全断面岩巷掘进机在矿井建设中的先进性,对保证工程进度和工期起到关键性的作用。由于全断面岩巷掘进机掘出的断面是一个圆形断面,还需进行开帮和铺底,来达到平硐的宽、高和规格形状,在全断面岩巷掘进机后配套之后 500 m 进行扩帮和铺底工程,形成设计断面。

新疆玛纳斯涝坝湾煤矿副平硐工程全长 6 218 m,采用中铁重工有限公司的 ZTE6420 复合式硬岩掘进机施工。副平硐衬砌采用预制钢筋混凝土管片,每环管片由 6 块组成,管片外径 6.2 m,厚度 0.25 m,宽度 1.5 m,当时计划每天推进 12 环。整个工程于 2012 年 9 月开工,至 2014 年 12 月共历时 1 160 d,累计掘进 3 844 环管片,合计 5.8 km 掘进任务全面完成。

神华新街台格庙矿区位于内蒙古自治区鄂尔多斯市境内,矿区规划总面积为 737.38 km^2。根据矿区总体规划,全矿区划分为 7 个井田进行开发。在矿区开发之前,利用规划设计的一号井田的主井(1#试验井)、副井(2#试验井)进行全断面岩巷掘进机工法试验。两条斜井设计均采用 6°下坡,中心距 50 m,长度为 6 553 m(其中明挖段 117 m,全断面岩巷掘进机施工段 6 436 m)。全断面岩巷掘进机开挖断面直径 7.62 m,采用 C40 钢筋混凝土管片,管片厚度 350 mm,环宽 1.5 m,斜井衬砌后内径 6.6 m。项目于 2014 年 12 月 9 日正式破土动工,整台全断面岩巷掘进机设备由主机部分和 20 节后配套拖车组成,主机质量为 556 t,总质量约为 1 200 t,长约 230 m。该项目是目前国内首次利用全断面岩巷掘进机施工煤矿斜井,也是煤矿建设领域一个崭新的课题。

全断面岩巷掘进机对地质条件变化的适应性较差,在复杂岩层中使用应进行充分论证,设备的成本及维修费用较高,工程的初期投入较大。煤矿巷道较交通、水利、地铁等隧道有其特殊性,全断面岩巷掘进机应用于煤矿岩巷掘进还需要煤矿工程技术人员与全断面岩巷掘进机生产制造厂家不断努力。

3.5 巷道掘进安全工作

巷道施工往往涉及许多重大安全事故问题,如运输、冒顶、爆破、电器、突水、瓦斯、岩爆等,因此必须遵循国家相关法律,对容易出现的安全事故进行预防和监控,建立健全各类安全管理制度和体制,确保安全生产。同时要按照国家有关规定,建立井下紧急避险系统,以使在突发灾害后,井下人员能够借以避险。

3.5.1 巷道顶板事故的控制

顶板事故是矿山施工与生产的主要灾害之一,重点应加强以下工作。

1. 空顶保护

掘进工作面严格禁止空顶作业,爆破后工人进入工作面首先应进行临时支护,确保所有工作都是在有支护保护的条件下进行。距离掘进工作面 10 m 内的支护在爆破前必须加固,爆破后对崩倒或崩坏的支架必须先行修复;在软弱破碎岩层掘进时应采取超前加固或前探支护等措施;对于在坚硬岩层中不设支护的情况,必须制定安全措施。

2. 落实“敲帮问顶”制度

所谓“敲帮问顶”,就是利用手镐或钢钎之类的工具,去敲击巷道周围已经暴露而未加管理的岩石(或煤体),从其发出的声音来探明围岩是否松动、断裂和离层的一种方法。

钻凿炮眼、锚杆眼、矸石装运及拆修支架作业开始前,用撬棍、钢钎或镐等敲击井巷、工作面顶板及侧帮,发现有浮石、剥层后,应站在安全的地方将其撬下,保证作业人员在安全条件下工作。“敲帮问顶”应由有一定实践经验的人员执行,并应有监护人员。

3. 加强支护施工管理,确保支护质量

支护施工前应进行技术交底,施工过程中应严格检查和验收,确保按支护设计的质量标准和要求进行施工,保证施工质量。尤其是采用锚杆、锚索支护的,应使锚杆、锚索的孔位、深度符合设计标准,预紧力和锚固力达到设计要求,从而确保支护达到预期的效果。

4. 严密监视地质地层和围岩压力的变化

揭露老空区前或有危险矿层前,均应编制探查的安全措施,预留安全矿岩柱,并严格按照经批准的规程作业。在采动影响大或顶板离层移动严重的巷道采用专门的监测手段。

5. 正确的施工程序

(1)扩大和维修巷道连续撤换支架时,必须保证留有发生冒顶堵塞巷道时人员的撤退出口。独头巷道维修时必须由外向里逐架进行。

(2)架设和撤除支架的工作应连续进行,一架未完工前不得中止,不能连续进行的必须在结束工作前做好接顶封帮。更换巷道支护时,在拆除原有支护前,应先加固临近支护。拆除原支护后,必须及时排除活矸石,必要时可采取临时支护措施。

3.5.2 预防瓦斯爆炸

1. 瓦斯爆炸机理

瓦斯爆炸的实质是一定浓度的瓦斯与空气中的氧气在一定温度作用下产生的剧烈氧化反应,其反应过程十分复杂,化学反应式的最终结果为

在纯氧中

$$CH_4 + 2O_2 = CO_2 + 2H_2O + 882.6\ \text{kJ/mol}$$

在空气中

$$CH_4 + 2(O_2 + 4N_2) = CO_2 + 2H_2O + 8N_2 + 882.6\ \text{kJ/mol}$$

因此,瓦斯爆炸必须同时具备3个条件,即适宜的瓦斯浓度、高温火源和空气中足够的含氧量,三者缺一不可。若能消除、控制其中一个条件,即可防止瓦斯爆炸。

(1)瓦斯浓度

瓦斯能发生爆炸的最低浓度称为爆炸下限,最高浓度称为爆炸上限。实验证明,瓦斯的爆炸下限浓度为5%~6%,上限浓度为14%~16%,瓦斯最容易点燃的浓度为7%~8%。而当瓦斯浓度为9.1%~9.5%时,爆炸威力最强。

(2)高温火源

在正常大气条件下,瓦斯在空气中的点燃温度为650~750 ℃。点燃温度受瓦斯浓度、气体压力、温度与火源性质等因素的影响。各种明火、电气火花、炽热的金属表面等煤矿井下所能遇到的大多数火源都足以点燃瓦斯。使用安全炸药进行爆破时,虽然炸药爆炸初温可达2 000 ℃以上,但火焰存在的时间仅为千分之几秒,小于瓦斯爆炸的感应期,故不会引起瓦斯爆炸。

(3)足够的含氧量

瓦斯爆炸就是瓦斯的急剧氧化,没有足够的氧气,瓦斯就不能爆炸。大量实验也证明,瓦斯爆炸的界限随含氧量的下降而降低。当含氧量降低时,瓦斯爆炸下限缓慢地升高,而上限迅速下降。当含氧量低于12%时,瓦斯与空气的混合气体就失去了爆炸性。

2. 预防瓦斯爆炸的措施

在瓦斯爆炸必须具备的3个条件中,最后一个条件是始终具备的,所以预防瓦斯爆炸的措施主要就是防止瓦斯积聚以及杜绝或限制火源、高温热源的出现。

(1)防止瓦斯积聚

瓦斯积聚是指掘进工作面体积大于0.5 m^3的空间、局部积聚瓦斯浓度达到2%。

①加强通风

矿井通风的基本任务之一就是把瓦斯等有害气体及粉尘稀释到安全浓度以下,并排至矿井以外。所以加强通风既是防止瓦斯积聚的基本方法,也是主要措施。掘进工作面的风量和风速必须满足设计要求。

②加强瓦斯检查

加强对瓦斯浓度和通风情况的检查,是及时发现和处理瓦斯超限、瓦斯积聚及防止发生瓦斯爆炸事故的前提。瓦斯检查人员必须按规定要求检查瓦斯和二氧化碳浓度,严禁空

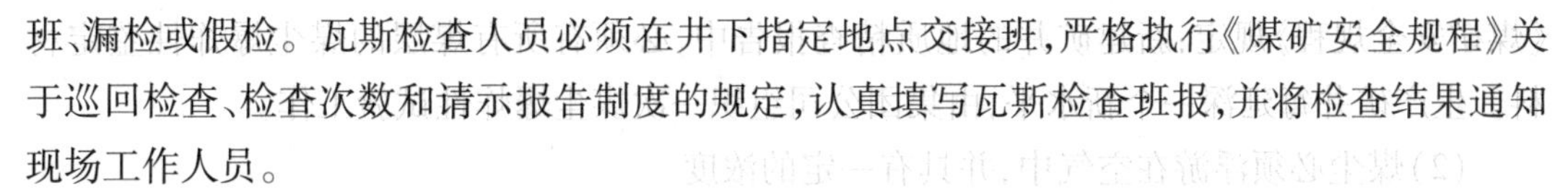

班、漏检或假检。瓦斯检查人员必须在井下指定地点交接班，严格执行《煤矿安全规程》关于巡回检查、检查次数和请示报告制度的规定，认真填写瓦斯检查班报，并将检查结果通知现场工作人员。

③瓦斯抽放

当瓦斯涌出量很大、靠通风难以稀释排除时，可采用专用设备和管路把煤层中的瓦斯预先抽放出来，从而减少通风负担，这种方法称为瓦斯抽放。瓦斯抽放是防治煤与瓦斯突出，减少煤层瓦斯含量，防治采掘过程中瓦斯超限的有效方法，是确保煤矿安全生产的根本措施。

④及时处理局部积聚的瓦斯

瓦斯容易积聚的地点有：顶板冒落的空洞内，低风速巷道的顶板附近以及停风的盲巷中。及时处理这些地区局部积聚的瓦斯，是矿井日常瓦斯管理工作的重要内容。

处理局部瓦斯积聚的方法有：在积聚瓦斯的地点加大风量或提高风速，将瓦斯浓度冲淡和排出；将局部瓦斯积聚的地点封闭隔绝，如封闭盲巷或积聚瓦斯的空洞；采取抽放措施；等等。

(2)防止瓦斯引燃

防止瓦斯引燃的原则就是杜绝一切火源。在瓦斯矿井爆破必须使用煤矿许用炸药和雷管，使用煤矿许用毫秒延期电雷管时，最后一段的延期时间不得超过 130 ms。装药、起爆前应检查工作面附近 20 m 范围内的瓦斯浓度，超过 1% 就不能装药或爆破。爆破时，掘进工作面不得有阻塞断面 1/3 以上的物体，以免造成冲击波的反射。变质炸药、不合要求的雷管禁止使用，起爆器必须满足起爆能力的要求，炮眼必须进行良好的填塞后才准起爆。

(3)防止瓦斯灾害事故的扩大

矿井一旦发生瓦斯爆炸事故，井下人员及财产处于极度危险境地，必须尽快组织抢救，刻不容缓。在处理瓦斯爆炸事故的过程中，必须注意：

①切断灾区电源时，应防止切断电源可能产生电火花，引起再次爆炸。

②正确调度通风系统，尽快排除灾区的有害气体，控制事故范围，这是处理瓦斯爆炸事故的关键。

③安全快速地恢复掘进巷道或无风区域的通风，避免再次爆炸。

3.5.3 煤尘爆炸及其预防

煤尘爆炸是指在高温或具有一定点火能的热源作用下，空气中氧气与煤尘发生急剧氧化反应，在一定临界条件下跳跃式地转变为爆炸。煤尘爆炸与瓦斯爆炸一样都属于矿井中的重大灾害事故。

1.煤尘爆炸的条件

煤尘爆炸必须同时具备 3 个条件：煤尘本身具有爆炸性；煤尘必须悬浮于空气中，并达到一定的浓度；存在能引燃煤尘爆炸的高温热源。

(1)煤尘本身具有爆炸性

煤尘本身具有爆炸性是煤尘爆炸的必要条件。煤尘爆炸的危险性必须经过试验确定。

《煤矿安全规程》规定:新建矿井的地质精查报告中,必须有所有煤层的煤尘爆炸性鉴定材料。生产矿井每延深一个新水平,由集团公司组织一次煤尘爆炸性试验工作。

(2)煤尘必须浮游在空气中,并具有一定的浓度

井下空气中只有悬浮的煤尘达到一定浓度时,才可能引起爆炸,单位体积中能够发生煤尘爆炸的最低或最高煤尘量称为下限和上限浓度。煤尘爆炸的浓度范围与煤的成分、粒度、火源种类和温度及试验条件等有关。一般来说,煤尘爆炸的下限浓度为 30 ~ 50 g/m^3,上限浓度为 1 000 ~ 2 000 g/m^3,其中爆炸力最强的浓度范围为 300 ~ 500 g/m^3。

一般情况下,悬浮煤尘达到爆炸下限浓度的情况是不常有的,但是爆破、冲击地压或其他震动冲击都能使大量落尘飞扬,在短时间内使浮尘量增加,达到爆炸浓度。

(3)点燃煤尘的炽热火源

煤尘的引燃温度变化范围较大,它随着煤尘特性、浓度及试验条件的不同而变化。我国煤尘爆炸的引燃温度在 610 ~ 1 050 ℃,一般为 700 ~ 800 ℃。这样的温度条件几乎一切火源均可达到,如爆破火焰、电气火花、机械摩擦火花、瓦斯燃烧或爆炸、井下火灾等。根据统计资料,由爆破和机电火花引起的煤尘爆炸事故分别占总数的 45% 和 35%。

煤尘爆炸还必须要具备一定浓度的氧气,要求氧气的浓度不低于 18%(体积百分比)。由于矿井的氧气浓度一般大于 18%,所以在防止煤尘爆炸过程中一般不会考虑这一条件。

2. 预防煤尘爆炸的措施

预防煤尘爆炸的措施,可分为降尘措施、防止引燃煤尘措施以及防爆隔爆技术措施。

(1)降尘措施

防尘防爆最主要、最积极的措施是设法减少生产中煤尘的产生量和浮尘量。

①煤层注水,即开采前预先在煤层中打若干钻孔,通过钻孔以 0.5 ~ 1.0 MPa 或更高压力向煤层注水,使压力水沿煤层层理、节理和裂隙渗入煤层,以改变煤的物理力学性质,可减少煤尘的产生,还可减少冲击地压发生和煤与煤层气突出和自然发火的可能性。实践证明,煤层注水是最积极、最有效的防尘措施,煤层注水后一般可降尘 60% ~ 90%。

②水炮泥和水封爆破。图 3 - 44 所示为水封爆破装填示意图。在炮眼内的炸药(用炮泥隔水)和炮眼口炮泥之间的空间,插入注水细管注水,使用的水压应不致冲毁炸药或炮泥。水在爆破压力的作用下,不仅可以渗到煤层中,以提高爆破效果,而且爆破时水的汽化更能提高降尘效果。

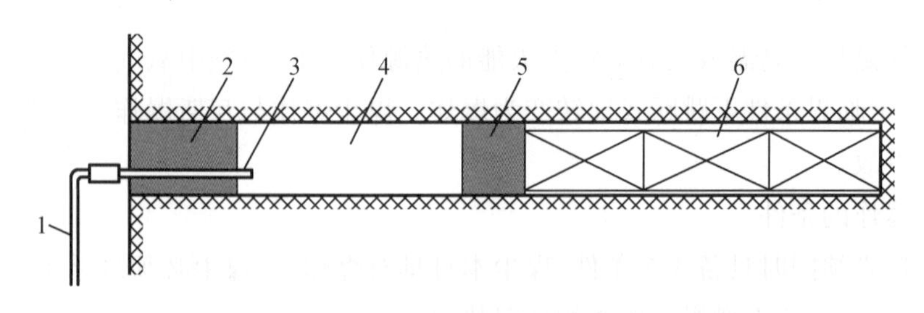

1—进水管;2,5—炮泥;3—注水细管;4—水;6—炸药。

图 3 - 44 水封爆破装填示意图

水炮泥是利用一个或几个盛水的塑料袋放在炮眼中代替部分炮泥。这种水炮泥不但减少点燃瓦斯的可能性,而且也降低了炸药爆燃的可能性。经过试验比较,应用水炮泥可降尘60%以上,降低炮烟量70%,空气中有害气体量下降37%~46%,降尘效果非常明显。

③降低浮尘和清扫落尘。在井下集中产生煤尘的地点进行喷雾洒水,是捕获浮尘和湿润落尘的有效措施。喷雾洒水简单方便,而且是有效的措施,降尘率一般可达30%~60%。在此基础上,应定期清扫、冲洗巷道壁或支架上的落尘,定期撒布岩粉,定期对主要大巷刷浆,以保持喷雾洒水的降尘效果。

(2)防止煤尘引燃措施

防止煤尘引燃措施和防止瓦斯引燃措施基本相同。

(3)防爆隔爆技术措施

在有煤尘爆炸危险矿井的两翼、相邻采区和相邻煤层间的巷道内,必须设置阻止爆炸传播的岩粉棚、水棚或水幕。水棚以水槽盛水代替岩粉,成本低,已取代岩粉棚。水幕系沿巷道周边安装几组喷嘴,在冲击波的作用下,自动喷水,隔断火焰。

3.5.4 矿山水害预防与应急处理

1. 矿山水害的水源和涌水通道

引起矿山水害必然同时具备两个条件,即充沛的有压水源和进入矿井的水流通道。

(1)矿山水害的水源

造成矿山水害的水源有大气降水、地表水、地下水,后者包括含水地层中或岩溶形成陷落柱积水、老空区积水等。其中,老空区积水是近年来重特大水灾事故的首要水源。

(2)矿井涌水通道

矿体及其周围虽有水源存在,但只有通过某种通道,才能进入井巷形成涌水或突水,这是普遍规律。涌水通道可分为两类:一是地层的空隙、断裂带等自然形成的通道;二是由于采掘活动等人为因素诱发的涌水通道。

2. 突水征兆

(1)岩层变潮、变软,岩帮出现滴水、淋水现象,且淋水由小变大,有时岩帮出现铁锈色水迹,或者淋水中有细砂颗粒。

(2)矿压增大,发生片帮、冒顶及底鼓。

(3)工作面气温降低,或出现雾气或硫化氢气味。

(4)有时可听到水的“嘶嘶”响声。

采掘工作面或其他地点一旦出现上述现象,应立即停止施工,撤出人员和设备,并立即报告矿调度室并发出警报。

3. 井下水灾事故控制

矿山防治水工作的基本原则就是坚持“预测预报、有疑必探、先探后掘、先治后采”,采取防、堵、疏、排、截的综合治理措施。煤炭生产企业应按照本单位的水害情况,配备满足工作需要的防治水专业技术人员,配齐专用探放水设备,建立专门的探放水作业队伍。

(1)井下探放水

在矿井受水害威胁的区域,进行巷道掘进前,应当采用钻探、物探和化探等方法查清水文地质条件。制定的相关水害防范措施,应经总工程师组织生产、安监和地测等有关单位审查批准后,方可进行施工。

采掘工作面遇有下列情况之一的,应当进行探放水:

①接近水淹或者可能积水的井巷、老空或者相邻煤矿;

②接近含水层、导水断层、暗河、溶洞和导水陷落柱;

③打开防隔水煤(岩)柱进行放水前;

④接近可能与河流、湖泊、水库、蓄水池、水井等相通的断层破碎带;

⑤接近有出水可能的钻孔;

⑥接近水文地质条件复杂的区域;

⑦采掘破坏影响范围内有承压含水层或者含水构造、煤层与含水层间的防隔水煤(岩)柱厚度不清楚可能发生突水;

⑧接近有积水的灌浆区;

⑨接近其他可能突水的地区。

(2)应急处理原则

①做好应对可能出现突水事故的相关准备工作,包括应急设备、封水措施、避灾路线等。矿井管理人员和调度室人员应当熟悉水害应急预案和现场处置方案。

②矿井管理人员和调度室人员应当掌握灾区范围、事故前井下人员分布,矿井中有生存条件的地点及进入该地点的可能通道,以便迅速组织抢救。

③当发生突水时,矿井应当立即做好关闭防水闸门的准备,在确认人员全部撤离后,方可关闭防水闸门。

④矿井应当根据水患的影响程度,及时调整井下通风系统,避免风流紊乱、有害气体超限。

⑤排水、侦察灾情和抢险过程中,要防止冒顶、掉底伤人和二次突水。

3.5.5 安全事故分级与处理

为了规范煤矿生产安全事故的报告和调查处理,落实事故责任追究,防止和减少煤矿生产安全事故,2008 年 12 月国家安全生产监督管理总局印发《煤矿生产安全事故报告和调查处理规定》。

1. 安全事故等级

根据事故造成的人员伤亡或者直接经济损失,煤矿事故分为特别重大事故、重大事故、较大事故和一般事故,共 4 级。

(1)特别重大事故,是指造成 30 人以上死亡,或者 100 人以上重伤(包括急性工业中毒,下同),或者 1 亿元以上直接经济损失的事故。

(2)重大事故,是指造成 10 人以上 30 人以下死亡,或者 50 人以上 100 人以下重伤,或者 5 000 万元以上 1 亿元以下直接经济损失的事故。

(3)较大事故,是指造成3人以上10人以下死亡,或者10人以上50人以下重伤,或者1 000万元以上5 000万元以下直接经济损失的事故。

(4)一般事故,是指造成3人以下死亡,或者10人以下重伤,或者1 000万元以下直接经济损失的事故。

其中,所称的"以上"包括本数,所称的"以下"不包括本数。

2. 事故的应急处理要求

(1)发生事故后,事故现场有关人员应当立即报告本单位负责人;负责人接到报告后,应当于1 h内向事故发生地县级以上人民政府安全生产监督管理部门和负有安全生产监督管理职责的有关部门报告。

情况紧急时,事故现场有关人员可以直接向事故发生地县级以上人民政府安全生产监督管理部门和负有安全生产监督管理职责的有关部门报告。

(2)事故发生单位负责人接到事故报告后,应立即启动事故相应应急预案,或者采取有效措施,组织抢救,防止事故扩大,减少人员伤亡和财产损失。

(3)事故发生后,有关单位和人员应当妥善保护事故现场以及相关证据,任何单位和个人不得破坏事故现场、毁灭证据。因事故抢险救援必须改变事故现场状况的,应当绘制现场简图并做出书面记录,妥善保存现场重要痕迹、物证。

安全生产监督管理部门和负有安全生产监督管理职责的有关部门应逐级上报事故情况,每级上报的时间不得超过2 h。

3. 事故调查与调查组

事故的调查由专门成立的事故调查组负责进行。依据事故等级不同,事故调查分别由事故所在地相应的省、市、县级人民政府负责,并直接组织调查组进行调查,也可以授权或委托有关部门组织事故调查组进行调查。

特别重大事故由国务院或国务院授权有关部门组织事故调查组进行调查。

没有造成人员死亡的,煤矿安全监察分局可以委托地方人民政府负责煤矿安全生产监督管理的部门或者事故发生单位组织事故调查组进行调查。

根据事故的具体情况,事故调查组由有关人民政府、安全生产监督管理部门、负有安全生产监督管理职责的有关部门、监察机关、公安机关以及工会派人组成,并邀请人民检察院派人参加。

事故调查组履行事故调查职责,具体包括;查明事故发生的经过、原因、人员伤亡情况及直接经济损失;有隐瞒事故的,应当查明隐瞒过程和事故真相;认定事故的性质和事故责任;提出对事故责任人员和责任单位的处理建议;总结事故教训,提出防范和整改措施,并于规定时间内提交事故调查报告。

复习思考题

1. 巷道掘进时对钻眼爆破工作有何要求？
2. 有哪几种掏槽方式？各自的优缺点及适用条件是什么？
3. 分析斜眼掏槽和直眼掏槽的区别？
4. 单位炸药消耗量与哪些因素有关？为什么要用定额来控制装药量？
5. 炮眼深度应根据哪些因素来确定？
6. 工作面的炮眼分为哪几类？在光面爆破中各起什么作用？

第4章　巷道支护

为了保持巷道畅通和围岩稳定,煤矿巷道掘进后一般都要进行支护。巷道的支护成本、速度及可靠性直接影响煤炭企业的经济效益与安全生产。

巷道支护经历了木支护、砌碹支护、型钢支护到锚杆支护的漫长过程。从支护形式、机理及支护效果来看,可分为三种类型。第一类为被动支护,包括木支架、型钢支架、混凝土及钢筋混凝土砌碹支护等;第二类是以各种普通锚杆支护为主,旨在改善围岩力学性能的积极支护,包括锚喷支护、锚网支护等;第三类是以预应力锚杆或锚索和注浆加固为主的主动支护,能明显改善破裂岩体力学特性,支护结构整体性好,承载能力高,支护效果最好。国内外实践经验表明,锚杆支护可显著提高支护效果,降低支护成本,减轻工人劳动强度,更重要的是锚杆支护可大大简化采煤工作面端头支护和超前支护工艺,显著降低巷道维修工作量,为采煤工作面的快速推进、产量与效益的提高创造良好条件。

4.1　支护材料

巷道支护使用的材料主要有木材、金属材料、石材、混凝土、钢筋混凝土、砂浆等。

在物理、化学作用下,能从浆体变成坚硬的石状体,并能胶结其他物料而成为具有一定强度的物体,这类材料统称为胶凝材料。胶凝材料可以分为无机和有机两大类。沥青和各种树脂属有机胶凝材料。无机胶凝材料按照其硬化条件,又可分为水硬性和非水硬性两类。水硬性胶凝材料在拌水后既能在空气中硬化,又能在水中硬化,水泥是广泛使用的水硬性胶凝材料;非水硬性胶凝材料只能在空气中硬化,故又称气硬性胶凝材料,如石灰、石膏等。

4.1.1　水泥

1824年,英国建筑工人约瑟夫·阿斯谱丁(Joseph Aspdin)用石灰石和黏土为原料,按一定比例配合后,在类似于烧石灰的立窑内煅烧成熟料,再经磨细制成水泥,取得了水泥的专利权。由于水泥硬化后的颜色与英格兰岛上波特兰地区用于建筑的石头相似,所以被命名为波特兰水泥。现代水泥的种类很多,按其用途和性能可分为通用水泥、专用水泥和特性水泥三大类。通用水泥为土木工程一般用途的水泥,如硅酸盐水泥、复合水泥等;专用水泥指有专门用途的水泥,如油井水泥、大坝水泥等;特性水泥则是指某种性能比较突出的水泥,如抗硫酸盐水泥、膨胀硫铝酸盐水泥等。

1. 硅酸盐水泥

(1)硅酸盐水泥的矿物组成

硅酸盐水泥的生产过程可概括为“两磨一烧”,如图 4-1 所示。

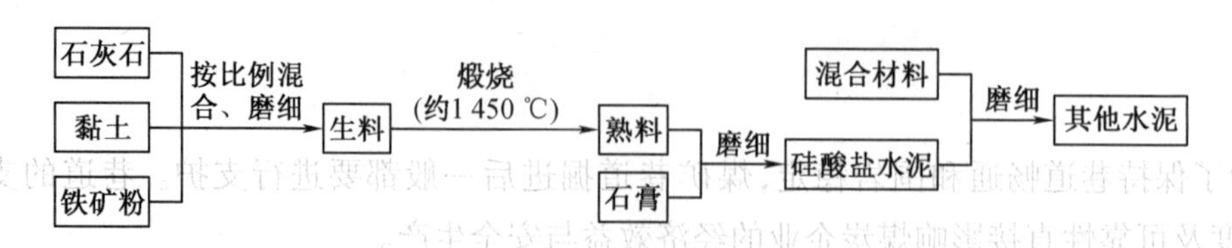

图 4-1 硅酸盐水泥的生产过程

煅烧生料的设备主要有立窑和回转窑两类,立窑适用于生产规模较小的工厂,大、中型厂宜采用回转窑。硅酸盐水泥熟料的主要矿物名称、简写及含量如下:

①硅酸三钙($3CaO \cdot SiO_2$),C_3S,37% ~60%;

②硅酸二钙($2CaO \cdot SiO_2$),C_2S,15% ~37%;

③铝酸三钙($3CaO \cdot Al_2O_3$),C_3A,7% ~15%;

④铁铝酸四钙($4CaO \cdot Al_2O_3 \cdot Fe_2O_3$),$C_4AF$,10% ~18%。

上述四种矿物单独与水作用表现出的特性如表 4-1 所示。此外,硅酸盐水泥熟料中还有少量游离氧化钙(CaO)、氧化镁(MgO)和碱,但其总含量一般不超过水泥量的 10%。

表 4-1 水泥熟料矿物单独与水作用表现出的特性

熟料矿物名称	性能特性		
	凝结硬化速度	28 d 水化放热量	强度
硅酸三钙	快	多	高
硅酸二钙	慢	少	早期低,后期高
铝酸三钙	最快	最多	低
铁铝酸四钙	快	中	低

硅酸三钙决定着硅酸盐水泥前 4 个星期的强度;硅酸二钙 4 个星期后才发挥强度作用,1 年左右达到硅酸三钙 4 个星期发挥的强度;铝酸三钙强度发挥较快,但强度低,其对硅酸盐水泥在 1 ~3 d 或稍长时间内的强度起到一定作用;铁铝酸四钙的强度发挥也较快,但强度低,对硅酸盐水泥的强度贡献小。

硅酸盐水泥熟料磨细后,其凝结时间很短,无法正常使用。因此,在熟料磨细时,常掺有适量的石膏(3%左右),以调节水泥的凝结时间。

改变熟料中矿物组成的相对含量,水泥的技术性能会随之变化。例如:提高硅酸三钙的含量,可以制得快硬高强水泥;降低硅酸三钙和铝酸三钙含量,提高硅酸二钙的含量,可制得水化热低的低热水泥。

(2)硅酸盐水泥的技术性质

①细度

细度是指水泥颗粒总体的粗细程度。水泥颗粒越细,与水发生反应的表面积越大,因而水化反应速度越快,而且越完全,早期强度也越高,但在空气中硬化收缩性较大,成本也较高。水泥颗粒过粗则不利于水泥活性的发挥。一般认为水泥颗粒小于40 μm时,才具有较高的活性,大于100 μm时活性就很小了。

国家标准规定,硅酸盐水泥和普通硅酸盐水泥的细度以比表面积表示,不小于300 m^2/kg;矿渣水泥、火山灰质水泥、粉煤灰水泥和复合水泥以筛余表示,80 μm方孔筛筛余不大于10%或45 μm方孔筛筛余不大于30%。

②凝结时间

水泥的凝结时间分为初凝时间和终凝时间。初凝时间为水泥加水拌和起至标准稠度净浆开始失去可塑性所需的时间;终凝时间为从水泥加水拌和起至水泥浆完全失去可塑性并开始产生强度所需的时间。水泥的初凝时间不宜过早,以便在施工时有足够的时间完成混凝土或砂浆的搅拌、运输、浇捣和砌筑等操作;水泥的终凝时间不宜过迟,以使混凝土施工完毕后,尽快硬化,达到一定强度,能够及时承载。国家标准规定,硅酸盐水泥初凝时间不小于45 min,终凝时间不大于390 min;其他通用水泥初凝时间不小于45 min,终凝时间不大于600 min。

各类水泥凡初凝时间不符合规定者为废品,终凝时间不符合规定者为不合格品。

③强度

水泥的强度是水泥性能的重要指标,也是评定水泥强度等级的依据。硅酸盐水泥的强度决定于水泥熟料的矿物成分和细度。现行国家标准《水泥胶砂强度检验方法(ISO法)》(GB/T 17671—2021)规定,由按质量计的一份水泥、三份中国ISO标准砂,用0.5的水灰比(水∶水泥)拌制的塑性胶砂制成4 cm×4 cm×16 cm的标准试件,试件在标准养护条件下,达规定龄期(3 d、28 d或3 d、7 d、28 d)时,测定其抗折和抗压强度。硅酸盐水泥的强度等级按规定龄期的抗压强度和抗折强度来划分,分为42.5、42.5R、52.5、52.5R、62.5、62.5R(R表示早强型,是指其3 d强度较同等级的水泥高)六个等级。各强度等级水泥的各龄期强度值不得低于表4-2所列数值。

表4-2 通用硅酸盐水泥的强度

<table>
<tr><th rowspan="2">品种</th><th rowspan="2">强度等级</th><th colspan="2">抗压强度/MPa</th><th colspan="2">抗折强度/MPa</th></tr>
<tr><th>3 d</th><th>28 d</th><th>3 d</th><th>28 d</th></tr>
<tr><td rowspan="6">硅酸盐水泥</td><td>42.5</td><td>≥17.0</td><td rowspan="2">≥42.5</td><td>≥3.5</td><td rowspan="2">≥6.5</td></tr>
<tr><td>42.5R</td><td>≥22.0</td><td>≥4.0</td></tr>
<tr><td>52.5</td><td>≥23.0</td><td rowspan="2">≥52.5</td><td>≥4.0</td><td rowspan="2">≥7.0</td></tr>
<tr><td>52.5R</td><td>≥27.0</td><td>≥5.0</td></tr>
<tr><td>62.5</td><td>≥28.0</td><td rowspan="2">≥62.5</td><td>≥5.0</td><td rowspan="2">≥8.0</td></tr>
<tr><td>62.5R</td><td>≥32.0</td><td>≥5.5</td></tr>
</table>

表 4-2(续)

品种	强度等级	抗压强度/MPa		抗折强度/MPa	
		3 d	28 d	3 d	28 d
普通硅酸盐水泥	42.5	≥17.0	≥42.5	≥3.5	≥6.5
	42.5R	≥22.0		≥4.0	
	52.5	≥23.0	≥52.5	≥4.0	≥7.0
	52.5R	≥27.0		≥5.0	
矿渣硅酸盐水泥，火山灰质硅酸盐水泥，粉煤灰硅酸盐水泥，复合硅酸盐水泥	32.5	≥10.0	≥32.5	≥2.5	≥5.5
	32.5R	≥15.0		≥3.5	
	42.5	≥15.0	≥42.5	≥3.5	≥6.5
	42.5R	≥19.0		≥4.0	
	52.5	≥21.0	≥52.5	≥4.0	≥7.0
	52.5R	≥23.0		≥4.5	

注：摘自《通用硅酸盐水泥》(GB 175—2007)。

④水化热

水泥的水化过程是放热反应，在整个水化、凝结、硬化过程中释放出来的热量称为水泥的水化热。水化热及其释放速率主要与水泥的矿物种类及颗粒细度有关，特别是铝酸三钙的含量决定着水化热的大小及释放速率。对于受水化热影响严重的工程要合理选择水泥品种。大体积混凝土工程由于水化热积蓄在内部，造成内外温差，易产生不均匀应力导致的开裂。但水化热对冬季混凝土施工则是有益的，水化热可促进水泥水化的进程。

⑤体积安定性

水泥体积安定性是指水泥在凝结硬化过程中体积变化的均匀性。如果水泥硬化后产生不均匀的体积变化，会使水泥制品或混凝土构件产生膨胀性裂缝，降低建筑物质量，甚至引起严重事故。引起水泥安定性不良的原因主要是熟料中所含的游离氧化钙、氧化镁过多或掺入的石膏过多。熟料中所含的游离氧化钙或氧化镁都是过烧的，熟化很慢，在水泥硬化后才进行熟化，这是一个体积膨胀的化学反应，会引起不均匀的体积变化，使水泥石开裂。当石膏掺量过多时，在水泥硬化后，它还会继续与固态的水化铝酸钙反应生成高硫型水化硫铝酸钙，体积约增大 1.5 倍，也会引起水泥石开裂。

安定性不合格的水泥应作为废品处理，不能用于工程中。

2. 普通硅酸盐水泥

凡由硅酸盐水泥熟料、5% ~20% 混合材料、适量石膏磨细制成的水硬性胶凝材料，称为普通硅酸盐水泥，简称普通水泥。

国家标准规定普通硅酸盐水泥的强度等级分为 42.5、42.5R、52.5、52.5R 四个等级。各等级水泥在各龄期的强度值不得低于表 4-2 所列数值。

普通硅酸盐水泥的主要成分仍是硅酸盐水泥熟料，只是其中含有少量的混合材料，故其基本性能与硅酸盐水泥相近。但由于掺有一定量的混合材料，这种水泥某些性能与硅酸盐水泥相比，又稍有差异。与同强度等级硅酸盐水泥相比，普通硅酸盐水泥早期硬化速度稍慢，抗冻、耐磨等性能也较硅酸盐水泥稍差。

普通硅酸盐水泥的使用范围与硅酸盐水泥基本相同,可广泛用于各种混凝土或钢筋混凝土工程,是我国主要的水泥品种之一。

3. 掺混合材料的硅酸盐水泥

混合材料按其性能可分为活性混合材料和非活性混合材料两大类。硅酸盐水泥熟料中掺入适量的活性材料,不仅能提高水泥产量、降低水泥成本,而且可以改善水泥的某些性能,调节水泥的强度等级。这类混合材料常用的有粒化高炉矿渣、火山灰质混合材料和粉煤灰。非活性混合材料与水泥成分不起化学作用或化学作用很小,在水泥中仅起填充作用。例如石英砂、黏土、石灰石及慢冷矿渣等,其掺入硅酸盐水泥中仅起到提高水泥产量、降低水泥强度等级和减少水化热等作用。

我国目前生产的掺混合材料的硅酸盐水泥主要有矿渣硅酸盐水泥、火山灰质硅酸盐水泥、粉煤灰硅酸盐水泥和复合硅酸盐水泥四种,分别简称矿渣水泥、火山灰质水泥、粉煤灰水泥和复合水泥。这四类水泥、硅酸盐水泥及普通硅酸盐水泥的组分应符合表4-3的规定。

表4-3 通用硅酸盐水泥的组分 单位:%

品种	代号	组分				
		熟料+石膏	粒化高炉矿渣	火山灰质混合材料	粉煤灰	石灰石
硅酸盐水泥	P·Ⅰ	100	—	—	—	—
	P·Ⅱ	≥95	≤5	—	—	—
		≥95	—	—	—	≤5
普通硅酸盐水泥	P·O	≥80且<95	>5且≤20			—
矿渣硅酸盐水泥	P·S·A	≥50且<80	>20且≤50	—	—	—
	P·S·B	≥30且<50	>50且≤70	—	—	—
火山灰质硅酸盐水泥	P·P	≥60且<80	—	>20且≤40	—	—
粉煤灰硅酸盐水泥	P·F	≥60且<80	—	—	>20且≤40	—
复合硅酸盐水泥	P·C	≥50且<80	>20且≤50			

矿渣水泥、火山灰质水泥、粉煤灰水泥和复合水泥的强度分为32.5、32.5R、42.5、42.5R、52.5、52.5R六个等级。四种水泥各强度等级的各龄期强度不得低于表4-4常用水泥的技术性质的规定。

表4-4 常用水泥技术性质

类型	硅酸盐水泥	普通硅酸盐水泥	矿渣硅酸盐水泥	火山灰质硅酸盐水泥	粉煤灰硅酸盐水泥
特性	硬化快,强度高;水化热大;抗冻性好;耐腐蚀性与耐软水侵蚀性差;耐热性差	早期强度较高;水化热较高;抗冻性较好;耐腐蚀性较差	早期强度低而后期强度增长较快;水化热较小;抗冻性差、耐硫酸盐、软水、海水腐蚀性较差;抗碳化能力差	抗渗性较好;干缩大、耐磨性差;其他同矿渣硅酸盐水泥	干缩性较小,抗裂性较好;其他同矿渣硅酸盐水泥

4. 矿山条件对水泥品种的要求

由于矿山混凝土工程涉及地面和井下，工程所处环境条件较复杂，应根据具体情况选择合适的水泥品种。选择水泥品种时可参照表4－5。

表4－5　常用水泥的选用

混凝土工程特点或所处环境条件		优先选用	可以选用	不宜使用
普通混凝土	在普通气候环境中	普通水泥	矿渣水泥；火山灰质水泥；粉煤灰水泥；复合水泥	
	在干燥环境中	普通水泥	矿渣水泥	火山灰质水泥；粉煤灰水泥
	在高湿度环境中和永远处于水下	普通水泥	矿渣水泥；火山灰质水泥；粉煤灰水泥；复合水泥	
	厚大体积	矿渣水泥；火山灰质水泥；粉煤灰水泥；复合水泥	普通水泥	硅酸盐水泥；快硬硅酸盐水泥
有特殊要求的混凝土	要求快硬	硅酸盐水泥；快硬硅酸盐水泥	普通水泥	矿渣水泥；火山灰质水泥；粉煤灰水泥；复合水泥
	高强（大于C40）	硅酸盐水泥	普通水泥；矿渣水泥	火山灰质水泥；粉煤灰水泥
	严寒露天地区，寒冷地区处于水位升降范围内	普通水泥	矿渣水泥	火山灰质水泥；粉煤灰水泥
	严寒地区处于水位升降范围内	普通水泥		矿渣水泥；火山灰质水泥；粉煤灰水泥；复合水泥
	有抗渗要求	普通水泥；火山灰质水泥		矿渣水泥
	有耐磨性要求	硅酸盐水泥；普通水泥	普通水泥	火山灰质水泥；粉煤灰水泥
	抗侵蚀性要求	矿渣水泥；火山灰质水泥；粉煤灰水泥；复合水泥		硅酸盐水泥；普通水泥

注：采用蒸汽养护时的水泥品种，宜根据具体条件通过试验确定。

4.1.2 混凝土

在普通混凝土中,水泥是胶凝材料,与水混合形成水泥浆,水泥浆包裹在骨料表面并填充其空隙,赋予拌和物一定和易性,经均匀搅拌、密实成形,养护硬化形成一种人工石材。混凝土的胶结成分主要是水泥,也可采用石膏等无机材料或沥青、聚合物等有机材料;骨料细骨料(以砂)、粗骨料(石子)为主,在混凝土中起骨架作用;为改善混凝土的某些性能,还经常加入适量的外加剂或掺和料。

混凝土具有原料丰富、价格低廉、生产工艺简单的特点,因而其使用量越来越大。同时混凝土还具有抗压强度高、耐久性好、强度等级范围宽等特点。这些特点使其使用范围十分广泛,不仅在各种土木工程中使用,就是在造船业、机械工业、海洋的开发、地热等工程中,混凝土也是重要的材料。

对普通混凝土的技术要求是:具有符合设计要求的强度,具有与施工条件相适应的施工和易性,具有与工程环境相适应的耐久性,以及满足经济合理性要求。

1. 混凝土的组成材料

(1)水泥

水泥在混凝土中起胶结作用,是混凝土最重要的材料。水泥品种和强度等级是影响混凝土强度、耐久性及经济性的重要因素。配置混凝土用的水泥品种,应根据工程性质与特点、工程所处环境及施工条件,依据各种水泥的特性,依据表4-5合理选择。

水泥强度等级的选择,应与混凝土的设计强度等级相适应,通常以水泥强度等级为混凝土强度等级的1.5~2.0倍为宜。

(2)骨料

混凝土骨料包括细骨料和粗骨料。粒径小于4.75 mm的称为细骨料,粒径大于5 mm的称为粗骨料,粗、细骨料的总体积占混凝土体积的70%~80%,因此骨料的性质对所配制的混凝土性能有较大的影响。一般多以天然砂为细骨料,其中以石英砂为最佳,工程常用的砂子是河砂;石子有天然碎石、人工碎石、卵石,以人工碎石应用最多。

①级配与粒径

配制混凝土时要求水泥浆能充分包裹砂粒表面并填充骨料颗粒间的空隙,以保证混凝土拌和料密实、骨料充分黏结,满足施工时的流动性和可塑性要求。骨料的级配反映其不同粒径颗粒所占比例的分布情况。级配良好的骨料,其粒径的分布呈一定的分散程度,使较小粒径骨料填充到大颗粒间的空隙中,以减小空隙率,增强密实性,从而可以节约水泥,保证混凝土的和易性及强度。

石子有最大粒径的要求。最大粒径偏大可以节省水泥,但会使混凝土结构不均匀并引起施工困难。相关规范规定石子的最大粒径不得超过最小结构断面的1/4(除实心板有不得超过1/2且不大于50 mm的要求以外),同时不得超过钢筋最小间距的3/4。

②坚固性和强度

骨料的坚固性是影响混凝土耐久性的重要因素。骨料的坚固性是指其在大气环境(温度、湿度、风化、环境腐蚀、冻融等条件)下或在受其他物理作用下的抵抗破碎的能力。

石子作为混凝土的骨架，还必须有足够的强度。石子的强度通过母岩取样的试验方法确定，在施工中通常用石子的压碎性指标作为控制混凝土质量的参数。设计采用大于或等于强度等级 C60 的混凝土时，石子应有专门的强度检验。

③有害杂质含量

混凝土拌和料中含有杂质会严重影响混凝土的质量，包括强度损失、抗渗与抗冻能力降低、耐久性降低、混凝土被腐蚀或混凝土收缩量增加等。混凝土的质量标准对骨料中的有害杂质含量有严格的限制。

（3）水

混凝土拌和水可采用饮用水或清洁的天然水，水质应符合标准规定。对受工业废水或生活废水污染的水，应先进行必要的化验，不得含有有碍于混凝土凝结、硬化的油脂等杂质成分。

（4）混凝土外加剂

在混凝土拌和时或拌和前掺入（掺量一般不大于水泥质量的 5%），能显著改善混凝土性能的材料称为混凝土外加剂。混凝土外加剂包括减水剂、早强剂、速凝剂、防水剂、防冻剂等，它们分别具有提高最终强度或初期强度（早强）、改善和易性、增加耐冻性、提高耐久性及节约水泥等功能，应合理选用。使用混凝土外加剂必须先进行配比试验，确定合理掺和量并严格执行，否则可能会带来不利的副作用。

混凝土外加剂因对混凝土技术性能的显著改善，已成为混凝土的重要组成部分，被称为混凝土的第五组分，获得越来越广泛的应用。

2. 混凝土拌和物的和易性

（1）混凝土拌和物与和易性的概念

混凝土各组成材料依一定比例拌和、未凝结硬化前的材料，称为混凝土拌和物。混凝土的和易性，是指混凝土拌和物易于各工序施工操作（搅拌、运输、浇注、捣实），并能获得质量均匀、成型密实的混凝土的性能，一般常用坍落度来评价。和易性是一项综合性的技术指标，包括流动性、黏聚性和保水性等三方面的性能。

①流动性反映混凝土拌和物受重力作用或机械振捣时能够流动的性质。

②黏聚性反映混凝土拌和物抵抗离析的能力。所谓离析，是指粗骨料与水泥砂浆分离，形成拌和料中的粗骨料下沉的分层现象。

③保水性反映混凝土拌和物中的水不被析出的能力。拌和物中的水被析出，会使骨料颗粒下沉、水分浮于拌和料上部，出现所谓的泌水现象。

混凝土拌和物的流动性、黏聚性和保水性三者之间互相关联又互相矛盾。如黏聚性好，则保水性往往也好，但流动性可能较差；当增大流动性时，黏聚性和保水性往往变差。因此，所谓拌和物良好的和易性，就是要使这三方面的性能，在某种具体工作条件下得到统一，达到均为良好的状况。

（2）和易性的测定

常用坍落度或维勃稠度测定混凝土拌合物的流动性，并辅以直观经验来评定黏聚性和保水性，以评定和易性。

坍落度法是把调配好的混凝土拌和物装入标准圆锥筒内(图 4 -2),将表面刮平,垂直提取圆锥筒后,拌和物将产生一定程度的坍落,坍落的高度即为坍落度。在测定坍落度时,不仅需以捣棒轻击锥体侧部,观察是否分层、离析,还要以抹刀抹面,看其表面是否光滑、砂浆是否饱满、底部是否析水等来评定其黏聚性及保水性。

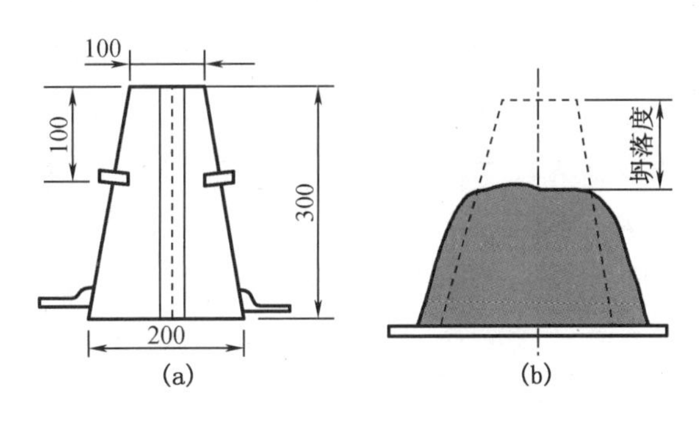

图 4 -2　混凝土拌和物坍落度测定

坍落度大,表示混凝土拌和物的流动性好。坍落度要根据结构类型、构件截面大小、配筋疏密、输送方式和施工捣实方法等因素选择。当构件截面较小或钢筋较密,或采用人工插捣时,坍落度可选大些。井筒施工使用管路输送混凝土时,要求石子粒径不得大于 40 mm,拌和物的坍落度不小于 150 mm。

(3)影响和易性的因素

影响混凝土和易性的主要因素包括水泥品种、水灰比、水泥和水的用量、含砂率多少等。用水量对拌和物坍落度有重要影响,是决定其流动性的基本因素。水灰比过高会降低黏聚性,容易产生泌水。含砂率用砂子与骨料总的质量之比表示。含砂率过小,混凝土拌和物的坍落度变小,石子还容易离析;含砂率过高,使拌和物变得干涩,坍落度也会变小。混凝土配合比应采用合理含砂率,使拌和料在相同的水泥用量、水灰比和用水量条件下,有最大的坍落度。

3. 混凝土强度

(1)混凝土强度的基本概念

混凝土的强度以抗压强度最大,通常以混凝土的抗压强度作为其力学性能的总指标。规定采用标准立方体试块(150 mm × 150 mm × 150 mm),在标准条件下[温度为(20 ±3) ℃,相对湿度大于 90%]养护或水中养护,达 28 d 龄期,用标准试验方法测得的抗压强度,为混凝土强度。根据混凝土立方体抗压强度标准值将混凝土划分为不同强度等级,用符号 C(concrete 首字母)和立方体抗压强度标准值(MPa)表示,分为 C15,C20,…,C75,C80 共 14 个强度等级。

(2)影响混凝土强度的主要因素

①混凝土基本成分

混凝土基本成分的影响包括水泥石自身强度、骨料强度以及水泥与骨料间的黏结力。决定水泥石自身强度及其黏结力的主要因素是水泥的强度等级及所采用的水灰比,过高的水灰比会严重降低混凝土强度。影响水泥与骨料间黏结力的因素包括水泥用量与骨料级配，以及骨料的粗糙程度及其形态等。

当其他条件相同时，水泥强度愈高，则混凝土强度愈高。当用同一种水泥时，混凝土的强度主要取决于水灰比。因为水泥水化时所需的结合水一般只占水泥质量的20%左右，但在拌制混凝土拌和物时，为了获得必要的流动性，常需用较多的水（占水泥质量的40%～70%），也即使用了较大的水灰比。当混凝土硬化后，多余的水分就残留在混凝土中形成水泡或蒸发后形成气孔，大大减少了混凝土承受荷载的实际有效断面，而且可能在孔隙周围产生应力集中。因此，可以认为，在水泥强度等级相同的情况下，水灰比愈小，水泥石的强度愈高，与骨料黏结力愈大，混凝土强度也就愈高。但是，如果水灰比太小，拌和物过于干硬，在一定的捣实成型条件下，无法保证浇灌质量，混凝土中将出现较多蜂窝、孔洞，强度也会降低。

②拌和物的搅拌与振捣程度

拌和物搅拌和振捣充分可以使水泥充分水化，混凝土更密实，有利于提高混凝土强度及其均匀性。混凝土的和易性要求也是为了在施工中容易通过搅拌与振捣使拌和物更密实和均匀。

③混凝土养护

混凝土养护是指保证水泥充分水化和均匀硬化、避免干裂所需要的温度和湿度条件。一般混凝土施工，要求12 h内应有覆盖和浇水，浇水养护期不少于7 d，火山灰质水泥、粉煤灰水泥或有抗渗要求的混凝土、掺有缓凝剂的混凝土不少于14 d。

（3）提高混凝土强度的方法

①提高混凝土强度的基本方法是提高水泥强度等级，尽量降低水灰比，如降低水灰比不能满足和易性时，可掺加减水剂。

②采用较粗糙的砂、石，以及高强度的石子，砂石的级配良好且有含杂质少。

③加强搅拌和振捣成型。

④加强养护，保证有适宜的温度和较高的湿度，也可采用湿热处理（蒸汽养护）来提高早期强度。

⑤添加增强材料，如硅粉、钢纤维等。

4. 混凝土的耐久性

用于工程的混凝土，不仅要具有能安全承受荷载的强度，还应具有适应其所处环境的耐久性，包括抗渗性、抗冻性、抗侵蚀性、抗碳化性和抗碱骨料反应特性等要求。耐久性良好的混凝土，对延长结构使用寿命、减少维修保养费用、提高经济效益等具有重要意义。

影响混凝土耐久性的关键因素，是其密实程度和组成材料的品质。因此，提高混凝土耐久性的方法主要有：

（1）根据混凝土工作要求和环境特点，合理选用水泥，并选择合适的混合材料和填料。

（2）控制水泥用量和采用较小的水灰比，限制最大水灰比和最小水泥用量。

（3）选用与工程性质相一致的砂、石骨料，采用粒径较大或适中、级配好且干净的砂、石骨料。

(4)根据工程性质掺加适宜的外加剂,包括减水剂或引气剂等。

(5)提高混凝土浇灌密度,包括充分搅拌、振捣,加强养护等。

5. 矿山混凝土工程的工作特点

矿山工程对混凝土有些特殊或更高的要求,因为矿山工程的施工环境比较恶劣,尤其是井下施工还受场地的限制。因此,矿山混凝土工程应充分考虑以下环境特点:

(1)井下空气、水的腐蚀作用更严重,尤其是井下水往往具有严重的(酸性)腐蚀性。

(2)井筒施工时地面拌制混凝土采用吊桶或管路向井下输运时的流动性和均匀性要求,以及井筒作为整体结构,混凝土用量大,持续作业时间长的特点。

(3)冻结法施工时混凝土处于比天然气温低得多的低温条件,因此混凝土的抗冻、早强、养护等要求会更高、更严格;同时,大体积混凝土用量的井筒又处于相对有限的空间,这种温差也对混凝土质量产生不良影响。

(4)井下环境对喷射混凝土材料、配合比和外加剂的要求等。

6. 混凝土的配合比

混凝土水灰比是决定混凝土强度及其和易性等性质的重要指标,混凝土的含砂率也是影响混凝土浇筑及其工作性能的重要参数。混凝土配合比是指混凝土各组成材料间的质量比例关系。常用的表示方法有两种:一种是以 1 m^3 混凝土中各组成材料的质量表示,如水泥 336 kg,砂 654 kg,石子 1 215 kg,水 195 kg;另一种方法是以水泥为基本数 1,表示出各材料用量间的比例关系,如上述质量配合比可写成 1∶1.95∶3.52∶0.58(水泥∶砂∶石子∶水)。

设计配合比时,首先根据工程要求,依照有关标准给定的公式和表格进行计算,这样得出的配合比称为“计算配合比”;然后通过试验室对强度和耐久性检验后调整的配合比称为“试验室配合比”;在试验室中,采用的骨料干燥,而工地上,骨料大多在露天堆放,含有一定的水分,并且经常变化,因此要根据现场实际情况将试验室配合比换算成施工采用的“施工配合比”。

4.1.3 钢材

钢材作为支护材料,具有强度大,可支撑较大的地压,使用期长,可多次复用,安装容易,必要时也可制成可缩性结构等特点,因此在地下矿山工程中得到广泛应用。

1. 钢材的基本知识

(1)钢材分类

根据化学成分,钢材分为碳素钢和合金钢。根据含碳量,碳素钢可分为低碳钢、中碳钢和高碳钢三种。根据其硫、磷杂质含量,又可分为普通钢、优质钢(硫、磷含量均低于0.04%)、高级优质钢。根据合金钢中含合金元素的总量,分为低合金钢、中合金钢和高合金钢。

根据用途,常用钢材可分为结构钢、工具钢、特殊钢和专用钢。各种型钢和钢筋、钢丝、锚具,以及矿山工程中常用的钢绞线、锚杆螺纹钢等材料,基本上都是碳素结构钢和低合金结构钢等钢种,经热轧或冷轧、冷拔及热处理等工艺加工而成。

(2)钢材的化学成分

建筑上常用的钢材是碳素钢,碳素钢的主要化学成分是以铁为基体,除含碳外,还含有少量的硅、锰、硫、磷等。硅和锰是炼钢时作为脱氧剂加入而残存的;硫和磷属于钢材的伴随元素,是炼铁时由矿石或燃料进入铁水,而后未能完全除掉所残留的。

(3)钢材的力学性能

钢材作为主要的受力结构材料,其主要力学性能有抗拉性能、抗冲击性能、耐疲劳性能及硬度等。其中抗拉性能是钢材最主要的技术性能,通过拉伸试验可以测得钢材的屈服点、抗拉强度、弹性模量和伸长率等技术性能指标。钢材在交变荷载反复作用下,在远小于抗拉强度时发生突然破坏,称为疲劳破坏。耐疲劳性能对于承受反复荷载的结构是一种很重要的性质。

(4)钢材的加工方法及其对钢材性能的影响

常用钢材的加工包括钢材的冷加工强化、时效强化、热处理和焊接等几种方法。钢材加工不仅用于改变尺寸,而且可以改善如强度、韧度、硬度等性质。如冷加工强化,它将建筑钢材在常温下进行冷拉、冷拔和冷轧,可提高其屈服强度,但相应降低了塑性和韧性。

2. 金属材料制品

建筑工程常用的钢丝、钢丝绳属于金属制品。钢丝绳常用作建筑索或锚索,在矿井则大量用作提升绳或悬吊绳等。

(1)索与锚索结构用材

索或锚索结构采用钢绞线、钢丝绳、钢丝索以及钢筋。钢绞线由热处理的优质碳素钢经冷拔的钢丝组成,钢丝绳由多股钢绞线捻成,钢丝索由平行的钢丝构成。钢筋的单根直径相对较粗,抗腐蚀能力强,但强度相对较低。

(2)提升(悬吊)钢丝绳

钢丝绳的分类方法很多,常用的分类有:

①按钢丝机械特性分为特级、Ⅰ级和Ⅱ级钢丝绳。特级钢丝绳韧性好,用于提升人员。

②按钢丝断面分为圆形、异形钢丝绳。异形钢丝绳用不规则钢丝构成密封结构,具有抗弯、抗扭及耐磨性能好的特点,用于钢丝绳罐道等。

③按内芯材料分有剑麻(或棉)内芯、石棉内芯、金属内芯。前两者柔软,弯曲后易恢复;后者强度大,适用于有冲击负荷的条件。

④按钢丝绳断面形状分为圆形、扁形钢丝绳。扁形钢丝绳不扭转打结,常作为摩擦轮提升的尾绳。

⑤按旋捻方向分为顺捻、交互捻、混合捻。顺捻钢丝绳较柔软,受力条件好,常用于提升和运输,但其断丝后易发散。交互捻钢丝绳的刚性大,不易发散,多用于需要摘挂钩的斜井提升。

3. 矿用钢材种类、特点和要求

矿山常用钢材有轻便钢轨、矿用工字钢以及矿用特殊型钢等。矿用工字钢与矿用特殊U型钢的高度较普通型钢小,这样可以减少巷道开挖量。

(1)矿用工字钢

热轧矿用工字钢是专门针对矿山设计的宽翼缘、小高度、厚腹板工字钢(图4-3)。它的几何特性既适于作梁,也适于作腿。其截面尺寸以高、宽、腹厚的毫米数来表示,如高为110 mm,宽为90 mm,腹厚为9 mm的工字钢标记为"工 110×90×9"。工字钢的另一种标记方法是用型号来表示,即用高度的厘米数表示,如工 11#。11#工字钢是煤矿巷道支护最常用的工字钢型号,长度一般为6~10 m。为了降低支护钢材消耗量,新型矿用工字钢于1994年试轧成功。新、旧系列矿用工字钢的主要技术经济指标见表4-6。

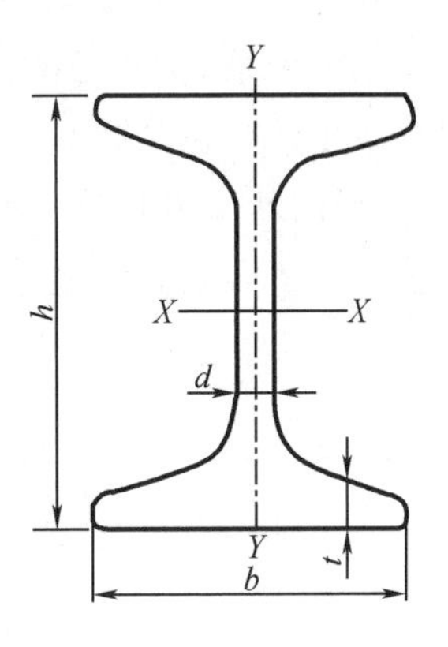

图4-3 矿用工字钢断面

表4-6 新、旧系列矿用工字钢的主要技术经济指标

系列	型号	截面面积 /cm^2	理论质量 /($kg \cdot m^{-1}$)	抗弯截面模量/cm^3		材料利用率 /[$cm^3 \cdot (kg \cdot m)^{-1}$]
				W_x	W_y	
新系列	16H	20.3	15.7	63.2	17.1	5.11
	24H	21.6	24.0	113.7	31.5	6.05
	28H	36.68	28.8	145.4	38.5	6.39
旧系列	9#	22.50	17.7	62.5	16.5	4.46
	11#	23.20	26.1	113.4	28.4	5.43
	12#	39.70	31.2	144.5	37.5	5.83

(2)矿用U型钢

矿用U型钢主要是指截面为U型的型钢(图4-4)。矿山主要是利用U型钢制作具有可缩性的拱形支架,用于困难条件下的巷道支护,具有承受压力大、支撑时间久、易安装、不易变形等特点。U型钢两个方向的抗弯截面模量 W_x 和 W_y 接近相等,说明这种型钢的竖向抗弯能力与横向抗弯能力不相上下,横向稳定性较其他型钢好。

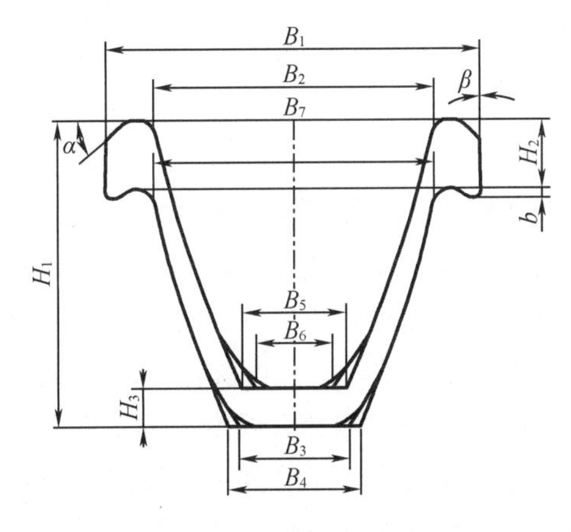

图4-4 36U钢截面

我国生产的U型钢型号主要有18U、25U、29U、36U四种,分为腰定位和耳定位两类。其中前两种系20世纪60年代产品,后两种是80年代产品。18U由于承载能力很低,现在已很少生产。在国标《矿山巷道支护用热轧型钢》(GB/T 4697—2017)中除以上四个型号的U型钢外,新增40U这一型号。常用矿用U型钢的长度一般为5~12 m,其型号和断面参数如表4-7所示,其中型号后带"Y"的表示为腰定位,否则为耳定位。

表4-7 矿用特殊型钢型号与截面参数

规格	截面面积/cm^2	理论质量/$(kg \cdot m^{-1})$	截面参数						
			惯性矩/cm^4		惯性半径/cm		截面模量/cm^3		静矩/cm
			I_x	I_y	i_x	i_y	W_x	W_y	S_x
18UY	24.15	18.96	284.26	331.35	3.43	3.70	56.29 57.43	54.32	75.40
25UY	31.54	24.76	451.70	508.70	3.78	4.02	81.68 82.58	75.92	110.90
25U	31.79	24.95	495.81	551.97	3.95	4.17	79.77 85.71	81.77	197.54
29U	37.00	29.00	612.00	771.00	4.07	4.57	106.00 92.00	102.00	212.91
36U	45.69	35.87	928.65	1 244.75	4.51	5.22	128.55 141.22	145.59	330.05
40U	51.02	40.05	1 064.07	1 366.98	4.57	5.18	141.60	159.94	388.37

轻便钢轨是专为井下1 t至3 t矿车运输提供轨道用的,也可在巷道支护中用于制作轻型支架,但其承载性能较差。

此外,钢筋也是支护中常用的金属材料。普通钢筋混凝土结构中,多采用3号钢(低碳钢)钢筋。20锰硅和25锰硅普通低合金钢钢筋主要用于受力钢筋,一般不作为构造钢筋用。在钢筋混凝土结构中,其混凝土强度不宜低于20 MPa。

4.1.4 其他材料

1. 木材

木材主要作为矿井支护材料、枕木、背板等。木材具有很多优良的性能,如轻质,导电、导热性低,有较好的弹性和韧性,能承受冲击和振动荷载,易于加工,在干燥的环境中或长期置于水中有很高的耐久性等。木材的强度在各方向相差很大,顺纹抗拉强度和抗压强度远大于横纹的抗拉强度和抗压强度。木材的强度除由本身组织构造因素决定外,尚与疵病(木节、斜纹及裂缝等)、含水率、负荷持续时间、温度等因素有关。木材容易腐朽、虫蛀和燃烧,天然疵病较多,且耐久性较差。因井下环境较差,对服务时间较长的木材需进行防腐处理,这样可提高其服务年限,从而节省木材用量。

目前矿山常用的坑木有松木、杉木、桦木、榆木和柞木等，以松木用得最多。

2. 石材

石材具有比较高的强度、良好的耐磨性和耐久性，并且资源丰富，易于就地取材。石材有两种：一种是指采得大块岩石后，经锯解、劈凿、磨光等机械加工制成各种形状和尺寸的石料制品；另一种是直接采得的各种块状和粒状的石料。矿用石材主要为经过简单粗加工后形成的料石，用于砌墙、碹和基础等。

3. 石灰

工程中所用的石灰，分成三个品种：生石灰、生石灰粉和消石灰粉。用生石灰配制砂浆可显著提高砂浆的和易性。石灰不宜在长期潮湿环境中或在有水的环境中使用。在石灰硬化过程中，体积会有显著收缩而出现干缩裂缝。石灰在贮存和运输过程中，要防止受潮，并不宜长期贮存。运输时不得与易燃、易爆和液体物品混装，并要采取防水措施，注意安全。

4. 水玻璃

水玻璃又称泡花碱，是一种碱金属硅酸盐，一般在空气中硬化较慢。水玻璃具有良好的黏结性能和很强的耐酸腐蚀性；水玻璃硬化时能堵塞材料的毛细孔隙，有阻止水分渗透的作用。另外，水玻璃还具有良好的耐热性能，高温不分解，强度不降低(甚至有增加)。

水玻璃的用途包括配置建筑涂料或直接涂刷砖、混凝土制品等，用于提高其密实性、耐久性；配制专用的(如防水、耐酸、耐热等)砂浆或混凝土，或作为速凝剂掺合料、配制注浆液用于堵水和加固等。

4.2 锚杆支护

我国煤矿在岩巷中使用锚杆支护已有几十年的历史，并在岩巷中大力推广应用了以“三小”为代表的锚喷支护技术，与光面爆破技术结合，形成了我国特有的光爆锚喷技术，在岩巷中的应用比例已达80%以上。经过国家“八五”和“九五”科技攻关，以高强度螺纹钢锚杆加长或全长树脂锚固，动态支护设计方法，小孔径树脂锚固预应力锚索等为代表的新技术、新材料、新方法得到广泛认可，推广应用于煤顶巷道、复合与破碎顶板巷道等困难条件，取得良好的支护效果和技术经济效益。目前，锚杆支护技术已在国内外矿山中得到普遍应用，是煤矿实现安全、高产和高效生产必不可少的关键技术之一。

4.2.1 锚杆的结构类型

我国锚杆支护技术经历了从低强度、高强度到高预应力、强力支护的发展过程。从锚杆支护形式的发展过程看，我国最早采用的主要是机械锚固锚杆和钢丝绳砂浆锚杆；1974年开始研制和试验树脂锚杆，并于1976年在淮南、鸡西、徐州等矿区进行了井下试验，取得较好效果。我国还引进和应用了管缝式锚杆、水力膨胀式锚杆等，自主开发研制了廉价的快硬水泥锚杆；1996年从澳大利亚引进高强度树脂锚固锚杆，并针对我国煤矿条件进行了大量二次开发和完善提高。现在,锚杆支护向高强度、高刚度与高可靠性方向发展,以确保巷道支护效果与安全程度,为采煤工作面快速推进与产量提高创造了有利条件。

锚杆的种类很多,依锚固方式其主要类型划分如图 4－5 所示,其优缺点见表 4－8。

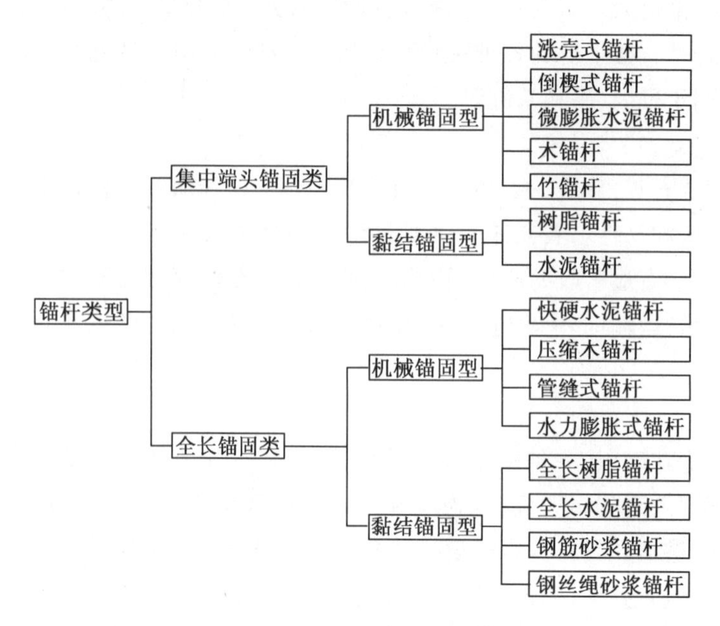

图 4－5　锚杆类型的划分

表 4－8　各种类型锚杆的主要优缺点

锚杆类型		优点	缺点
集中端头锚固类	机械锚固型	安装迅速,及时承载	对深部围岩强度要求高
	黏结锚固型	易加工,制造简单	对深部围岩强度要求一般
全长锚固类	机械锚固型	易安装,及时承载	易腐蚀,锚固强度易衰减和丧失
	黏结锚固型	适用范围广,树脂锚固剂承载速度快,锚固力大	树脂锚杆成本高,树脂易燃有毒

1. 木锚杆

木锚杆包括普通木锚杆和压缩木锚杆(图 4－6),杆体直径一般为 38 mm。普通木锚杆的内楔块劈进锚杆前端的楔缝,使杆体前端与钻孔孔壁挤紧,将外楔块插入锚杆尾楔缝使锚杆产生锚固力并将锚杆固定,实现对围岩的支护作用。压缩木锚杆安装后,能吸收水分,使杆体膨胀而充满整个锚杆孔,依靠对孔壁的压力和摩擦力实现全长锚固。

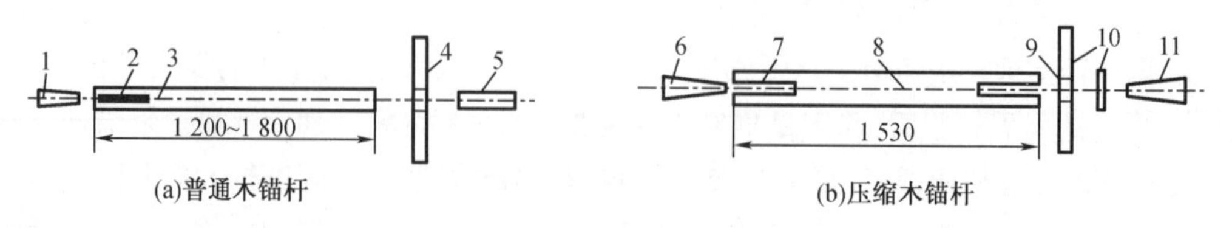

(a)普通木锚杆　(b)压缩木锚杆

1,6—内楔块;2,7—楔缝;3,8—杆体;4,9—垫板;5,11—外楔块;10—加固钢圈。

图 4－6　木锚杆结构

木锚杆结构简单、易加工、成本低，但锚杆强度和锚固力较低，一般锚固力在 10 kN 左右。木锚杆用于围岩条件较好的采区巷道的巷帮支护，由于不影响采煤机割煤，所以是同等条件下最经济的支护方式。

2. 普通圆钢黏结式锚杆

普通圆钢黏结式锚杆是我国煤矿曾经广泛使用的锚杆形式，目前在一些围岩条件比较简单的矿区仍在使用。这种锚杆一般采用端部锚固，按黏结剂划分为水泥锚固与树脂锚固。

杆体由普通圆钢制成，端部常压扁并拧成一定规格的左 180°的单拧麻花式（图 4－7），以搅拌树脂药卷和提高锚固力。杆体端部设置挡圈，防止树脂锚固剂外流，并起压紧作用。杆体尾部加工螺纹，安装托板和螺母。圆钢杆体与螺纹的力学性能见表 4－9。

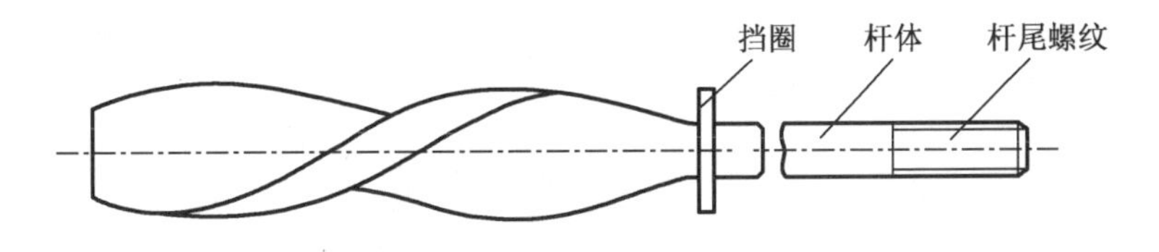

图 4－7　普通麻花式杆体

表 4－9　圆钢锚杆杆体与螺纹的力学性能（低合金钢 Q235）

杆体			螺纹		
直径/mm	截面积/mm^2	拉断荷载/kN	螺纹规格	应力截面积/mm^2	拉断荷载/kN
14	153.9	58.5	M16	156.7	59.5
16	201.1	76.4	M18	192.5	73.1
18	254.5	96.7	M20	244.8	93.0
20	314.2	119.4	M22	303. 4	115.3

水泥药卷是以普通硅酸盐水泥为基材并掺加外加剂的混合物，或单一特种水泥，按一定规格包上特种透水纸而呈长条状，浸水后经水化作用能迅速产生锚固作用的水硬性胶凝材料。水泥锚杆可端部锚固，也可全长锚固。水泥锚杆具有锚固快、安装简便、价格低廉等优点，在一段时间内得到比较广泛的应用。但是，各种水泥药卷的浸水操作比较困难，因此水泥药卷锚固剂的用量越来越少。

这类锚杆杆体强度低，由于一般采用端部锚固，变形均匀分布在除锚固端以外的整个杆体上，对围岩变形与离层控制能力弱。锚杆尾部螺纹部分直径比杆体小，用于锚固的麻花端截面积小于杆体截面积，使得锚杆往往在螺纹部分或麻花端破断。鉴于上述弊端，普通圆钢黏结式锚杆的用量越来越少。除一些地质条件简单的矿区还在使用外，该种锚杆已被淘汰。

3. 摩擦锚固锚杆

摩擦锚固锚杆有管缝式、水力膨胀式等类型，其中管缝式锚杆的用量较大。

(1)管缝式锚杆

管缝式锚杆的杆体由高强度、高弹性钢管或薄钢板卷制而成，壁厚一般为 2 ~ 3 mm。杆体沿全长纵向开缝，开缝宽度 10 ~ 15 mm。杆体端部做成锥形，以便安装。尾部焊有一个用直径 6 ~ 8 mm 钢筋做成的挡环，用以压紧托板。锚杆杆体直径为 30 ~ 45 mm，比钻孔直径大2 ~ 3 mm。长度根据需要加工，一般为 1.8 ~ 2.0 m，其结构如图 4 - 8 所示。

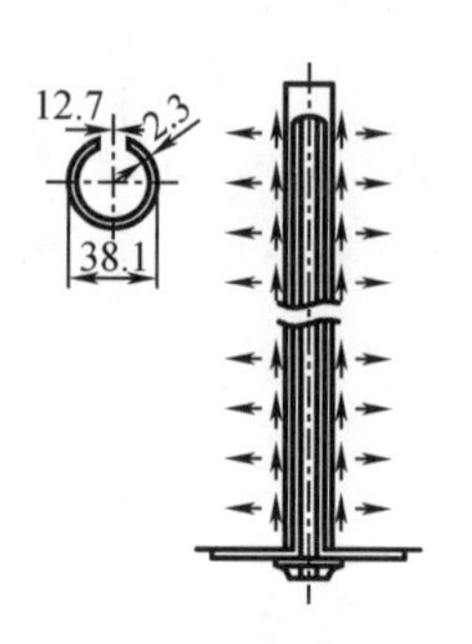

图 4 - 8　管缝式锚杆

当锚杆杆体被压入比管径稍小的钻孔后，开缝钢管被压缩，钢管外壁与钻孔孔壁挤紧，可立即在全长范围内对孔壁施加径向压力和阻止围岩下滑的摩擦力，加上锚杆托板的承托力，从而使围岩处于三向受力状态，并实现岩层稳固。管缝式锚杆的主要优点是全长锚固，属主动支护，而且锚固力随围岩变形的加大而逐渐增加。由于这些优点，管缝式锚杆在一段时间内得到较为广泛的应用。

这种锚杆的锚固力对孔径差的变化很敏感。钻孔直径与围岩性质、钻头规格与尺寸、钻头的磨损程度、钻进速度等多种因素有关，这些因素都有可能引起锚杆锚固力的变化，导致锚固性能不稳定。此外，在安装过程中，如果杆体较细或杆体轴线与钻孔轴线不一致，有可能造成杆体弯曲而报废。

当巷道服务时间长或有淋水时，管缝式锚杆会受到腐蚀而大大影响锚固力，甚至造成锚杆失效。总之，管缝式锚杆属于低强度、低刚度支护形式，一般只在围岩条件较好的巷道中使用。

(2)水力膨胀式锚杆

水力膨胀式锚杆又称水胀式锚杆，它由端套、挡圈、注液端、托盘等配件构成，是一种由外径大于钻孔孔径的无缝钢管加工制作成的双层凹形管状杆体，杆体的一端焊上端套，另一端焊一挡圈和注液孔，注液孔上有一连通杆体内腔端套的用于注水的小孔，如图 4 - 9 所示。

将锚杆顶推入钻孔后，用高压水(水压 10 ~ 30 MPa)使其膨胀，在膨胀过程中，水胀式锚杆注水孔产生永久变形，锚杆管壁与锚杆孔的不规则孔壁完全贴合，由于沿整个锚杆全长产生了摩擦力和自锁力，对围岩径向和环向施压，有利于发挥围岩的承载能力。

锚杆在膨胀的过程中，因其直径由细变粗，沿杆体轴向有一定的收缩量(1 ~ 4 mm)，使托盘对锚孔附近的岩体产生挤压力。该锚杆安装施工速度快，安装后即刻起支护作用，提高支护效率和节省施工时间，这是传统锚杆所不能达到的。这种锚杆对围岩的适应性强，特别适用于地压大、松软、破碎围岩的支护。在各类不同岩性的巷道支护中，锚固力基本不变。其缺点是耐久性差，锚杆直接与外界接触，容易受潮或在地下水作用下锈蚀。

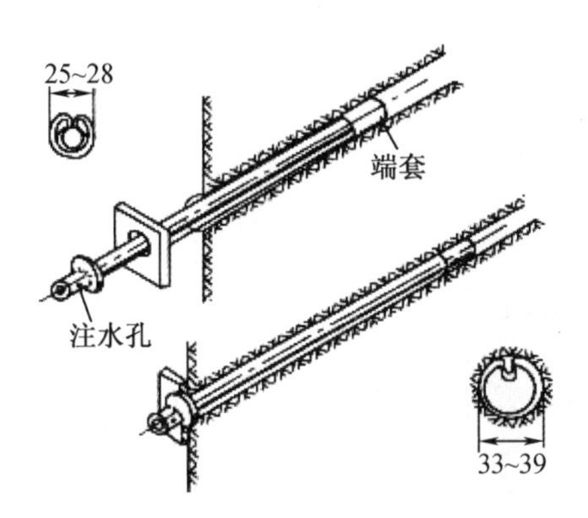

图4－9　水胀式锚杆锚固机理示意图

4. 高强度锚杆

在借鉴国外先进技术的基础上，我国成功开发研制出了适合我国煤矿巷道的高强度螺纹钢树脂锚固锚杆支护系列。该系列锚杆通过杆体结构与形状优化，提高了锚杆的锚固效果，保证了巷道支护效果与可靠性。目前，这类锚杆已大面积推广应用，成为锚杆支护的主要形式。

(1)螺纹钢锚杆

①普通建筑螺纹钢锚杆

普通建筑螺纹钢锚杆是应用较早的一种螺纹钢杆体，这种杆体存在明显缺陷：一是杆体带纵筋，而且比较高，直径20 mm的螺纹钢杆体很难顺利插入ϕ28 mm的钻孔。二是带纵筋螺纹钢在搅拌树脂锚固剂时，减少了杆体与钻孔之间的有效间隙，增加了搅拌阻力。同时锚固剂不易充满两纵筋处，降低了锚固剂的密实程度，影响锚固效果。三是锚杆尾部螺纹加工需要扒皮、滚丝，使杆体尾部出现加工弱化，螺纹段强度明显低于杆体强度，杆体延伸率不能充分发挥，造成材料浪费。鉴于这些弊端，普通建筑螺纹钢锚杆杆体已逐步被淘汰。

②右旋全螺纹钢锚杆

右旋全螺纹钢锚杆杆体表面轧制有全螺纹，螺母可直接安装在杆体上(图4－10)。这种杆体的优点：一是杆体截断后不需要任何加工，杆体强度相等，材料利用率高；二是井下安装时，螺母可沿杆体一直拧进，不受螺纹长度限制。但这种杆体同时也存在以下明显缺陷：一是杆体螺纹为右旋，采用常规的钻机搅拌树脂锚固剂时，有将锚固剂从孔内旋出的力，不能压密锚固剂，影响锚固效果；二是杆体精轧螺纹比较高，对于同样外径的杆体，内径较小，强度也较低；三是由于螺母直接安装在杆体螺纹上，因此对轧制螺纹要求高，螺母与螺纹的配合控制难度大。同时由于螺纹螺距大，很难施加较大预紧力，现场使用时经常发生退扣而导致预紧力下降的情况。

③左旋无纵筋螺纹钢锚杆

为了克服上述两种杆体的缺点，人们将杆体形状设计为左旋无纵筋螺纹钢锚杆（图 4－11）。这种杆体在搅拌树脂锚固剂时，左旋螺纹会产生压紧锚固剂的力，有利于增加锚固剂的密实度，提高锚杆锚固力，是比较理想的锚杆杆体。

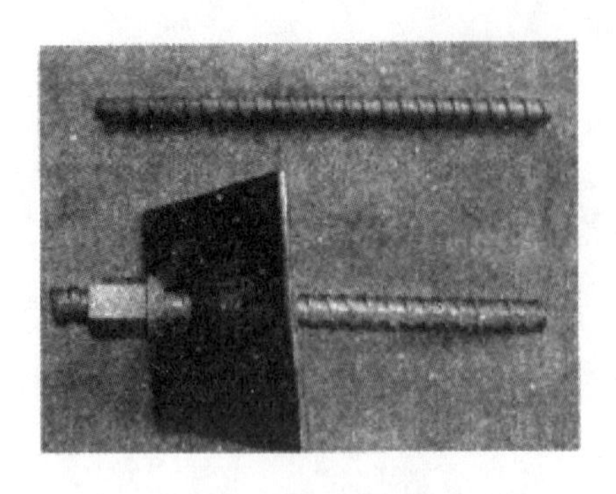

图 4－10　右旋全螺纹钢锚杆

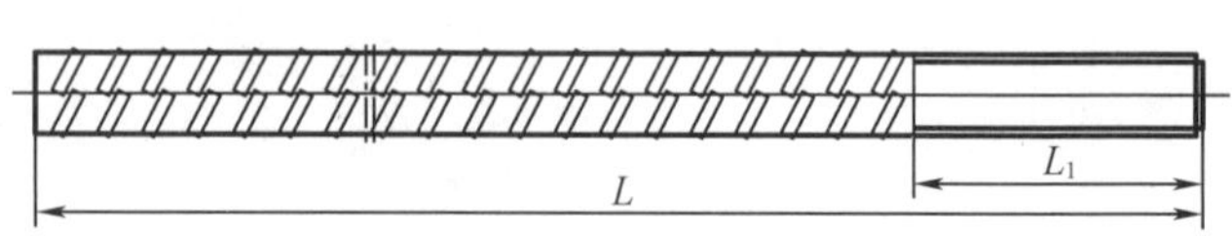

L—杆体长度；L_1—杆体尾部螺纹段长度。

图 4－11　左旋无纵筋螺纹钢锚杆杆体结构

根据煤矿巷道条件，锚杆杆体直径一般为 18～25 mm，长度为 1.8～2.6 m。左旋无纵筋螺纹钢式树脂锚杆技术性能与锚固力额定值可分别参见表 4－10 和表 4－11。对于直径 22 mm 的 BHRB600 型钢筋，屈服力达 230 kN，拉断荷载达 310 kN，分别是同直径普通建筑螺纹钢的 1.79 倍和 1.63 倍，是同直径圆钢的 2.5 倍和 2.11 倍，真正实现了高强度。国外使用的锚杆杆体的屈服强度为 400～600 MPa，甚至更高，拉断荷载一般为 200～300 kN，甚至更大。

表 4－10　左旋无纵筋螺纹钢树脂锚杆技术性能

规格	公称直径/mm	公称截面面积/mm²	屈服荷载/kN			拉断荷载/kN			理论质量/(kg·m⁻¹)
			BHRB335	BHRB500	BHRB600	BHRB335	BHRB500	BHRB600	
ϕ20	20	326.85	105	160	190	155	210	260	2.67
ϕ22	22	380.13	125	190	230	185	250	310	2.98
ϕ25	25	490.87	165	245	295	240	325	395	3.85

表 4－11　左旋无纵筋螺纹钢式树脂锚杆锚固力额定值

类型		超快速（CKa）	超快速（CK）	快速（K）	中速（Z）	慢速（M）
龄期/min		3	10	15	30	—
螺纹钢杆体 $\sigma_t \geqslant 500$ MPa	ϕ25 mm	＞245				
	ϕ22 mm	＞190				
	ϕ20 mm	＞157				

高强度锚杆杆尾大多采用螺纹结构,以便拧紧螺母压紧托板施加预紧力。我国国内加工锚杆尾部螺纹大多采用车丝或滚丝工艺,强度损失比较明显,不仅使锚杆承载能力降低,而且杆体的延伸性能得不到充分发挥,在高地应力、大变形等困难巷道中,锚杆经常出现破断现象。为了保证杆尾螺纹强度接近或等于甚至大于杆体强度,螺纹的加工应采用特殊的工艺和结构。

杆体螺纹的几何参数包括横肋高度、横肋宽度、横肋间距与螺旋角等。这些参数都影响锚固剂黏结力和搅拌阻力,优化杆体断面形状与螺纹的几何参数,可在提高黏结力的同时,降低搅拌阻力。

矿用左旋无纵筋螺纹钢锚杆执行《树脂锚杆 第2部分:金属杆体及其附件》(MT 146.2—2011)。锚杆杆体与树脂锚固剂、拱形托盘、球形垫圈、减摩垫圈、螺母、阻尼塞配套,能实现机械化快速安装,是用于煤矿井下支护的新型锚杆(图4-12)。这种锚杆具有强度高、结构合理的优点,可施加较大的预紧力实现主动支护,并可自动调整受力方向,增大对围岩的约束力。现场应用时可采用端锚、加长锚,也可全长锚固,除用于高地压矿井大变形巷道实现高强度支护外,也可用于铁路、水电等各类工程的隧道支护,具有广泛的用途。

图4-12 左旋无纵筋螺纹钢锚杆

(2)树脂锚固剂

高强度锚杆多为端头锚固型,即用树脂为黏结剂,在固化剂和加速剂的作用下,将锚杆头部一定长度的杆体黏结在锚杆孔内。树脂锚固剂为高分子材料,具有凝结硬化快,黏结强度高,可进行加长锚固或全长锚固,施工操作简便,且可以对围岩施加预压应力,在很短时间内便能达到很大的锚固力。

20世纪60年代,欧美国家已在矿山使用树脂锚固技术。我国树脂锚固技术起步比较晚,但经过对树脂锚固剂原材料、配方、生产工艺和设备的改进和完善,树脂锚固剂的物理力学性能有较大提高,满足了锚杆支护的要求。目前,树脂锚固剂已成为高强锚杆最主要的锚固方式。目前,我国已经能够生产超快、快速、中速、慢速等不同固化时间的树脂锚固剂,其技术特征见表4-12。

表4-12 树脂锚固剂主要技术特征

型号	特性	胶凝时间/s	等待时间/s	颜色标识
CKa	超快	8~25	10~30	黄
CK		8~40	10~60	红
K	快速	41~90	90~180	蓝
Z	中速	91~180	480	白
M	慢速	>180	—	—

树脂锚固剂的尺寸与规格多种多样,应以有利于钻孔中的安装和搅拌为原则选用。锚

固剂的直径应与钻孔直径相匹配，一般比钻孔直径小 4 ~ 6 mm，其直径主要有 23 mm、28 mm 和 35 mm 三种，以适应直径为 28 mm、32 mm 和 42 mm 的钻孔，尤以直径 23 mm 的锚固剂用量最大。树脂锚固剂长度可根据需要确定，一般在 300 ~ 900 mm 之间，常用的长度有300 mm、350 mm、500 mm、600 mm 等几种。锚固剂过短，锚固长度较长时需安装多个药卷，而锚固剂太长，又不便于运输、携带和安装，一般是长短结合使用。

一般情况下，树脂锚固剂的固化速度是设定的。井下进行加长或全长锚固时，需要不同固化时间的锚固剂搭配使用，如快速配中速锚固剂使用，一个钻孔中需要安装两支或两支以上的锚固剂。安装时，先装入快速药卷，然后装中速或慢速药卷，一定时间后再拧紧螺母。

(3)螺母

螺母的作用主要有两方面：一是通过螺母压紧托板给锚杆施加预紧力；二是围岩变形后的压力通过托板、螺母传递到杆体，使杆体工作阻力增大，控制围岩变形。因此，螺母是施加和传递应力的部件，其承载能力应与杆体相匹配，螺母的破坏会导致整个锚杆失效。另外，螺母的结构形状、螺纹规格与加工精度要有利于给锚杆施加较大的预紧力，并能提高安装速度。

锚杆螺母有多种类型。根据工作原理可将其分为两大类，普通螺母和快速安装扭矩螺母(图 4 - 13)；按材质可分为金属螺母和非金属螺母，后者主要用于玻璃钢锚杆。

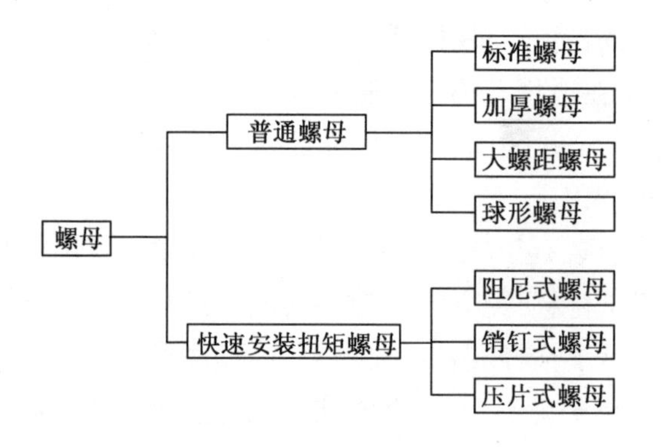

图 4 - 13　锚杆螺母分类

普通螺母安装时，需要先安装杆体，然后再安装托板并拧紧螺母，工序多，安装速度慢。为了实现杆体搅拌树脂药卷与安装托板、螺母一体化，提高锚杆安装速度，应采用可快速安装的扭矩螺母。扭矩螺母主要有钢片充填式、树脂(尼龙)充填式和销钉式，如图 4 - 14 所示。对扭矩螺母的要求是：一方面不能在搅拌树脂药卷过程中打开，使安装半途而废，因此螺母打开扭矩必须大于搅拌阻力；另一方面，当树脂药卷固化后，钻机应能打开和拧紧螺母，要求螺母打开扭矩低于钻机的最大输出扭矩。

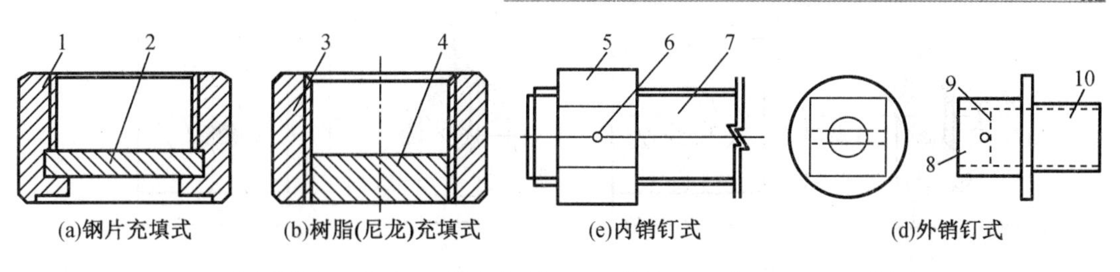

1,3—加厚螺母;2—钢片;4—树脂或尼龙;5,9—螺母;6,8—销钉;7,10—杆体尾部。

图4-14 扭矩螺母形式

(4)托板

锚杆托板的作用主要有两方面:一是通过螺母施加扭矩,压紧托板给锚杆提供预紧力,并使预紧力扩散,扩大锚杆作用范围;二是围岩变形后荷载作用于托板,通过托板将荷载传递到锚杆杆体,增大锚杆工作阻力,进而控制围岩变形。托板的承载能力应与杆体相匹配,托板的过大变形与破坏都会导致锚杆支护能力大大降低,甚至使整个锚杆失效。

托板按截面形状可分为平板、拱形和其他形状。其他形状包括与M形钢带配合使用的托板、W形钢护板、各种钢梁(如槽钢)制成的托板等。可调心托板配有调心球垫,当锚杆有一定的安装角度时,能保证锚杆处于较好的受力状态。托板强度与钢板的厚度、材质、形状及加工工艺等有关。实践证明,拱形托板(图4-15)具有良好的力学性能,同时托板可调心时,又能够满足不同锚杆安装角度的需要。

锚杆托板应有一定的面积,以利于锚杆预紧力的扩散。按托板底面面积大小分为小托板(面积不大于100 mm×100 mm)、中等托板(面积介于100 mm×100 mm和200 mm×200 mm之间)、大托板(面积不小于200 mm×200 mm),目前锚杆使用的托板多为中小面积的托板。

(5)减摩垫圈

为了减少螺母与托板之间的摩擦阻力和摩擦扭矩,最大限度地将锚杆安装扭矩转化为预紧力,提高支护系统的刚度,应在螺母与托板之间加减摩垫圈,而且减摩垫圈的材质起着关键作用。试验表明,不同减摩材料的摩擦系数相差悬殊,多的相差数十倍。聚四氟乙烯和改性1010尼龙垫片的压延性较差,一般预紧力矩达到200~300 N·m时即被螺母挤出并发生断裂,减摩效果降低。1010尼龙垫片的压延性好,在螺母拧紧的过程中被挤压成连续的薄片,最后形成碗状,始终起到减摩作用。减摩垫圈材质应根据需要选择减摩性能好的,设计合理的厚度与直径,保证在一定的安装扭矩下提供较大的预紧力。

5. 玻璃钢树脂锚杆

玻璃钢树脂锚杆是采用玻璃纤维作为增强材料,以聚酯树脂为基材,经专用拉挤机的牵引,通过预成型模具在高温高压下固化成为全螺纹玻璃纤维增强塑料杆体,加上树脂锚固剂、托盘和螺母组成的锚杆。玻璃钢树脂杆体具有可切割性,很适合于综采工作面临时支护使用,而且具有良好的防腐性能,可以部分取代钢锚杆,节约钢材。

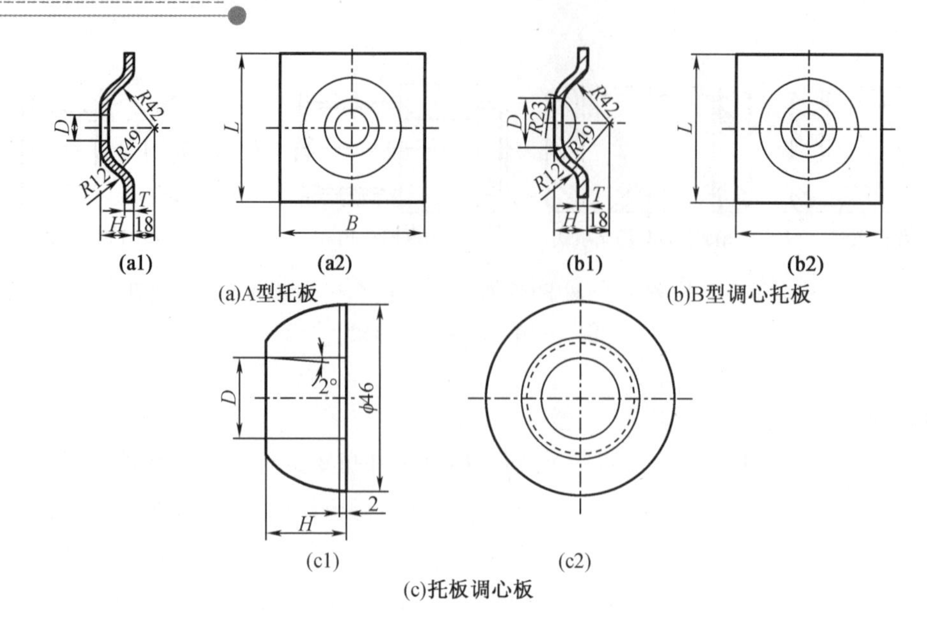

D—中心孔直径;H—托板高度;T—托板厚度;L—托板长度;B—托板宽度。

图4-15 拱形托板

玻璃钢树脂锚杆质量小,相对密度只有1.5~2.0,而抗拉强度可达到或超过普通钢材,质量仅是同规格钢锚杆的1/4左右。这种锚杆成本低,与金属锚杆相比,成本降低40%左右;由于具有良好的耐腐蚀性能,可在井下长期使用;玻璃钢锚杆可被切割,且不会产生火花,因此可替代现有煤帮金属锚杆、木锚杆、竹锚杆等进行煤帮支护。

玻璃钢树脂锚杆按杆体表面形状可分为麻花式、螺纹式和粗糙表面式三类(图4-16)。麻花式杆体端部有左旋麻花形结构,螺纹式杆体表面加工成一定形状的螺纹,粗糙表面式杆体表面加工成凹槽、凸起、布纹等各种粗糙外形。国内生产的玻璃钢树脂锚杆,多为螺纹式杆体,直径为16~24 mm,空心杆体外径为25~30 mm,长度一般为1.6~2.4 m。杆体可承受的扭矩小,井下施工时杆体很容易扭断,导致锚杆失效。由于不能施加较大的预紧力,明显影响锚杆支护效果。

近年来我国煤矿玻璃钢树脂锚杆生产技术有了很大发展,无论是生产工艺、杆体结构与力学性能,还是尾部结构都有明显改进与提高。目前的玻璃钢树脂锚杆适用于围岩比较稳定、变形量较小的巷道条件,但还不能满足受采动影响、高应力、大变形巷道的支护要求。

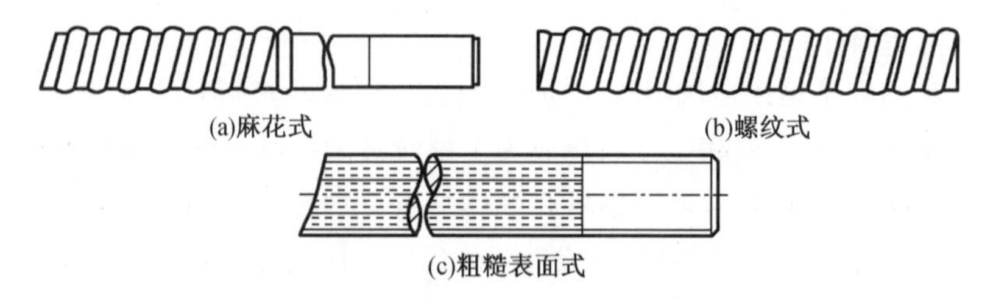

图4-16 玻璃钢锚杆杆体表面形状

6. 注浆锚杆

在不稳定围岩中,锚杆支护所能提高的围岩强度达不到围岩稳定所需的强度要求时,过分加大锚杆长度和密度,既不经济,也不实用。如果在锚杆支护基础上,向围岩中注入水泥或其他化学浆液,不仅能将松散岩体胶结成整体,而且还可以将端头锚固变成全长锚固,提高围岩强度及自撑力,于是出现了注浆锚杆。

对于不考虑初锚力,不需控压注浆的巷道施工、修复和加固,可采用普通内注式注浆锚杆。普通内注式注浆锚杆杆体由尾部带螺纹、头部有小孔的钢管制成,如图4－17所示。螺纹用于安装托板与螺母,小孔用于射浆。止浆可用止浆塞,也可用快硬水泥药卷、水玻璃胶泥等胶结材料。这种锚杆结构简单,成本低,但不能施加预紧力,注浆压力不能控制。

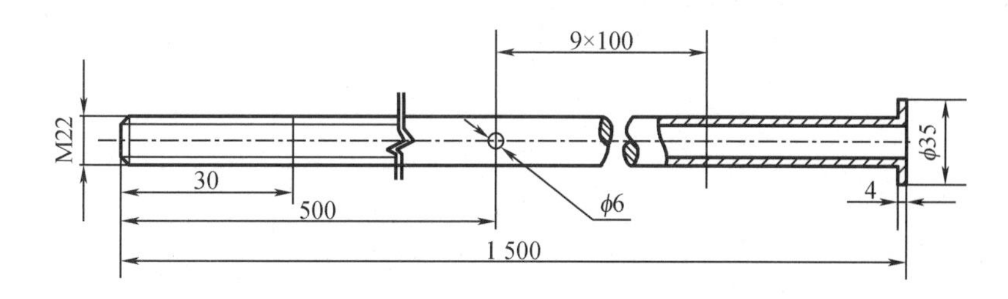

图4－17　普通内注式注浆锚杆结构图

内锚外注式注浆锚杆是在普通注浆锚杆的端部增加一个锚固结构(图4－18)。锚杆由锚固段、注浆段和封孔段和尾部螺纹段组成。锚固段可采用水泥药卷、树脂药卷进行端部锚固,也可采用倒楔式机械锚固,不仅可增大锚杆锚固力,也可施加预紧力。注浆段布有若干出浆孔,以便出浆;封孔采用橡胶圈(软木塞或快速凝结剂)配合喷射混凝土来实现。

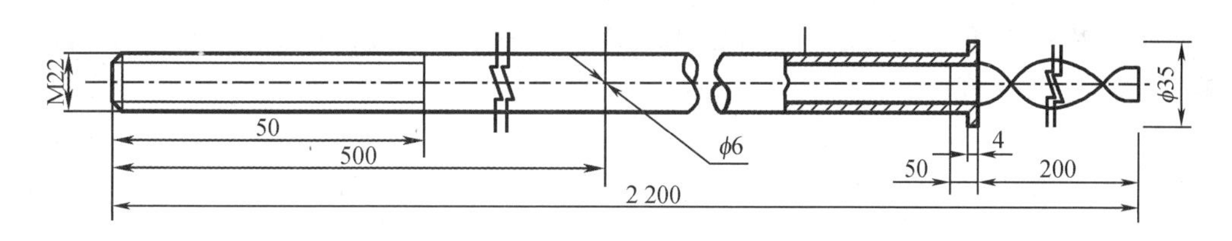

图4－18　内锚外注式注浆锚杆结构图

在支护初期,锚杆当作普通端部锚固锚杆使用。当巷道围岩变形量达到一定数值时,即在巷道周边形成一定范围的松动破裂区时,再对围岩实施注浆,既能使巷道围岩得到卸压,又使注浆变得容易,达到最佳的支护效果。同时,安装锚杆与注浆分为两个工序进行,互不干扰,不影响巷道掘进速度。

7. 钻锚注锚杆

钻锚注锚杆由中空螺纹杆体、一次性钻头、连接套管、托板和球形螺母等组成(图4－19),将钻孔、注浆和锚固功能集于一体。锚杆杆体全长有标准波形连接螺纹,便于安装钻头、连接套、紧固螺母,并能任意切割和连接加长。在施工的每个环节,都可方便、快速地将其他部件拧在杆体螺纹上。钻锚注锚杆主要技术参数见表4－13。

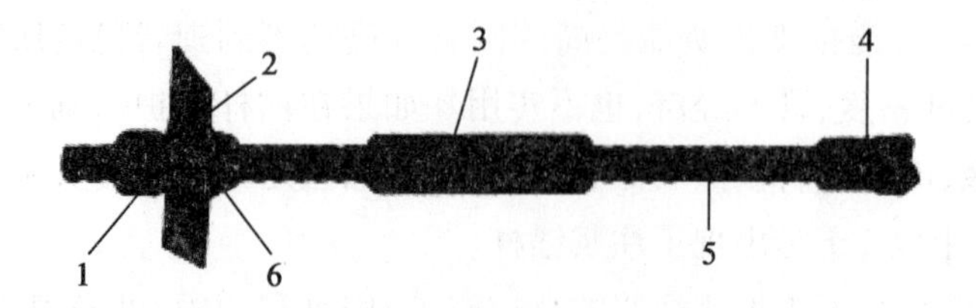

1—球形螺母;2—拱形垫板;3—连接套;4—锚头;5—有注浆孔的锚杆体;6—止浆塞。

图 4-19　钻锚注锚杆结构

表 4-13　钻锚注锚杆主要技术参数

项目	参数		
规格	ϕ25	ϕ28	ϕ32
外径/mm	25	28	32
壁厚/mm	5	5	5
抗拉力/kN	≥150～180	≥180～220	≥220～250
注浆孔径/mm	≥15	≥17	≥22
钻孔直径/mm	42	42	51
螺纹方向	左旋		
标准长度/m	2.0,2.5,3.0,3.5,4.0,4.5		

锚杆首先用作钻杆,杆体头部配一钻头,尾部用连接器与钻机连接;然后用作注浆管,钻机连接套由注浆连接套代替,与传统的注浆锚杆一样,实施全长或加长锚固。由于每根锚杆都需要消耗一个钻头,所以锚杆成本较高,主要适用于围岩破碎、钻孔极易塌孔的情况。

4.2.2　锚杆支护作用原理

锚杆支护系统由锚杆杆体、托板和螺母、锚固剂、钢带及金属网等构件组成,锚杆的支护作用是由这些构件共同完成的。

传统的锚杆支护原理有悬吊理论、组合梁理论、加固拱理论,后来又发展了最大水平应力理论。这些理论都是以一定的假说为基础的,各自从不同的角度、不同的围岩条件阐述锚杆支护的作用机理,而且力学模型简单,计算方法简明易懂,因此得到广泛应用,在生产实践中起到了积极作用。但是,这些理论都存在一定的片面性和局限性,不具有普遍适用性。

1. 悬吊理论

悬吊理论认为锚杆支护的作用是将巷道顶板较软弱的不稳定岩层悬吊在上部坚硬稳定岩层上,以增强较软弱岩层的稳定性[图 4-20(a)]。而在比较软弱的围岩中,巷道开掘后应力重新分布,出现松动破碎区,在其上部形成自然平衡拱,锚杆支护的作用是将下部松动破碎的岩层悬吊在自然平衡拱上[图4－20(b)]。

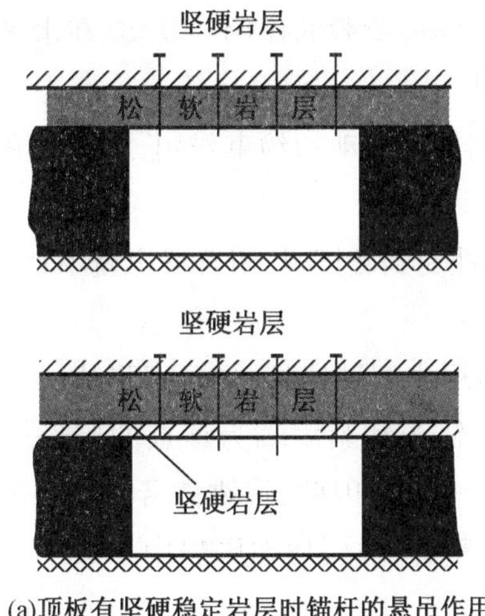

(a)顶板有坚硬稳定岩层时锚杆的悬吊作用

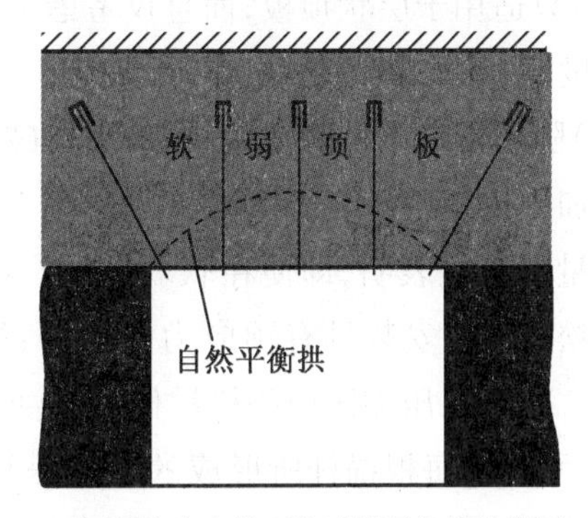

(b)围岩中有自然平衡时锚杆的悬吊作用

图4－20 锚杆的悬吊作用

悬吊理论不考虑围岩的自承能力,而且将锚固体与围岩体分开,这与实际情况存在一定的差距。如果顶板中没有坚硬稳定岩层或顶板软弱岩层较厚,围岩破碎区范围较大,无法将锚杆锚固到上面坚硬岩层或自然平衡拱上时,悬吊理论就无法解释在这种条件下锚杆支护仍然有效的原因。另外,悬吊理论仅考虑了锚杆的被动抗拉作用,没有涉及其抗剪能力及对破碎岩层整体强度的改变,因此理论计算的锚杆荷载与实际出入比较大。

2. 组合梁理论

组合梁理论适用于层状岩层,很好地解释了层状岩体锚杆的支护作用。组合梁理论认为锚杆的作用体现在两方面:一方面体现在所提供的轴向力对岩层离层产生约束,并且增大了各岩层间的摩擦力,与锚杆杆体提供的抗剪力一同阻止岩层间产生相对滑动;另一方面增加了岩层间的抗剪刚度,阻止岩层间的水平错动,从而将作用范围内的几个岩层锚固成一个较厚的组合岩梁。这种组合岩梁在上覆岩层荷载的作用下,其最大弯曲应变和应力大大减小,挠度也显著减小,且组合梁越厚,梁内的最大应力、应变和梁的挠度也就越小,如图4－21 所示。

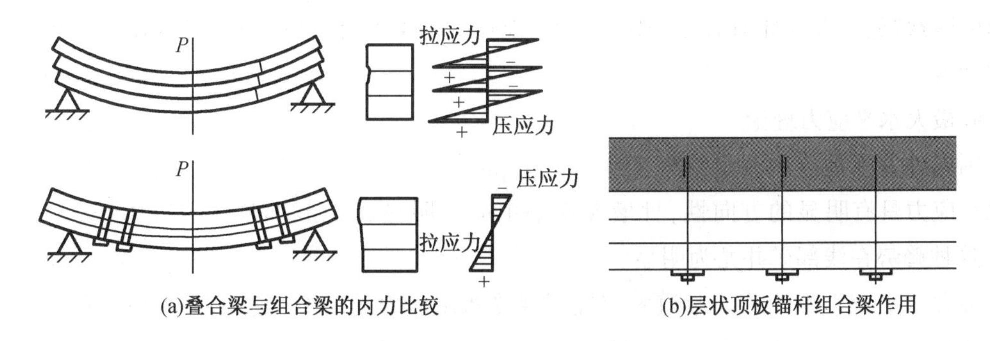

(a)叠合梁与组合梁的内力比较

(b)层状顶板锚杆组合梁作用

图4－21 锚杆组合梁作用示意图

组合梁理论充分考虑了锚杆对岩层间离层及滑动的约束作用，但是存在以下明显缺陷：

(1)没有考虑水平应力对组合梁强度、稳定性及锚杆荷载的作用。其实，在水平应力较大的巷道中，水平应力是顶板破坏、失稳的主要原因。

(2)只适用于层状顶板，而且仅考虑了锚杆对离层及滑动的约束作用，没有涉及锚杆对岩体强度、变形模量及应力分布的影响。

(3)随着围岩条件的变化，在顶板较破碎、连续性受到破坏时，组合梁也就不存在了。

3. 加固拱理论

大量的试验表明，即使在软弱、松散、破碎的岩层中安装锚杆，也可以形成一个承载结构。在松散体中安装具有预应力的锚杆，能形成以锚头和紧固端为顶点的锥形体压缩区[图4－22(a)]，压缩区内的松散体由于受压而保持稳定。因此，将锚杆沿巷道周边按一定的间排距布置，每根锚杆所形成的锥形压缩区彼此重叠连接，便在围岩中形成一个均匀的连续压缩带[图4－22(b)]。压缩带内的岩体受径向和切向约束，处于三向应力状态，承载能力得到提高，因此不仅能保持自身稳定，而且能承受地压，阻止围岩松动和变形，这便是加固拱理论。

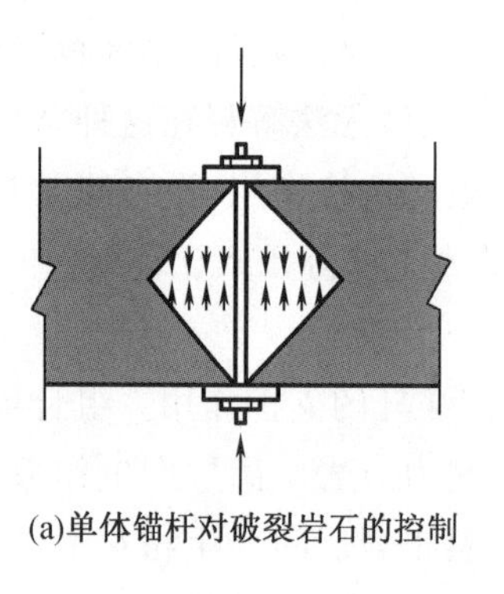
(a)单体锚杆对破裂岩石的控制

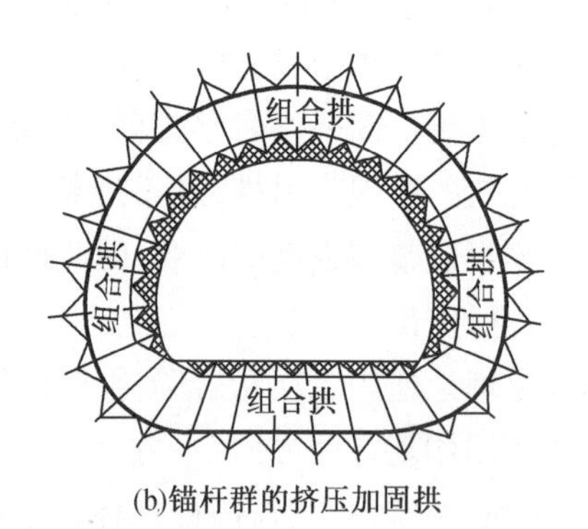

(b)锚杆群的挤压加固拱

图4－22 锚杆的挤压加固拱

加固拱理论在一定程度上揭示了锚杆支护的作用机理，在软岩巷道中得到较为广泛应用。但在分析过程中加固拱理论没有考虑围岩与支护的相互作用，仅是将各锚杆的支护作用简单相加，缺乏对锚固岩体力学特性及影响因素的深入研究；另一方面，加固拱厚度涉及的影响因素很多，很难准确估计，因此一般不能作为定量设计，但可作为锚杆设计和施工的重要参考。

4. 最大水平应力理论

国内外井下地应力测量结果表明，岩层中的水平应力在很多情况下大于垂直应力，而且水平应力具有明显的方向性，且最大水平主应力明显高于最小水平主应力(1.5～2.5倍)，这种趋势在浅部矿井尤为明显。

最大水平应力理论认为巷道稳定性主要受水平应力的影响，且具有三个特点：①若巷道轴线与最大水平主应力平行，巷道受水平应力影响最小，有利于顶底板稳定；②若两者呈一定夹角,巷道一侧会出现水平应力集中,顶底板的变形与破坏会偏向巷道的某一侧;③若巷道轴线与最大水平主应力垂直,巷道受水平应力影响最大,稳定性最差。如图4-23所示。

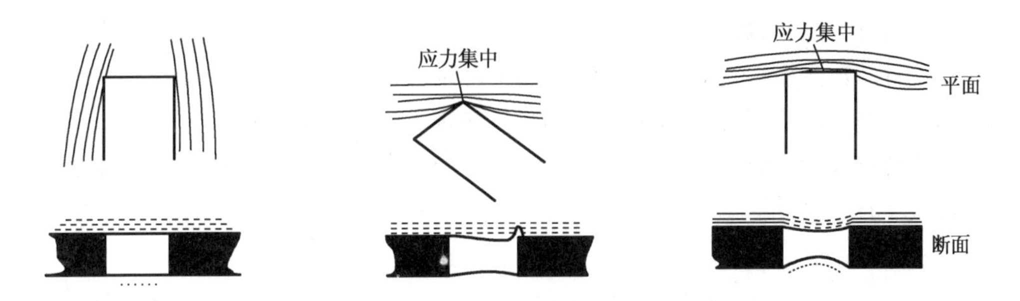

(a)巷道平行于最大水平主应力(最佳方向) (b)巷道与最大水平主应力呈45°角 (c)巷道与最大水平主应力垂直(最劣方向)

图4-23 最大水平应力对巷道稳定性的影响

由于最大水平应力基本沿层理方向,岩层容易出现水平错动和离层,以及沿轴向的岩层膨胀(巷道两帮收缩),于是锚杆起到约束离层和抑制岩层膨胀的作用。因此,要求锚杆必须具备高强度、高刚度和高抗剪能力,才能起约束围岩变形的作用。这也正是澳大利亚锚杆支护技术特别强调高强度、全长锚固的原因。在设计方法上,借助计算机进行数值模拟优化设计,在使用中强调监测的重要性,并根据监测结果修改完善初始设计。

近年来,随着锚杆支护技术快速发展,锚杆支护理论研究不断深入。人们逐渐认识到预紧力在锚杆支护中的决定性作用,锚杆对围岩强度的强化作用,锚杆对围岩结构面离层、滑动、节理裂隙张开等扩容变形的约束作用,以及保持围岩完整性的重要性。这些认识提高了锚杆支护效果,为煤巷、软岩巷道等复杂困难条件下锚杆支护提供了有效的理论指导。

4.2.3 锚杆支护参数的确定

由于煤矿井下环境条件的复杂性及各种支护理论的局限性,在进行支护设计时,有可能造成两个极端:一是支护强度太高,不仅成本高,而且影响掘进效率;二是支护强度不够,不能有效控制围岩变形,影响正常生产或出现安全事故。因此锚杆支护参数设计是巷道设计中的一项关键内容,对充分发挥锚杆支护的优越性和保证巷道安全具有十分重要的意义。

1. 锚杆支护设计方法

目前,国内外锚杆支护设计方法主要有三大类:工程类比法、理论计算法和数值模拟法。工程类比法包括根据已有的巷道工程通过类比提出新建工程的支护设计,通过围岩稳定性分类提出支护设计,采用简单的经验公式确定支护设计。

理论计算法基于某种锚杆支护理论,如悬吊理论、组合梁理论及加固拱理论,计算得出锚杆支护参数。由于各种支护理论都存在一定局限性和适用条件,而且很难比较准确、可靠地确定计算所需的一些参数,因此依据理论计算所得设计结果很多情况下只能作为参考。

与其他设计方法相比,数值模拟法具有很多优点,如可模拟复杂围岩条件、边界条件和各种断面形状巷道的应力场与位移场；可快速进行多方案比较与优化，分析各因素对巷道支护效果的影响。尽管数值模拟法还存在很多问题，如很难合理地确定计算所需的一些参数，模型很难全面反映井下巷道状况，导致计算结果与巷道实际情况相差较大，但是，数值模拟法作为一种有前途的设计方法，经过不断改进和发展，其计算结果会逐步接近于实际。

2. 理论计算法参数设计

理论计算法是根据巷道围岩条件，选择某种锚杆支护理论，如悬吊理论、加固拱理论及其他力学分析方法，在测得支护理论所需岩体物理力学参数的前提下，建立力学模型，通过计算确定锚杆支护参数。这种设计方法不仅与工程类比法相辅相成，而且为研究锚杆支护机理提供了理论工具。

(1)按悬吊理论计算锚杆参数

悬吊理论认为锚杆的作用是将下部不稳定的岩层悬吊在上部稳定的岩层中，阻止软弱破碎岩层垮落。悬吊理论只考虑锚杆的被动抗拉作用，根据不稳定岩层厚度计算锚杆长度，根据锚杆悬吊的不稳定岩层重量计算的锚杆直径和间排距。

①锚杆长度

如图 4－24(a)所示，锚杆长度用式(4－1)计算：

$$L = L_1 + L_2 + L_3 \tag{4-1}$$

式中 L——锚杆设计长度，m；

L_1——锚杆锚固在稳定岩层的长度，端部锚固一般取 0.5～0.8 m；

L_2——锚杆有效长度，不小于不稳定岩层的厚度，m；

L_3——锚杆外露长度，取决于锚杆类型与锚固方式，一般取 0.1 m。

对于不稳定岩层的厚度，可根据地质资料、实测的围岩松动圈或经验估计，例如当围岩的普氏系数 $f \geqslant 3$ 时，L_2 可按式(4－2)计算：

$$L_2 = \frac{B}{2f} \tag{4-2}$$

式中，B 为巷道跨度，m。

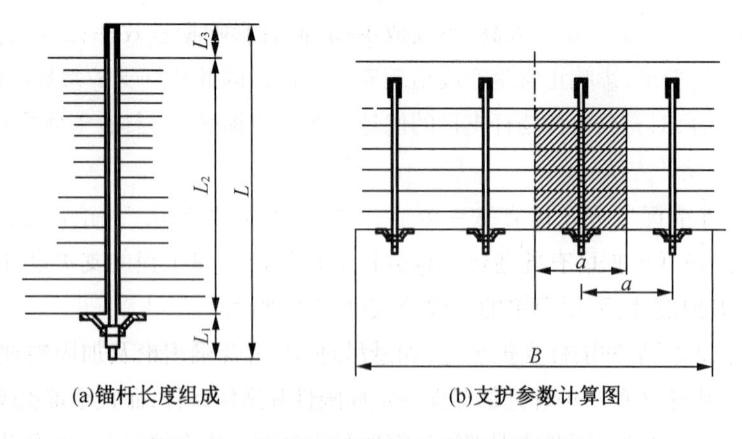

(a)锚杆长度组成　　(b)支护参数计算图

图 4－24　悬吊理论锚杆支护参数计算示意图

②锚固力与直径

锚杆锚固力应不小于被悬吊的不稳定岩层的所受的重力，按式(4－3)计算：

$$Q = KL_2 a_1 a_2 \gamma \tag{4-3}$$

式中 Q——锚杆设计锚固力，kN；

K——安全系数，一般取 1.5～2.0；

a_1、a_2——锚杆间距、排距，m；

γ——不稳定岩层平均密度，kN/m^3。

如果锚杆锚固力与杆体的破断力相等，则锚杆直径可由式(4－4)得出：

$$d = \sqrt{\frac{4Q}{\pi \sigma_t}} \tag{4-4}$$

式中 d——锚杆直径，m；

σ_t——锚杆杆体的抗拉强度，MPa。

③锚杆间排距

如图 4－24(b)所示，当锚杆间排距相等时，即 $a = a_1 = a_2$，则间排距为

$$a = \sqrt{\frac{Q}{K\gamma L_2}} \tag{4-5}$$

(2)按加固拱理论计算锚杆参数

加固拱理论不要求锚杆伸入到稳定岩层中。这样，锚杆长度和间距之间必须满足某种关系，才能形成一定厚度的挤压加固拱，以支承地压。按照挤压加固拱理论，加固拱厚度与锚杆长度和间距之间的关系(图 4－25)可按式(4－6)确定：

$$L = \frac{b\tan \alpha + a}{\tan \alpha} \tag{4-6}$$

式中 b——加固拱厚度，m；

α——锚杆在围岩中的控制角，(°)；

a——锚杆的间距，m。

如果锚杆的控制角 α 按 45°计，则

$$b = L - a \tag{4-7}$$

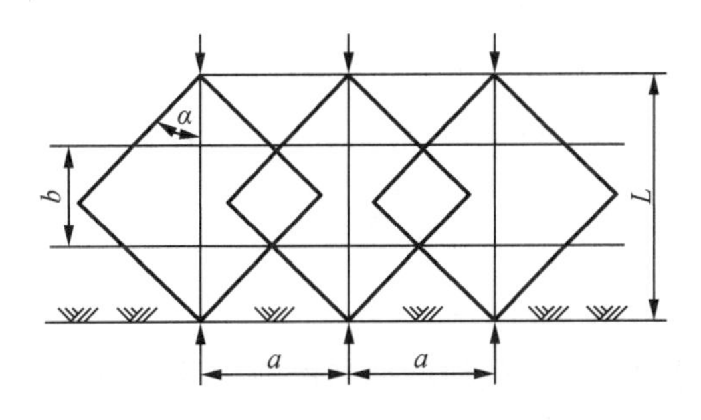

图 4－25 锚杆支护加固拱力学模型

一般情况下，锚杆的长度应大于 2 倍的锚杆间距。根据式(4－7)，如果按常用锚杆长度 L 为 2 000～2 400 mm 和间距 a 为 700～900 mm 计算，则加固拱厚度将为 1 300～1 500 mm，

相当于数层混凝土碹的厚度。

理论计算法作为一种比较简单方便的锚杆支护设计方法，虽然得到一定程度的应用，但是由于围岩地质条件复杂多变，各种理论对锚杆支护作用的认识都有片面性和局限性，有些设计理论的力学参数难以确定和选取，很大程度上影响了计算结果的可信度。因此，理论计算法的计算结果大多仅能作为参考。

(3)锚杆预紧力设计

预紧力是锚杆支护中的关键参数，对支护效果起着决定性作用。但是长期以来，由于很多矿区没有认识到预紧力的重要性，而且锚杆施工机具不能提供较大的预紧力，导致我国煤矿锚杆预紧力普遍偏低。一般预紧力矩为 100 ~ 150 N · m，相应的预紧力为 15 ~ 20 kN，有的甚至为零，严重影响了锚杆支护作用的发挥。

①锚杆预紧力值的选择

锚杆预紧力设计的原则是控制围岩不出现明显的离层、滑动与拉应力区。实践证明，如果选择合理的预紧力值，就能够实现对离层与滑动的有效控制。根据国外的经验，以及我国部分矿区的试验数据，结合我国煤矿巷道条件与施工机具，一般可选择锚杆预紧力为杆体屈服荷载的 30% ~ 50%。表 4 - 14 列出了不同材质与规格的锚杆预紧力取值（取杆体屈服荷载的 50%）。可见，锚杆直径越大，杆体材质强度越高，要求的预紧力值越高。

表 4 - 14　不同材质与规格的锚杆预紧力取值

钢材牌号	屈服强度/MPa	预紧力值/kN				
		$\phi16$	$\phi18$	$\phi20$	$\phi22$	$\phi25$
Q235	240	24.1	30.5	37.7	45.6	58.9
BHRB335	335	33.7	42.6	52.6	63.7	82.2
BHRB400	400	40.2	50.9	62.8	76.0	98.2
BHRB500	500	50.3	63.6	78.5	95.0	122.7
BHRB600	600	60.3	76.3	94.2	114.0	147.3

②锚杆预紧力的影响因素

目前，我国煤矿锚杆预紧力主要是通过拧紧锚杆尾部螺母，压紧托板实现的。锚杆预紧力与螺母预紧力矩、螺纹规格及摩擦因数等诸多因素有关，可简化如下：

$$P_0 = kM \tag{4-8}$$

式中 P_0——锚杆预紧力，kN。

M——螺母预紧力矩，N · m；

k——系数，与螺母和锚杆螺纹段间的摩擦因数、螺母和垫圈端面间摩擦因数，以及锚杆杆体直径等因素有关。

可见，锚杆预紧力与螺母预紧力矩成正比，同时取决于系数 k。影响 k 值大小的关键因素：一是螺母与锚杆螺纹段间的摩擦因数，该因数越大，k 值越小；二是螺母、垫圈端面间的摩擦因数，该因数越小，k 值越大；三是锚杆直径，锚杆直径越大，k 值越小。

(4)提高锚杆预紧力的措施

螺母预紧力矩是由锚杆安装机具的输出扭矩决定的,是影响锚杆预紧力的关键因素。国内普遍采用单体锚杆钻机钻装锚杆,这种锚杆钻机输出扭矩一般为100~150 N·m,顶推力在10 kN左右,无法实现锚杆的高预紧力。大幅度提高锚杆预紧力矩的措施:其一是采用专门的高扭矩螺母拧紧设备(如气动扳机),但是之给锚杆安装增加了一道工序;其二是在适宜的条件下,引进、开发锚杆台车和掘锚联合机组,保证锚杆快速、高质量安装。

提高锚杆预紧力与螺母预紧力矩转换系数的措施:一是降低螺母与锚杆螺纹段间的摩擦因数,包括提高螺纹加工精度等级,采用油脂对螺纹部进行润滑,减少摩擦阻力和摩擦扭矩等;二是减小螺母、垫圈端面间的摩擦因数,采用高效减摩垫片,减少螺母、垫圈和托盘之间的摩擦阻力和摩擦扭矩。合适的减摩垫片可实现高效减摩,显著提高锚杆预紧力。

(5)其他锚固参数设计

由于左旋无纵筋螺纹钢树脂锚固锚杆得到最为广泛的应用,除锚杆长度、间距、排距及杆体直径外,锚固参数的设计也非常重要,包括锚固剂的型号、规格、尺寸与锚固长度等。

①锚固剂与钻孔直径

锚固剂直径应与钻孔直径和锚杆直径相匹配。为了使锚固剂能够顺利安装到钻孔中,同时锚杆杆体又能充分搅拌锚固剂,比较合理的锚固剂直径是比钻孔直径小3~5 mm。我国煤矿锚杆钻孔直径有28 mm、33 mm、43 mm等几种,以28 mm最为普遍。锚固剂直径选择,如:28 mm直径钻孔,采用23 mm直径锚固剂;33 mm直径钻孔,采用28 mm直径锚固剂。

不同钻孔直径与锚杆直径的锚固参数见表4-15。可见,孔径差越大,锚固剂环形厚度越大,锚固长度越小。

表4-15 不同钻孔直径与锚杆直径的锚固参数

参数	钻孔直径(锚固剂直径)/mm								
	28(23)				33(28)				
锚杆直径/mm	16	18	20	22	16	18	20	22	25
锚固剂环形厚度/mm	6	5	4	3	8.5	7.5	6.5	5.5	4.0
锚固剂长度1.0 m时的锚固长度/mm	1.00	1.15	1.38	1.76	0.94	1.02	1.14	1.30	1.69

②锚固长度

锚杆锚固长度分为端部锚固、全长锚固和加长锚固。端部锚固是指锚固长度不大于500 mm或不大于钻孔长度的1/3,全长锚固是指锚固长度不小于钻孔长度的90%,加长锚固的长度介于端部锚固和全长锚固之间 。

对于端部锚固锚杆,锚杆的拉力分布除锚固端外,沿长度方向是均匀分布的。在锚固范围内,任何部位岩层的离层都均匀地分散到整个杆体的长度上,导致杆体受力对围岩变形和离层不敏感。由于锚杆与钻孔间有较大空隙,所以锚杆抗剪能力只有在岩层发生较大错动后才能发挥出来。为了提高端部锚固锚杆的刚度,应施加较大的预紧力。总之,端部锚固成本相对较低,易于安装,施工速度快,适用于围岩比较完整、稳定,压力小的巷道。

对于全长锚固锚杆,锚固剂将锚杆杆体与钻孔孔壁黏结在一起,使锚杆随着岩层移动承受拉力。当岩层发生错动时,全长锚固锚杆与杆体共同起抗剪作用,阻止岩层发生滑动。全长锚固锚杆应力、应变沿锚杆长度方向分布极不均匀,离层和滑动大的部位锚杆受力很大,杆体受力对围岩变形和离层很敏感,能及时抑制围岩离层与滑动。全长锚固成本较高,安装速度相对较慢,比较适合围岩破碎、结构面发育、压力大的巷道。

4.3 喷射混凝土支护

喷射混凝土支护目前已被广泛地应用于铁路、公路、水利、建筑、煤炭等工程中。与传统的浇筑混凝土不同,喷射混凝土支护是以压缩空气为动力,用喷射机将混凝土拌和料通过输送管和喷嘴,以很高的速度喷射出去,覆盖到需要维护的岩土面上,硬化后形成混凝土结构的支护方式。喷射混凝土支护不需要立模,也不需要振捣,而是依靠冲击挤压达到密实的效果。

4.3.1 喷射混凝土支护的作用原理

喷射混凝土支护的作用主要表现在以下四个方面。

1. 防止围岩风化作用

混凝土在高速喷射过程中,水泥颗粒受到重复碰撞冲击,混凝土喷层受到连续冲实压密,而且喷射工艺又允许采用较小的水灰比,因此喷射混凝土层具有致密的组织结构和良好的物理力学性能,能够防止因水和风化作用造成围岩的破坏与剥落。

2. 改善围岩应力状态作用

喷射混凝土一方面可将围岩表面凹凸不平处填平,消除因岩面不平引起的应力集中现象;另一方面可使围岩由双向受力状态转化为三向受力状态,提高围岩的强度。

3. 柔性支护结构作用

喷射混凝土的黏结力大,能同岩石紧密黏结,是形成喷射混凝土独特支护作用的重要因素。一方面,喷射混凝土能与围岩紧密地黏结在一起,同时喷层较薄,具有一定的柔性,可以与围岩共同变形,使围岩应力得以释放;另一方面,喷层在与围岩共同变形中受到压缩,对围岩产生愈来愈大的支护反力,能够抑制围岩产生过大的变形,防止围岩发生松动破碎。

4. 防止危岩、活石的滑移或坠落

开巷后对暴露围岩喷射一层混凝土,使喷层与岩石的黏结力和抗剪强度足以抵抗围岩的局部破坏,防止个别危岩活、石的滑移或坠落,从而使岩块间的联锁咬合作用得以保持,不仅能使围岩自身的稳定得以保持,并且可与喷层构成共同承载的整体结构。

喷射混凝土可以单独使用,在岩、土层面或结构面上形成护壁结构,成为喷射混凝土支护。喷射混凝土与锚杆联合作用时,主要是用于避免锚头部位锚杆间岩土体的松脱和风化,可以起到加强锚杆等锚固构件的作用。

4.3.2 喷射混凝土材料

喷射混凝土要求凝结硬化快、早期强度高，故应优先选用硅酸盐水泥或普通硅酸盐水泥。采用矿渣水泥和火山灰质水泥时要慎重，这两种水泥一般在喷射工作面无水或岩体较稳定时采用。不得使用受潮或过期结块的水泥，水泥的强度等级不得低于42.5 MPa。

为了保证混凝土强度，防止混凝土硬化后的收缩和减少喷射粉尘，喷射混凝土中的细骨料应采用坚硬干净的中砂或粗砂，砂子的细度模数宜大于2.5。含水率宜控制在5%～7%，含泥量不得大于3%。为了减少回弹和防止管路堵塞，喷射混凝土的粗骨料粒径一般不大于15 mm。

水灰比以0.4～0.5最佳，在此范围内，喷射混凝土的强度高而回弹少。一般要求喷射混凝土初凝不大于5 min，终凝不大于10 min，8 h后的抗压强度不小于5 MPa。因此速凝剂的掺加比例根据品种不同而异，正常用量占水泥用量的2%～4%，有时要求快速凝固则高达7%。在确定速凝剂用量的时候必须谨慎，因为速凝剂虽然能提高混凝土的早期强度，但或多或少都要降低混凝土的后期强度。

硅粉是从冶炼硅金属的高炉烟道中收集到的粒径极细的粉尘，主要成分为玻璃态二氧化硅。硅粉具有高比表面积及高活性，掺入混凝土中对提高混凝土早期强度、耐久性、密实度和拌和物黏稠度，减少喷射回弹，提高抗弯强度和黏结强度效果显著。一般情况下，硅粉的掺入量为水泥质量的10%以内，同时需要考虑技术经济指标。

在湿喷的钢纤维喷射混凝土中，钢纤维均匀分布于混凝土基体中形成一种具有良好弹性、坚韧性和抗冲击性的材料，特别是可提高喷层的抗拉强度与变形能力，变脆性材料为塑性材料，从而减少了由于喷射混凝土脆性可能引起的破坏。喷射混凝土中钢纤维的掺入量一般为40～70 kg/m^3。钢纤维按形状分为弯钩形和波纹形，如图4－26所示。钢纤维喷射混凝土主要用于特殊地点，如冒落区、破碎带、极软岩、揭煤区域等需要高强度支护的地点。

4.3.3 喷射混凝土主要性能指标

1. 喷射混凝土强度

喷射混凝土的设计强度等级不应低于C15，对于立井及重要隧洞和斜井工程，喷射混凝土的设计强度等级不应低于C20，喷射混凝土1 d龄期的抗压强度不应低于5 MPa。钢纤维喷射混凝土的设计强度等级不应低于C20，其抗拉强度不应低于2 MPa，抗弯强度不应低于6 MPa。

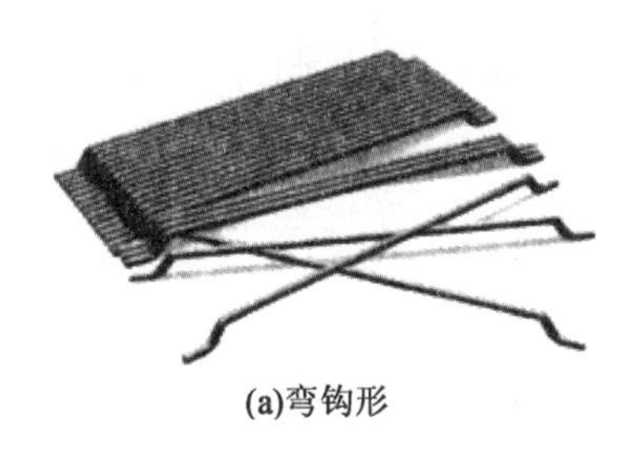

(a)弯钩形

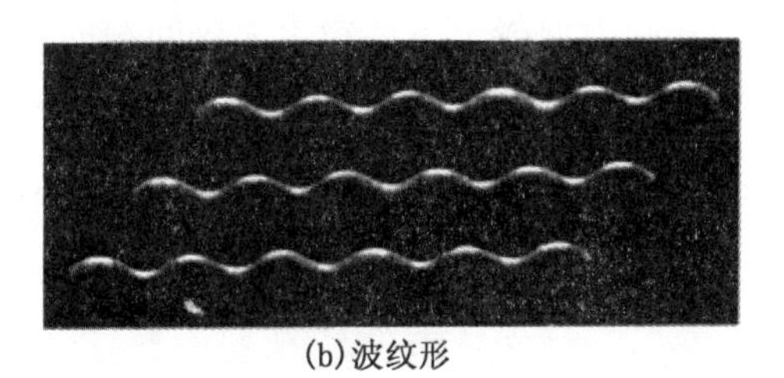

(b)波纹形

图4－26 钢纤维的类型

2. 喷射混凝土厚度

喷射混凝土的收缩较大，若其喷层厚度小于 50 mm，喷层中粗骨料的含量甚少，容易引起收缩开裂。同时，喷层过薄也不足以抵抗岩块的移动，常出现局部开裂或剥落。因此，喷射混凝土支护的最小厚度不应小于 50 mm。

根据喷射混凝土支护原理，要求喷层具有一定的柔性，规定喷射混凝土厚度一般不应超过 200 mm。特别在软弱围岩中做初期支护，喷层过厚，会产生过大的形变压力，易导致喷层出现破坏。当喷层厚度不能满足支护要求时，可用锚杆或配钢筋网加强。

4.3.4 喷射混凝土施工

1. 喷射混凝土工艺

从混合料及施工工艺上可将喷射混凝土工艺分为干式喷射法和湿式喷射法两种。

干式喷射工艺：先将砂、石过筛，按配合比和水泥一同送入搅拌机内搅拌，然后用矿车将拌和料运送到工作面，经上料机装入以压缩空气为动力的喷射机，同时加入规定量的速凝剂，再经输料管吹送到喷头处与水混合后喷敷到岩面上，如图 4－27 所示。

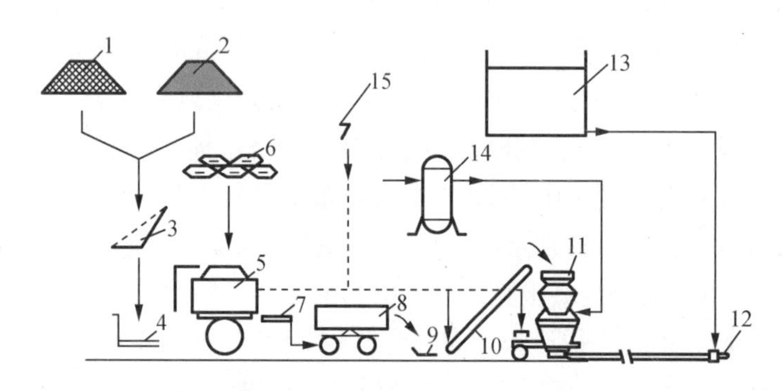

1—石子；2—砂子；3—筛子；4—磅秤；5—搅拌机；6—水泥；7—筛子；8—运料小车；9—料盘；10—上料机；11—喷射机；12—喷嘴；13—水箱；14—气包；15—电源。

图 4－27 干式喷射混凝土的工艺流程图

干式喷射混凝土工艺，喷射作业时产生的粉尘大，水灰比不易控制，混合料与水的拌和时间短，使混凝土的均质性和强度受到影响，而且回弹量很大。为了解决这些问题，可采用湿式混喷射工艺凝土，即将混凝土混合料与水充分拌和后再由喷射机进行喷射，其工艺流程如图 4－28 所示。

解决干式喷射混凝土工艺粉尘大等问题的另一现实途径，是研制与使用潮喷机，即装入喷射机的是潮湿的混合料，在喷头处再加入适量水后喷向岩面。使用含水率小于 7%（水灰比≤0.35）的混合料，料腔不黏结，不需清理，其受料和出料系统能连续畅通，始终保证正常工作。

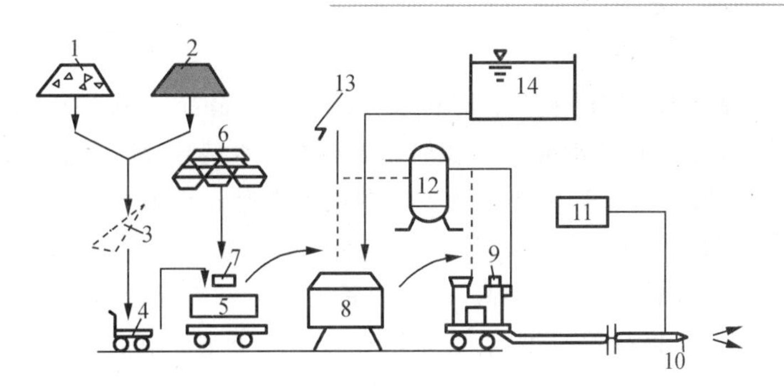

1—石子;2—砂子;3—筛子;4—磅秤;5—运料小车; 6—水泥;7—筛子;8—搅拌机;

9—喷嘴;10—湿喷机; 11—液体速凝剂;12—气包;13—电源;14—水箱。

图4-28 湿式喷射混凝土的工艺流程图

2. 喷射机具

(1)混凝土喷射机

喷射混凝土支护技术的发展,在一定程度上有赖于混凝土喷射机的发展。目前在喷射混凝土作业中,因为转子式混凝土喷射机结构简单、工作性能可靠、外形和质量小、维修和操作方便,现场应用最多。目前国内常用的转子式混凝土喷射机性能参数见表4-16。

表4-16 常用转子式混凝土喷射机性能参数

参数	型号					
	HPC6	HPC-V	PC6T	PZ-5	ZP-Ⅶ	ZP-Ⅷ
生产能力/($m^3 \cdot h^{-1}$)	6	4~5	6	5~5.5	5~6	5
适合水灰比	≤0.35	≤0.35	≤0.35	≤0.4	潮料	潮料
骨料最大粒径/mm	19	25	20	20	20	19
输料管直径/mm	50	50	50	50	50	
工作风压/MPa	0.2~0.4	0.2~0.4	0.15~0.4	0.2~0.4	0.12~0.4	0.12~0.4
耗风量/($m^3 \cdot min^{-1}$)	6~8	5~8	7~8	7~8	5~8	5~8
输送距离/m	120	200	200	200	120	
电动机功率/kW	5.5	5.5	5.5	5.5	5.5	4.0
外形尺寸(宽×高)/mm	1 300×740	1 400×740	1 170×740	1 520×820	1 225×770	1 200×640
质量/kg	700	≤750	700	700	820	420
出料方式	上出料	上出料	下出料	下出料	下出料	下出料

湿式混凝土喷射机的主要优点包括:降低了机旁和喷嘴外的粉尘浓度,减小对工人健康的危害;生产率高,干式混凝土喷射机喷射速率一般不超过53 m^3/h,而使用湿式混凝土喷射机人工作业时可达103 m^3/h,采用喷射机械手作业时则可达203 m^3/h;回弹度低,干式喷射混凝土工艺混凝土回弹度可达20%~50%,湿式喷射混凝土工艺回弹率可降低到10%以下;由于湿式喷射混凝土工艺水灰比易于控制,可大大改善喷射混凝土的品质,提高混凝

土的匀质性。

我国煤矿喷射混凝土支护仍采用干式或潮喷工艺。干式混凝土喷射机的主要优点是输送距离长、设备简单、耐用,但由于混凝土拌和料在喷嘴处与水混合,故而施工粉尘、回弹量均较大。干式作业产生的粉尘危害工人健康,尤其是巷道工程施工中,粉尘污染更为严重。

湿喷法在我国煤矿仍处试验阶段,还未达到推广应用水平。主要原因是湿喷机体积庞大,难以适应井下狭小作业空间,上料高度大,设备的综合性能指标也难以满足井下的施工要求;可供选型的混凝土搅拌机机型较大,难以在煤矿井下现场制备混凝土,并且现场制备好的混凝土一般均需要二次上料;工艺复杂,辅助时间长,对集料要求高,我国生产的液体速凝剂、外加剂性能较差,其成本高出粉状速凝剂 3 ~ 4 倍,影响了湿式喷射机的推广和应用。

(2)混凝土喷射机的配套机械

人工配料、人工搅拌、人工喂料给喷射机,不仅劳动强度大、粉尘大,且配料、搅拌质量难以保证。为此,我国研制了 HPLG－5 型转子式喷射机供料装置(图 4－29),它可与国内各种型号的转子式混凝土喷射机配套使用,用于配料、搅拌和向喷射机供料。

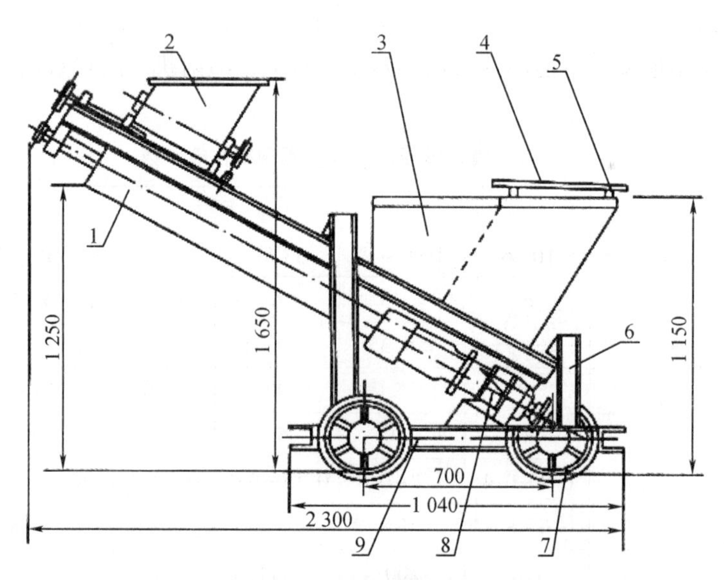

1—上料螺旋;2—速凝剂添加器;3—料仓;4—振动筛;5—风动振动器; 6—支承架;7—轮轴;8—减速器;9—车架。

图 4－29　HPLG－5 型转子式喷射机供料装置结构图

隧道工程已经使用了喷混凝土机械手,其由喷头、大臂及回转或翻转机构、大臂的起落机械等组成,具有能使喷嘴前后俯仰、左右摆动或画圈,臂杆可伸缩、升降和旋转等功能,以满足喷射混凝土的施工要求,可代替人工喷射混凝土。但由于煤矿井下巷道断面较小,一般多由人工手持喷头进行喷射。这种喷射方式劳动强度大、工作条件恶劣,喷射质量也难以保证,因此人们研制了煤矿适用的喷射机械手。图 4－30 所示为矿用 MK－Ⅱ型喷射混凝土机械手。

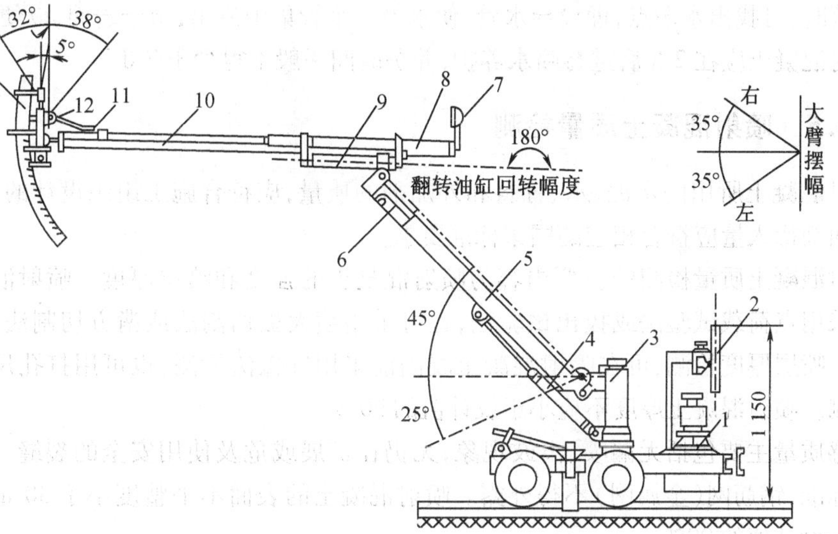

1—液压油缸;2—风水系统;3—转柱;4—支柱油缸;5—大臂;6—拉杆;7—照明灯;
8—伸缩油缸;9—翻转油缸;10—导向支撑杆;11—摆角油缸;12—回转器;13—喷头。

图4-30 MK-Ⅱ型喷射混凝土机械手

3. 喷射操作

喷射开始前,先用高压风、水清洗掉岩面上的爆破粉尘和岩体节理中的断层泥,以保证混凝土与岩面牢固黏结。喷射前应埋设控制喷厚的标志,并调节好给料速度。

(1)最佳喷射距离与喷射角度

最佳喷射距离受很多因素影响,包括骨料粒径、颗粒级配、喷射面处理及喷射面性质等。一般情况下,喷射距离应控制在0.8~1.2 m。喷射方向应与喷射面垂直,若受喷面被钢架、钢筋网覆盖时,可将喷嘴稍加倾斜,但不宜小于70°。

(2)正确的喷射顺序

喷射作业时,应使喷头做螺旋运动,自下而上喷射,以保证喷射面上的混凝土均匀覆盖,减少由于粉尘覆盖在喷射面上而造成的混凝土回弹。在受喷面上首次喷射混凝土时,绝大部分粗骨料都会因回弹掉落在地上,为避免这种现象,在初喷时可先喷一层标号稍高的水泥砂浆,然后再喷正常的混凝土。

(3)一次喷射的厚度

该厚度主要由喷射混凝土颗粒间的凝聚力和喷射层与受喷面的黏结力而决定。若一次喷射厚度过大,由于重力作用会使混凝土颗粒间的黏结力减弱,混凝土将发生坠落或与岩面脱离。若一次喷射厚度太小,石子无法嵌入灰浆层,将使回弹增大。一次喷射厚度与喷射部位有关,在掺加速凝剂时,对于墙,一次喷射厚度以70~100 mm为宜,对于拱,以50~60 mm为宜。

(4)分层喷射间隔时间

分层喷射间隔时间不仅与水泥品种、速凝剂掺量有关,而且与环境温度、速凝剂种类和水灰比等因素有关。分层喷射间隔时间不宜过短,一般为15~20 min。

如遇到围岩渗漏水,造成混凝土因岩面有水喷不上去,或刚喷上的混凝土被水冲刷而成片脱落时,可找出水源点,埋设导水管,使水沿导水管集中流出,疏干岩面,以便喷射。

喷射混凝土应在 2 h 后进行喷水养护,养护时间一般不得少于 7 d。

4.3.5 喷射混凝土质量检测

喷射混凝土所用的水泥、水、骨料和外加剂的质量,应符合施工组织设计的要求,配合比和外加剂掺入量应符合相应的国家标准要求。

喷射混凝土质量检测的主要内容为喷射混凝土的强度和喷层厚度。喷射混凝土的强度检测采用点荷载试验法或拔出试验法,也可采用喷大板切割法或凿方切割法,不得采用试块法。喷层厚度检测,可在喷射混凝土凝固前采用针探法检测,也可用打孔尺量法或取芯法检测。喷射混凝土厚度不应小于设计值的 90%。

观感质量主要包括无漏喷、离鼓现象,无仍在扩展或危及使用安全的裂缝。漏水量符合防水标准,钢筋网(金属网)不得外露。喷射混凝土的表面不平整度小于 30 mm,基础深度不小于设计值的 90%。

4.4 以锚杆为主的联合支护

随着开采深度增加、地质条件的复杂化,单独的锚杆支护或喷射混凝土支护已不能满足巷道稳定及安全的需要,从而在锚杆支护和喷射混凝土支护的基础上形成了一系列的支护形式(图 4-31)。如岩巷支护中以锚杆、喷射混凝土、金属网等组成的联合支护形式,简称为锚喷支护;煤巷支护中以锚杆、金属网、钢带(钢筋梯)等组成的联合支护形式,简称为锚支护。随着支护技术的发展,小孔径预应力锚索支护技术得到推广应用,与锚喷支护或锚网支护相结合,适应深部巷道支护的要求。目前这些技术已经在不同条件巷道的支护中取得了较好的技术经济效果。

联合支护:
- 锚杆 + 喷射混凝土 + 金属网
- 锚杆 + 金属网 + 钢带(钢筋梯)
- 桁架锚杆 + 金属网
- 锚杆 + U 型钢支架 + 喷射混凝土 + 金属网
- 锚杆 + 钢筋梁 + 金属网
- 锚索 + 锚杆 + 钢带 + 金属网
- 锚杆 + 钢带 + 金属网 + 锚索 + 桁架
- 锚杆 + 可缩支架 + 锚索
- 锚杆 + 锚注 + 锚索
- 锚杆 + 喷射混凝土 + 金属网 + 锚注
- 锚杆 + 环形可缩支架
- 锚杆 + 环形可缩支架 + 锚索
- 锚杆 + 环形可缩支架 + 锚注
- 锚杆 + 喷射混凝土 + 网 + 锚注 + 环形支架

图 4-31 锚杆联合支护形式

4.4.1 锚喷支护

锚杆支护和喷射混凝土支护虽各有优点，但也都有不足之处。锚喷支护，可使二者相互取长补短，互为补充，是一种性能更好的支护形式。这种支护形式，锚杆与其加固的岩体形成承载加固拱，喷射混凝土层的作用则在于封闭围岩，防止因岩面风化碎落而导致的围岩强度降低、锚杆失效等。锚杆与喷射混凝土支护联合使用，就可以防止局部岩块的松动和坠落，从而提高岩石拱的承载能力。

锚喷支护既可以作为临时支护，也可以成为永久性支护。

虽然喷射混凝土能有效控制锚杆间的岩块掉落，但其本身是脆性的，当围岩变形较大时，易出现开裂剥落。解决办法之一就是在喷射混凝土之前敷设金属网，喷后形成钢筋混凝土层，能有效地支护松散破碎的软弱岩层。另一个办法是在混凝土中加入钢纤维，能显著改善喷层的抗拉性能。另外，采用钢带或钢筋梯将锚杆连接起来后再喷混凝土封闭，可形成复合的整体支护结构。

喷射混凝土时不宜采用编织的铁丝网，应采用焊接的钢筋网，且网格尺寸不小于80 mm×80 mm，以避免因网格太小造成网后漏喷而影响支护质量。金属网的外混凝土保护层厚度不小于20 mm，不大于40 mm。

4.4.2 锚网支护

锚网支护是以锚杆为主要构件并辅以其他支护构件而组成的锚杆支护系统，是近年来煤巷支护广泛应用的锚杆支护形式，其主要类型有锚网支护、锚梁（带）网支护等。

1. 锚网支护

锚网支护是将铁丝网或钢筋网、塑料网等用托盘固定在锚杆上所组成的联合支护形式。各种网主要用来维护锚杆间的围岩，防止小块松散岩石掉落，被锚杆拉紧的网还能起到联系各锚杆组成支护整体的作用。

网有多种形式，按材料划分为金属网、非金属网和复合网三种。

金属网分铁丝网和钢筋网。铁丝网一般采用直径为2.5～4.5 mm 的铁丝编织而成。根据网孔形状的不同，又分为经纬网和菱形网。由于菱形网具有柔性好、强度高、连接方便等优点，现已逐步代替经纬网。钢筋网是由钢筋焊接而成的大网格金属网，钢筋直径一般为6～8 mm，网格大小在80 mm×80 mm 左右。这种网强度和刚度都比较大，不仅能够阻止松动岩块掉落，而且可以有效增加锚杆支护的整体效果，适用于大变形、高地应力巷道。

非金属网，如塑料网的特点是成本低、轻便、抗腐蚀等，塑料网分编织网和压模网。编织网强度和刚度低，整体性差，受力后变形大，围岩易鼓出。压模网整体性好，强度和刚度明显增大，维护围岩表面的能力显著提高。

复合网将钢丝与塑料采用一定的工艺复合在一起，整体性、强度和刚度进一步增大，控制围岩变形的能力强，目前正在推广应用，是一种很有应用前景的网。

2. 锚带网支护

锚带网由锚杆、钢带及金属网等组成。其中钢带是锚带网支护系统的关键部件，它将单根锚杆连接起来,组成一个整体承载结构,提高锚杆支护的整体效果。钢带根据断面形状和材料的不同,主要有平钢带、钢筋梯、W 型钢带、M 型钢带等形式。

(1)平钢带

平钢带是一种直接扎制的普通钢带,一般采用 Q235 碳素结构钢,屈服强度为 240 MPa,抗拉强度为 380 MPa。平钢带的护表面积较大,有一定的抗拉强度和支护顶板的能力。由于抗弯刚度小,其控制围岩变形的能力较差。平钢带由于厚度较小,当压力大时锚杆托板容易压入或压穿钢带,导致钢带出现剪切和撕裂破坏,因此支护效果较差,仅适合于压力较小的情况。

(2)钢筋梯

钢筋梯由钢筋焊接而成,可采用圆钢或螺纹钢。按端部结构分为开式与闭式(图 4-32)。钢筋梯按锚杆安装部位结构分为钢筋式和钢板式,钢筋式在锚杆安装部位焊接两根横筋,钢板式在锚杆安装部位焊接一块带孔的钢板。选择钢筋梯时可根据巷道规格确定,并可现场加工。表 4-17 为钢筋梯的几何尺寸与力学参数。

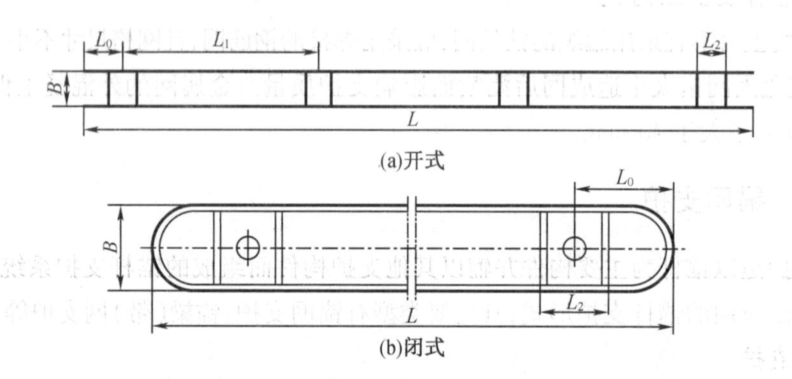

L—钢筋梯长度;B—钢筋梯宽度;L_0—钢筋梯墙距;L_1—托架间距;L_2—托架宽度。

图 4-32 钢筋梯结构示意图

表 4-17 钢筋梯规格与力学参数

钢筋直径 /mm	托梁宽度 /mm	托架宽度 /mm	托梁端距 /mm	截面面积 /mm^2	屈服载荷 /kN	拉断载荷 /kN	惯性矩 /mm^4	单位长度质量 /(kg·m^{-1})
10	6~100	60~100	50~150	157.1	37.7	59.7	981.7	1.30
12				226.2	54.3	86.0	2 035.8	1.86
14				307.9	73.9	117.0	3 771.5	2.53
16				402.1	96.5	152.8	6 434.0	3.29
18				508.9	122.1	193.4	10 306.0	4.14

注:1. 钢材为 Q235,屈服强度 σ_a = 240 MPa,抗拉强度 σ_b = 380 MPa;

2. 托梁宽度 80 mm,每米一个托架。

钢筋梯的突出优点是加工简单,成本低,质量小,使用方便,因此得到比较广泛的应用,但存在以下明显的弊端:

①宽度窄，护表面积小，而且钢筋与围岩表面为线接触，不利于锚杆预紧力扩散；

②刚度小，控制围岩变形的能力差；

③整体力学性能差，焊接处容易开裂，因此必须保证钢筋梯的焊接质量，并在使用中确保锚杆托板能切实压住钢筋梯。

(3) W型钢带

W 型钢带是利用钢带经多组轧辊连续进行冷弯、辊压成形的型钢产品，如图 4－33 所示。材料为 Q235 碳素结构钢，冷弯成形过程中的硬化效应可使型钢强度提高 10%～15%。W 型钢带的几何形状和力学性能使其具有较好的支护效果，是一种性能比较优越的锚杆组合构件。不同尺寸与规格的 W 型钢带技术性能参数见表 4－18。

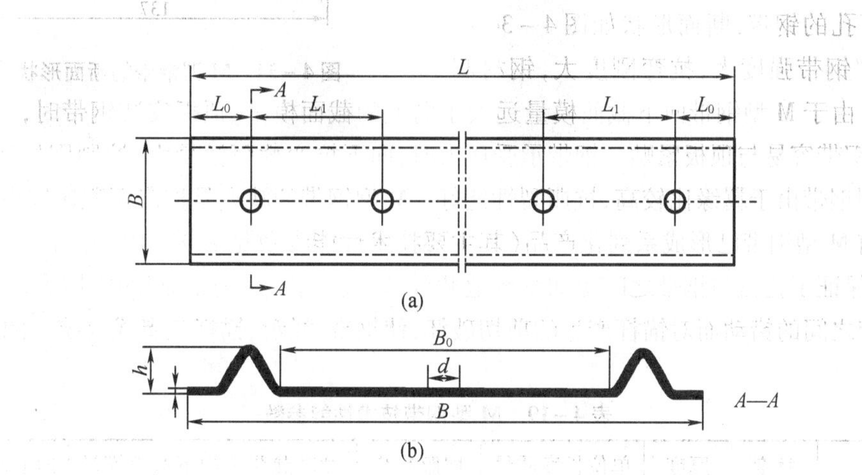

L—钢带长度；B—钢带宽度；L_0—钢带边孔距；L_1—钢带孔间距；

B—钢带槽宽；d—钢带孔直径；h—钢带高度；t—钢带厚度。

图 4－33 矿用 W 型钢带结构示意图

表 4－18 W 型钢带技术性能参数

型号	宽度 /mm	厚度 /mm	孔半径 /mm	边孔距 /mm	截面面积 /mm^2	拉断载荷 /kN	单位长度质量 /($kg \cdot m^{-1}$)
BHW－280－3.00	280	3.0	20	150	810	354.0	7.25
BHW－280－2.75	280	2.75	20	150	743	324.5	6.65
BHW－280－2.50	280	2.5	20	150	675	295.0	6.04
BHW－250－3.00	250	3.0	20	150	720	314.6	6.55
BHW－250－2.75	250	2.75	20	150	660	288.4	6.01
BHW－250－2.50	250	2.5	20	150	600	262.2	5.46
BHW－220－3.00	220	3.0	20	150	636	277.9	5.90
BHW－220－2.75	220	2.75	20	150	583	254.8	5.41
BHW－220－2.50	220	2.5	20	150	530	231.6	4.91

注：钢材为 Q235，冷弯前的抗拉强度 σ_b = 380 MPa，冷弯后提高 15%。

在井下使用时,可根据巷道的具体条件,选择不同参数的 W 型钢带。W 型钢带的优点包括护表面积大,作用强,有利于锚杆预紧力扩散和锚杆作用范围扩大;强度比较高,组合作用强;刚度大,抗弯性能好,控制围岩变形的能力强。

W 型钢带的主要缺点是,与平钢带类似,当钢带较薄,巷道压力大时,易出现锚杆托板压入或压穿钢带问题,导致钢带发生剪切和撕裂破坏。适当加大钢带厚度,或选用强度更高的钢材可以解决这个问题。

(4)M 型钢带

M 型钢带采用厚度 3 ~5 mm、宽度 180 ~320 mm 的卷钢板,经过冷弯成型,在中部加工出锚杆孔的钢带,断面形状如图 4 – 34 所示。M 型钢带强度大,抗弯刚度大,钢材利用率高。由于 M 型钢带向下截面模量远大于向上的截面模量,顶板安装钢带时,向上截面模量小,钢带容易与顶板紧贴。钢带承受压力时,向下抗弯截面模量大,控制围岩变形能力强。M 型钢带由于翼缘比较高,抗撕裂性能好。M 型钢带的缺点是护表面积比较小。

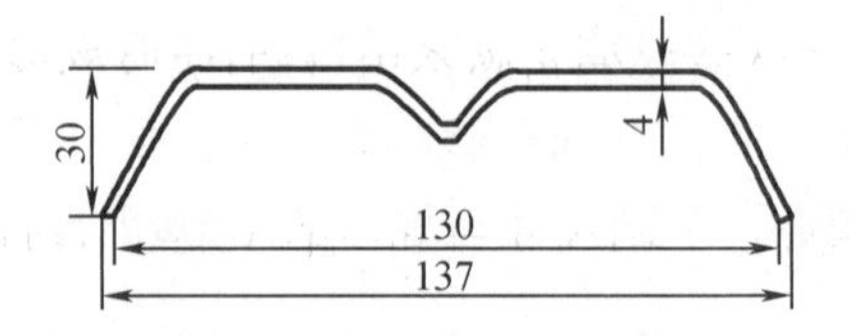

图 4 – 34　M 型钢带的断面形状

目前 M 型钢带已形成系列化产品(其主要技术性能参数见表 4 – 19)并有专用托盘与之配套,保证了托盘与钢带之间更加紧密地贴合,增大托盘与钢带之间的摩擦力,减少因托盘与钢带之间的错动而对锚杆产生的剪切破坏,使钢带、托盘、锚杆三者成为统一的整体。

表 4 – 19　M 型钢带技术性能参数

型号	宽度 /mm	厚度 /mm	单位长度质量 /(kg · m^{-1})	屈服载荷 /kN	拉断载荷 /kN	向下截面模量 /mm^3	向上截面模量 /mm^3
CRT – M3	173	3	4.05	124.6	197.2	5 944	2 160
CRT – M4	173	4	5.4	166.1	263.0	7 926	2 880
CRT – M5	173	5	6.75	207.6	328.7	9 908	3 600
CRT – M6	173	6	8.09	249.1	394.4	11 889	4 320

(5)钢梁

钢梁大多用于组合锚索。这种组合构件的强度和刚度比较大,支护能力强。图 4 – 35 所示是用于锚索组合的槽钢托梁,常用的有 12 号、14 号、16 号槽钢。

4.4.3　锚索加强支护

锚索的特点是锚固深度大、承载能力高,可施加较大的预紧力实现主动支护,因而可获得比较理想的支护效果。由于锚索索体既有一定刚度又有一定柔性,可盘成卷便于运输,又能自身搅拌树脂药卷快速安装,适合在巷道中使用,其加固范围、支护强度、可靠性是普通锚杆支护所无法比拟的。因此,为扩大锚杆支护的使用范围,充分发挥锚杆支护经济、快速、安全可靠的优点,在大断面、地质构造破坏地段、顶板软弱且较厚、高地应力、综放巷道等困难、复杂的巷道中,可使用小孔径预应力锚索进行加强支护,这是煤巷推广锚杆支护技术中一项重要的保证措施。

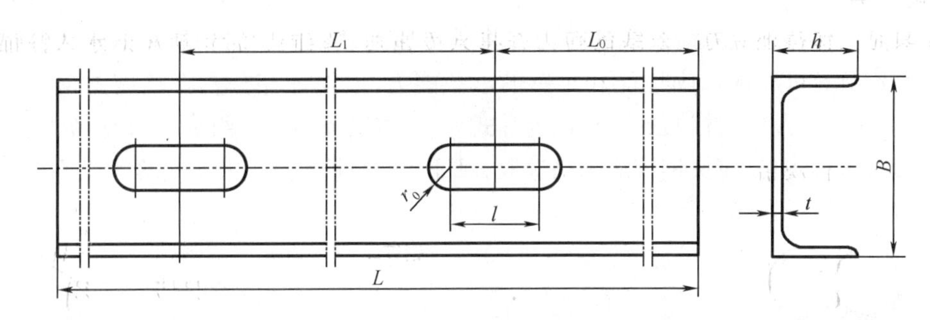

L—托梁长度;B—托梁宽度;L_0—托梁端距;l—托梁孔直线段长度;r_0—孔半径;h—托梁高度;t—托梁底厚度。

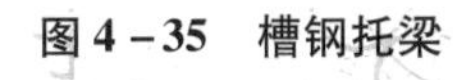

图4-35 槽钢托梁

1. 锚索加强支护原则

锚索的主要作用是将顶板下部不稳定岩层悬吊在上部稳定岩层中,因而可按悬吊理论进行支护设计。但岩层自身具有承载能力,尤其是采用锚杆支护的顶板,锚索的预应力主动支护作用使围岩强度得到提高,设计中应考虑此因素。

在设计时可按最危险的极限状态计算,即下部岩层或煤体的重量通过锚索悬吊,同时根据岩层的强度、裂隙、锚杆支护参数等考虑岩层的自身承载能力,折减计算值。设计参数包括锚索的内、外部结构及材料,锚索的间排距、锚固长度、钻孔深度等。

2. 锚索材料

小孔径预应力树脂锚固锚索材料主要包括索体、锚具、树脂锚固剂和锚索托板。

(1)索体

锚索索体材料采用钢绞线,应符合《预应力混凝土用钢绞线》(GB/T 5224—2014)的规定。索体由一组钢丝以螺旋状沿同一根纵轴绕转而成,目前广泛采用7股ϕ5 mm的高强度钢绞线,如图4-36(a)所示。新型钢绞线由19股钢丝代替了原来的7股钢丝,如图4-36(b)所示,索体结构更加合理,而且明显提高了锚索的延伸率。如ϕ22 mm钢绞线的拉断力超过600 kN,索体延伸率接近7%,真正实现了大直径、大延伸率与高吨位。常用钢绞线的技术指标见表4-20。

表4-20 钢绞线的技术指标

结构	公称直径/mm	拉断载荷/kN	延伸率/%
1×7结构	15.2	260	3.5
	17.8	353	4
1×17结构（实验室试验值）	18	408	7
	20	510	7
	22	607	7

新型锚索已经在高地应力巷道、特大断面巷道、受强烈采动影响巷道等困难条件得到了应用,取得了良好的支护效果。

(2)锚具

锚具是为保持预应力钢绞线的拉力并将其传递到被锚固围岩中所用的永久性锚固装置。锚具应具有可靠的锚固性能和足够的承载能力,以保证充分发挥预应力钢绞线的强度。目前,小孔径预应力锚索的锚具以瓦片式为主,由锚环和锚塞组成,其结构见图4-37。这种锚具有多种规格,应按钢绞线规格选取,保证瓦片与钢绞线有良好的匹配关系。

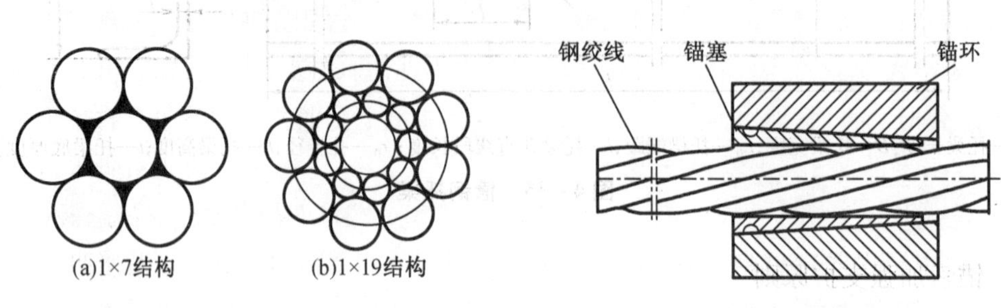

图4-36 锚索索体结构图　　图4-37 锚具结构图

(3)树脂锚固剂

树脂药卷型号、规格和数量应根据钻孔直径和设计的锚固长度合理选择。可采用普通树脂药卷加长锚固,使用锚索钻机带动钢绞线搅拌树脂药卷,安装工序简单。由于树脂药卷凝结时间短,一般等待1 h后即可安装锚具进行张拉,实现锚索的快速安装和及时承载,有利于巷道快速施工和围岩稳定。

由于锚索钻孔比较深,因此安装树脂药卷时更容易出现捅破药卷、堵塞钻孔等现象,围岩比较破碎的条件下尤其如此。为避免出现这种问题,要求树脂药卷长度不能太大,而且包装结实、饱满。

在服务时间比较长的巷道,如大巷、采区集中巷及硐室中,为了提高锚索锚固效果,同时防止索体锈蚀,最好先进行树脂端部锚固,然后注浆,实现树脂注浆联合全长锚固。

(4)锚索托板

锚索托板最常用的一种是平托板,由一定厚度和面积的普通钢板制成,但若锚索预紧力和承受的荷载比较大,平托板四周易翘起,托板承载力显著降低;另一种是采用一段槽钢(如12号槽钢)制成,由于槽钢托极易变形、扭曲,甚至压穿槽钢,使锚索失效。因此锚索托板最好采用拱形锚索专用托板,并配调心球垫,可改善锚索受力状态,使锚索支护能力得以分发挥。有的矿区还采用工字钢、压扁的U型钢或废旧溜槽制作锚索托板。

3. 锚索结构

小孔径预应力锚索结构较为简单,可分为三大部分:内锚固段、钢绞线自由段和外锚固段,如图4-38所示。索体直径以不影响锚索在钻孔中搅拌树脂药卷为宜,一般比钻孔直径小6~8 mm较好,可确保树脂约卷搅拌均匀。

4. 锚索施工工艺

小孔径预应力锚索施工采用锚杆钻机或专用锚索钻机进行钻孔,孔深误差应不大于100 mm。锚索宜垂直顶板或巷道轮廓线布置,实际钻孔角度与设计角度的误差不大于10°。锚索间排距误差不大于100 mm。

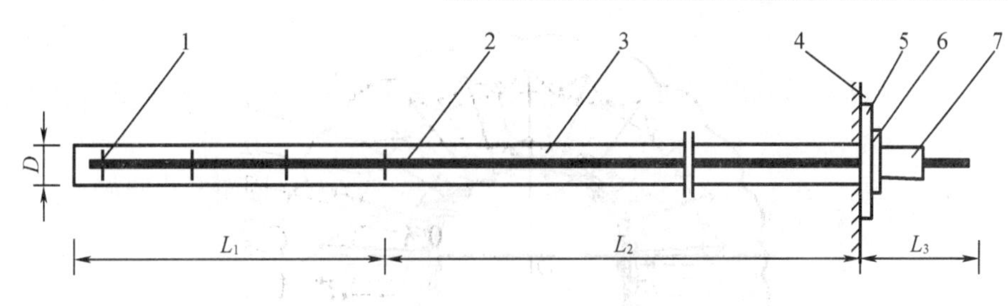

1—毛刺；2—钢绞线；3—钻孔；4—巷道围岩表面；5—槽钢；6—钢垫板；7—锚具；
D—直径；L_1—锚固段长度；L_2—自由段长度；L_3—外露长度。

图4-38 小孔径预应力锚索结构

采用树脂药卷锚固时，将超快或快速树脂药卷和中速树脂药卷依次送入孔内，用钢绞线轻轻将树脂药卷送入孔底，用搅拌连接器将钢绞线与钻机连接起来，启动钻机，边搅拌边推进。树脂药卷锚固需养护1.0 h后安装托梁、托板、锚具，并使它们紧贴顶板，挂上张拉千斤顶进行张拉。张拉时，应优先使用电动或气动张拉机具，不宜使用手动式张拉机具。

锚索施工后，应及时对锚索进行检查，锚索预紧力的最低值应不小于设计预紧力的90%。若发现工作荷载低于预紧力时应及时进行二次张拉；若钢绞线外露超过300 mm或影响行人和运输等，应剪断多余的外露钢绞线。

4.4.4 锚注支护

对于节理、裂隙发育，断层破碎带等围岩松散、破碎的情况，可采用注浆锚杆加固技术。即在锚喷支护或原金属支架、砌碹支护基础上，进行壁后注浆，增强支护结构的整体性和承载能力，保证支护结构的稳定性。这种支护技术既具有锚喷支护的柔性与让压作用，又具有金属支架和砌碹等支护的刚性作用。这一联合支护体系可维持巷道的稳定。注浆锚杆注浆加固支护机理如图4-39所示，包括以下几个方面：

(1)浆液可封堵围岩裂隙，隔绝空气，防止围岩风化，且能防止水对围岩强度的降低作用。

(2)将松散破碎围岩胶结成整体，提高岩体内聚力、内摩擦角及弹性模量，从而提高岩体强度，使围岩成为支护结构的一部分。

(3)使喷层壁后充填密实，这样保证荷载能均匀地作用在喷层和支架上，避免出现应力集中点。

(4)配合锚喷支护，可以形成一个多层有效组合拱，即喷层与金属网组合拱(d)、锚杆压缩区组合拱(t)及浆液扩散加固拱(h_1)。形成的多层组合拱结构扩大了支护结构的有效承载范围，提高了支护结构的整体性和承载能力。

注浆材料一类是水泥基材料，是注浆加固应用最广的材料。这种材料具有水泥与水玻璃双液浆，可克服单液水泥浆凝结时间长、凝结时间不易控制、结石率低的缺点，其工艺如图4-40；另外，高水速凝材料在煤矿也得到应用。另一类材料是高分子材料，如脲醛树脂、环氧树脂、聚氨酯树脂等。

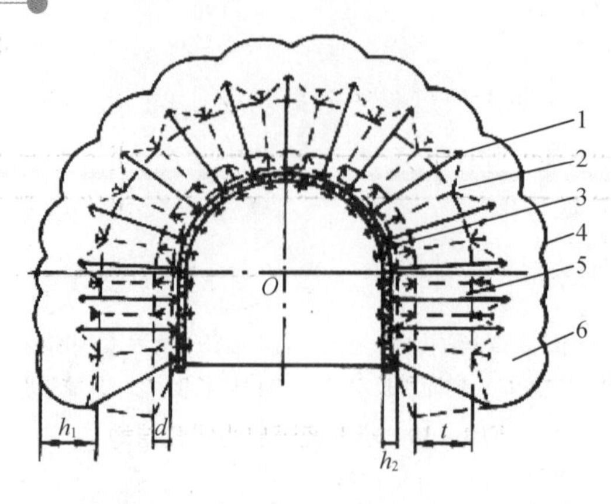

1—普通金属锚杆;2—注浆锚杆;3—喷层与金属网组合拱(d);4—浆液扩散加固拱(h_1);
5—锚杆压缩区组合拱(t);6—喷层作用形成的组合拱(h_2)。

图 4-39 注浆锚杆注浆加固支护机理

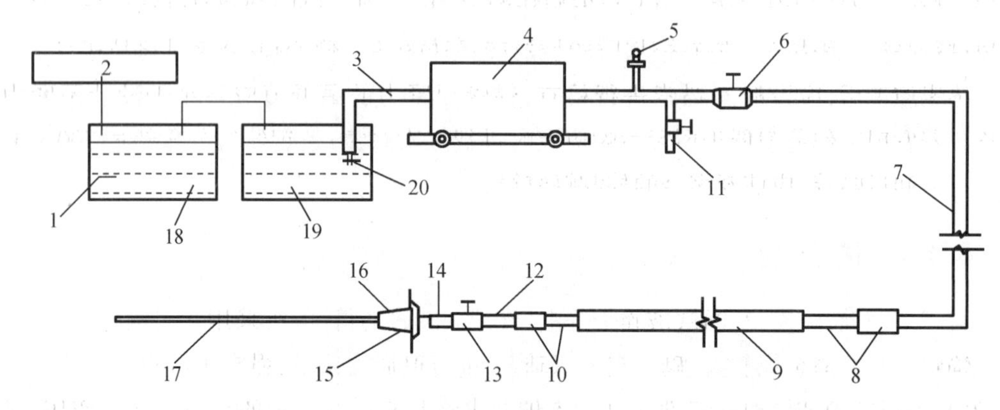

1—浆液;2—水泥、水玻璃、水;3—吸浆管路;4—注浆泵;5—压力表;6—控制阀;7—高压胶管;
8—高压管与软管接头;9—软管;10—阀门与进浆管活接头及螺母;11—回浆管路;12—阀门进浆孔;
13—阀门;14—锚杆进浆孔;15—锚杆托盘及螺母;16—止浆阀;17—注浆锚杆。

图 4-40 水泥基材料锚注支护工艺

注浆加固参数主要有注浆时间、注浆压力、注浆量、浆液扩散半径以及注浆孔的布置参数等。注浆孔的布置参数主要指钻孔的间排距与深度。注浆孔间排距的选择与扩散半径密切相关。注浆孔的孔距应使两个注浆孔的扩散范围有一定交叉,应比2倍扩散半径小,取0.65~0.75的系数。注浆深度应达到围岩裂隙发育、破碎区的边缘。深部围岩裂隙不发育,浆液不易渗透,因此过深的钻孔作用不大。

4.4.5 联合支护

为了适应各种困难的地质条件,特别是在软岩工程中,为使支护方式更为合理或因施工工艺的需要,往往同时采用几种支护形式的联合支护,如锚喷(索)与U型钢支架、锚喷与大弧板或与石材砌碹、U型钢支架与砌碹等联合支护。

顶板在破碎或顶板自稳时间较短的地层中,应及时进行锚喷支护,在揭露岩石后立即先喷后锚支护,然后在顶板受控制的条件下,再按设计施以锚注、U型钢或大弧板等支护。也有的先施以U型钢支架,然后再立模浇灌混凝土或喷射混凝土,构成联合支护。

联合支护应先柔性支护，待围岩收敛变形速度每天小于1.0 mm后，再施以刚性支护，避免刚性支护由于围岩变形量过大而遭到破坏。

4.5 支护施工设备与质量检测

锚杆支护施工质量和速度取决于施工机具与施工工艺。根据巷道围岩条件选择性能优越、稳定性与可靠性高的施工机具是保证锚杆支护施工质量、提高施工速度的必要条件。

4.5.1 锚杆(锚索)施工设备

1. 锚杆(锚索)钻机

(1)锚杆(锚索)钻机分类

随着锚杆支护技术的快速发展，与之配套的施工机具发展很快。目前，我国单体锚杆(锚索)钻机及配套机具已比较成熟，基本能够满足井下锚杆(锚索)支护施工的需要。同时，还不断引进、消化吸收和自主开发研制了一些新的施工机具，以适应快速掘进与支护的要求。国内外出现的多种不同形式和规格的锚杆(锚索)钻机，如图4-41所示。

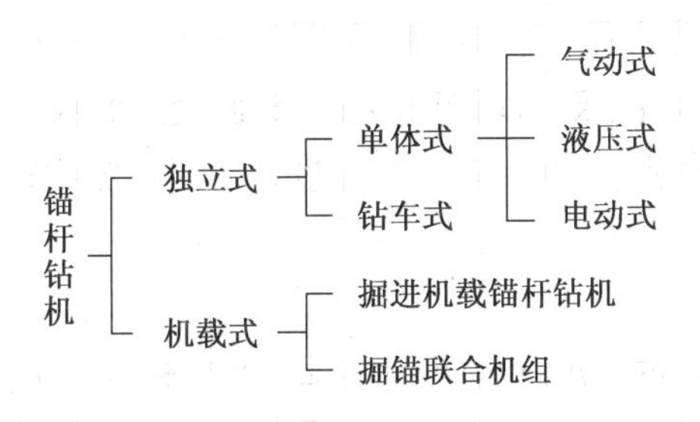

图4-41 锚杆(锚索)钻机分类

掘进机载锚杆钻机是在现有掘进机上配置2~4台锚杆钻机，以实现掘锚一体化功能。而掘锚联合机组是将掘进与锚固功能进行一体化设计，制造出兼顾掘进与锚固的掘锚联合机组，是煤巷快速高效掘进技术的发展方向。

(2)单体顶板锚杆钻机

单体顶板锚杆钻机是用于钻装巷道顶板锚杆的单体式钻机。这种钻机的破岩方式主要有两种：旋转式和冲击-旋转式。旋转式破岩方式一般适用于比较软的岩石($f<8$)；冲击-旋转式破岩方式适用于比较硬的岩层($f\geq8$)。

单体气动旋转式锚杆钻机是国内应用最普遍的一种旋转式锚杆钻机。钻机主要由驱动机构、推进机构和控制机构组成。钻机的驱动机构、推进支腿和控制机构由连接座连接。此外，还有用于搅拌树脂锚固剂和安装锚杆的锚杆安装器等附件。部分国产单体气动旋转式顶板锚杆钻机的主要技术性能参数见表4-21。

国产单体液压锚杆钻机可分为两大系列：一是导轨推进式的MZ系列，二是支腿推进式的MYT系列。目前，MYT型支腿推进式液压锚杆钻机应用比较普遍。部分国产单体液压顶板锚杆钻机的主要技术性能参数见表4-22。

表 4－21　部分国产单体气动旋转式顶板锚杆钻机主要技术性能参数

参数	MQT85J			MQT120			MQT90	MQT100	MQT130	MQT85C	MQT110C	MQT120C	MQT130C
适用压力范围/MPa	0.4～0.63			0.4～0.63			0.4～0.63	0.4～0.63	0.4～0.63	0.4～0.63	0.4～0.63	0.4～0.63	0.4～0.63
额定气压/MPa	0.5			0.5			0.5	0.5	0.5	0.5	0.5	0.5	
额定转速/($r \cdot min^{-1}$)	≥240			200			240	280	240	240	240	220	
额定转矩/(N·m)	≥85			≥120			≥90	≥100	≥130	≥85	≥110	≥120	≥130
最大负荷转矩/(N·m)							≥220	≥170	≥230	170	180	190	233
空载转速/($r \cdot min^{-1}$)	≥600			≥600			650	900	700	≥680	≥750	≥750	≥700
动力失速转矩/(N·m)	≥200			≥260			≥230	≥180	≥240	180	190	200	242
最大输出功率/kW	2.9			3.1			2.3	3.1	3.2	2.3	2.6	2.8	3.3
最大推进力/kN	≥9.5			≥9.5			≥9.8	≥9.8	≥9.8	9.9	9.9	11.4	11.4
耗气量/($m^3 \cdot min^{-1}$)	2.9～3.4			2.9～3.8			3.2	3.8	3.8	3.0	3.4	3.8	3.7
冲洗水压力/MPa	0.6～1.2			0.6～1.2			0.6～4.5	0.6～4.5	0.6～4.5	0.6～1.2	0.6～1.2	0.6～1.2	0.6～5.0
噪声/dB(A)	≤95			≤95			<90	<90	<90	≤95	≤95	≤95	<90
整机伸长高度/mm	2 460	3 060	3 660	2 460	3 060	3 600	2 540/3 020/3 588	2 566/3 046/3 614	2 552/3 032/3 600	2 500/3 000/3 600	2 500/3 000/3 600	2 500/3 000/3 600	2 500/3 000/3 600
整机收缩高度/mm	1 140	1 290	1 440	1 140	1 290	1 440	1 163/1 283/1 425	1 189/1 309/1 451	1 175/1 295/1 437	1 155/1 280/1 430	1 155/1 280/1 430	1 220/1 340/1 490	1 155/1 280/1 430
整机质量/kg	46	48	50	48	50	52	46/48/50	45/47/99	48/50/52	45/47/50	46/48/51	54/56/59	47/49/52

表 4－22　部分国产单体液压顶板锚杆钻机主要技术性能参数

<table>
<tr><th colspan="2">参数</th><th colspan="3">MYT100</th><th colspan="3">MTY150J</th><th>MYT150</th><th>MYT100S</th><th colspan="3">MYT120C</th><th colspan="3">MYT140</th><th colspan="3">MYT140C</th></tr>
<tr><td rowspan="10">主机</td><td>额定压力/MPa</td><td colspan="3">14</td><td colspan="3">13</td><td>15</td><td>12</td><td colspan="3">15</td><td colspan="3">14</td><td colspan="3">14</td></tr>
<tr><td>额定转速/(r · min⁻¹)</td><td colspan="3">≥250</td><td colspan="3">≥200</td><td>260</td><td>350</td><td colspan="3">320</td><td colspan="3">320</td><td colspan="3">400</td></tr>
<tr><td>额定转矩/(N · m)</td><td colspan="3">100</td><td colspan="3">150</td><td>150</td><td>100</td><td colspan="3">120</td><td colspan="3">140</td><td colspan="3">140</td></tr>
<tr><td>额定流量/(L · min⁻¹)</td><td colspan="3">≤36</td><td colspan="3">≤36</td><td>41</td><td>36＋7</td><td colspan="3">36</td><td colspan="3">36</td><td colspan="3">36</td></tr>
<tr><td>推进力/kN</td><td colspan="3">≥8</td><td colspan="3">≥8</td><td>9</td><td>>20</td><td colspan="3">13</td><td colspan="3">8.6～2.1</td><td colspan="3">8.6～2.1</td></tr>
<tr><td>冲洗水压力/MPa</td><td colspan="3">0.6～2.0</td><td colspan="3">0.6～1.8</td><td></td><td>0.6～2.0</td><td colspan="3"></td><td colspan="3">0.6～2.5</td><td colspan="3">0.6～2.5</td></tr>
<tr><td>噪声/dB(A)</td><td colspan="3"><92</td><td colspan="3"><92</td><td>≤92</td><td><92</td><td colspan="3">≤95</td><td colspan="3">≤70</td><td colspan="3">≤70</td></tr>
<tr><td>钻机最大高度/mm</td><td colspan="3">3 600</td><td colspan="3"></td><td>3 520</td><td>3 050</td><td>2 500</td><td>3 000</td><td>3 500</td><td>2 430</td><td>3 360</td><td>4 080</td><td>2 490</td><td>3 420</td><td>4 140</td></tr>
<tr><td>钻机最小高度/mm</td><td colspan="3">1 200</td><td colspan="3"></td><td>1 577</td><td>1 050</td><td>1 270</td><td>1 340</td><td>1 500</td><td>1 200</td><td>1 510</td><td>1 750</td><td>1 260</td><td>1 570</td><td>1 810</td></tr>
<tr><td>质量/kg</td><td>55</td><td>59</td><td>63</td><td>55</td><td>59</td><td>63</td><td>62</td><td>42</td><td>49</td><td>52</td><td>55</td><td>46</td><td>50</td><td>57</td><td>46</td><td>50</td><td>57</td></tr>
<tr><td rowspan="7">配套泵站</td><td>额定压力/MPa</td><td colspan="3">20</td><td colspan="3">20</td><td>16</td><td></td><td colspan="3">15</td><td colspan="3">15</td><td colspan="3">15</td></tr>
<tr><td>额定工作流量/(L · min⁻¹)</td><td colspan="3">25</td><td colspan="3">25</td><td>2×41</td><td></td><td colspan="3">36</td><td colspan="3">45</td><td>36</td><td>42</td><td>36</td></tr>
<tr><td>电动机额定功率/kW</td><td colspan="3">11</td><td colspan="3">11</td><td>15</td><td>11</td><td colspan="3">11</td><td colspan="3">11</td><td colspan="3">15</td></tr>
<tr><td>电动机额定电压/V</td><td colspan="3">380/660</td><td colspan="3">380/660</td><td>380/660</td><td>380/660</td><td colspan="3">380/660</td><td colspan="3">380/660</td><td colspan="3">380/660</td></tr>
<tr><td>油箱有效容积/L</td><td colspan="3">100</td><td colspan="3">100</td><td>150</td><td></td><td colspan="3">130</td><td colspan="3">125</td><td colspan="2">125</td><td>150</td></tr>
<tr><td>泵站质量/kg</td><td colspan="3">280</td><td colspan="3">280</td><td>350</td><td>280</td><td colspan="3">320</td><td colspan="3">280</td><td colspan="2">300</td><td>375</td></tr>
<tr><td>最大外形尺寸(长×宽×高)/mm</td><td colspan="3">1 620×500×740/1 610×550×610</td><td colspan="3">1 620×500×740/1 610×500×610</td><td>2 114×854×500</td><td>1 650×500×700</td><td colspan="3">1 200×500×920</td><td colspan="3">1 500×500×600/1 420×500×900</td><td colspan="2">2 000×500×675/2 000×500×665</td><td>1 540×500×848</td></tr>
</table>

(3)单体帮锚杆钻机

长期以来,煤帮锚杆的施工主要采用煤电钻。煤电钻功率小、钻孔速度慢、安装锚杆困难,而且不能湿式钻孔,粉尘大,工作环境差。为了提高煤帮锚杆施工速度和质量,近年来我国开发了气动、液压帮锚杆钻机,较好地解决了煤帮钻孔、安装锚杆的问题。

国内使用的帮锚杆钻机主要分两大类:一类是气动帮锚杆钻机,另一类是液压帮锚杆钻机。钻机按结构又分为手持式和支腿式。部分国产支腿式气动帮锚杆钻机的主要技术性能参数见表 4-23。与手持式帮锚杆钻机相比,支腿式帮锚杆钻机扭矩比较大,部分推力由支腿承担,工人劳动强度较低。这种帮锚杆钻机适合煤岩体比较硬的巷帮钻装锚杆。

表 4-23 部分国产支腿式气动帮锚杆钻机的主要技术性能参数

参数	MQB(T)45J			ZQST65	MQTB70	MQTB55
适用压力范围/MPa	0.4~0.63				0.4~0.63	0.4~0.63
额定气压/MPa	0.5				0.5	0.5
额定转速/(r·min⁻¹)	400			≥240	240	300
额定转矩/(N·m)	≥45			≥65	>70	55
最大负荷转矩/(N·m)	≥100	≥140	≥200		95	130
空载转速/(r·min⁻¹)	≥900	≥750	≥600	≥550	>780	900
动力失速转矩/(N·m)				≥140	>110	140
额定推进力/kN	≥3.5	≥6	≥6	3.2	2.6	1.7
耗气量/(m^3·min⁻¹)	≤3.0	≤3.2	≤3.2	2.5~3.0	2.5	3.0
冲洗水压力/MPa				0.6~1.8	0.6~1.5	0.6~1.2
噪声/dB(A)	≤95				≤95	<95
整机伸长高度/mm				3 140	3 055	
整机收缩高度/mm				1 180	1 255	
整机质量/kg	27	30	30	23	35	45

2. 锚索张拉设备

锚索的显著特点是在安装过程中施加预紧力,因此锚索张拉是决定锚索施工质量的关键工序,张拉设备的技术性能与质量明显影响锚索支护效果。目前,煤矿广泛使用的锚索张拉设备主要有三种:煤矿用手动式锚索张拉机具、煤矿用气动式锚索张拉机具和煤矿用电动式锚索张拉机具。锚索张拉设备主要由油泵、张拉千斤顶、液压剪组成。

部分国产锚索张拉千斤顶的主要技术性能参数见表 4-24。

表 4－24　部分国产锚索张拉千斤顶的主要技术性能参数

<table>
<tr><td colspan="2">型号</td><td>MSY－180</td><td>MSY－230</td><td colspan="3">YDC</td><td colspan="4">YCD</td><td>YCD</td></tr>
<tr><td rowspan="5">张拉千斤顶</td><td>规格</td><td>180</td><td>230</td><td>120</td><td>180</td><td>250</td><td>180</td><td>200</td><td>200</td><td>350</td><td>180</td></tr>
<tr><td>额定张拉力/kN</td><td>180</td><td>230</td><td>120</td><td>180</td><td>250</td><td>180</td><td>200</td><td>200</td><td>350</td><td>180</td></tr>
<tr><td>张拉行程/mm</td><td>120</td><td>150</td><td>150</td><td>150</td><td>150</td><td>150</td><td>150</td><td>150</td><td>150</td><td>150</td></tr>
<tr><td>适用钢绞线直径/mm</td><td>12.7/15.2</td><td>12.7/15.2</td><td>15.2</td><td>15.2</td><td>15.2/17.8</td><td>15.2</td><td>17.8</td><td>19.0</td><td>19.0</td><td>15.2</td></tr>
<tr><td>质量/kg</td><td>12</td><td>18</td><td>8.4</td><td>18</td><td>21</td><td>14</td><td>20</td><td>20</td><td>35</td><td>17.5</td></tr>
<tr><td rowspan="5">配套油泵</td><td rowspan="2">手动</td><td colspan="2" rowspan="2">额定压力 63 MPa</td><td colspan="3" rowspan="2">SYB－80</td><td colspan="4">SDB 1.8/7.8×70/10</td><td rowspan="2">SDB－63</td></tr>
<tr><td colspan="4">SDB 2.7/12.7×70/15</td></tr>
<tr><td rowspan="2">电动</td><td colspan="2" rowspan="2">电动机功率 0.75 kW，
流量 0.75 L/min</td><td colspan="3" rowspan="2">KDB 0.63×63</td><td colspan="4">KZDB 0.63×63</td><td rowspan="2"></td></tr>
<tr><td colspan="4">KZDB 1.25×63</td></tr>
<tr><td>气功</td><td colspan="2">额定压力 63 MPa，
气压 0.5 MPa</td><td colspan="3">QYB－0.45/70</td><td colspan="4">FDB 0.5×63</td><td>QB－63</td></tr>
</table>

油泵按动力源划分,可分为手动油泵、电动油泵和气动油泵。

锚索张拉机具配套用的液压剪(也称为钢筋剪断器)与手动油泵、气动油泵或电动油泵配套使用,是切断锚索外露多余钢绞线的专用工具。

4.5.2 锚杆支护质量检测

锚杆施工质量检测与矿压监测是锚杆支护技术不可分割的重要组成部分。锚杆支护属于隐蔽性工程,支护设计不合理或施工质量不好都有可能出现顶板垮落、两帮片落,导致安全事故。因此,在锚杆支护施工过程中,必须严格按照设计或掘进作业规程的要求完成各个作业工序。锚杆支护施工后,还必须进行工程质量检测,确保施工质量满足设计要求。同时,应对巷道围岩变形与破坏状况、锚杆(锚索)受力分布和大小进行全面、系统的监测,以获得支护体和围岩的位移和应力信息,从而验证锚杆支护初始设计的合理性和可靠性,判断围岩的稳定程度和安全性。根据矿压监测数据修改初始设计,使其逐步趋于合理。

1. 锚杆安装质量

锚杆支护的参数包括锚杆安装角度,锚杆间排距、锚杆孔深、锚杆外露长度等,应严格执行质量标准要求。锚杆孔应由外向掘进工作面逐排顺序施工,每排锚杆孔宜由中间向两帮顺序施工。锚杆孔实际钻孔角度相对设计角度的偏差应不大于5°,锚杆孔的间排距误差应不超过100 mm,孔深度误差应在0~30 mm范围内。

安装锚杆时孔内的煤岩粉应清理干净。锚固剂使用前应进行检查,不应使用过期、硬结、破裂等变质失效的锚固剂。当使用两卷以上不同型号的树脂锚固剂时,应按锚固剂凝固速度先快后慢的顺序,将锚固剂依次放入钻孔中,先将锚固剂推到孔底,再启动锚杆钻机搅拌树脂锚固剂。

螺母应采用机械设备紧固,需要二次紧固时,其扭矩或预紧力大小、紧固时间应在作业规程、措施中明确规定。螺母安装达到规定预紧力矩后,不得将螺母卸下重新安装。托板应紧贴钢带、网或巷道围岩表面,当锚杆与巷道的周边不垂直时可使用异型托板。锚杆托板与螺母之间宜使用减摩垫圈。

2. 锚杆锚固力检测

锚杆锚固力是锚杆在拉拔试验中能承受的最大拉力。锚固力是评价煤岩体可锚性、锚固剂黏结强度、杆体力学性能的重要参数,井下进行锚杆支护之前,必须进行锚杆拉拔试验。拉拔试验不仅要检测锚杆锚固力,还应记录拉拔过程中锚杆尾部的位移量,进而绘制拉力与位移曲线,综合分析锚杆的锚固效果。

锚杆拉拔试验分两种情况:一是井下实施锚杆支护之前的拉拔试验;二是锚杆支护之后对锚固力的检测。

图4-42所示为ML-20型锚杆拉力计工作原理,该拉力计,主要由一空心千斤顶和一台SYB-1型高压手摇油泵组成,最大拉力200 kN,活塞行程100 mm,质量12 kg。试验时,用卡具将锚杆紧固在千斤顶活塞上,摇动油泵手柄,高压油经高压胶管到达拉力计的油缸,驱使活塞对锚杆产生拉力。压力表读数乘以活塞面积即为锚杆的锚固力,锚杆的位移量可从随活塞一起移动的标尺上直接读出,其位移量必须控制在允许的范围内。

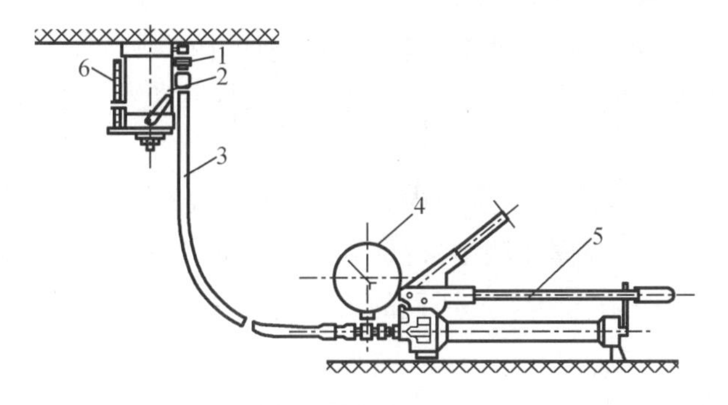

1—胶管接头;2—空心千斤顶;3—高压胶管;4—压力表;5—手摇油泵;6—标尺。

图4-42 ML-20型锚杆拉力计工作原理

锚杆锚固力检测抽样率为3%,每300根顶、帮锚杆各抽样一组(共9根)进行检查,不足300根时,按300根计。锚杆锚固力均不低于设计锚固力为合格;如有一根低于设计锚固力,应重新抽样检测,如重新检测的锚杆锚固力均不低于锚杆设计锚固力为合格,如仍有一根不合格则判锚杆施工安装质量为不合格。

3.锚杆预紧力检测

锚杆预紧力是高强度、高刚度锚杆支护系统质量的决定性因素,对支护效果与围岩稳定性起关键作用。对锚杆(锚索)预紧力的检测是非常重要的工程质量检测内容。

锚杆预紧力检测一般采用扭矩扳手,分为指针式和声控式,如图4-43所示。

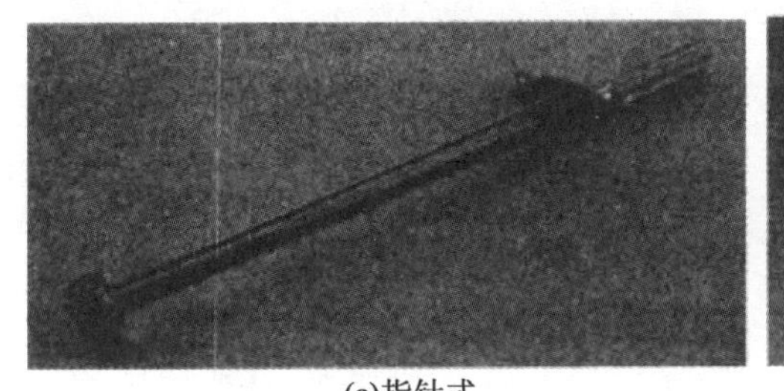

(a)指针式

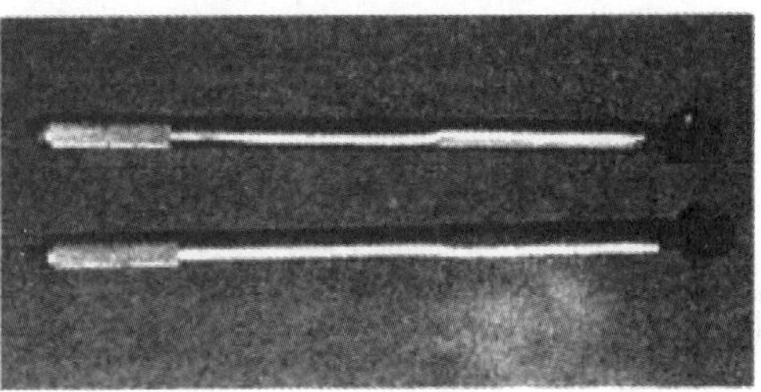

(b)声控式

图4-43 扭矩扳手

锚杆预紧力或力矩检测抽样率不低于5%,每300根顶、帮锚杆抽样各一组(共15根)进行检测,不足300根时,按300根计。锚杆预紧力或力矩不低于设计预紧力矩的90%为合格。

井下实测表明,预紧力会随锚杆安装后时间的延长而发生变化。特别是初始施加预紧力较高、围岩比较松软破碎的条件下,预紧力会随时间延长而明显降低,显著影响支护效果。因此,预紧力检测时,不仅应检测初始预紧力,而且应监测锚杆预紧力的变化,根据预紧力变化曲线,调整初始预紧力的大小,必要时应对锚杆实施二次拧紧。

4.5.3 矿压监测

锚杆支护施工质量检测的同时,应对巷道围岩变形与破坏状况、锚杆(锚索)受力分布和大小进行全面、系统的监测，以获得支护体与围岩的位移和应力信息，从而验证锚杆支护初始设计的合理性和可靠性，进而判断巷道围岩的稳定程度和安全性。

1. 巷道表面位移监测

巷道表面位移是最基本的矿压监测内容，包括顶底板移近量、两帮移近量、顶板下沉量、底鼓量及帮位移量等。根据监测结果：计算巷道表面位移速度、巷道断面收敛率；绘制位移量、位移速度与采掘工作面位置与时间的关系曲线；分析巷道围岩变形规律；评价围岩稳定性和巷道支护效果。

巷道表面位移常采用十字布点法安设监测断面（图 4 -44），在顶底板中部垂直方向和两帮水平方向钻孔，安装木桩、测钉等测量基点。一个测站一般布置两个监测断面，沿巷道轴向间隔 1.0 m。监测时测读 AO、AB 值，CO、CD 值，也可测量 AC、AD、CB 值，通过计算得到顶板下沉量、底鼓量及帮位移量；测量监测断面距采掘工作面的距离，记录监测时间。

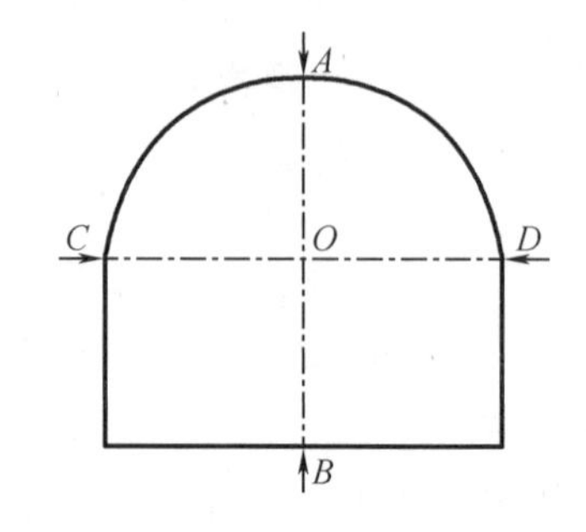

图 4 -44　巷道表面位移监测断面

测量巷道表面位移的仪器有多种，如钢卷尺、测杆、测枪、收敛计等。图 4 -45 所示是 JSS 30/10 型伸缩式数显收敛计，其主要由挂钩、尺架、调节螺母、滑套、紧固螺钉、外壳、数显装置、弹簧、前轴螺母、前轴、联尺、尺卡、尺孔销、带孔钢尺等零部件组成。

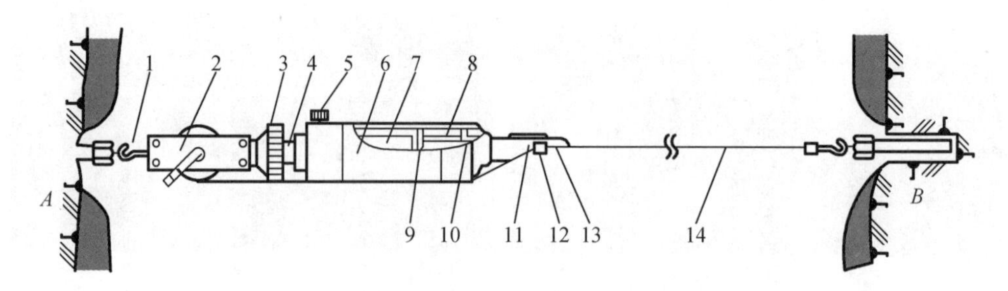

1—挂钩；2—尺架；3—调节螺母；4—滑套；5—紧固螺钉；6—外壳；7—数显装置；8—弹簧；9—前轴螺母；10—前轴；11—联尺；12—尺卡；13—尺孔销；14—带孔钢尺。

图 4 -45　JSS30/10 型伸缩式数显收敛计

2. 巷道顶板离层监测

巷道开挖后，围岩产生变形，顶板出现下沉。顶板岩层不同深度的位移是不相同的，一般浅部岩层的位移较大，深部岩层的位移较小，导致浅部岩层与深部岩层出现位移差，这种位移差称为顶板离层。位移差由煤岩体的弹塑性变形、结构面（层理、节理、裂隙等）变形等组成。在结构面比较发育的条件下，结构面变形占围岩变形的主要部分，而且是影响顶板稳定性的主要因素。测量锚杆支护巷道锚固区内外顶板离层，对评价锚杆支护效果和保证巷道安全具有重要意义。

顶板离层指示仪是测量锚固区内外顶板离层值的仪器（图 4 -46）。顶板离层指示仪在顶板钻孔中布置两个测点:一个设置在锚杆端部位置,另一个设置在比较稳定的深部围岩中。在两个测点处安设固定器,固定器与顶板岩层同步移动。将固定器用测量钢丝与设在顶板表面的测读装置连接,就能测出锚固区内、锚固区外和总的离层值。

3. 深部围岩位移监测

多点位移计是深部围岩位移测量的常用仪器。通过监测布置在钻孔内不同深度的测点,确定这些测点位移和位移规律。一般将孔底点设为基点,然后确定其他点相对于此基点的位移。当基点位于井巷影响圈以外,可以认为该基点是不动点时,其他测点相对于该基点的位移就是绝对位移。

多点位移计一般由孔内固定器、测量钢丝及孔口测读装置组成(图4-47)。根据需要确定钻孔深度、测点数和测点间距,一般每个钻孔内布置4~7个测点。井下测量时,以孔口测读装置上某一固定直线作为基准线,读出每根侧线的刻度数,此数据为每个测点的初读数。以后每隔一段时间测读的数据与初读数之差即为该测点相对于巷道表面的位移值。

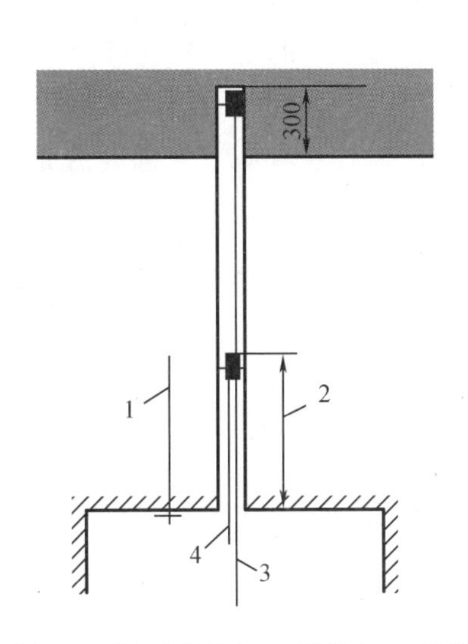

1—锚杆;2—锚杆有效长度;3—深基点;4—浅基点。

图4-46　顶板离层指示仪示意图

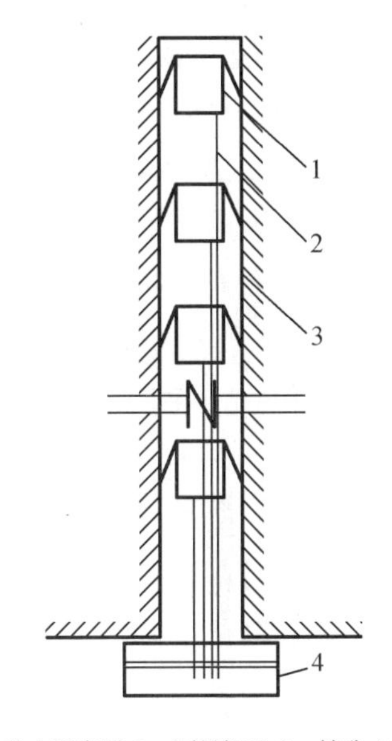

1—孔内固定器;2—测量钢丝;3—钻孔;4—孔口测读装置。

图4-47　多点位移计组成示意图

巷道稳定状况较好时,围岩内部变形的影响范围小,随着时间推移变形速率迅速降低,且曲线规律性好,没有异常状态。

4. 锚杆与锚索受力监测

锚杆与锚索受力监测是巷道矿压监测的重要内容。监测支护体受力大小与分布,可比较全面地了解锚杆与锚索工作状况,判断锚杆是否发生屈服和破断,评价巷道围岩的稳定性与安全性以及锚杆支护设计是否合理有效。

国内外已有多种锚杆与锚索受力监测仪器,按用途分,有安装在孔口、用于测量锚杆(锚索)尾部荷载的锚杆(锚索)测力计,有用于测量全长与加长锚固锚杆受力分布的测力锚杆等。

(1)锚杆(锚索)测力计

锚杆(锚索)测力计通过测量液压枕油压确定锚杆(锚索)尾部承受的荷载,如图 4 - 48 所示,其带圆孔的液压枕与油压读数表组成。该测力计的工作原理非常简单,对于锚杆将液压枕置于锚杆托板上方,锚杆受力挤压托板,托板将压力传递到液压枕上,引起液压枕内油压增加,由油压表读出压力值。经过简单换算,即可得到锚杆尾部承受的拉力。

图 4 - 48　锚杆(锚索)测力计

(2)测力锚杆

锚杆(锚索)测力计只能测量锚杆(锚索)尾部的荷载,适用于端部锚固锚杆。对于加长锚固或全长锚固锚杆,沿杆体长度方向的受力有很大差别,仅仅测量锚杆尾部受力状况并不能反映锚杆的整体应力状态。为了解加长锚固或全长锚固锚杆杆体不同部位的受力大小与分布,国内外研制开发了多种形式的测量仪器。

测力锚杆根据电阻应变测量的工作原理制成,采用电阻应变片作为敏感元件,测量时,电阻应变片与测力锚杆杆体粘贴在一起,同步变形,测量应变片的电阻变化即可测出杆体的应变值,基于杆体应变值,换算出杆体所受的应力值。如图 4 - 49 所示,测力锚杆主要由杆体、应变片、保护接头、静态电阻应变仪、多通道转换开关、连接导线等几部分组成。杆体两侧开设浅槽,全长等距布置 6 对应变片。应变片的引线接入保护头内的插座中,接通应变仪即可进行测试。为了使用方便,将静态电阻应变仪与多通道转换开关合为一体。井下使用时,在需要测量的位置将普通锚杆换成测力锚杆。

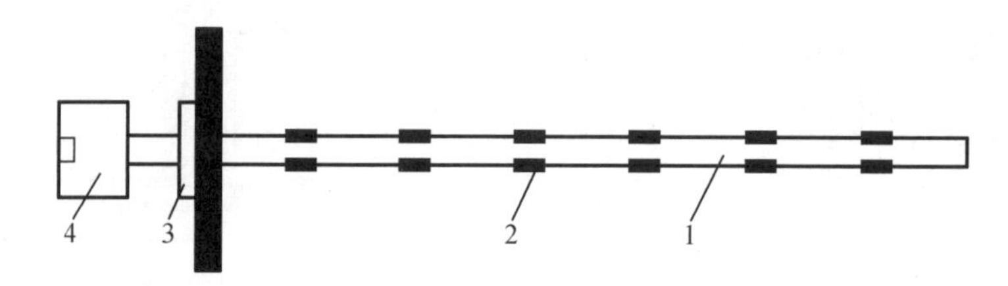

1—杆体;2—应变片;3—保护接头;4—静态电阻应变仪和多通道转换开关。

图 4 - 49　测力锚杆组成示意图

测力锚杆应尽可能靠近掘进工作面安装,但必须保证不被爆破或掘进机切割头破坏。一般距掘进工作面至少大于 0.5 m,以免下一循环掘进时测力锚杆受到破坏。

4.6 其他支护形式

4.6.1 金属支架

支护支架主要包括木支架和金属支架两类。木支架在煤矿已被淘汰。金属支架又包括梯形和拱形金属支架两种形式,均采用矿用特殊钢材制作而成,是一种优良的坑木代用品。矿用特种钢材主要为矿用工字钢、矿用特殊型钢(U 型钢、Π 形钢和特殊槽钢)、轻便钢轨等。

1. 梯形金属支架

梯形金属支架用矿用 11 号工字钢制作,由两腿一梁构成,其常用的梁、腿连接方式如图 4-50 所示。型钢棚腿下焊一块钢板,防止棚腿陷入巷道底板。有时还可以在棚腿之下加设垫木或“铁靴子”(铁板底座)。当顶板压力较大时,可将顶梁制作为带一定弧度的拱形,以提高支架的支撑能力和稳定性。

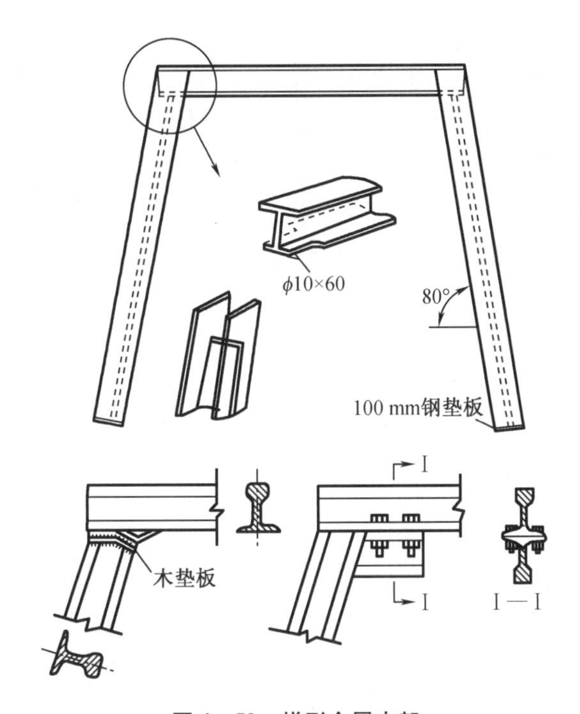

图 4-50 梯形金属支架

这种支架主要用在回采巷道中,或在断面较大、地压较严重的其他巷道中。

2. 拱形可缩性金属支架

拱形可缩性金属支架用矿用 U 型钢制作,每架支架由一根弧形顶梁和两根上端带曲率的柱腿共三个基本构件组成。弧形顶梁的两端插入或搭接在柱腿的弯曲部分上,组成一个三心拱。梁腿搭接长度为 300 ~ 400 mm,该处用两个卡箍固定,结构如图 4-51 所示。柱腿下部焊有铁板作为底座。U 型钢支护的巷道如图 4 – 52 所示。

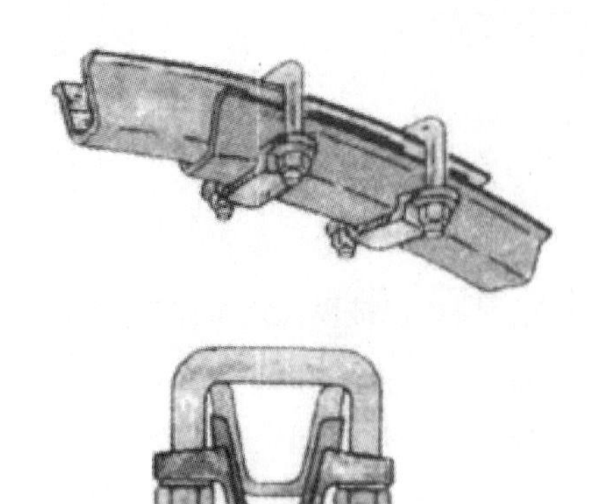

图 4 – 51　U 型钢支架梁腿连接结构

图 4 – 52　U 型钢支护的巷道

支架可缩性用卡箍的松紧程度来调节和控制，通常要求卡箍上的螺帽扭紧力矩约为 150 N · m，以保证支架的初撑力。当巷道地压达到某一限定值后，弧形顶梁即沿着柱腿弯曲部分产生微小的相对滑移，支架下缩，从而缓和了顶部围岩对支架的压力。这种支架在工作中可不止一次地退缩，可缩性比其他形式支架都大，一般可达 300 ~ 350 mm。在设计巷道断面选择支架规格时，应考虑留出适当的变形量，以保证巷道的后期使用要求。

拱形可缩性金属支架适用于地压大且不稳定和围岩变形量大的巷道，支护断面一般不大于 15 m^2。支架棚距一般为 0.7 ~ 1.0 m，棚子之间应用金属拉杆通过螺栓、夹板等互相拉紧，或打入撑柱撑紧，以加强支架沿巷道轴线方向的稳定性。支架与围岩间必须用木板或其他材料充填密实，保证支架整体均匀受力，防止局部受力导致支架扭曲失效。

4.6.2　砌碹支护

砌碹支护是指用料石、混凝土或钢筋混凝土砌筑成的整体支护，具有坚固耐久、防火阻水、通风阻力小、材料来源广等优点。砌碹支护主要用于永久性工程的支护，如立井和斜井井筒、井下主要硐室，以及特别需要加强支护的巷道。这种支护的主要形式是直墙拱顶式，它由拱、墙和基础构成。

拱的作用是承受顶压，并将它传给侧墙和两帮。之所以做成拱形，是为了使拱的各截面中主要产生压应力及部分弯曲应力（在顶压不均匀和不对称时，截面内也会出现剪应力）。内力主要是压应力，可以充分利用料石、混凝土抗压强度高而抗拉强度低的特性。至于截面中的弯矩，可采用合理拱形，使它尽量减小。

墙的作用是支撑拱并抵抗侧压，一般为直墙，当侧压较大时，也可采用弯曲的墙。

基础的作用是把墙传来的荷载及自重均匀地传给底板。底板岩石坚硬时，它可以是直墙的延深部分。当底板岩石松软时，基础必须加宽。当有底鼓现象时，基础还可以砌底拱。

采用砌块砌碹支护时，材料可采用石材、混凝土砌块等。缺点是施工复杂、工期长、成本高，且难以机械化施工，目前已被现浇混凝土支护和锚喷支护所替代。

现浇混凝土支护,是在巷道内借助模板浇灌混凝土而实施的整体式支护结构。这种支护对地质条件适应性强,易于按需要成形,服务年限长,而且可以适合多种施工方法。但由于其施工成本高、劳动强度大、施工速度慢,不能机械化施工等缺点,目前在矿山巷道中应用较少。其主要适用条件是:

(1)当围岩十分破碎,锚喷网等其他支护形式的优越性已不显著时;

(2)围岩十分不稳定,顶帮活石极易塌落,喷射混凝土喷不上、黏不牢,也不容易钻眼安设锚杆时;

(3)大面积淋水或部分涌水,而且处理无效的地段;

(4)有化学腐蚀的地段。

4.6.3 钢筋混凝土管片支护

管片是盾构法施工隧道结构的衬砌主体,对整个隧道的质量和使用寿命起关键作用。隧道衬砌环由数块管片组合而成,管片类型主要有球墨铸铁管片、钢管片、复合管片和钢筋混凝土管片等。钢筋混凝土由于具有管片强度较高、加工制作比较容易、耐腐蚀和造价低等特点,成为国内应用最广泛的管片。

对于采用全断面掘进机施工的长大平硐或软岩巷道,可采用专门设计的全封闭混凝土管片支护,见图4-53。这种混凝土管片支护方式采用了超高标号的钢筋混凝土预制管片,混凝土强度等级最高可达C100。目前,国内管片的价格一般为1 800~2 000 元/米^3,用钢量一般为150~180 kg/m^3,其截面含钢率1.3%左右,每块重4.8~8.0 t。每环根据巷道断面大小由4~6块管片组成圆形封闭支架。

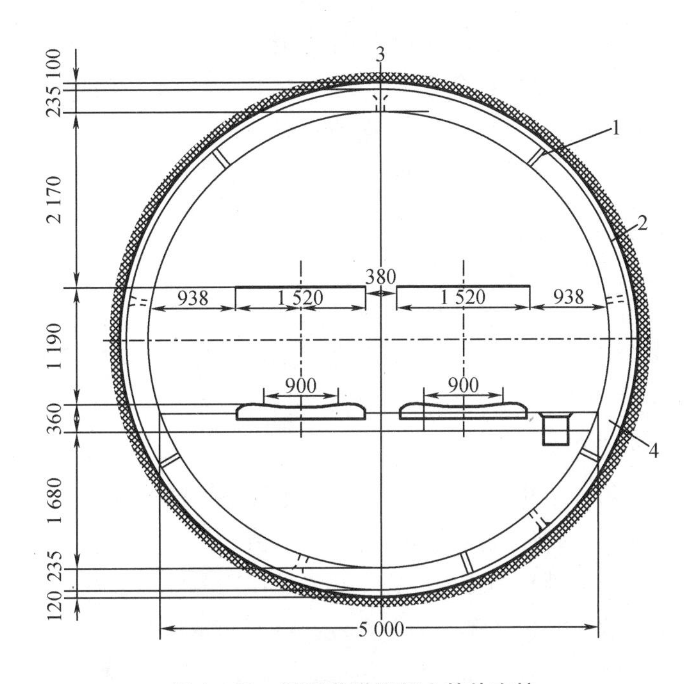

图4-53 圆形巷道混凝土管片支护

管片之间的连接形式有三种:螺栓连接、滑键连接和剪切销连接,见图 4－54。应用最多的是螺栓连接。在组装管片环时用机械手架设,使用纵向和环向螺栓连接管片,这样能确保组装后的成形质量。管片架设后,为增加其可缩性,管片后充填 100 mm 厚的柔性填层。在施工时如遇顶帮难于维护,可采用锚喷支护与管片联合支护,即先锚喷支护后再架设管片。

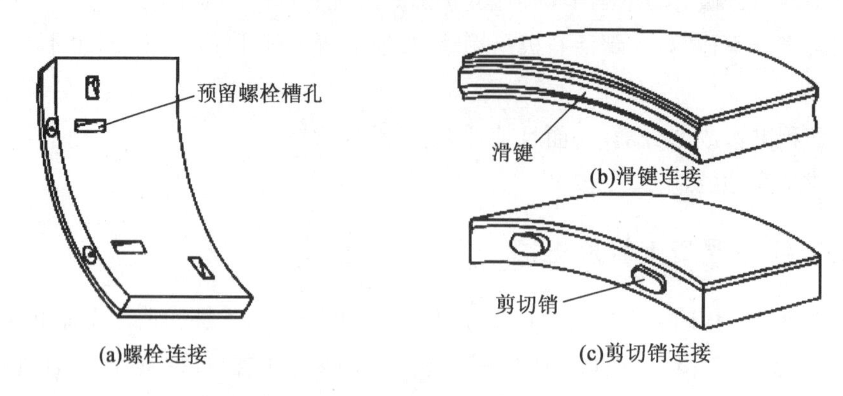

图 4－54 钢筋混凝土管片的连接形式

预制混凝土管片支架的最大优点是能在地面预制,保证质量,也有利于批量化生产和井下装配式机械化安装,具有强度大可承受高地压以及风阻小、节电等优点。

复习思考题

1. 按支护机理,巷道的支护形式可分为哪几大类?
2. 硅酸盐水泥熟料的主要矿物组分是什么? 它们单独与水作用时有何特性?
3. 什么是水泥的初凝时间、终凝时间? 各有何具体要求?
4. 对于混凝土有哪些技术要求? 影响混凝土强度的主要因素有哪些?
5. 什么是混凝土的和易性? 有哪些指标?
6. 如何提高混凝土的耐久性?
7. 矿山支护常用金属材料有哪几种? 各有什么特点?
8. 锚杆支护原理是什么? 评述各种锚杆支护原理的优缺点。
9. 支护设计方法有哪些? 理论计算法怎样确定锚杆参数?
10. 喷射混凝土支护的原理是什么?
11. 混凝土喷射工艺有哪几种? 干式混凝土喷射工艺有哪些缺点?
12. 喷射混凝土的工艺参数包括哪些? 应怎样取值?
13. 锚杆支护系列包括哪几种支护方式? 它们的使用条件什么?
14. 巷道矿压监测的内容包括哪些方面? 各有哪些测量仪器?
15. 高强锚杆包括哪些组合构件?
16. 锚注支护的原理是什么?

第5章 巷道施工组织与管理

施工组织设计与质量管理是井巷工程实现科学管理、提高效益的重要手段。要实现巷道的快速、高效、低耗和安全施工,除了正确选择合理的施工作业方式外,还要采用科学的施工组织形式,坚持正规循环作业和多工序平行交叉作业。另外,井巷工程投资大,建设及使用时期长,只有符合设计和质量标准,才能交付使用,保证生产安全和发挥投资效益。

5.1 巷道施工作业方法

5.1.1 巷道施工方法

巷道施工一般有两种方法:一次成巷和分次成巷。

一次成巷是将巷道施工中的掘进、支护、水沟掘砌和铺轨四个分部工程视为一个整体,在一定距离内最大限度地同时施工,一次完成巷道,不留收尾工程。实践证明,一次成巷具有施工安全、成巷速度快、工程质量好和降低成本、便于管理等优点。因此,相关规范明确规定,巷道的施工应一次成巷。

分次成巷主要是针对砌碹支护的巷道,是把巷道的掘进和永久支护两个分部工程分两次完成,先把整条巷道掘出来,暂以临时支架维护,以后再拆除临时支架进行永久支护、水沟掘砌和铺轨。分次成巷的缺点是成巷速度慢、材料消耗量大、工程成本高。因此,除了工程上的特殊需要外,一般不采取分次成巷施工法。

在矿井建设过程中,有的通风巷道急需贯通,可以采用分次成巷的方法。即先用小断面快速贯通以解决通风问题,然后再刷大断面,并进行永久支护。在巷道贯通施工时,为了防止测量误差造成巷道贯通出现偏差,可在贯通点附近先用小断面贯通,纠正偏差后再刷大断面和进行永久支护。

随着锚杆支护技术的广泛应用、巷道掘进装备水平的不断提高以及巷道施工组织管理技术水平的发展和完善,一次成巷作业方法已成为目前巷道施工的普遍作业方法,尤其是在以无轨胶轮车作为辅助运输的巷道施工中,表现出显著优势。

5.1.2 一次成巷的作业方式

根据巷道施工过程中掘进与永久支护在空间和时间上的相互关系,一次成巷作业方式又可分为掘进与永久支护平行作业、掘进与永久支护顺序作业和掘进与永久支护交替作业三种。

1. 掘进与永久支护平行作业

所谓掘进与永久支护平行作业，是指永久支护在掘进工作面之后保持一定距离，与掘进同时进行。永久支护与掘进工作面间的距离：当采用锚喷作永久支护时，应紧跟掘进工作面；当采用砌碹支护时，应设临时支护，临时支护紧跟工作面，但永久支护与掘进工作面间的距离不宜大于 40 m。掘进与永久支护平行作业方式的施工难易程度，主要取决于永久支护的类型：

（1）如永久支护采用金属拱形支架时，则工艺过程较为简单。永久支护随掘进工作而架设，在爆破之后对支架进行整理和加固。

（2）如永久支护采用砌碹支护，掘进和砌碹之间就必须保持适当的距离（一般为 20～40 m）才不会造成两工序的互相干扰和影响，同时也可以防止爆破崩坏碹体。在这段距离内，为保证掘进施工安全可采用锚喷或金属拱形支架作为临时支护。这样，在相距不到 40 m 范围内就有几个工种和几个工序在同时施工，工艺过程较为复杂。在有限的空间内，必须组织安排好各工种和各工序的密切配合，做到协调一致。

（3）如永久支护为单一喷射混凝土支护时，喷射工作可紧跟掘进工作面进行。先喷一层 50 mm 厚的混凝土，作为临时支护控制围岩。随着掘进工作面的推进，在距掘进工作面 20～40 m 处再进行二次补喷，二次补喷与工作面的掘进同时进行，补喷至设计厚度为止。

（4）如永久支护采用锚杆喷射混凝土联合支护，则锚杆可紧跟掘进工作面安设，喷射混凝土工作可在距工作面一定距离处进行。如顶板围岩不太稳定，可以在爆破后立即喷射一层 50 mm 厚的混凝土封顶护帮，然后再打锚杆，最后复喷喷射混凝土和工作面掘进平行作业，喷至设计厚度为止。

掘进与永久支护平行作业时，由于永久支护不单独占用时间，施工设备利用率高，因而可以降低工程成本、提高成巷速度。但这种作业方式需要同时投入的人力、物力较多，组织工作比较复杂，故一般适用于围岩比较稳定、掘进断面大于 12 m^2 的巷道，以免掘进与永久支护工作互相干扰，从而影响成巷速度。

2. 掘进与永久支护顺序作业

所谓掘进与永久支护顺序作业，是指掘进与永久支护两大工序在时间上按先后顺序进行。即先将巷道掘进一段距离后停止掘进，然后进行永久支护工作，当围岩稳定时，掘进与永久支护之间的间距一般为 20～40 m，最大距离不超过 40 m，当围岩不稳定时，应采用短段掘支顺序作业，每段掘、支间距为 1～3 个循环进尺，并尽量使永久支护紧跟掘进工作面。

当采用锚喷永久支护时，通常有两种方式，即两掘一锚喷和三掘一锚喷。两掘一锚喷，是指采用“三八”工作制，两班掘进，一班锚喷。三掘一锚喷，是指采用“四六”工作制，三班掘进，一班锚喷。掘进班掘进时先打一部分护顶帮锚杆作临时支护，以保证掘进安全；锚喷班则按设计要求补齐锚杆并喷射混凝土到设计厚度。采用这种作业方式时，要根据围岩稳定性确定掘进和锚喷之间的距离。

掘进与永久支护顺序作业的特点是掘进和支护轮流进行，并且由一个施工队来完成，因此所需的劳动力和同时投入的设备都较少，施工组织比较简单。但该作业方式要求工人既会掘进,又会锚喷或砌碹,故对工人的技术水平要求较高。与掘进与永久支护平行作业相比,这种作业方式成巷速度一般较慢,适用于掘进断面较小、围岩不太稳定、对工期没有严格要求的情况。

3. 掘进与永久支护交替作业

所谓掘进与永久支护交替作业,是指在两条或两条以上距离较近的巷道中,由一个施工队分别交替进行掘进和永久支护工作。即将一个施工队分成掘进和永久支护两个专业小组,掘进组在甲工作面掘进时,支护组在乙工作面进行永久支护。当甲工作面转为支护时,乙工作面同时转为掘进,掘进与永久支护轮流交替进行。这样,对每条巷道来说,掘进与永久支护是顺序进行的;但对相邻的两条巷道来说,掘进与永久支护则是轮流、交替进行的。这种作业方式实质上是在甲、乙两个工作面分别进行掘进与永久支护顺序作业,而人员轮流交替。

这种交替作业方式工人按工种分工,掘进与永久支护在不同的巷道内进行,避免了掘进和永久支护工作的互相影响,有利于提高工人的操作能力和技术水平,也有利于提高机器设备的使用效率。但这种作业方式占用设备多、人员分散、不易管理,必须经常平衡各工作面的工作量,以免因工作量的不均衡而造成窝工。

三种作业方式中,以掘进与永久支护平行作业的施工速度最快,但工序间的干扰多,因而效率低,费用高。对于需要组织快速施工的巷道,宜采用掘进与永久支护平行作业。掘进与永久支护顺序作业和掘进与永久支护交替作业,其施工速度比平行作业低,但人工效率高,掘进与永久支护工序互不干扰。对于围岩稳定性较差、管理水平不高的施工队伍,宜采用掘进与永久支护顺序作业,条件允许时亦可采用掘进与永久支护交替作业。

5.2 巷道施工组织与管理

5.2.1 正规循环作业

巷道采用钻爆法施工时,各个工序都是按照一定的顺序周而复始进行的,如钻眼→装药→爆破通风→安全检查与临时支护→装岩→运输→永久支护等。这些工序每完成一次即完成一个循环,就可使工作面向前推进一段距离,称为循环进尺,而将这种作业形式称为循环作业。完成一个掘进循环所需的时间称为掘进循环时间。

为组织和指导循环作业,在施工前将掘进循环中各工序的持续时间、先后顺序和相互之间的衔接关系,用图表的形式表示出来,该图表称为循环图表。

所谓正规循环作业,是指在巷道掘进工作面及规定时间内,以一定的人力、物力和技术装备,按照作业规程、爆破图表和循环图表的规定,完成全部的工序及其工作量,取得预期的进度,并保证生产有序、周而复始的进行。实践证明,坚持正规循环作业,是提高掘进效率的一项重要措施,也是完善企业管理、降低成本的重要环节。

5.2.2 多工序平行交叉作业

巷道施工的基本工序包括工作面定向(测量)、炮眼布置、钻眼工作、装药连线、爆破通风、安全检查、洒水、临时支护、装岩与运输、清底、永久支护、水沟掘砌和管线安设等。

多工序平行交叉作业:在同一工作面、同一循环时间内,凡是能同时施工的工序,都要尽量安排其同时进行,即平行作业;不能同时施工的工序,也可以使其部分同时进行,即交叉作业。采用多工序平行交叉作业是实现正规循环作业的基本保障措施。

在掘进中,钻眼和装岩这两个工序的工作量大、占用时间长,如果采用气腿式凿岩机钻眼,在工序安排上应使钻眼与装岩两工序最大限度地平行作业。具体办法是:实现抛渣爆破,爆破后在岩堆上钻上部炮眼和锚杆眼与装岩平行作业;装岩工作结束后,工作面钻下部炮眼可与铺设临时轨道、检修装载机平行作业。此外,交接班可与工作面安全检查平行作业;检查中线、腰线与钻眼准备和接长风水管路多工序平行作业;装药与施工机具的撤离和掩护平行作业;架设临时支架与装岩准备工作平行作业等等。

目前,在我国巷道施工机械化水平和设备生产率不高的情况下,实现多工序平行交叉作业对提高掘进速度和工效是十分必要的。但是,随着大型高效掘进设备的应用,掘进机械化水平不断提高,每道工序的时间大大缩短,顺序作业的工作单一、工作条件好的优越性将得以体现,从而可以大幅度提高工作效率,减少工人数量和降低劳动强度。再者,由于设备体积大,受巷道空间的限制,钻眼与装岩也难以平行作业。采用顺序作业,工作内容单一,工作条件好,便于应用高效率的掘进设备,提高掘进机械化水平。因此,掘进与永久支护顺序作业必然是今后岩巷施工的发展方向,而多工序平行交叉作业将只有在掘进速度要求较高且装备机械化水平较低时采用。

5.2.3 循环图表的编制

循环图表的编制包括掘进循环时间的确定,掘进、支护循环图表编制及调整等。掘进循环时间是掘进各连锁工序时间的总和,工序时间应以已颁发的定额为依据。由于每个掘进队的具体情况不同,因此必须对承担施工任务的掘进队进行工时测定。

一般地,循环图表的编制程序可概括如下。

1. 确定日工作制度

目前大多数煤矿采用“三八”工作制(即施工队每天分为3个工作班,每班工作时间为8 h),煤矿基本建设的施工单位也有采用“四六”工作制(地面辅助工仍为“三八”工作制)。

近年来,根据巷道施工特点和分配制度的改革,有的煤矿实行了按工作量分班的“滚班制”,即每个班的工作量是固定的,其工作时间是可变的。何时完成额定工作量则何时交班,不再是按时间交接班。班组的考核不再是以工作时间为指标,而是以实际完成的工作量为指标,并直接与职工的工资和奖金挂钩。“滚班制”改变了过去工作制中的分配不公现象,调动了职工的积极性,但也给管理工作带来了一定的难度。它要求正在施工的班组在完成工作量之前一小时就要电话通知工区值班室,值班员再通知下一班职工做好接班准备。

2. 选择施工作业方式

在工作制度确定以后，要根据巷道设计断面和地质条件、施工任务、施工设备，施工技术水平和管理水平，进行作业方式的比选，确定巷道施工的作业方式。

3. 确定循环方式和循环进尺

巷道掘进循环方式可根据具体条件选用单循环（每班一个循环）或多循环（每班完成两个以上的循环）。正规循环作业要求每个班完成的循环数应为整数，即一个循环不要跨班（日）完成，否则不便于工序间的衔接，施工管理比较困难。当求得小班的循环数为非整数时应调整为整数。调整方法应以尽量提高工效和缩短辅助时间为原则。对于断面大、地质条件差的巷道，或采用超深孔光爆时，也可以实行一日一个循环。

在巷道施工中，循环进尺主要取决于炮眼深度和爆破效率。根据目前大多数煤矿仍用气腿式凿岩机的情况下，炮眼深度一般为1.6～2.2 m较为合理。当采用凿岩台车配以高效凿岩机时，应采用大于2.0 m的中深孔爆破，对提高掘进效率更为有利。

4. 计算各工序作业时间

一次循环作业所需的时间可用下式表示：

$$T = T_1 + T_2 + T_3 + T_4 + T_5 + T_6 \tag{5-1}$$

当炮眼深度确定后，根据炮眼利用率就确定了各工序的工作量，然后便可根据设备情况、工作定额（或实测数据）来确定、计算各工序所需要的作业时间：

（1）安全检查及准备工作时间 T_1，也就是交接班的时间，一般在10 min以内。

（2）装岩时间 T_2（min）：

$$T_2 = 60 \times \frac{Sl\eta k}{np} \tag{5-2}$$

式中 S——巷道掘进断面面积，m^2；

l——炮眼平均深度，m；

η——炮眼利用率，一般为0.85～0.95；

p——装载机实际生产率，m^3/h（计算时小时换算成分钟）。装载机实际生产率相差很大，与围岩情况、爆破技术、司机操作水平、调车运输设备与方法等有关，一般不超过装载机额定生产率的60%；

k——岩石的碎涨系数，计算时可取 $k=2.0$；

n——工作面同时工作的装载机台数，一般情况下 $n=1$。

（3）钻眼时间 T_3（min）：

$$T_3 = \varphi(t_1 + t_2) = \varphi \times \frac{Nl}{mv} \tag{5-3}$$

式中 t_1——钻上（左）部眼时间，min；

t_2——钻下（右）部眼时间，min；

φ——钻眼工作单行作业系数，钻眼、装岩平行作业时 φ 值一般为0.4～0.6，钻眼、装岩顺序作业时 φ 值等于1；

N——工作面炮眼总数，个；

m——同时工作的凿岩机(或钻机)台数;

v——凿岩机的实际平均钻速,m/min,常采用经验数据。

(4)装药连线时间 T_4(min),与炮眼数目和同时参加装药连线的工人组数有关:

$$T_4=\frac{Nt}{A} \tag{5-4}$$

式中 N——工作面炮眼总数,个;

t——一个炮眼装药所需时间,min/个;

A——在工作面同时装药的工人组数,一般不超过 2 组,只有班组长可以协助爆破工进行装药。

(5)爆破通风时间 T_5,一般为 15 min。

(6)支护时间 T_6,如果临时支护或永久支护占用循环时间,应将其计算在内,min。

5. 计算循环总时间

根据计算结果,为防止难以预见的工序延长,提高循环图表完成的概率,应增加 10% 的备用时间,故一个循环总时间:

$$T=1.1\times\left(T_1+60\times\frac{Sl\eta k}{np}+\varphi\times\frac{Nl}{mv}+\frac{Nt}{A}+T_5+T_6\right) \tag{5-5}$$

按正规循环作业要求,循环总时间一般应调整为每班工作时间的整数倍,以方便管理。

6. 循环图表的编制

在循环时间确定后,即可编制循环图表。循环图表中第一栏为各工序名称,按顺序关系自上而下排列;第二栏自上而下为各工序对应的工作时间;第三栏为各工序对应的工程量;第四栏为用横道线表示的各工序的延续时间和工序间在时间和空间上的相互关系。编制好的循环图表,需在实践中进一步修改,使之不断改进、完善,真正起到指导施工的作用。

图 5-1 和图 5-2 所示分别是“四六”工作制“四掘两支”平行作业循环图表和“三八”工作制“两掘一支”顺序作业循环图表。

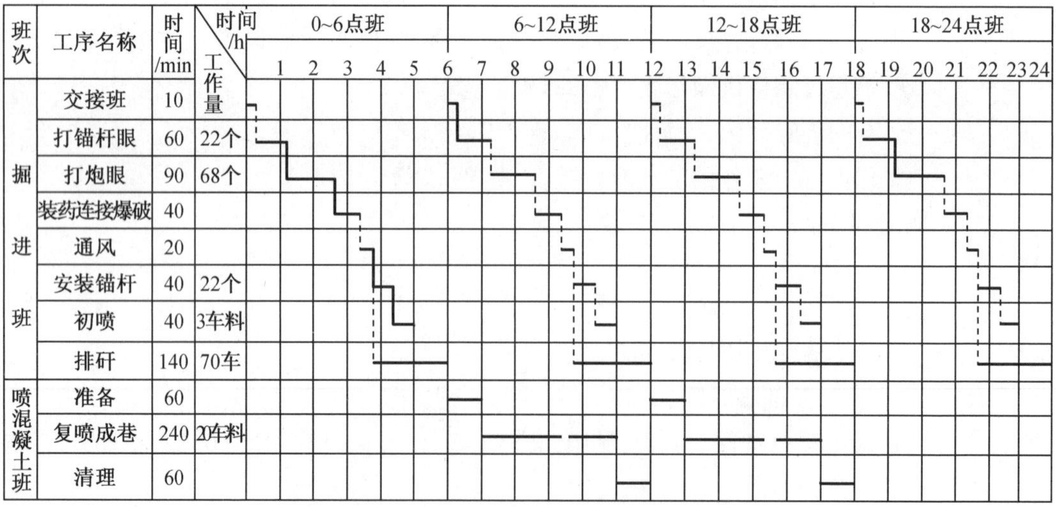
班次
工序名称
时间/min
工作量
时间/h
0~6点班
6~12点班
12~18点班
18~24点班
1 2 3 4 5 6 7 8 9 10 11 12 13 14 15 16 17 18 19 20 21 22 23 24
掘进班
交接班 10
打锚杆眼 60 22个
打炮眼 90 68个
装药连接爆破 40
通风 20
安装锚杆 40 22个
初喷 40 3车料
排矸 140 70车
喷混凝土班
准备 60
复喷成巷 240 20车料
清理 60

图 5-1 “四掘两支”平行作业循环图表

序号	工序名称	工作时间		掘进班工作时间/h								锚喷班工作时间/h							
		/h	/min	1	2	3	4	5	6	7	8	1	2	3	4	5	6	7	8
1	进班工作准备	1																	
2	倒矸	1																	
3	打眼(58个)	4																	
4	装药	1																	
5	连线		30																
6	爆破通风		30																
7	出矸(50车)	5	33																
8	拌料	1																	
9	初喷(7车)	2	30																
10	打锚杆眼	3	30																
11	安装锚杆	3																	
12	耙矸机后复喷	3																	

图5-2 “两掘一支”顺序作业循环图表

5.3 掘进队的劳动组织形式与管理制度

5.3.1 掘进队的劳动组织形式

劳动组织是掘进工作中的一个重要问题。组织合理与否的标志是每个人的技术专长是否能充分发挥,工时是否能充分利用,是否有利于各工种之间的团结协作。目前,我国常用的有综合掘进队和专业掘进队两种组织形式。

1. 综合掘进队

综合掘进队是将巷道施工中的主要工种(掘进、支护)以及辅助工种(机电维修、运输、通风、管路等)组织在一个掘进队内,各工种既有明确的分工又要密切配合协作,共同完成各项施工任务。其特点是指挥统一,有利于培养工人一专多能。

综合掘进队的规模,可根据矿区特点、工作面运输提升条件等确定。一般地,有单独运输系统的掘进工程,如平硐或井下独头巷道,可组织包括掘进、支护、掘砌水沟、铺轨、运输、机电检修、通风等工种的大型综合掘进队。当多工作面合用一套运输、检修系统时,如井底车场、运输大巷及运输石门等,可组织有掘进、支护、掘砌水沟等工种的小型综合掘进队。

2. 专业掘进队

专业掘进队的特点是各工种严格分工,一个工种只担负一种工作,各工种是单独执行任务的。通常专业掘进队只有主要工序的工种(掘进、支护),辅助工种则另外设立工作队并服务于若干个专业掘进队。

专业掘进队任务单一,专业性较强、技术比较熟练、管理比较简单。但是因受辅助工种影响较大,专业掘进队工种间的配合不如综合掘进队协调、及时,故其工时利用率低。目前在煤矿生产中应用较少,而在煤矿基本建设单位,特别是在立井井筒施工中采用较多。

5.3.2 掘进队的基本管理制度

为充分发挥掘进队的设备、技术优势,搞好生产管理工作,必须健全和坚持以岗位责任制为中心的各项管理制度。

1. 工种岗位责任制(表5-1)。根据井巷施工特点及工作性质,将每个小班的人员划分成若干作业组(如钻眼爆破组、装岩运输组、支护组等),每个小组或个人按照循环图表规定的时间,使用固定的工具或设备,在各自岗位上保质保量地按时完成任务。工种岗位责任制要求人员固定、岗位固定、任务固定、设备固定、完成时间固定。其特点是:任务到组、固定岗位、责任到人。

2. 技术交底制。工程开工前应由工程技术人员就施工组织设计(或作业规程、施工技术、安全措施等)进行技术交底,从而使每个职工对自己所施工巷道的性质、用途、规格、质量要求、施工方案、施工设备、安全措施等有比较全面的了解。

3. 施工资料积累制。班组要有工人出勤、主要材料消耗、班组进度、工程量、正规循环作业完成情况等原始记录资料;对于隐蔽工程应做好原始记录(包括隐蔽工程图);对于砂浆、混凝土应做取样试验,并有试验证书;对于锚杆应有锚固力、预紧力检验记录等。为配合竣工验收,还应提供巷道的实测平面图,纵、横断面图,井上、下对照图,井下导线点、水准点图及有关测量记录成果表,地质素描图、岩层柱状图等。这些资料是施工的重要成果和评定工程质量的重要依据,因此要注意在施工过程中收集和积累。

4. 安全生产制。要根据作业特点,制定灾害预防计划、安全技术措施,组织职工认真学习并严格贯彻执行;要建立和健全群众性的安全组织,定期开展安全生产活动,对职工进行安全生产技术教育;要按规定配齐安全生产工具和职工的劳动保护用品;要搞好文明生产和工业卫生,改善劳动条件,做好综合防尘;建立领导值班和正常的安全检查制度。

5. 质量负责制。贯彻质量负责制就是要把质量标准、施工规范与质量验收规范、设计要求落实到班、组、个人,严格按照质量标准和施工规范进行施工,确保工程质量符合设计要求;实行工程挂牌制(班、组、个人留名),队长、技术员要全面负责本队的工程质量;要建立自检、互检和专检等质量检查制度,要严格按照质量标准进行验收,评定等级;检查验收中不合格的工程要返修并追究责任。

此外,掘进队的基本管理制度还有工作面交接班制度、设备维修保养制、考勤制和班组经济核算制等。

表 5－1　掘进工作面岗位责任制图表

<table>
<tr><th colspan="2" rowspan="2">工种</th><th rowspan="2">人数</th><th colspan="9">时间/h</th></tr>
<tr><th colspan="2">1</th><th colspan="2">2</th><th>3</th><th colspan="2">4</th><th>5</th><th>6</th></tr>
<tr><td colspan="2">班长</td><td>1</td><td rowspan="2">交接班
检查工
程规格
和质量</td><td>延伸中心线
布置掏槽眼</td><td colspan="2">给(1)(2)钻工
掌钻杆、定眼位</td><td>向调度室汇报
申请车皮</td><td rowspan="3">爆
破</td><td colspan="2">清理工作面</td><td>检查工作
准备交接</td></tr>
<tr><td colspan="2">副班长</td><td>1</td><td>延伸腰线
布置周边眼</td><td colspan="2">给(3)(4)钻工
掌钻杆、定眼位</td><td rowspan="2">装药连线</td><td colspan="3" rowspan="2">洒水除尘</td></tr>
<tr><td colspan="2">爆破工</td><td>1</td><td colspan="4">装配引药,制作炮泥</td></tr>
<tr><td colspan="2">机修工兼装载机司机</td><td>1</td><td colspan="5">检查、维修、保养、凿岩和装载机械</td><td rowspan="7">撤
出
全
部
人
员</td><td colspan="3">装　岩</td></tr>
<tr><td rowspan="4">钻眼工</td><td>(1)</td><td>1</td><td colspan="2" rowspan="2">打巷道右帮、
顶部炮眼、锚杆眼</td><td colspan="2" rowspan="2">打右部炮眼</td><td>撤出机具</td><td colspan="3" rowspan="2">推　车</td></tr>
<tr><td>(2)</td><td>1</td><td>清扫炮眼</td></tr>
<tr><td>(3)</td><td>1</td><td colspan="2" rowspan="2">打巷道左帮、
顶部炮眼、锚杆眼</td><td colspan="2" rowspan="2">打左部炮眼</td><td>撤出机具</td><td colspan="3" rowspan="2">推　车</td></tr>
<tr><td>(4)</td><td>1</td><td>清扫炮眼</td></tr>
<tr><td rowspan="2">锚喷工</td><td>(1)</td><td>1</td><td colspan="2" rowspan="2">搅拌混凝土</td><td rowspan="2">清洗
岩帮</td><td rowspan="2">清理
水、物</td><td rowspan="2">安装锚杆</td><td colspan="3" rowspan="2">喷射混凝土</td></tr>
<tr><td>(2)</td><td>1</td></tr>
</table>

复习思考题

1. 什么叫一次成巷？若巷施工有哪几种作业方式？应如何选用？
2. 怎样编制岩巷施工循环图表？
3. 为什么要强调正规循环作业？
4. 怎样才能做到多工序立体交叉平行作业？钻眼不平行系数应如何选取？
5. 岩巷施工中有哪几种劳动组织形式？各有何优缺点？
6. 工种岗位责任制包括哪些内容？

第6章　采区巷道与煤仓施工

6.1　概　　述

6.1.1　采区巷道的概念

采区巷道是指直接为生产服务的各类巷道，多布置于煤层或煤层附近，一般又称为煤层巷道，如采区车场、采区上(下)山、运输巷道、回风巷道和开切眼等。由于布置于煤系地层中，煤层巷道有煤巷和半煤岩巷之分。沿煤层掘进的巷道，在掘进断面中，若煤层占4/5(包括4/5在内)，就称它为煤巷；而当岩层占掘进断面1/5~4/5时，即称为半煤岩巷道。由于煤层赋存多数具有一定倾角，采区巷道又有平巷和斜巷之分。

值得注意的是，近年来矿井开拓巷道有布置于煤层的趋势，因此，煤层巷道不一定就是采区巷道。不过按照习惯，煤层巷道一般不特别指明的话，就是采区巷道。就施工而言，不论是开拓巷道的煤层巷道，还是采区的煤层巷道，施工上是基本相同的，只是采区煤巷较为复杂。本章所述采区巷道的施工方法，也适合开拓煤巷的施工。

对于新建矿井，采区巷道工程约占矿井总井巷工程量的40%，而工期占整个矿井工期的30%~40%。对于生产矿井，采区巷道工程约占矿井总井巷工程量的90%。近年来，矿井设计中已经开始把绝大多数巷道布置在煤层中，多掘煤巷少掘岩巷。在破岩方面，煤层巷道的施工使用掘进机掘进已变得比较普遍，钻眼爆破法总趋势在逐渐减少，综合机械化掘进程度逐步提高，已研制开发和引进使用了近20种悬臂式部分断面掘进机；在支护方面，成功地开发和推广使用了煤巷锚杆支护技术，使煤巷锚杆支护设计、施工机具、支护材料均得到快速发展。因此，煤巷机械化掘进和锚杆支护技术已经成为煤层巷道施工的主要方法，成为我国高产高效矿井建设和生产必不可少的技术支撑。

综采生产技术在我国煤矿获得广泛应用，这促使煤层巷道的年消耗量大幅增加，采掘失调情况严重。我国百万吨综采工作面屡见不鲜，并已出现年产1 000万t以上的综采工作面。因此，煤巷快速掘进与锚杆支护施工已经成为制约煤矿高产高效生产的技术瓶颈，是亟待研究和开发的关键性技术。因此，不论新建矿井，还是生产矿井，煤层巷道工程数量很大，研究和讨论煤层巷道施工方法具有重要意义。

6.1.2 采区巷道的特点

与井底车场巷道、硐室及主要运输大巷等施工条件相比,采区巷道掘进工程量大,围岩性质差,掘进工作面多且分散,具体有以下特点:

1. 采区巷道处于煤层中或煤层附近,有瓦斯爆炸和旧矿井水害的威胁。因此,必须加强瓦斯检查和处理,注意探水,防止采空区积水造成的危害。

2. 采区巷道所穿过的煤层或岩层一般强度较小,掘进较容易,但稳定性较差,而且多受采动影响。因此,应该注意选择合理的掘进方式和支护参数。

3. 采区巷道远离井口,工作面又多又分散。因此,通风和运输工作比较复杂。

4. 采区巷道煤层褶皱起伏多,存在各种断层,正确地进行巷道定向有困难。因此,必须根据使用要求及安全的原则,合理布置巷道。施工中加强测量放线工作,避免无效进尺。

5. 采区巷道随掘随采,服务期限短,一般短的只有 1 ~2 个月,长的有 0.5 ~1 年;允许变形量大,可有 0.3 ~1.0 m 的收敛量。因此,要选择适应大变形、可以复用、施工容易的支护方式和参数。

6.2 全煤巷道施工

据统计,全煤巷掘进量约占生产矿井掘进总量的 90% 。例如 2001 年,某国有重点煤矿掘进总进尺高达 5 045 km,其中煤巷约 4 480 km,占总进尺的 88.9% ;全国 256 个综采工作面年掘回采巷道 820 km,其中综掘总进尺达 650 km。可见,全煤巷掘进是矿井掘进的重要组成部分。近年来,煤巷施工速度有大幅度提高,但是掘进方式没有本质的突破,仍然是炮掘和机掘两种方式并存。

6.2.1 钻眼爆破法掘进煤巷

钻眼爆破法掘进煤巷具有灵活、方便、成本低廉、适应性强,可掘任何形状、长短的巷道等优点。另外,钻眼爆破法掘进煤巷的潜力还很大,组织好炮掘巷道的快速施工,对于保持矿井正常的采掘关系,维持矿井的稳产、高产具有重要意义。

对于钻眼爆破法,由于掘进中破碎煤比较容易,装煤工作量相对占掘进循环作业时间较长。因此,应尽力解决装煤机械化问题,以减轻工人劳动强度,提高劳动效率,加快煤巷掘进速度。

1. 爆破方法

煤巷炮眼与岩巷一样由三类炮眼组成,布置时,考虑到煤层容易爆破,掏槽眼应布置在软煤带中,多数情况采用扇形、半楔形、楔形和锥形掏槽。为了防止崩倒支架,多将掏槽眼布置在工作面的中下部。若炮眼较深时,则可采用复式掏槽。煤巷掘进的掏槽方式如图 6 -1所示。

煤巷掘进炮眼深度一般为1.5~2.5 m。炮眼深度与围岩性质、钻眼机具以及施工工艺所能达到的速度、支护及装运能力有关。表6－1所列为某矿的炮眼深度分别为2.0 m、2.5 m、3.0 m时爆破与掘进速度的关系结果。现场试验表明，采用2.5 m中深孔爆破时，既实现了小班正规循环，又能加快掘进速度，但目前炮眼深度采用中深孔的并不普遍。

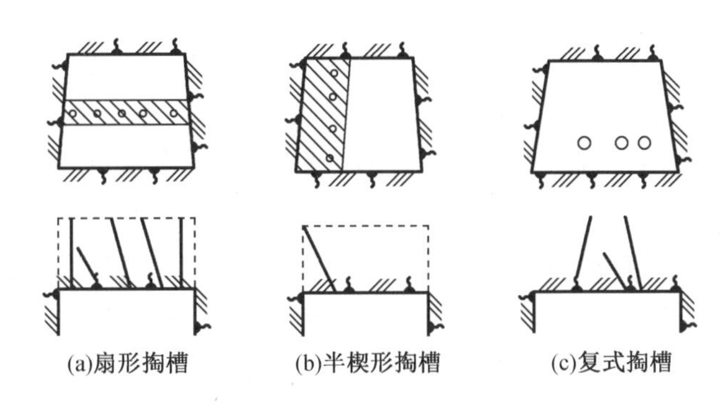

图6－1 煤巷掘进的掏槽方式

表6－1 炮眼深度与掘进速度的关系

眼深/m	眼数/个	钻眼时间/min	爆破总时间/min	每循环支护时间/min	每循环装运时间/min	循环进尺/m	小班循环次数	小班进度/m
2.0	33	43	93	64	54	1.8	2.3	4.0
2.5	33	52	108	72	60	2.3	2.0	4.6
3.0	33	92	158	90	72	2.7	1.5	4.05

在煤巷施工中，推广光面爆破很重要，较为光滑平整的岩壁，可以取得好的巷道稳定性和减少矸石外排量。为了安全，煤巷中各圈炮眼要采用毫秒爆破，在瓦斯煤层中，毫秒延期电雷管的总延期时间不得超过130 ms。

在煤层较松软时，为减少对巷道围岩的扰动、避免发生超挖现象、取得较好的光面效果，周边眼布置时，应该考虑巷道顶、帮由于爆破产生的松动范围，要与顶帮轮廓线保持适当距离，并适当减少其装药量。这个松动范围的厚度，一般硬煤为150~200 mm，中硬煤为200~250 mm，软煤为250~400 mm。

2. 装煤方法

煤巷掘进一般采用耙斗式装载机和蟹爪式装煤机械。图6－2所示为ZMZ－17型蟹爪式装煤机。该机适用于断面在8 m^{2}以上、净高1.6 m以上的煤巷及倾角小于10°的上、下山。它由蟹爪、可弯曲的链板输送机及行走部组成，生产能力为50 t/h，履带行走速度为17.5 m/min，其尾部链板输送机部分可左右回转45°，整机重4 010 kg。

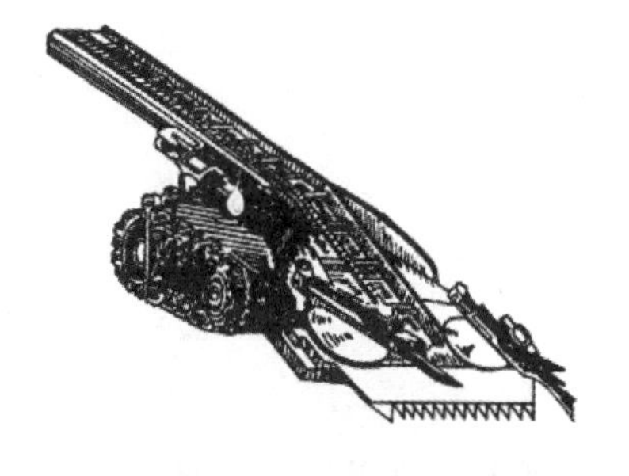

图6－2 ZMZ－17型蟹爪式装煤机

有时煤巷掘进也使用更好的装煤机械。如 ZYP－345 型煤巷装运机，可将煤巷掘进中的装煤、运煤和进料三大工序统一起来实现机械化，用于起伏坡度 5°以下、每次弯曲 25°以内的各种巷道断面中，在掘进中可装半煤岩或全岩。

6.2.2 掘进机掘进煤巷

钻眼爆破法掘进煤巷，适应性强，使用方便，适用于炮采工作面日产 300 t、月推进度约 50 m、月消耗准备巷道约 250 m 的情况。

但是，随着回采机械化的发展，普采、高档普采、综采工作面和高产高效放顶煤工作面的不断出现，钻眼爆破法掘进煤巷已不能满足采矿要求（其施工工序多，劳动强度大，效率低，月进尺只在 250 m 左右）。对于回采工作面日产量由 300 t 上升到 5 000 ~ 10 000 t，最大日产量有的甚至达到 30 000 t，工作面月推进达 100 ~ 300 m，准备巷道的月消耗最大可达 1 200 m 左右的新情况，钻眼爆破法已远远不能适应矿井生产衔接需要。

据统计，国外各主要产煤国，采用掘进机掘进的巷道已经占采区准备巷道的 40% 以上。表 6－2 所列为 1985—1999 年我国煤矿巷道掘进进尺及综掘设备使用情况。可以看出，我国巷道的综掘水平仍然很低，始终没有超过 15%。因此，大力发展机械化的综掘技术，快速高效地掘进准备巷道对煤矿生产具有重要的意义。

表 6－2 1985—1999 年我国煤矿巷道掘进进尺及综掘设备使用情况

统计年份	巷道掘进进尺及综掘程度			综掘设备使用情况				机械效率/（米·台$^{-1}$·月$^{-1}$）
	掘进总进尺/km	综掘进尺/km	综掘程度/%	在册台数/台	装备台数/台	综掘装备率/%	平均使用率/%	
1985	6 776	214	3.16	171	85	49.71	36.46	286.57
1986	6 560	223	3.40	228	115	50.44	29.20	279.04
1987	6 476	318	4.90	271	139	51.30	34.51	282.99
1988	6 424	365	5.67	302	170	56.29	36.32	276.93
1989	6 535	407	6.22	319	176	55.17	34.39	294.85
1990	6 623	464	7.01	357	175	49.02	34.57	313.27
1991	6 648	472	9.43	322	179	55.59	37.03	329.06
1992	6 231	513	11.09	346	183	52.89	36.46	339.06
1993	5 463	556	10.22	365	181	49.59	36.97	343.19
1994	5 235	546	10.44	343	181	52.77	37.12	357.63
1995	5 244	563	10.75	361	189	52.35	35.49	366.48
1996	5 412	622	11.50	367	210	57.22	41.15	340.53
1997	5 341	629	11.78	383	210	54.83	39.73	344.54
1998	5 017	593	11.82	403	249	61.79	38.82	315.68
1999	5 001	631	12.61	368	243	58.27	40.00	314.6

矿井掘进使用的是部分断面掘进机,按使用国家不同可分为两类:一类是欧洲国家普遍使用的悬臂式掘进机,它适应范围广,但掘进、支护不能平行作业,掘进效率低,开机率低;另一类是美国和澳大利亚广泛使用的连续采煤机和掘锚机组,两者均可实现煤巷的快速掘进,开机率较高,掘进效率高,但设备费用高。我国目前仍以悬臂式掘进机单巷掘进为主。

20 世纪 80 年代,我国采用技贸合作方式引进了当时具有先进技术水平的 AM－50 型、S－100 型悬臂式掘进机;同时,通过吸收消化,积极研制开发了适合国内煤层地质条件和矿井生产工艺的综合机械化掘进设备,已研制生产了 20 多种型号的掘进机,初步形成系列产品,对促进我国煤巷机械化掘进技术发展和应用发挥了重要作用。

我国目前使用的掘进设备以引进生产的 AM－50 型、S－100 型掘进机为主,同时国内研制开发的 ELMB、EBJ 系列掘进机也得到了广泛应用,全国已累计生产、装备超过 400 台悬臂式掘进机。

ELMB 系列煤巷掘进机与可伸缩带式输送机(或刮板输送机)、调度绞车和 U 型钢(或工字钢)金属支架等设备组成综掘机械化作业线,在我国煤矿巷道掘进中得到了广泛应用,先后在峰峰、邯郸、开滦、平顶山、皖北、淮北等矿务局多次创造了单孔月进的全国纪录,是国内的主力机型之一。表 6－3 所列为 ELMB 系列煤巷掘进机在我国煤矿的使用情况。

表 6－3 ELMB 系列煤巷掘进机机械化作业线掘进实绩

时间	矿名	支护形式	掘进断面面积/m^2	月实际进尺/(米·台$^{-1}$·月$^{-1}$)				最高日进/m	最高班进/m	掘进工效/(米·工$^{-1}$)	使用机型	煤、矸运输设备
				合计	煤巷	半煤巷	岩巷					
1990.5	薛村矿	工字钢	9.25	751.6	716.6	20	15	37.7	15.5	0.675	ELMB－55	SSJ650/2×22
1991.3	牛儿庄矿	工字钢 U 型钢	8.4	756	756			48.8	17.7	0.47	ELMB－55	SGW－40T
1991.4	牛儿庄矿	工字钢 U 型钢	12.0	831	691	140		44.6	17.4	0.44	ELMB－55	
1991.5	薛村矿	工字钢	9.35	1 023.6	953.6	55	15	50.5	18.8	1.03	ELMB－55	
1991.10	平十矿	工字钢	9.3	1 031	1 031			41	19.5	0.409	ELMB－75	SSJ800/2×40 SSD1000/2×75
1991.12	牛儿庄矿	U 型钢	12.0	1 054	1 054			47	18.5	0.50	ELMB－55	SSL650/2×22
1992.5	牛儿庄矿	工字钢 U 型钢	10.4	1 262.6	1 109	153.6		48.8	17.5	0.571	ELMB－55	SGW－40
1992.8	百善煤矿	工字钢	11.4	1 009.8	1 009.8			45	17.0	0.625	ELMB－55	矿上自己加工的
1993.12	百善煤矿	工字钢	11	1 034	930	48	56	52	20	0.730	ELMB－55	带宽为 650mm 的双向可伸缩带式输送机

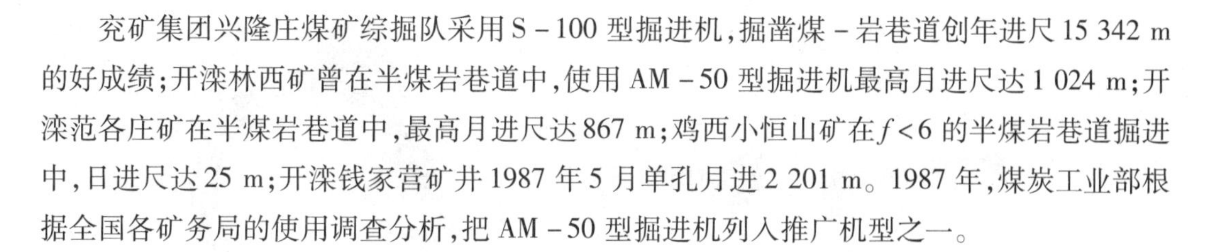

兖矿集团兴隆庄煤矿综掘队采用 S－100 型掘进机，掘凿煤－岩巷道创年进尺 15 342 m 的好成绩；开滦林西矿曾在半煤岩巷道中，使用 AM－50 型掘进机最高月进尺达 1 024 m；开滦范各庄矿在半煤岩巷道中，最高月进尺达 867 m；鸡西小恒山矿在 $f<6$ 的半煤岩巷道掘进中，日进尺达 25 m；开滦钱家营矿井 1987 年 5 月单孔月进 2 201 m。1987 年，煤炭工业部根据全国各矿务局的使用调查分析，把 AM－50 型掘进机列入推广机型之一。

6.3　半煤岩巷道施工

当在薄煤层中掘进巷道时，为了保证巷道的使用高度，必须挑顶、挖底或两者同时进行，因此在巷道断面上既有煤层，又有岩层。半煤岩巷道施工方法与煤巷的施工方法基本相同。为了保持巷道顶板的完整性，减少支护的工时和材料费用，半煤岩巷道以挖底情况居多。

6.3.1　采石位置的选择

掘进半煤岩巷道时，采石位置有挑顶、挖底和挑顶兼挖底三种情况，如图 6－3 所示。

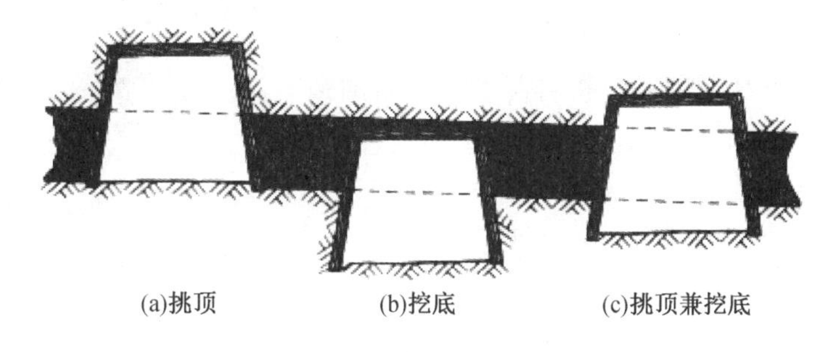

图 6－3　半煤岩巷道的三种采石位置

选择哪种位置较好，应综合考虑满足生产要求、便于维护和施工难易等因素。多数情况下，尽可能不要挑顶而采取挖底，以保证顶板的稳定性，只有当煤层上部有伪顶时，才将伪顶挑去，如区段输送机巷和沿煤层开掘的上山均属此种情况。对于区段回风巷，由于还兼有向回采工作面下料的用途，因此也采用挑顶方式掘进。

输送机巷道由于要安装设备，要求巷道平直，所以为保证这类巷道的顺直和固定坡度，则挑顶、挖底或挑顶兼挖底的三种情况往往在一条巷道中可能同时出现，甚至局部脱离煤层成为全岩巷道断面。一般情况下，根据煤层的倾角不同，以采取图 6－4 所示的采石位置为宜。

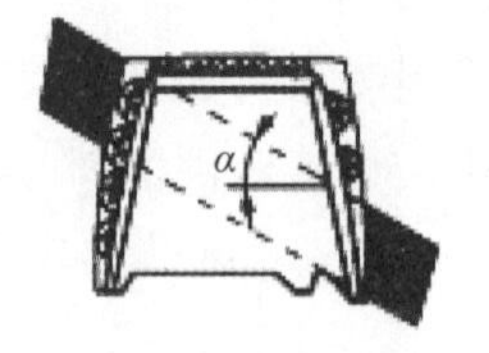

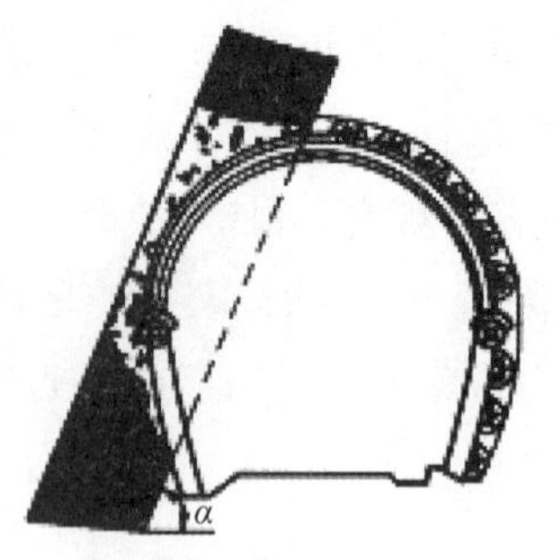

(a)缓倾斜煤层($\alpha<25°$) (b)倾斜煤层($\alpha=25°\sim45°$) (c)急倾斜煤层($\alpha>45°$)

图6-4 煤层倾角不同时的断面布置位置

6.3.2 钻眼爆破法掘进半煤岩巷

1. 炮眼布置特点

由于煤层较软,掏槽眼应布置在煤层部分,采用楔形掏槽。图6-5所示就是半煤岩巷炮眼布置的一个实例。

半煤岩巷掘进选择钻机时,应尽量做到动力单一化,但也可以选择两种不同动力的钻机。一般原则是当煤、岩的强度都不高时,应选用煤电钻钻眼;当煤、岩的强度都较高时,可都采用凿岩机打眼;当煤、岩的强度相差很大时,则可同时选用煤电钻和凿岩机,或选用岩石电钻钻眼。

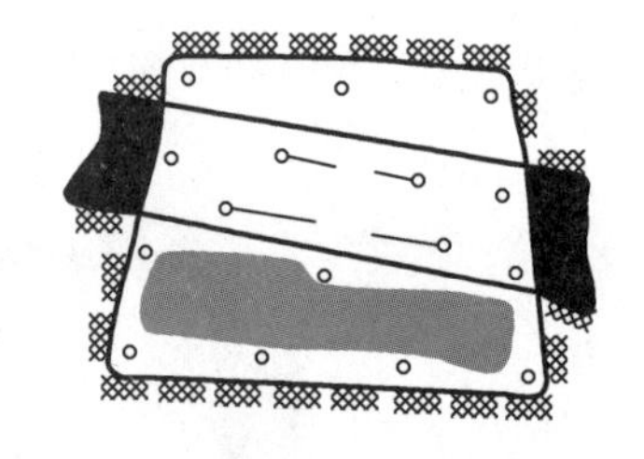

图6-5 半煤岩巷炮眼布置实例

2. 施工组织

半煤岩巷道的施工组织有两种方式:一种是煤、岩不分掘分运,全断面一次掘进;另一种是煤、岩分掘分运。全断面一次掘进时,工作组织简单,能加快掘进速度,但煤的灰分很高,煤的损失也很大。这种施工组织方式用在煤层厚度小于0.5 m、煤质不好的半煤岩巷道较为合适。分掘分运的方式能够克服上述缺点,但工作组织较为复杂,掘进速度较慢。选择何种组织方式,与掘进和回采比例有关,对于那些掘进跟不上回采的矿井,采用全断面掘进方式的仍属多数;对于采、掘可以达到平衡的矿井,还是应当采用分掘分运的方式。采用煤、岩分掘分运的方式时,形成煤工作面超前岩石工作面的台阶工作面,当煤层厚度大于1.2 m时,岩石工作面可以钻垂直炮眼(眼深不小于0.65 m),这样钻眼和爆破效果较好,如图6-6(a)所示;若煤层较薄,岩石工作面的炮眼应平行巷道轴线方向,如图6-6(b)和(c)所示。

6.3.3 掘进机掘进

目前的悬臂式掘进机,可以适用于煤矿中煤巷、半煤岩巷的掘进,经济切割煤岩的单轴抗压强度可达40~100 MPa,能够切割任意形状的断面,切割断面面积12~24 m^2。

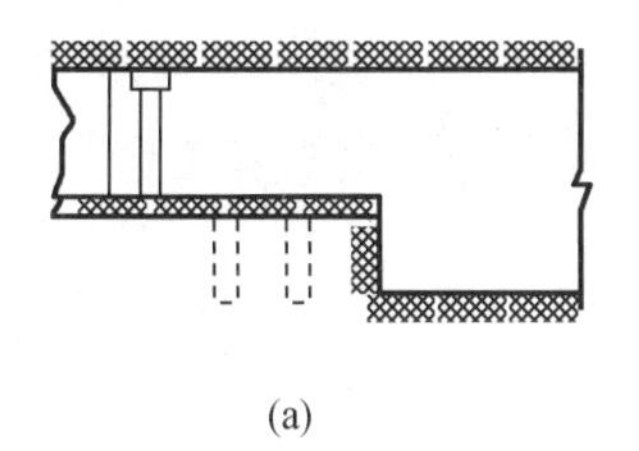
(a)

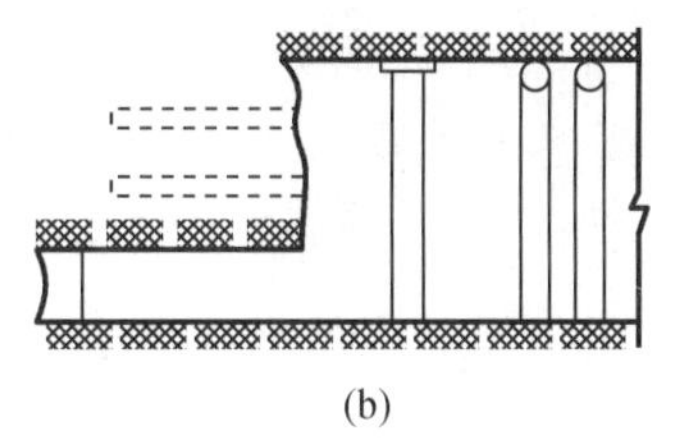
(b)

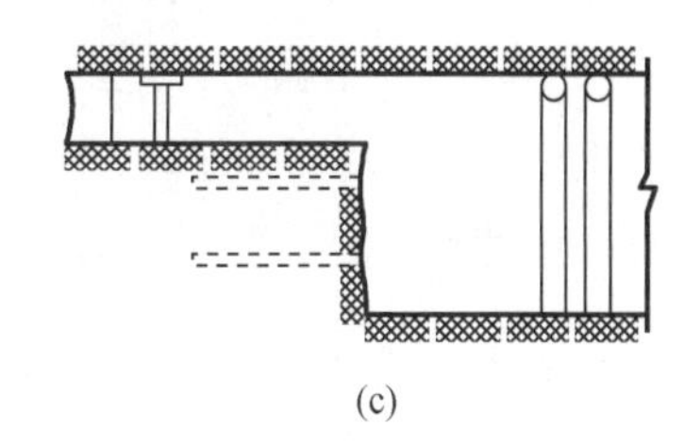
(c)

图 6-6 半煤岩巷岩层工作面炮眼布置

我国研制的 EBJ-160 型重型掘进机，整机重达 65 t，总功率 280 kW，经济截割硬度 $f \leq 8$，是当前国产掘进机中功率最大、切割硬度最高、机器最重的唯一机型。EBJ-160 型重型掘进机后配 ES-800 型转载机和 SSJ-800/240 型可伸缩带式输送机。该机在大同马脊梁煤矿薄煤层半煤岩巷道掘进施工中，在岩石强度为 132 MPa、岩石比例占断面面积 46% 的条件下，创造了月进尺 468 m、年进尺 5 315 m 的好成绩。

EBJ-160 型重型掘进机不但适用于煤和半煤岩综采工作面巷道掘进，也适用于类似条件的隧道工程掘进。目前该机已经批量生产，并出口俄罗斯，同时也在河南、四川等铁路隧道工程上推广使用。

针对 AM-50、S-100 型掘进机在使用中暴露出的截割能力小、稳定性和工作可靠性较差的问题，我国自行研制开发了 EBJ-132 型、EBJ-120TP 型半煤岩巷掘进机。实际使用效果良好。

我国还引进英国多斯科公司生产的 LH-1300H 型半煤岩巷掘进机，从 1990 年 3 月第一台机组投入运行后，平均日进度 9~11.5 m，最高日进度 21 m，最高月进度 408 m。该机组生产能力发挥较好，技术性能也较稳定，有效缓解了薄煤层中采掘接替紧张的状况，对加快薄煤层中巷道掘进速度有重要作用。

随着开采深度的加大及薄煤层开采的需要，切割煤岩的硬度及半煤岩巷道的掘进量将会相应增加。我国已研制出的 EBJ-132、EBH-132、EBJ-160 等几种掘进机中，EBH-132、EBJ-160 已经试验证明能够胜任半煤岩巷道掘进，在半煤岩巷道中应用趋势稳步增长。

6.4 倾斜巷道施工

由于多数煤层具有一定的倾角，分区开采时，巷道以一定倾角沿煤层布置；有时为了穿越大的断层构造，也需要以一定倾角布置巷道来满足采矿需要。在采区中，倾斜巷道主要有采区上山和下山等。倾斜巷道的施工方向有从上向下的下坡施工方式和从下向上的上坡施工方式两种。要注意的是，采区上山和下山得名主要是根据其倾斜巷道与主要运输大巷标高有关系，而与施工方向无关。如上山是由主要运输大巷向上通往采区的倾斜巷道，而不是向上施工的倾斜巷道。

由于倾斜巷道具有一定的倾斜角,与平巷施工相比,虽有诸多相似之处,但由于巷道有10°~25°,甚至35°的倾角,倾斜巷道施工比较困难,在装岩、排矸、排水、支护等工序上,都具有一些特点。

6.4.1 倾斜巷道施工特点

由于采矿安全和生产的需要,采区上山和下山都设计成两条或三条相互平行的倾斜巷道,施工时可双巷同时由上向下掘进并每隔一定距离相互贯通;亦可先由上向下施工其中一条巷道,然后由下向上施工另一条巷道。前者掘进速度快,有利于通风,后者适用于涌水量大和掘进设备不足的情况。

倾斜巷道施工中,仍以使用多台风动气腿式凿岩机同时作业为主。凿岩机适于选用中频凿岩机,如YT-28型,一般以0.5~0.7 m宽的工作面设置1台为宜,3~4台同时作业。

掘进提升多用矿车,少数情况下设置矸石仓,采用箕斗提升。

巷道的定向多采用激光指向。一般多采用单激光指向,也有采用双激光、三激光、五激光指向工艺的。多激光指向,减轻了测量人员和掘进人员的工作量,缩短了辅助工序占时。

6.4.2 下坡施工法

由上向下的下坡施工倾斜巷道,通风比较容易,但是装岩、运输比较困难,还需要解决排水和工作面跑车等问题。下面简述下坡施工法的特点。

1. 装岩与排矸

掘进时装岩工作比较困难,装岩时间通常占循环时间的60%,因此应尽量采用机械装岩。

掘进时主要采用耙斗式装岩机装岩,耙斗式装岩机斗容朝大型化方向发展,如P型系列斗容为0.3 m^3、0.6 m^3、0.9 m^3、1.2 m^3,可满足快速施工要求。其中斗容1.2 m^3的P120B型耙斗式装岩机技术生产率高达120~180 m^3/h。耙斗式装岩机使用台数,可根据工作面掘进宽度确定。采用气腿凿岩机打眼、耙斗式装岩机装岩、矿车提升矸石的工作面布置情况如图6-7所示。

使用耙斗式装岩机时应特别注意安设牢固,防止下滑。坡度在25°以下时,除了耙斗式装岩机自身所配备的四个卡轨器外,还应另外加两个大卡轨器;坡度大于25°时,需在巷道底板上钻两个深1 m左右的眼,楔入两根圆钢或铁道橛子,用钢丝绳将耙斗式装岩机拴在橛子上。

耙斗式装岩机适用于倾角小于30°的倾斜巷道。在掘进中使用耙斗式装岩机,万一上部发生跑车事故,它还能起到阻挡跑车的作用,故掘进工作面相对比较安全。

2. 排水

下坡掘进时,通常有水积聚在工作面,恶化了工作条件,影响掘进速度和工程质量。对水的处理,应视其来源不同而采取不同的措施。如果是由于上部的含水层涌水,可将水流截引至水仓,不使它流到工作面,必要时采用在含水层注浆封水的方法。

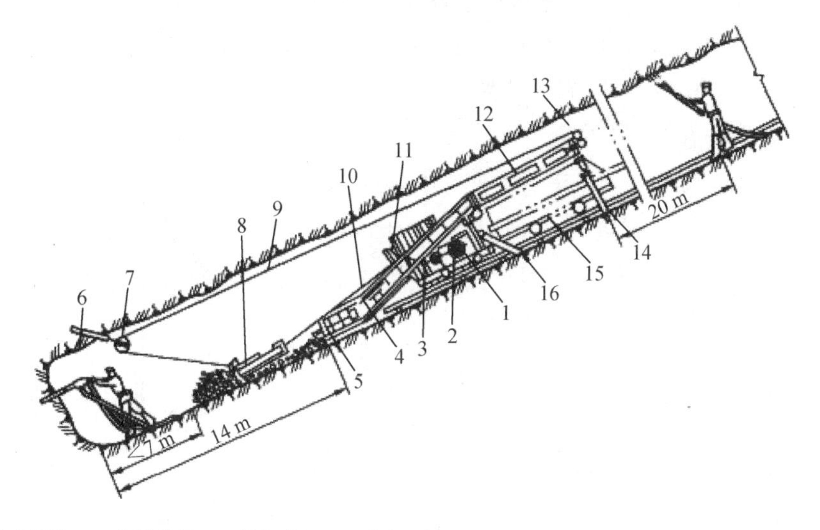

1—绞车绳筒;2—大轴轴承;3—操作连杆;4—升降丝杆;5—进矸导向门;6—铁楔;7—导向轮;8—耙斗;9—副绳(轻载);10—主绳(重载);11—照明灯;12—中部槽;13—后导绳轮;14—托架支承;15—矿车;16—大卡轨器。

图6-7 耙斗式装岩机在工作面布置示意

工作面的积水可用水泵排除。如果涌水量为5~6 m^3/h 时,可用潜水泵直接将水排入矿车内,随矸石一同排出。当工作面涌水量在30 m^3/h 以内时,可利用喷射泵将水排至水仓,再由卧泵将水排出。这样还可防止泵吸入大量泥砂磨损水轮叶片。当工作面涌水量超过30 m^3/h 时,应采用预注浆封水。

喷射泵是利用高压水由喷嘴高速喷射造成负压以吸取工作面积水的设备,它具有占地面积小,移动方便,爆破时容易保护,不易损坏,不怕吸入泥砂、木屑和空气等优点,虽然效率比较低,但仍能得到广泛使用。喷射泵排水工作面布置如图6-8所示。

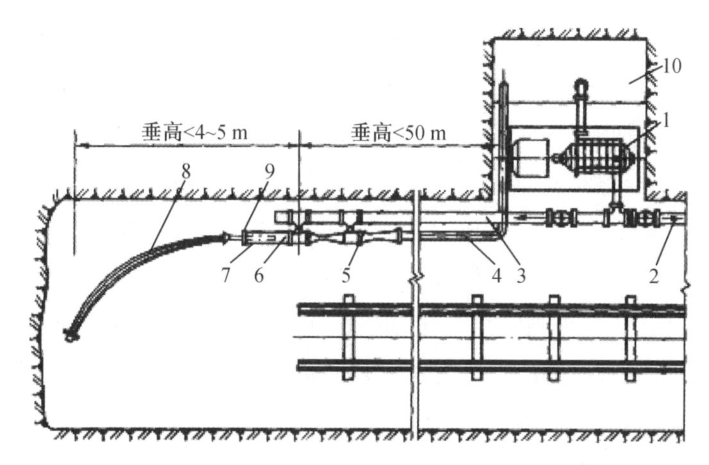

1—离心式水泵;2—排水管;3—压力水管;4—喷射泵排水管;5—双喷嘴喷射泵;6—直径50 mm伸缩管;7—填料;8—吸水软管;9—伸缩管法兰盘;10—水仓。

图6-8 喷射泵—卧泵排水示意

3. 安全工作

倾斜巷道掘进施工中最突出的安全问题就是跑车。矿车若脱钩或断绳，将加速下滑，直冲工作面，很容易造成人身伤亡事故。为此必须提高警惕，严格按规程操作，要经常对钢丝绳及联结装置进行检查，以防患于未然；巷道规格、铺轨质量等，都应符合设计要求，并采取切实可行的安全措施。

为防止万一跑车冲至工作面，应在距工作面不太远处设置挡车器。挡车器形式有多种，其中常用的是钢丝绳挡车帘，如图 6-9 所示。它以两根直径 150 mm钢管作立柱，用钢丝绳和直径 25 mm 的圆钢编成帘形。手拉悬吊绳将帘提起，可让矿车通过；放松悬吊绳，帘子下落就可起到挡车作用。

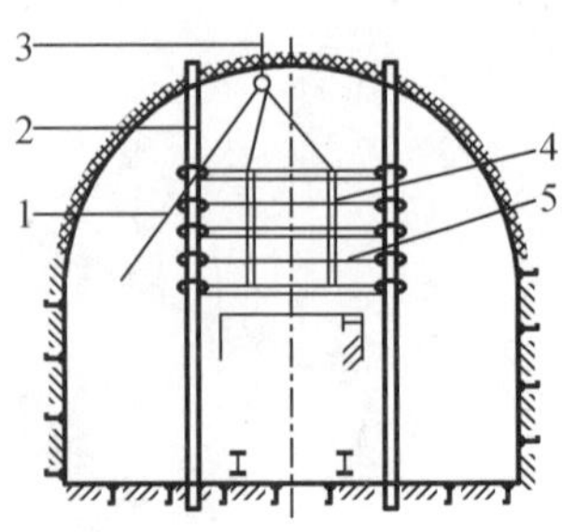

1—悬吊绳；2—立柱；3—吊环；
4—钢丝绳编网；5—圆钢。

图 6-9 钢丝绳挡车帘

在倾斜巷道施工中，除设置阻车、挡车器外，还常在提升钢丝绳的尾部连接一根环形钢丝绳，提升时将它套在提升容器上，可避免因钩头损坏和插销拉断而造成的跑车事故。

6.4.3 上坡施工法

由下向上的上坡施工倾斜巷道，装岩、运输比较方便，不需要排水，工作面没有跑车的威胁，但通风比较困难。故对于瓦斯涌出量大的斜巷，应尽量采用由上向下的下坡施工法。下面简述上坡施工法的特点。

1. 炮眼布置

为避免巷道底板掘不够，出现巷道上漂，多采用底部掏槽，掏槽眼数目视岩石软硬程度而定。通常对于较硬岩石，掏槽眼下部眼孔应深入底板下 200 mm，避免巷道上漂现象。

2. 通风

瓦斯比空气密度小，易积聚在工作面附近。为了施工安全，除正确选用爆破器材和隔爆电气设备外，应注意加强工作面通风和瓦斯检查。

在瓦斯矿井中应采用双巷掘进，每隔一定距离（20～50 m）用联络眼贯通，以利通风。使用局部通风机通风时，无论何时都不许停风，如因检修停电等原因停风时，须撤出人员，待恢复通风并检查瓦斯后，方可恢复工作。在高瓦斯浓度矿井中，如果上部风巷已掘好，则可利用钻孔解决通风问题，否则宜用由上向下施工法。在有瓦斯突出的煤层中掘进斜巷，必须由上向下进行。凡有停掘的上山，应在与运输平巷交接处打上密封或修筑栏杆以免人员误入而发生危险。

3. 装岩和运输

上坡掘进时，沿斜坡向下扒矸比较容易，故可以采用人工装岩。配合人工装岩的运输方法，可采用链板输送机和中部槽。链板输送机可用在上山倾角 25°以下，铁中部槽可用于

25°~35°,搪瓷中部槽可用于15°~28°。中部槽的安装和接长都很方便,生产能力大,但粉尘也很大,可接水管加喷雾装置降尘。为了防止煤矸飞起伤人,应在巷道中部槽的一侧设置挡板,巷道下口应设置临时的储矸仓,以便于装车,如图6-10所示。

倾角大于35°的上山,煤矸可以沿巷道底板自溜,这时应在巷道一侧设置一个密闭的溜矸间,专供矸石下滚,以免伤人或破坏设备。倾角小于10°的上山可以使用ZMZ-17型装煤机,配合链板输送机运输,生产率比较高。目前广泛应用的是耙斗式装岩机,它可应用在倾角小于30°的巷道,生产率也很高,但应特别注意安设牢固,防止下滑。为此,除在装岩机下部装设卡轨器以外,还要在装岩机后装设两个可以转动的斜撑。耙斗式装岩机距工作面应不小于6 m,每20~30 m移动一次。

采用输送机运输时,为了向工作面运送材料,通常还需要铺设矿车轨道;或者在双巷掘进时,一条巷道铺轨,一条巷道铺设输送机。此外,也可采用单轨吊车运料。

提升或下放矿车,可用设在上山与平巷接口一侧的专用小绞车。如图6-11所示,钢丝绳引至工作面绕过一固定滑轮(回头轮)用挂钩挂在矿车上。凡倾角小于30°的上山都可用矿车提升材料或运出矸石,但必须注意将滑轮安设牢固。上山长度超过绞车缠绳量时,则须在上山中部增设临时绞车进行分段提升。在机械化程度不高的小矿井中,可采用重车带空车的提升方式,由重车下放将空车(或材料车)提至工作面。滑轮直径要等于两条轨道的中心距。

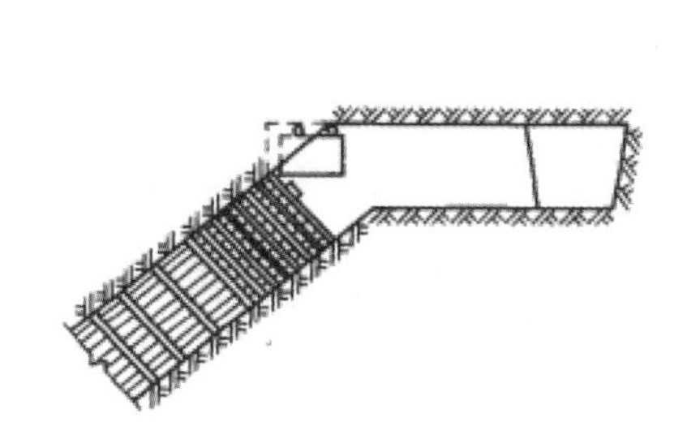

图6-10 上坡掘进利用中部槽运输

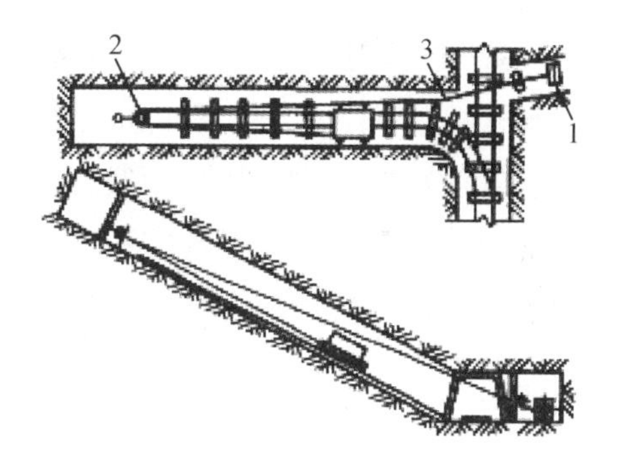

1—绞车;2—立轮;3—滑轮。

图6-11 上坡掘进时绞车及导绳轮的布置

6.5 煤仓施工

井底煤仓根据围岩稳定性及矿井年生产能力的大小,可分为垂直式和倾斜式两种。倾斜煤仓一般是拱形断面,其倾角在60°~70°以上,适用于围岩稳定性较好、开采单一煤种或开采多煤种但不要求分装分运的中小型矿井。垂直煤仓一般是圆形断面,适用于围岩稳定性较差、可以分装分运的大型矿井。无论垂直式或倾斜式煤仓,其下口均要收缩成适合安装闸门的断面。

煤仓的永久支护一般采用混凝土浇筑,壁厚 300 ~ 400 mm,也可采用喷射混凝土,喷厚一般在 150 mm 左右。煤仓布置在稳定坚固的岩层中时,也可以不支护,但下部漏煤口斜面应采用混凝土浇筑。

煤仓的施工,一般采用先自下向上开掘小反井,再自上向下刷大设计断面的方法。就反井施工方法而言,有普通反井法、吊笼反井法、深孔爆破法和反井钻机法等几种。过去多采用普通反井法,后来逐渐被吊笼反井法取代。虽然吊笼反井法与普通反井法相比具有劳动强度低、节省坑木、掘进速度快、效率高、成本低等优点,但作业环境和安全性仍很差;同时,该方法要求反井围岩较稳定及具有垂直精度较高的先导提升钢丝绳孔,所以使用范围受到限制。

20 世纪 70 年代开始,我国自制反井钻机,目前已有多台不同规格形式的反井钻机在煤矿中使用。反井钻机是一种机械化程度高、安全高效的反井施工设备,尤其是用它钻凿煤矿的反井、井下煤仓、溜煤眼、延伸井筒及各种暗立井时可大大提高建设速度,其施工速度为普通反井法的 5 ~ 10 倍,施工成本仅为普通反井法的 67%。此外,它还具有减轻工人劳动强度、作业安全、成井质量好等优点。

6.5.1 反井钻机施工法

1. 施工方式和设备

利用反井钻机钻凿反井的方式有两种:一种是把钻机安装在反井上部水平,由上向下先钻进一个导向孔(直径 216 ~ 311 mm)至反井下部水平,再由下而上扩大至反井的全断面,即上行扩孔法;另一种是把钻机安装在待掘反井的下部水平,先由下向上钻一导向孔,然后自上而下扩大到断面,即下行扩孔法。下行扩孔法的岩屑沿钻杆周围下落,因此要求钻凿直径较大的导向孔,否则岩屑下落时在扩孔器边刀处重复研磨,不仅加剧了刀具的磨损,也影响了扩孔的速度;向上钻导向孔的开孔比较困难,人员又在钻孔下方,工作条件较差。正是由于这些原因,国内外多采用上行扩孔法。

我国煤矿应用的反井钻机主要有国产的 TYZ - 1000、AF - 2000、LM - 120、ATY - 1500 及 ATY - 2500 等型号,其主要技术特征见表 6 - 4。常用的有 TYZ 型、LM 型和 ATY 型系列的反井钻机,它主要由主机、钻具(钻杆与钻头)、动力车、油箱车、起吊装置等部分组成,钻头分超前孔钻头和扩孔钻头,主机带有轨道平板车,工作时作装卸钻杆用,钻完后,主机倒放在平板车上运送出去。

表 6－4 国产反井钻机技术参数

主要参数		钻机型号						
		TYZ－1000	AF－2000	LM－90	LM－120	LM－200	ATY－1500	ATY－2500
扩孔直径/mm		1 000	1 500～2 400	900	1 200	1 400～2 000	1 200 1 500 1 800	2 000 2 500 3000
导孔直径/mm		216	250	190	244	216	250	311
钻孔深度/m		120	80	90	120	200～150	200～100	250～100
钻孔倾角/(°)		60～90	0～27	0～45	0～34	0～27	0～36	0～36
钻孔转速/(r·min⁻¹)		0～40	0～27	0～45	0～34	0～27	0～36	0～36
扩孔转速/(r·min⁻¹)		0～20	0～12	0～27	0～22	0～18 0～9	0～18	0～18
钻孔推力/kN		245	392	150	250	350	488	941
扩孔拉力/kN		705	980	380	500	850	1 155	1 793
扩孔扭矩/(kN·m)	额定	24.1	69.4		19.6	40	42	68.6
	最大	29.9	62.2		31.8		66	107
总功率/kW		92	92	52.5	62.5	82.5	118.5	161
主机质量/kg		4 000	8 900	6 000	8 000	10 000	5 985	9 300
外形尺寸(长×宽×高)/mm	工作时	2 940×1 320×2 823	3 046×1 634×3 327	2 380×1 275×2 847	2 977×1 422×3 277	3 230×1 770×3 448	2 180×1 250×3 700	2 868×1 505×4 043
	运输时	1 920×1 000×1 130	2 200×1 200×1 592	1 900×950×1 115	2 290×1 110×1 430	2 950×1 370×1 700	2 530×1 000×1 775	2 803×1 310×1 930
研制单位		长沙矿山研究院	长沙矿山研究院	煤科总院北京建井所	煤科总院北京建井所	煤科总院北京建井所	煤科总院南京研究所	煤科总院南京研究所
参考价格/(万元·台⁻¹)				33.0	39.50	68.0		

2. 反井钻进

现以 LM－120 型反井钻机为例来说明某矿采用反井钻机施工煤仓的方法。

(1)准备工作

①施工之前应在反井的上口位置,按照设计尺寸要求用混凝土浇筑反井钻机基础。该基础必须水平,而且要有足够的强度。井口底板若是煤层或松软破碎岩层,应适当加大基础的面积和厚度,若底板是稳定硬岩,可适当减少基础的面积和厚度。

②钻进时冷却器的冷却水要求流量为 7.2 m^3/h,压力为 0.8 MPa;导孔钻进时,用于冷却钻头和排除岩屑的冲洗水要求流量为 30 m^3/h,压力为 0.7～1.5 MPa。

③LM－120 型反井钻机,因电器线路极为简单,未专门配置电气控制箱,只需用两台隔爆型磁力启动器和两台隔爆启动按钮,在施工现场将电源分别接入电动机即可。该机总功率为 62.5 kW。主泵电动机 DYB－55 功率为 55 kW,电压为 660～1 140 V;副泵电动机 BJO_2－51－4 功率为 7.5 kW,电压为 380 V/660 V;共用电压为 660 V,若井下只有 380 V 或 1 140 V 电源,则需要增设变压器。

④钻机安装。钻机按照图 6－12 所示的位置排列,然后找正钻机车的位置,拧紧卡轨器后,便可按照如下步骤进行工作:往油箱内注油,连接动力电源及液压管路,启动副泵,升起翻转架将钻机竖立。使其动力水龙头接头体轴心线对正预钻钻孔中心,安装斜拉杆,卸下翻转架与钻机架的连接销,放平翻转架,安装转盘吊与机械手,调平钻机架,固定钻机架(支起上下支承缸),接洗井液胶管和冷却水管,准备试车。

(2)反井施工

①导孔钻进。钻机安装完毕并经过调试以后,即可进行导孔钻进。导孔钻进时将液压马达调成串联状态。把事先与稳定钻杆接好的导孔钻头放入井中心就位。启动马达,慢慢下放动力水龙头。连接导孔钻头。启动水泵向水龙头供水。开始以低钻压向下钻进。开孔钻速控制在 1.0～1.5 m/h。导孔深度达 3 m 以后,增加推力油缸推力,进行正常钻进。根据岩石的具体情况控制钻压,一般对松软岩层和过渡地层宜采用低钻压。对坚硬岩石宜采用高钻压。在钻透前,应逐渐降低钻压。

导孔钻进采用正循环排渣。压力小于 1.2 MPa 的洗井液通过中心管和钻杆内孔送至钻头底部,水和岩屑再由钻杆外面与钻孔壁之间的环形空间返回。装卸钻杆可借助于机械手、转盘吊和翻转架。

②扩孔钻进。导孔钻透后,在下部巷道将导孔钻头和与之相接的稳定钻杆一同卸下,再接上直径 1.2 m 的扩孔钻头。将液压马达变为并联状态,调整主泵油量,使水龙头出轴转速为预定值(一般为 17～22 r/min)。扩孔时将冷却器的冷却水放入井口,水沿导孔井壁及钻杆外壁自然下流,即可达到冷却刀具及消尘防爆的作用。扩孔开孔时应采用低钻压,待刀盘和导向辊全部进入孔内后,方可转入正常钻进。在扩孔钻进时,岩石碎屑自由下落到下部平巷,停钻时装车运出。扩孔钻进情况如图 6－13 所示。

扩孔距离上水平还有 3 m 左右时,应当用低钻压(向上拉力)慢速钻进。此时,施工人员应密切注视基础的变化情况,当发现基础有破坏的征兆时,应立即停止钻进,待钻机全部拆除后,可用爆破法或风镐凿开。进行此项工作时,施工人员应配带安全绳或保险带。

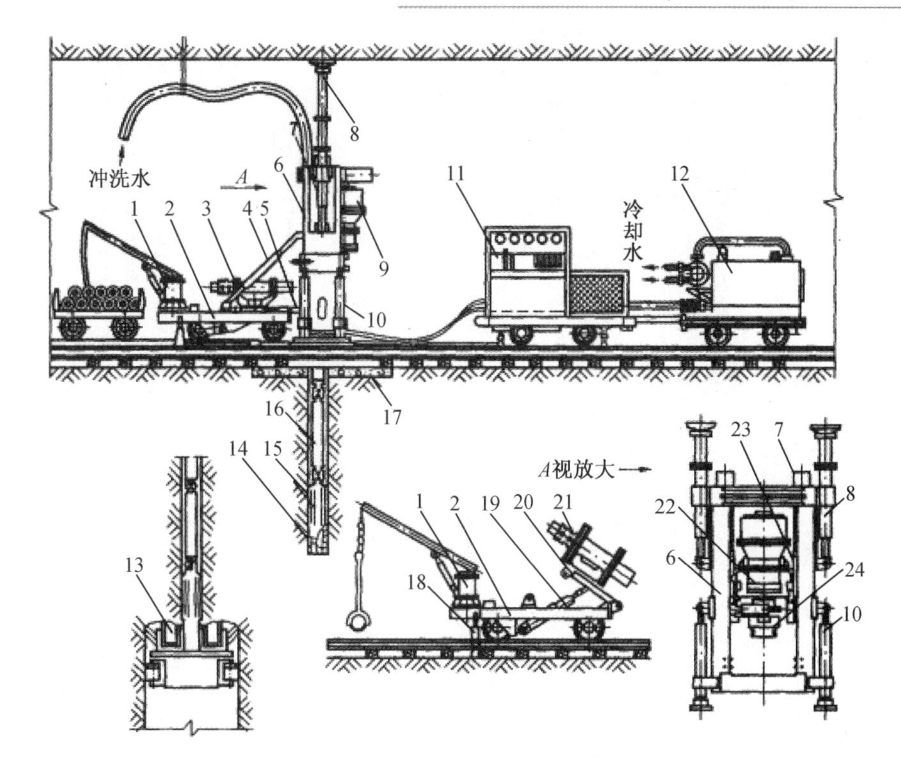

1—转盘吊;2—钻机平车;3—钻杆;4—斜拉杆;5—长销轴;6—钻机架;7—推进油缸;8—上支承;9—液压马达;10—下支承;11—泵车;12—油箱车;13—扩孔钻头;14—导孔钻头;15—稳定钻杆;16—钻杆;17—混凝土基础;18—卡轨器;19—斜撑油缸;20—翻转架;21—机械手;22—动力水龙头;23—滑轨;24—接头体。

图 6－12 LM－120 反井钻机

3. 反井刷大

用钻机钻扩完直径 1.2 m 的反井全深后,即可以按设计煤仓规格进行刷大。刷大前应做好掘砌施工设备的布置与安装等准备工作,煤仓刷大施工设备布置如图 6－14 所示。

利用煤仓上部的卸载硐室作锁口,在其上面安装封口盘,盘面上设有提升、风筒、风管、水管、下料管、喷浆管及人行梯等孔口。在硐室顶部安装工字钢梁架设提升天轮,提升可利用 JD－25 型绞车、1 m^3 吊桶上下机具和下放材料。人员则沿钢丝绳软梯上下。采用压入式通风,在卸载硐室安设 1 台 5.5 kW 局部通风机,用 ϕ500 mm 胶质风筒经封口盘下到工作面上方。煤仓反井自上向下进行刷大,可配备 YT－24 型风动凿岩机打眼,采用 ϕ35 mm 药卷的 1 号煤矿硝铵炸药和毫秒延期电雷管,用 MFB－150 型发爆器起爆。由于反井为刷大爆破提供了理想的第二自由面,因而刷大工作面上无须再打掏槽眼。炮眼爆破分两次进行,以形成台阶漏斗形,便于矸石向下溜放。当刷大到距反井下口 2 m 时,加深炮眼一次打透,使较多矸石下溜,为站在矸石堆上打眼创造条件,方便下面的给煤机硐室平巷段刷出施工。

刷大掘进爆破后,矸石自溜和辅以人工沿台阶漏斗从反井溜放到煤仓下部平巷。下部平巷设 1 台 0.6 m^3 的耙斗式装岩机,将落入巷道的矸石装入 1.5 t 矿车外运。煤仓反井刷大过程中,采用锚喷网作煤仓临时支护。

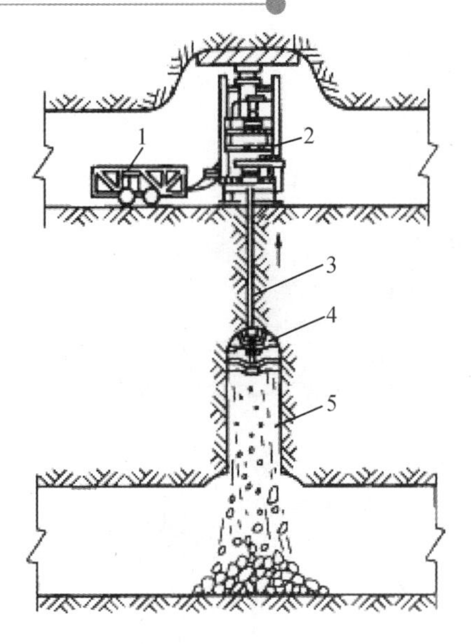

1—动力车;2—反井钻机;3—导向孔;

4—扩孔钻头;5—已扩反井。

图 6-13　扩孔钻进

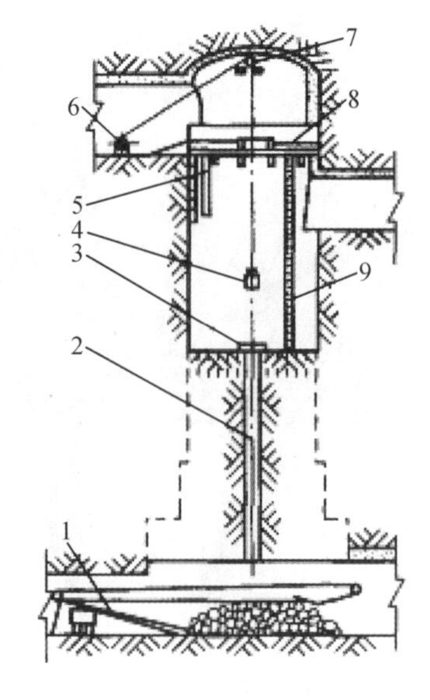

1—耙矸机;2—ϕ1.2 m 的反井;3—铁篦子孔盖;

4—吊桶;5—风筒;6—提升绞车;

7—提升天轮;8—封口盘;9—钢丝绳软梯。

图 6-14　煤仓刷大施工设备布置

4. 永久仓壁的砌筑

该煤仓的仓壁采用厚 700 mm 的圆筒形钢筋混凝土结构。煤仓下口为倒锥形的给煤漏斗,上口直径 8 m,下口直径 4.22 m,内表面铺砌厚 100 mm 的钢屑混凝土耐磨层。漏斗由两根高 2 m 的钢筋混凝土梁支托。煤仓砌筑总的施工顺序是先浇灌给煤机漏斗,再自下向上砌筑仓壁。混凝土及模板全由煤仓上口的绞车调运。

煤仓砌筑时的支模方法,通常采用绳捆模板或固定模板,支模工作在木脚手架上进行,施工中由于脚手架不能拆除,模板无法周转使用,木材耗量大,而且组装拆卸困难,影响砌筑速度。因此,该矿在砌筑煤仓时,改变了上述的支模方法,采用滑模技术,创造了一套应用滑模砌筑煤仓仓壁的施工方法。考虑到煤仓垂深不大的特点,直接引用立井的液压滑模在经济上不够合理,因而专门研制了一种砌筑仓壁的手动可伸缩模板,沿周围用 24 个 GS-3 型手动起重器作模板提升牵引装置,模板沿直径 13.5 mm 的钢丝绳滑升,使用灵活方便,煤仓砌壁滑模施工如图 6-15 所示。这一施工支模方法省工、省料、机械化程度高、质量好、速度快。

6.5.2　深孔掏槽爆破法

虽然反井钻机施工法技术先进,但有时受设备条件所限而应用困难。传统的普通反井掘进方式多属浅眼爆破施工法,费工费时、作业面通风不良,且施工安全条件差。而深孔掏槽爆破法,采用中型钻机全深度一次钻孔,自下而上连续分段爆破成井,集中出碴,装药、连线、填塞、爆破等作业均在煤仓上部巷道进行。它与传统施工法相比,具有作业条件好、工效高、速度快、安全、节约材料等一系列优点。

图 6-16 所示为某煤矿西采区煤仓示意图。该矿东西各有一个立式圆筒煤仓,高度分

别为 7 m 和 8 m,净直径为 3.4 m,喷射混凝土支护,喷层厚度为 150 mm。煤仓上口与煤层带式输送机上山机头硐室相接,下口与运输大巷相通。

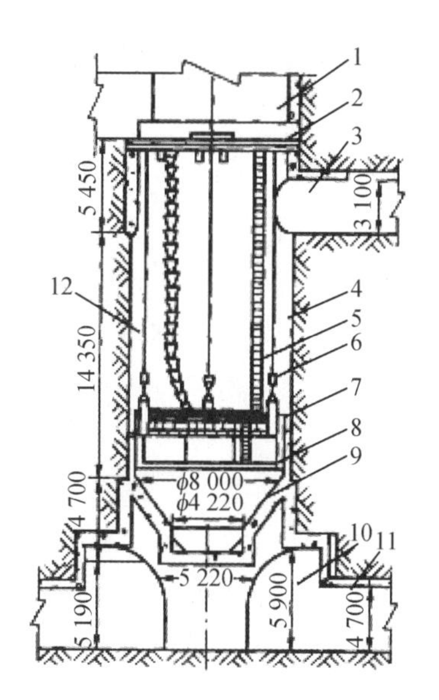

1—带式输送机机头硐室;2—封口盘;3—配煤硐室;4—煤仓;5—软梯;6—手动葫芦;7—滑模;8—滑模辅助盘;9—给煤漏斗;10—给煤机硐室;11—装载带式输送机硐室;12—钢丝绳。

图 6-15 手动起重器牵引滑模砌壁

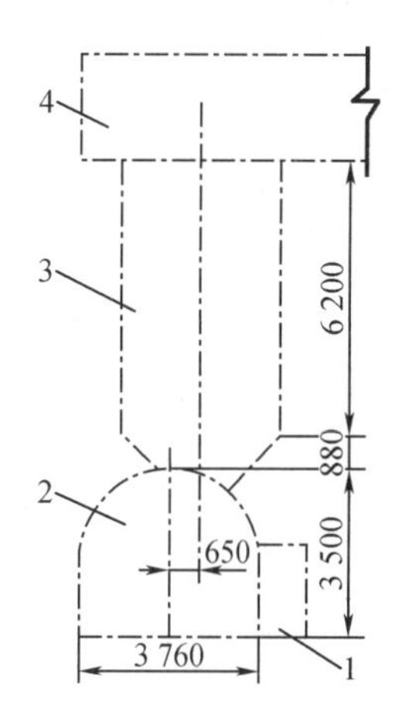

1—小绞车硐室;2—运输大巷;3—煤仓;4—带式输送机机头硐室。

图 6-16 某煤矿西采区煤仓示意图

炮眼布置时,先在带式输送机机头硐室内安设液压钻机,沿煤仓中心打一钻孔,然后在绕中心孔直径为 1 m 的圆周上,均匀地打 4 个钻孔与大巷穿透,作为掏槽眼。钻孔直径均为 89 mm,爆破所用炸药为 2 号岩石硝铵炸药,1 ~4 段秒延期电雷管和导爆索起爆。

将 7 m 深的炮眼一次装药分两段起爆,每段各炮眼装药长度为 2.52 m,装药量为 8.4 kg,中间用 500 mm 炮泥相隔,眼底用木锥、炮泥封口 600 ~1 000 mm,上口封 500 mm 炮泥(图 6-17)。

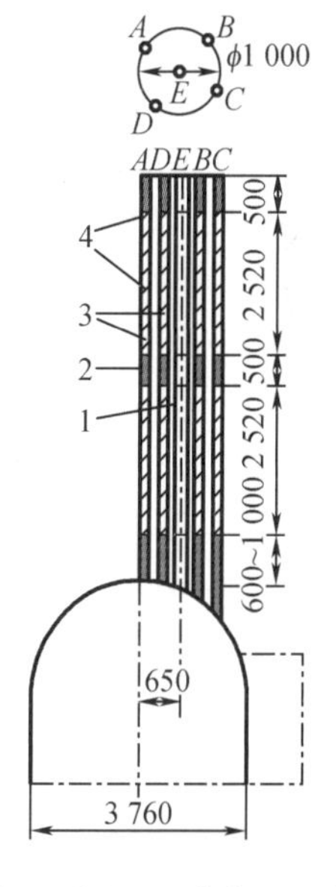

1—钢弹;2—炮泥;3—炸药;4—雷管。

图 6-17 炮眼布置与装药

装药前,先将眼底封好,再把炸药捆成小捆,每捆 4 卷,然后把小捆炸药对接起来,用导爆索上下贯穿,并一起固定在一根铁丝上,送入眼底。封 500 mm长间隔炮泥后,再用同样方法装好上段炸药。用炮泥封好上口,合计每孔装药量为 16.8 kg。为确保起爆,在每段炸药的上部和中部各装一个同号雷管。中心孔不装药,用铁丝悬吊两个钢弹,分别放在每分段上部位置。钢弹用 ϕ89 mm、长 500 mm 的钢管制成,每个钢弹内装药 1.2 kg。一次起爆总装药量为 69.6 kg。

下段炸药和下部钢弹分别装入1段和2段雷管,上段炸药和上部钢弹分别装入3段和4段雷管。下部的过量炸药爆炸后,将中心岩石充分预裂,再借助该段上部钢弹的爆炸威力实现挤压抛渣。同理,上段也是如此。

小反井爆透后,即可自上向下刷大至设计断面。边刷大,边喷射混凝土,直至下部漏斗口,安装漏斗座、中间缓冲台及顶盖梁之后,煤仓即施工完毕。

此法作业安全、速度快、效率高,在高度不大的煤仓施工中使用,可以获得比较满意的技术经济效益,但钻眼的垂直度要求高,爆破技术也要求严格。反井爆破前,必须在煤仓下口巷道内预留补偿空间,因为反井岩石爆破后要碎胀,如果没有一定空间,爆破后岩块间会互相挤压,因挤压紧密而下不去,故在每个煤仓下口预留一定体积的无矸石空间。爆破下来的岩石由巷道中的耙斗式装岩机装入矿车运走。

复习思考题

1. 采区巷道施工有哪些特点?如何确定其掘进方向?
2. 应如何安排采区巷道的掘进顺序?
3. 除钻眼爆破法外,还可采用哪些方法来施工煤巷?
4. 对于煤巷的支护技术,你认为需要做哪些方面的研究工作?
5. 上坡和下坡施工有什么特点?
6. 煤仓有哪几种形式?各自的适用条件是什么?
7. 煤仓有哪些施工方法?
8. 反井钻机法施工煤仓有何优点?

第 7 章　特殊巷道的施工方法

7.1　概　　述

随着我国新生代煤层的大力开发，软岩矿井的数量也在与日俱增。特殊条件下的巷道施工与维护问题已变得日益突出，并成为影响和制约我国煤炭工业发展的重要因素之一。

与浅部稳定地层相比，深部地层应力高、岩体松软、具有膨胀性、自稳能力极差，如果揭开含瓦斯煤层时，常常会发生煤与瓦斯突出事故，对巷道施工安全构成严重威胁。通常将具有上述特点的巷道称为特殊巷道。简单地说，特殊巷道就是处于高地应力地层中，围岩松软且具有膨胀性，自稳能力极差的巷道，或具有煤与瓦斯突出危险的巷道。由此可见，特殊巷道根据其所处地层性质不同，主要有软岩、松软岩巷道和具有煤与瓦斯突出危险巷道两大类。

特殊巷道施工与维护中遇到的关键问题是虽然开挖比较容易，但支护困难，维护更加困难，采用常规的施工方法、支护形式和支护结构，往往不能奏效，从而造成施工成本提高，维护费用极高。由于特殊巷道围岩体承载能力差，支护方式的选择受到限制，巷道的稳定控制极为困难，因此多数巷道处于多次返修、多次扩刷和多次支护的困难境地。

7.2　软岩岩层巷道施工

7.2.1　软岩巷道变形特征

软岩巷道开挖后最突出的一个特点就是围岩松动范围大，巷道围岩变形速度快，变形量大，往往在几天，甚至几小时内可达数十毫米到数百毫米的变形量（关于软岩的概念与分类可以参见本书第 1 章）。当支护结构不合理或支护不及时，软岩巷道的围岩往往会发生过量变形，使支护发生大量破坏。研究表明，软岩巷道的围岩变形具有以下特征：

1. 软岩巷道变形一般呈现蠕变变形三阶段的规律，并具有明显的时间效应。初期来压快，变形量大，施工过程中如不加以控制，很快就会发生岩块冒落、巷道破坏。这时如果采用不适应软岩大变形特点的刚性支架，那么支架很快就会被压坏。因此，支护时必须根据这一特点，既要有控制，又允许软岩有一定变形。

2. 软岩巷道围岩变形有明显的空间效应。其表现是围岩在距工作面 1 倍宽以远的地方就基本上不受掘进工作面的影响；软岩巷道变形随矿井开采深度的增加而增大，巷道所在深度不仅对围岩的变形或稳定状态有明显影响，而且影响程度要比岩层的坚硬度大得多；在不同的应力作用下，软岩巷道变形具有明显的方向性。

3. 软岩巷道多表现为巷道四周受压，且为非对称性，不仅顶板下沉量大、易冒落，同时也有可能产生强烈的底鼓现象，并常伴随有两帮剧烈位移，引发两帮破坏、顶板坍落。尤其是黏土层，浸水崩解和泥化引起的底鼓更为严重。

4. 软岩巷道自稳能力极差，围岩变形对应力扰动和环境变化非常敏感。表现为当软岩巷道受邻近开掘或修复巷道、水的浸蚀、爆破震动以及采动等的影响时，都会引起巷道围岩变形的急剧增长。巷道的自稳能力一般与岩性、断面形状有关。

由于上述特征，松软围岩的自稳时间通常很短，有的顶板一暴露就立即冒落。研究表明，松软围岩的自稳能力主要与围岩暴露面的形状、面积、岩体的残余强度和原岩应力及施工工艺等因素有关。因此，把握软岩的变形特征，合理确定巷道位置、掘进方式及支护措施等，对于充分利用围岩与支护相互作用，提高巷道围岩的自稳时间，达到减少巷道掘进和维护费用、提高经济效益的目的具有重要意义。

7.2.2 软岩巷道治理技术

实践证明，如果仅从施工技术和工艺方面采取措施，无法解决松软岩层巷道施工与后期维护困难的问题。要使松软岩层巷道能够很好地发挥工程效用，就必须运用系统工程的思想指导软岩巷道施工的全过程，要从巷道的勘察、设计、施工、监测，包括巷道选址等方面全方位地采取措施，对每个环节都从有效提高巷道整体性、自稳能力的角度出发，做出决策，采取适当措施。

1. 掌握详尽的地质资料

井巷工程的特点是它们全部埋置在地下岩土体内，它的安全、经济和正常使用，都与其所处的工程地质环境密切相关。由于巷道开挖破坏了岩土体的初始平衡条件，引起岩土体内应力重新分布，除少数地质条件特别优越，岩体强度能适应这种变化了的应力条件外，围岩常常会产生各种形式的变形、破坏，特别严重者可以一直影响到地表。因此，在矿井建设初期，要深入细致地进行工程地质勘查，查清基本地质、地形情况和岩体的基本工程特性，特别是工程地质和水文地质条件、地质构造情况、应力场状态以及主要岩层的岩性条件，获得需要的各种资料，最终对有关问题做出评价，并作为后期井巷工程布置、确定施工方案、编制施工措施的依据。

2. 选择合理的巷道位置

合理选择巷道位置是保证巷道处于稳定状态的关键措施之一。选择巷道位置时应重点考虑以下几个问题：

（1）应尽量把巷道布置在强度大、遇水膨胀性小、地质构造和水文条件简单、岩性比较坚硬的岩层内。在同一条巷道内，即使围岩性质只有微小的差异，巷道压力的显现也有明显的差别。如沈阳矿务局前屯矿 2 号井 200 m 岩石大巷的两个交岔点，一个布置在凝灰岩中，由于岩体较破碎，交岔点的破裂较严重；另一个布置在杂色凝灰岩里，由于岩体比较完整,交岔点比较稳定。

(2)主要巷道走向尽量与最大地应力方向平行而不要垂直,一般应绕避断层,尽量避免与断层、软弱夹层、节理方向平行或小夹角相交,若实在不能绕避,则应尽量使巷道的轴向与其走向间成45°~65°夹角。

(3)尽量避免巷道在空间上重叠、密集交叉。硐室群的施工应视所要施工的工程地质等条件,考虑施工对巷道稳定性的影响,优选最佳施工顺序。

(4)应使主要巷道免受采动压力影响。回采工作状态对采区巷道的变形与破坏影响最大,如巷道是处于一侧受采动还是两侧受采动影响的状态,是仅受一次采动影响还是要受两次采动影响。实践证明,煤层底板岩石大巷的破坏与距煤层距离的大小和落煤方式有关。用风镐落煤时,岩石大巷距煤层在20~30 m时,基本上可不受动压影响。而爆破落煤时,岩石大巷距煤层40 m以外仍然会遭到破坏。

煤层开采以后,其底板岩石大巷围岩的压力明显提高,这是造成煤层底板岩石大巷破坏的主要原因。因此,应把巷道布置在应力降低区或原岩应力区内为最好。如前屯煤矿是将岩巷布置在距煤层垂距20~30 m处,与采场上端煤柱上角水平线成45°角的范围内,受到的压力较小,如图7-1所示。

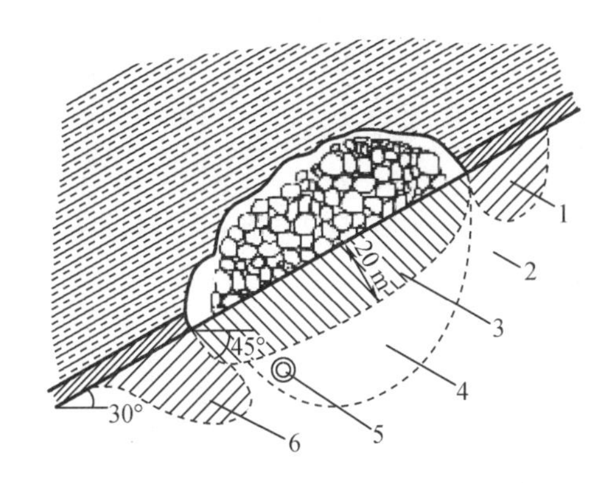

1,6—固定支承压力影响区;2—原岩应力区;3—移动支承压力有害影响区;4—应力降低区;5—煤层底板岩石巷道。

图7-1 煤层底板岩石巷道合理位置选择

3. 选择合理的巷道断面形状

由于松软岩层地质情况非常复杂,巷道支护不单纯受岩层重力作用,有时周围会受到很大的膨胀压力,有时巷道的侧压比顶压大几倍。常规的直墙半圆拱或三心拱形断面显然难以适应,往往会造成巷道的破坏和失稳。因此,合理选择断面形状对维护松软岩层巷道的稳定尤为重要。

巷道断面形状主要应根据地压的大小和方向来选择。若地压较小,选用直墙半圆拱形是合理的;若巷道周围均受到很大的压力,则以选择圆形巷道断面为宜;若垂直方向压力特别大而水平方向压力较小时,则选用直立椭圆形断面或近似椭圆形断面是合理的;若水平方向压力特别大而垂直方向压力较小时,则选用曲墙或矮墙半圆拱带底拱,高跨比小于1的断面,或平卧椭圆形断面。

如湖南湘永煤矿 360 m 水平主要运输巷道，选择受力合理、均匀的圆形断面形式（图 7－2），采用全断面封闭的复合式柔性支护体系，通过监测手段确定巷道收敛趋于稳定状态时，进行二次支护，从而解决了该巷道围岩结构松散、变形量大、维护困难的问题。

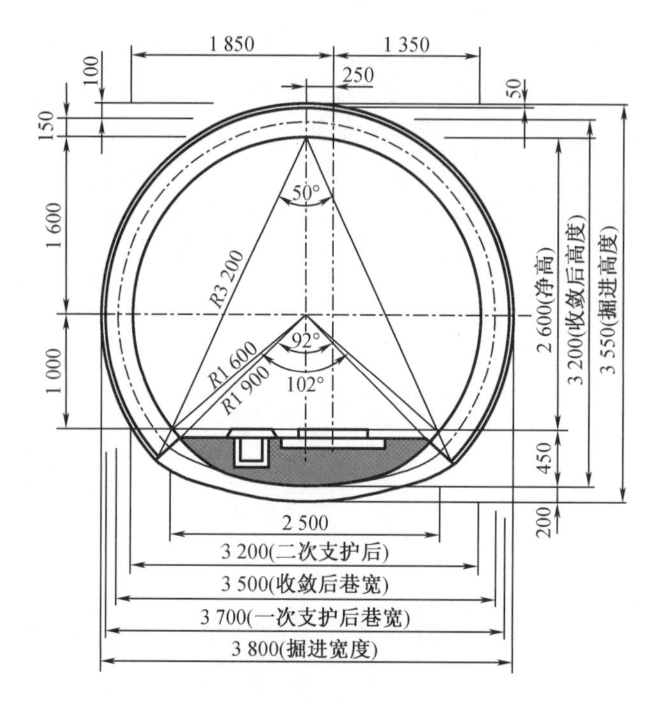

图 7－2　湖南湘永煤矿 360 m 主要运输巷道施工

4. 选择合理的破岩方法

在松软岩层中掘进巷道，破岩方法的选择应以保持围岩的整体性、不破坏或少破坏巷道围岩为原则。如果条件允许，选择全断面机械破岩方式最好；如果风镐等机械方式破岩能满足进度要求，则选择机械破岩方式，大宝山矿主副井 610 中段 292—252 线主运输平巷全部采用风镐掘进，巷道几乎没有变形；如果选用爆破方式破岩，则应采用光面爆破技术。光面爆破是一种能够充分利用和有效控制爆炸能量、对围岩破坏作用较小的破岩方法。用此法能使巷道成型规整、围岩稳定、最大限度地减少危岩及炮震裂缝。提高巷道自身承载能力，既能在很大程度上保证施工期间的安全，又可以提高支护效果。因此，光面爆破是采用锚喷支护的前提和基础，也是锚喷支护顶板控制的关键。

5. 采用合理的支护方案

在松软岩层中，巷道一掘出，若不及时控制。则围岩变形发展很快。甚至围岩深处也有不同程度的位移，继而可能出现围岩碎裂、流变，甚至垮落。对于这种特殊的不良地层，支护应当以“强化围岩、整体承载、允许变形、适当让压、控制巷道断面”为原则，通过支护来加强巷道围岩的整体性，并提高巷道围岩的整体承载性能；通过支护来抵制压力、释放压力，控制巷道的整体变形。其支护结构应有“先柔后刚”的特性，一般需要二次支护。二次支护的作用在于进一步提高巷道的稳定性和安全性，因此二次支护应采用刚度较大的支护结构。

6. 预防和治理底鼓

软岩巷道,特别是在具有膨胀性的岩层中掘进巷道,多数是要发生底鼓的,底鼓是造成巷道破坏的重要原因。凡在软岩中掘巷,若不治理底板就实施支护,其结果往往是底板先行严重鼓起,然后两帮失稳,最后顶板冒落,直至巷道全部破坏。因此,在软岩巷道施工过程中,要加强巷道底鼓的预防和治理。

巷道所处位置岩层地应力增大、岩石强度低、结构松散、矿井水侵蚀、采动压力的影响,以及地质结构、巷道围岩暴露时间的长短等,都是造成巷道底鼓的原因。因此,在治理过程中,首先要查清造成底鼓的原因,然后再因地制宜,确定治理方案和措施,做到对症下药。

7. 加强水的治理

地下水的赋存与活动,既影响围岩的应力状态,又影响围岩的强度,进而影响巷道的稳定。水对软弱巷道围岩的影响尤其严重,因此必须加强巷道施工与后期使用过程中水的综合防治工作。

8. 加强巷道施工监测

监测和测试是软岩巷道施工过程中的重要组成部分。由于巷道施工过程中的每一个环节都存在不确定因素,因此巷道施工监测就显得越来越重要。施工监测的主要目的在于为巷道支护设计提供依据;监测巷道围岩状态,控制围岩变形;监测支护效果,确定二次支护时间等。

施工过程中需要监测的主要信息有围岩表面及深部位移、应力变化、围岩与衬砌之间的接触压力、衬砌内部的应力、顶板离层、锚杆(索)受力等。在松软岩层巷道施工监测过程中,可用收敛计测量巷道的收敛变形;用水准仪测量顶板下沉量和底鼓量;用各种多点式位移计测量岩层内不同深度的位移,从而可以算出位移速度。在这些信息中,又以位移量最容易准确测量并容易实现反馈。因此,位移测量应放在首位,其他测量可与位移观测配合进行,相互对照比较,综合分析观测结果,为支护方案的确定和支护参数的优化,以及修改设计参数和确定二次支护时间提供依据。

应力大的矿区,还应量测构造应力场,这对合理布置巷道、减轻地应力对巷道的作用具有重要的指导作用。

总之,系统工程的思想要求系统地考虑软岩巷道从勘察、选址、施工到后期使用与维护的各种问题,每一个环节都要科学决策、认真实施,并要根据地质条件、施工条件等的变化及时调整方案,以使软岩巷道保持稳定,满足设计要求。

7.2.3 软岩巷道支护技术

1. 初始(一次)支护

软岩巷道开掘成形后,应立即进行一次支护。一次支护的主要目的在于加固围岩,提高其支承能力,同时应允许围岩在有效控制范围内释压变形,以适应软岩的力学特征。因此,初始支护应按照围岩与支架共同作用的原理,选用刚度适宜、具有一定柔性或可缩性的支护结构。实践证明,U 型金属可缩性支架基本符合上述要求,可用作初始支护。而锚喷网支护结构能与围岩形成密切结合的结构体,并允许围岩有一定变形,是一种更为理想的初始支护方案。目前,用于松软岩层巷道的锚喷网支护结构有锚网喷、桁架锚网喷、钢筋梯锚网喷、钢带锚网喷多种形式,可根据具体情况选择设计相应的锚喷支护结构。

凡在膨胀性围岩或破碎易冒围岩中施工时,应先喷速凝混凝土(厚度 30 ~ 50 mm),及时封闭和保护围岩。然后再打锚杆眼、安设锚杆挂网,再喷一次混凝土将网覆盖(厚 30 ~ 40 mm)。一次支护要及时,并要确保施工质量。

2. 二次支护

一次支护的根本作用在于加固并提高围岩的整体性和自稳能力,同时允许围岩在保证巷道安全的条件下释放变形能,以适应软岩的变形力学机制。在围岩变形稳定后,为了保证巷道较长时间的稳定和服务期的安全,应当给巷道围岩提供最终支护强度和刚度,这就是二次支护,它同时起到安全储备的作用。

(1)二次支护的时机

二次支护滞后一次支护的时间,即二次支护的时机是支护最终成败的关键。要保证二次支护的效果,把握二次支护的最佳时机,必须进行巷道围岩变形监测,待巷道变形稳定下来后,适时地进行二次支护,以保证围岩不丧失自身的承载能力。同时,二次支护要与一次支护密切结合,共同承受围岩应力。

工程实践表明,二次支护的最佳时机是在一次支护巷道后 20 ~ 30 d、变形 - 时间曲线出现稳定平缓拐点,围岩变形速度小于 0.05 mm/d。也就是要留有 20 ~ 30 d 的变形能释放期。二次支护与一次支护联合作用,比较好地解决了软岩巷道支护难题。

(2)二次支护的形式

目前,现场采用的二次支护形式或支护技术主要有金属可缩支架(U 型钢、工字钢等)。锚喷支护、锚网喷支护。以及近年来发展起来的加强型金属支架、高强度弧板、巷道锚索支护、巷道注浆加固技术、钢筋网壳锚喷支护技术和深孔爆破卸压支护技术等。

7.3 煤与瓦斯突出巷道施工

7.3.1 概述

煤与瓦斯突出是采煤或巷道施工过程中发生的严重自然灾害之一。它可在极短的时间内,由煤体内部向采场、巷道等采掘空间喷出大量的煤和瓦斯,突出物会逆风流充满数千米长的巷道,摧毁巷道内的设施;突出的瓦斯会使人窒息,或引起瓦斯爆炸,造成严重的人员伤亡和矿井损毁事故。

我国煤与瓦斯突出矿井多,分布范围广,并且突出频繁。1988 年,煤炭工业部颁布实施的《防治煤与瓦斯突出细则》,采用“四位一体”(即预测预报、防突措施、效果检验、安全防护)的综合防突措施后,瓦斯突出事故次数明显减少。但随着矿井开采深度逐渐增加,煤层瓦斯含量也逐渐增加,煤层的透气性越差,突出危险性也相应增大。因此,采取各种措施,防止煤与瓦斯突出是保证我国煤矿安全生产的重要任务。

煤与瓦斯突出是一种复杂的瓦斯动力现象。从瓦斯地质学角度看,地质条件对煤与瓦斯突出的分区分带起着明显的控制作用,影响煤与瓦斯突出的地质原因主要有煤层瓦斯含量与瓦斯压力、地质构造与地应力及煤层结构特征等。因此,煤与瓦斯突出往往发生在地质变化比较剧烈、地应力较大的地区,例如褶曲向、背斜的轴部和断层破碎带;煤质松软干燥且瓦斯含量多、压力高就容易突出;开采深度愈大,煤层愈厚,倾角愈大,突出的次数就愈多,突出强度也愈大;煤体受到外力震动、冲击时,也容易发生突出。

预防煤与瓦斯突出的措施中,开采保护层(也称为解放层)是国内外至今被认为最经济、最有效的区域性防治煤与瓦斯突出的措施。根据保护层与被保护层(突出煤层)的相对位置不同,保护层有上、下保护层之分。开采层位于突出危险煤层的上部,先行开采的煤层称为开采上保护层;反之称为开采下保护层。当开采保护层后,突出煤层中的原始地应力、瓦斯压力与煤的力学性质都会发生一系列的变化,首先是地应力降低、岩(煤)层发生移动,由此煤体及其围岩发生膨胀、孔隙率增加、透气性增高、瓦斯得到排放、含量减少、压力降低,即向不利于突出的条件转化,最终解除或削弱了(当层间距大时产生削弱作用)发生突出的三大要素,使突出煤层转化成无突出危险煤层。

7.3.2 石门揭穿突出危险煤层的防突措施

据统计,石门揭穿突出危险煤层时最容易发生煤与瓦斯突出,其突出特点是强度大、瓦斯量大、波及面广,因而危害严重。石门揭煤地点通常是新矿井、新水平、新采区还未被揭露的地点,其瓦斯压力、应力都处于原始状态。除此之外,揭穿煤层时,工作面由坚硬的岩层突然进入较松软的煤层,工作面前方的集中应力容易发生突然释放,这些都为发生突出提供了条件。因此,在石门揭煤施工中应采取措施,严防突出事故的发生。

《煤矿安全规程》规定,石门的位置应尽量避免选择在地质变化区;掘进工作面距煤层10 m以外时,至少打两个穿透煤层全厚的钻孔,以便确切掌握煤层赋存条件和瓦斯情况;掘进工作面距煤层5 m以外时,应测定煤层的瓦斯压力;掘进工作面与煤层之间必须保持一定的岩柱,急倾斜煤层为2 m,缓倾斜及倾斜煤层为1.5 m。

目前,我国石门揭穿突出危险煤层的防突措施主要有震动爆破或远距离爆破、抽放瓦斯和钻孔排放、水力冲孔和水力冲刷、金属骨架等。

1. 震动爆破或远距离爆破揭穿

《煤矿安全规程》规定,厚度小于0.3 m的突出煤层,可直接采用震动爆破或远距离爆破揭穿。震动爆破或远距离爆破揭穿煤层的实质就是通过在掘进工作面实施爆破来揭开煤层,并且利用爆破所产生的强烈震动,来诱导煤和瓦斯突出。如果震动爆破未能诱导突出,则强大的震动力也能使煤体破裂,瓦斯得以排放,围岩应力得以释放,从而达到预防突出的目的。

震动爆破揭开煤层以前,应使煤层瓦斯压力小于1 MPa。若压力超过这个数值时,可采用钻孔排放瓦斯的措施将压力降至1 MPa以下,然后再实施爆破。《煤矿安全规程》关于采用震动爆破揭穿煤层施工的安全要求与规定如下,施工作业必须严格遵守:

(1)所有炮眼必须一次起爆,炸开石门的全断面岩柱和煤层全厚;如果第一次震动爆破没有全断面揭开煤层,第二次爆破工作仍应按震动爆破的安全要求进行。

(2)只准使用带食盐被筒的煤矿许用炸药进行震动爆破;雷管事先要严格检查和分组;使用毫秒雷管时,其总延期时间不得超过 130 ms;装药后全部炮眼必须填满炮泥。

(3)每次震动爆破都应对岩柱性质、厚度、眼数、眼位、装药量、连线方式、起爆顺序、爆破效果等做详细记录,以便总结经验和分析。

(4)石门揭开突出危险的煤层时,掘进工作面必须有独立的回风系统,在其进风侧的巷道中应设置两道坚固的反向风门,回风系统必须保持风流畅通无阻。

(5)为了限制突出规模,人为地降低突出强度,可在距工作面 4 ~5 m 的地方构筑木垛或金属栅栏。

(6)当发现工作面的岩层特别破碎、地压加大、岩柱崩落和压出、瓦斯涌出量剧增、温度迅速下降,以及产生震动声响等异常现象时,应立即停止作业,人员撤离至安全地区。

(7)人员撤离范围,应根据突出的危险程度和通风系统而定。在有严重突出危险的石门揭穿时,爆破工作应在地面进行;爆破至少半小时后,由救护队员进入工作面检查,根据检查结果,确定是否恢复送电、通风等工作。

应特别指出的是,当采用震动爆破而未能使石门工作面一次全断面揭穿或揭开煤层。即留有门槛时,要高度警惕。因为这时强大的爆破震动波打破了原有的应力平衡状态,在其向新的平衡状态转化过程中,煤层中的应力极不稳定,随时都会发生突变,危险性极大。

2. 抽放瓦斯和钻孔排放

抽放瓦斯和钻孔排放在防治煤与瓦斯突出作用机理方面是相同的,都是力求将突出煤层中的瓦斯含量与煤层中的应力降低到不能发动突出的安全量级范围以内。但短时间内要达到此目标是很困难的。抽放瓦斯和钻孔排放的区别在于前者是借助于机械产生的小于大气压力的负压,加速突出危险煤层中的瓦斯排放;后者是在煤层打一定数量的排放瓦斯钻孔,靠突出煤层中的瓦斯压力,使瓦斯从钻孔周围深部煤层中不间断地流向钻孔,并通过钻孔向大气中扩散。从而达到在一定范围内形成卸压带。降低煤体中的瓦斯压力或缓和煤体压力,预防煤和瓦斯突出的目的。

抽放瓦斯和钻孔排放方法适用于煤层松软、透气性较大的中厚煤层。

四川天府煤矿采用多排钻孔阻截式布置方式,有效地防止了煤与瓦斯突出,如图 7 -3 所示。第一圈 10 ~14 个钻孔均匀地打在巷道的顶部及两帮,再打第二圈,有必要的话甚至可打第三圈。钻孔在石门断面以外的煤层中形成沿走向长 10 ~20 m、沿倾斜 8 ~10 m 的瓦斯排放区,其排放范围为石门断面的 15 倍左右,钻孔数一般为 20 ~40 个(孔径 75 mm)。钻孔排放瓦斯期间,瓦斯压力下降到 1 MPa 以下为止,然后结合震动爆破揭穿煤层。

3. 水力冲孔和水力冲刷

水力冲孔、水力冲刷与抽放瓦斯、钻孔,排放作用一样,都是为了排除煤层中的瓦斯,达到降低煤层中的瓦斯含量与应力的目的。

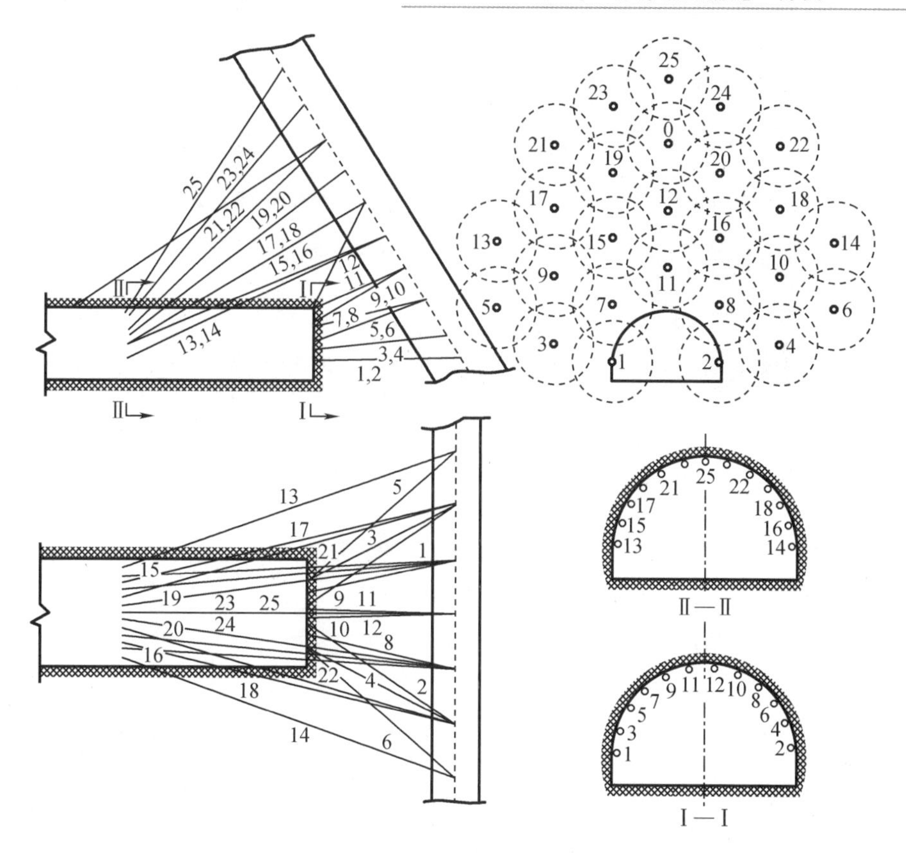

0—测压孔;1～25—排放瓦斯孔。

图7-3 四川天府煤矿瓦斯排放钻孔布置

水力冲孔是在石门岩柱未揭开之前,利用岩柱作安全屏障,向突出煤层打钻,并利用射入的高压水,诱导煤和瓦斯从排煤管中进行小突出,这样在煤体内部就引起剧烈的移动,在孔洞周围形成卸压带,解除了煤体应力紧张状态,从而消除了煤与瓦斯突出的危险。由于钻孔孔口的断面小,并用特殊的孔口装置加以控制,因而孔内的突出是可控的。当孔口排渣通畅时,孔内突出将得到延续;不通畅或被堵塞时,孔内瓦斯压力陡增,煤层暴露面上的瓦斯压力梯度降低或消失,则突出被迫停止。当需要再冲孔时,只要疏通钻孔,使孔内瓦斯压力突降,则钻孔内的突出又重新恢复,借此有控制地释放煤层中的突出能量。冲孔完毕后形成空穴,由于应力的作用,促使空穴附近煤层位移,也使空穴周围煤体中的应力得到释放,瓦斯也得到了排放,防治效果明显提高。

水力冲孔工艺流程如图7-4所示。当石门掘进接近煤层顶板或底板时,保留3～5 m的岩柱作安全屏障,用钻机先打深为0.8～1.0 m、直径为108 mm的岩孔,然后换上直径为90 mm的钻头一直打到煤层喷孔点,而后将岩心管退出,在孔口安装直径为108 mm的套管和三通排煤管,并连接排煤软管、射流泵和输煤管道至400～500 m以外的煤水瓦斯沉淀池。上述工作完成后,将钻机上直径为42 mm的钻头及钻杆通过三通卡头密封孔送到煤层喷孔点,连接压力水管,使水的射流经过钻杆冲击煤体,诱导小突出,喷出的煤、水、瓦斯经过钻杆和钻孔、套管之间的空隙进入三通、排放软管,吸入射流泵,将煤、水、瓦斯通过输煤管道送入沉淀池。

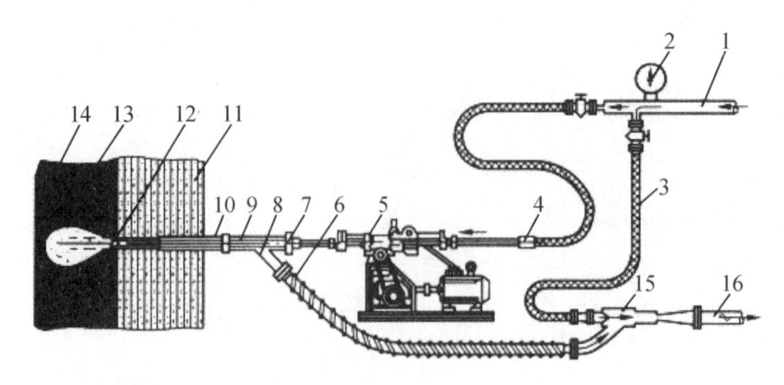

1—高压供水管;2—压力表;3—胶管;4—尾水管接头;5—红旗150型钻机;6—排煤胶管;7—安全密封卡头;8—三通;9—钻杆;10—套管;11—安全岩柱;12—逆止钻头;13—冲孔;14—煤层;15—射流泵;16—输煤管。

图7-4　力冲孔工艺流程

钻杆反复冲洗,不断前进,直至钻杆达到预定深度和冲出的煤量合乎要求为止。

水力冲刷是借助高压细射流,在已成的钻孔内扩大钻孔的直径,以提高钻孔卸除应力的能力和提高钻孔的排放效果。

4. 金属骨架

金属骨架之所以能够防止突出有两个原因:一是由于骨架支承了部分地压及煤体本身的重力,使煤体稳定性增加;二是金属骨架钻孔起了排放瓦斯的作用,使瓦斯压力得到降低。

金属骨架适用于急倾斜、厚度不大、松软的突出煤层(煤层厚度大时,骨架容易发生强烈的弯曲,起不到支撑煤体的作用),其主要作用是增加石门揭穿煤层时巷道上方煤层的稳定性和排除煤体中的瓦斯。这个工作是在揭穿煤层前通过钻孔事先实现的,实际上它起到在松软的急倾斜煤层中,为防止煤层冒顶而引发突出的一种前探支架作用。

金属骨架施工方法如图7-5所示。当石门掘进至距煤层2 m时,停止掘进,在其顶部和两帮上打一排或两排直径为70~100 mm、彼此相距200~300 mm的钻孔。钻孔钻透煤层并穿入顶板岩石300~500 mm,孔内插入直径为50~70 mm的钢管或钢轨。钢管或钢轨的尾部固定在用锚杆支撑的钢轨环上,也可固定在其他专门支架上,然后一次揭开煤层。

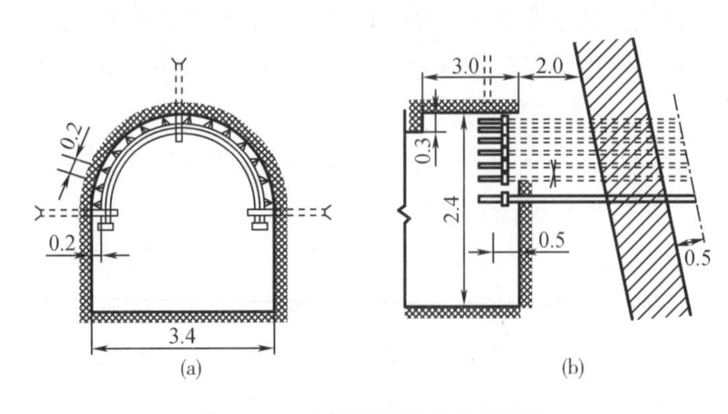

图7-5　金属骨架超前支架架设

(单位:m)

采用金属骨架时，一般需要配合震动爆破一次揭开煤层。实践表明，在倾斜厚煤层中，因骨架长度过大、易于挠曲，不能有效地阻止煤体的位移，所以预防突出能力较差。而在倾斜、瓦斯压力不太大的急倾斜薄煤层和中厚煤层中，使用金属骨架效果较好。

5. 地面钻井抽放

从地面向含瓦斯煤层施工瓦斯抽放钻井的做法，适用于煤层裂隙发育较好、瓦斯含量高的煤层。对于煤层裂隙发育差的煤层来说，由于投资大、抽出率低而不太适用。地面施工抽放钻井设备多，还必须有相关的储气装置、防火装置和运气装置等设施，投资较大。

地面钻井抽放的施工方法是用钻机从地面施工直径为 200 mm 的钻井。根据地质条件，当钻孔深度达到煤层与顶板交接处时，停止施工（遇煤层立即停止钻进）。把 ϕ100 mm 的钢管插入井中，用浆液进行浇铸，把钢管固定住，且保证封固的严密性。接高压水或 NO_2 泡沫对煤体进行压裂。为达到抽放效果，保证产气量，可在使用水压致裂法时充填石英砂。这样可以在 ϕ400 m 的煤层范围内进行瓦斯预抽，有效防止揭开石门时的瓦斯突出。

目前，许多高瓦斯矿区，如淮南矿区采用地面钻井抽放的方法将瓦斯抽到地面，并通过管道输送到居民家中作为生活用气，或者送入加工车间作为工业原料，趋利避害，变废为宝，既保证了煤矿生产的安全，又改善了居民的生活条件，经济效益、社会效益显著提高。

复习思考题

1. 软岩巷道有何特点？软岩巷道地压显现及其围岩变形的特征是什么？
2. 巷道的位置、断面形状、破岩方法、支护方案与巷道稳定性的关系如何？
3. 巷道底鼓有何危害？如何防治巷道底鼓？
4. 巷道施工监测的目的是什么？监测的主要内容、手段有哪些？
5. 软岩二次支护的关键是什么？
6. 煤与瓦斯突出有何危害？其预防措施有哪些？
7. 石门揭穿的防突措施有哪些？其适用条件如何？
8. 进行急倾斜突出煤层上山掘进时，如何预防突出？
9. 有突出危险煤层中平巷掘进的防突措施有哪些？哪种措施最有效？

第 8 章　硐室和交岔点的设计与施工

8.1　井底车场主要硐室设计

井底车场是指位于开采水平,连接矿井主要提升井筒和井下主要运输、通风巷道的若干巷道和硐室的总称,是连接井筒提升和大巷运输的枢纽。井底车场担负对煤炭、矸石、伴生矿产、设备、器材和人员的转运,并为矿井通风、排水、动力供应、通信、安全设施等服务。

井底车场由主要运输线路、辅助线路和各种硐室等组成。主要运输线路包括存车线巷道和行车线巷道两种。存车线巷道是指存放空、重车辆的巷道,如主、副井的空、重车线,材料车线等;行车线巷道是指调动空、重车辆运行的巷道,如连接主、副井空、重车线的绕道,调车线,马头门线路等。辅助线路主要是指通往各种硐室的巷道,如通往主排水泵房、水仓的通道,主井清理撤煤斜巷(或平巷)及通道,管子道,通往电机车修理库的支巷等。硐室是指为井下的生产技术、管理和安全等方面的需要而开凿的地下空间。

8.1.1　井底车场硐室类型

硐室是井底车场的重要组成部分,按在井底车场中所处的位置和用途不同可分为主井系统硐室、副井系统硐室以及其他硐室。

1. 主井系统硐室

如图 8 -1,主井系统硐室主要有以下三种:

(1)推车机、翻车机(或卸载)硐室或带式输送机机头硐室。采用矿车运输的矿井,硐室位于主井空、重车线连接处,其内安设推车机和翻车机,用于将固定式矿车中的煤卸入煤仓。对于底卸式矿车而言,在卸载硐室内安设有支承托辊、卸载和复位曲轨、支承钢梁等卸载装置。采用带式输送机运输的矿井,带式输送机机头硐室位于带式输送机巷尽头,直接卸煤于井底煤仓中。

(2)井底煤仓。煤仓作用是储存煤炭,调节提升与运输关系。煤仓上接翻车机硐室或卸载硐室,下连装载硐室。对于大型矿井,多个煤仓通过给煤机巷间接与装载硐室相接。

(3)箕斗装载硐室。对于采用矿车运输的矿井,箕斗装载硐室位于井底车场水平以下,上接煤仓下连主井井筒。当大巷采用带式输送机运输时,箕斗装载硐室可位于井底车场水平以上,上接定量机巷下连主井井筒,这样可减少主井井筒的深度。硐室内安设箕斗装载(定容或定重)设备,用于将煤仓中的煤按规定的量装入箕斗。

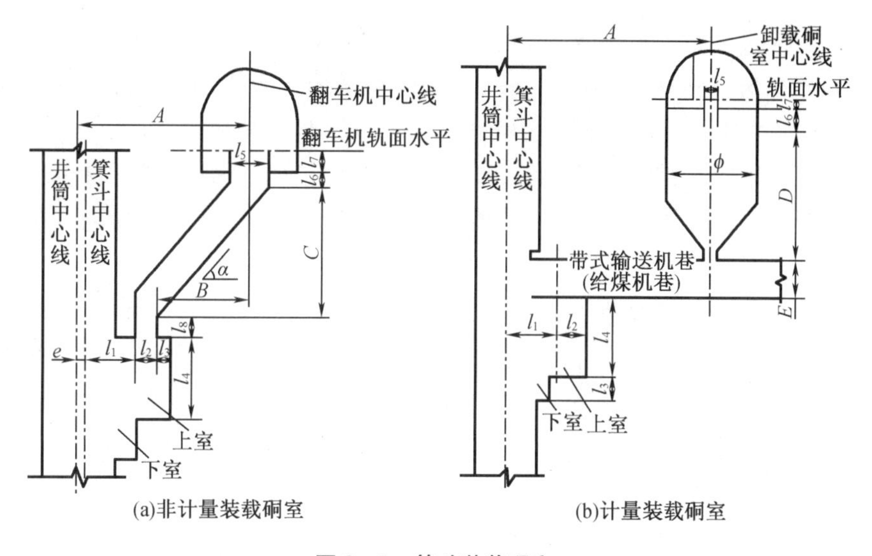

(a)非计量装载硐室　　(b)计量装载硐室

图 8-1　箕斗装载硐室

另外，主井清理撒煤硐室位于箕斗装载硐室以下，通过倾斜巷道与井底车场水平巷道相连，其内安设清理撒煤设备，用以将箕斗在装、卸和提升煤炭过程中洒落于井底的煤装入矿车或箕斗清理出来。主井井底水窝泵房位于主井清理撒煤硐室以下，其内安设水泵。

2. 副井系统硐室

副井系统硐室参如图 8-2 所示，主要包括以下四种。

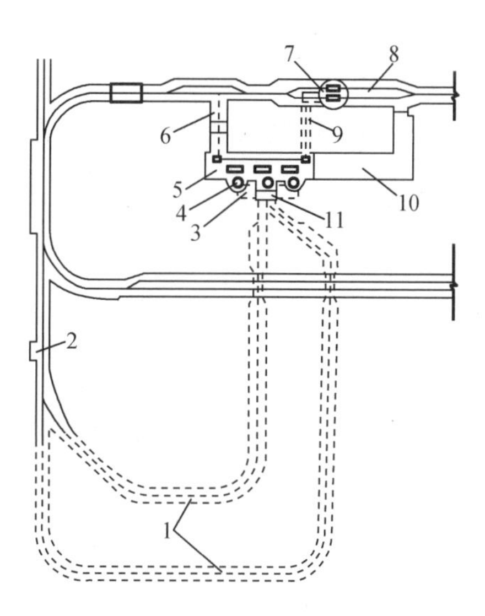

1—内、外水仓；2—水仓清理绞车硐室；3—配水巷；4—吸水井；5—主排水泵房硐室；6—水泵房通道；7—副井井筒；8—马头门硐室；9—管子道；10—主变电所；11—配水井。

图 8-2　副井系统硐室

(1) 马头门硐室。马头门硐室位于副井井筒与井底车场巷道连接处，其规格主要取决于罐笼的类型、井筒直径以及下放材料的最大长度。其内安设摇台、推车机、阻车器等操车设备。材料、设备的上下,矸石的排出,人员的升降以及新鲜风流的进入都要通过马头门。

(2)主排水泵房和主变电所硐室。主排水泵房硐室和主变电所硐室通常联合布置在副井附近,使排水管引出井外、电缆引入井内均比较方便,且具有良好的通风条件,一旦有水灾可关闭密闭门,使变电所能继续供电,水泵房能照常排水。水泵房通过管子道与副井井筒相连,通过两侧通道与井底车场水平巷道相连。其内分别安设水泵和变电整流及配电设备,负责全矿井井下排水和供电。

(3)水仓。水仓一般由两条独立的、互不渗漏的巷道组成,其中一条清理时,另一条可正常使用。水仓入口一般位于井底车场巷道标高最低点,末端与水泵房的吸水井相连。其内铺设轨道或安设其他清理泥沙设备,用以储存矿井井下涌水和沉淀涌水中的泥沙。

(4)管子道。管子道的位置一般设在水泵房与变电所连接处,倾角常为25°~30°,其内安设排水管路,与副井井筒相连。

除以上硐室外,副井系统的硐室还包括等候室、工具室以及井底水窝泵房等。

3. 其他硐室

(1)调度室:位于井底车场进车线的入口处,其内安设电信、电气设备,用以指挥井下车辆的调运工作。

(2)电机车库及电机车修理间硐室:位于车场内便于进出车和通风方便的地点,其内安设检修设备、变流设备、充电设备(蓄电池机车),供井下电机车的停放、维修和对蓄电池机车充电之用。

(3)防火门硐室:布置在副井空、重车线上离马头门不远的单轨巷道内,其内安设两道铁门或包有铁皮的木门。井下或井口发生火灾时用来隔断风流,防止事故扩大。

此外,在井底车场范围内,有时还设有乘人车场、消防列车库、防水闸门等。爆炸材料库和爆炸材料发放硐室一般设在井底车场范围之外适宜的地方。

8.1.2 井底车场主要硐室设计

井底车场内各种硐室的功能虽然各不相同,其断面形状及规格尺寸亦变化多样,但其设计的原则和方法却基本相同。一般,首先根据硐室的用途,合理选择硐室内需要安设的机械和电气设备;然后根据已选定的机械和电气设备的类型和数量,确定硐室的形式及其布置;最后根据这些设备的安装、检修和安全运行的间隙要求以及硐室所处围岩稳定情况,确定硐室的规格尺寸和支护结构。此外,对于有些硐室,如爆炸材料库、主变电所等,还要考虑防潮、防渗、防火和防爆等特殊要求。

1. 箕斗装载硐室设计

(1)箕斗装载硐室与井底煤仓的布置形式

箕斗装载硐室与井底煤仓的布置,主要根据主井提升箕斗及井底装载设备布置方式、矿井煤种数量及装运要求、围岩性质等因素综合考虑确定。以往小型矿井广泛采用箕斗装载硐室与倾斜煤仓直接相连的布置形式(图8-3);而中型矿井则采用一个垂直煤仓通过一条装载带式输送机巷与箕斗装载硐室连接(图8-4);大型矿井则为多个垂直煤仓通过一条或两条装载带式输送机巷与单侧或双侧式箕斗装载硐室连接(图8-5)。

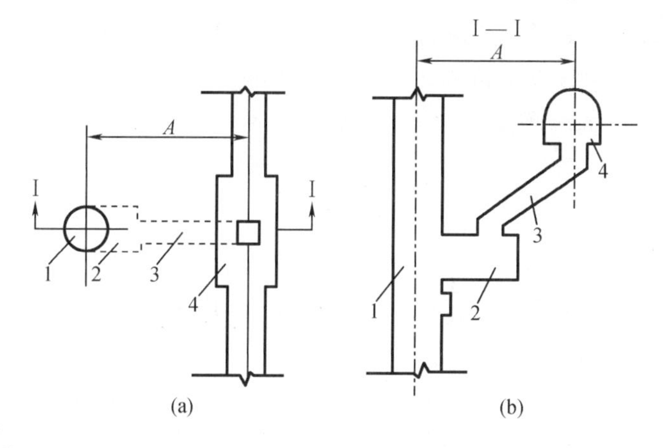

1—主井;2—箕斗装载硐室;3—倾斜煤仓;4—翻车机硐室;A—井筒中心线与翻笼硐室中心线间距,A=9~16 m。

图8-3 箕斗装载硐室与倾斜煤仓的布置形式

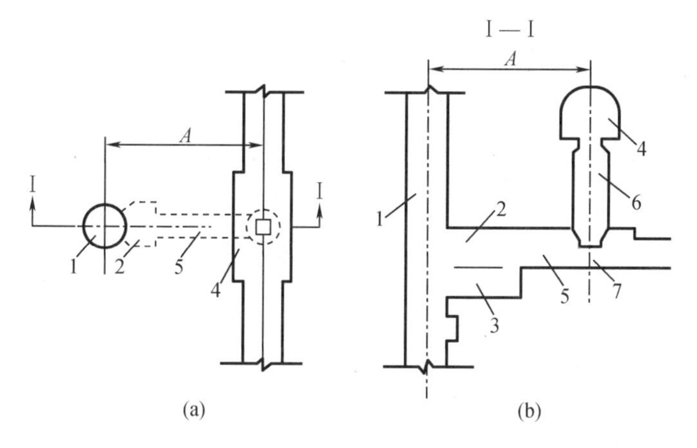

1—主井;2—装载输送机机头硐室;3—箕斗装载硐室;4—翻车机硐室;5—装载输送机巷;6—直立煤仓;
7—给煤机硐室;A—井筒中心线与翻笼硐室中心线(或煤仓中心线)间距,A=9~16 m。

图8-4 箕斗装载硐室与垂直煤仓的布置形式

(2)箕斗装载硐室的位置

箕斗装载硐室是与井筒连接在一起且服务于整个矿井设计开采年限的硐室,掘进时围岩暴露面积较大,为了确保箕斗装载硐室比较容易施工,并能够在服务期内满足正常的使用要求,便于使用和维护,可分以下两种情况布置:当大巷采用矿车运输时,一般应将箕斗装载硐室布置在运输水平以下的地质构造简单、围岩坚固稳定的部位;当大巷采用带式输送机运输、条件适宜时,箕斗装载硐室应布置在运输水平以上。

(3)箕斗装载硐室的形式

箕斗装载硐室的形式主要取决于箕斗和箕斗装载设备的类型及装载方式。

根据箕斗在井下装载和地面卸载的位置和方向,硐室分为同侧装卸式(装载与卸载的位置和方向在同一侧进行)和异侧装卸式(装载与卸载的位置和方向在相反侧进行)。每类又可分为通过式和非通过式两种:当硐室位于中间生产水平,同时在两个水平出煤时,采用通过式；当硐室位于矿井最终生产水平或固定水平时，采用非通过式。主井内仅有一套箕斗提升设备时，箕斗装载硐室为单侧式（硐室位于井筒一侧）；主井内有两套箕斗提升设备，装载硐室为双侧式（井筒两侧设箕斗装载硐室）。

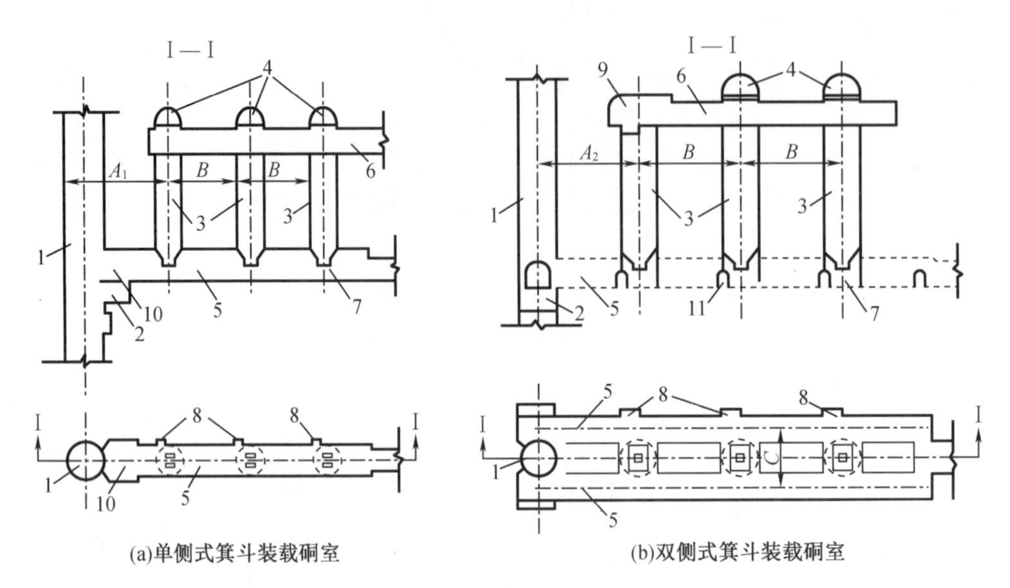

1—主井井筒；2—箕斗装载硐室；3—垂直煤仓；4—带式输送机机头硐室；5—装载带式输送机巷；6—配煤带式输送机巷；7—给煤机硐室；8—机电硐室；9—翻笼硐室；10—装载带式输送机机头硐室；11—通道；A_1—井筒中心线与煤仓中心线间距，$A_1=15\sim25$ m；A_2—井筒中心线与煤仓中心线间距，$A_2=20\sim35$ m；B—煤仓中心线间距，$B=20\sim30$ m；C—两条装载带式输送机巷间间距，$C=10\sim12$ m。

图 8-5 箕斗装载硐室与多个垂直煤仓的布置形式

山西潞安屯留煤矿设计能力 6.0 Mt/a，主井井筒净直径 8.2 m，井深 558.6 m，井筒内并列布置两对 25 t 多绳提煤箕斗。为了避免凿井时奥陶系灰岩突然透水形成水患和改善清理工人的劳动条件，设计将主井装载系统布置在 +400 m 井底车场和大巷水平以上的 +502 m 水平，南北走向，双翼布置，东西偏离中线 1 930 mm。定量装载机巷道底板标高为 449.7 m。硐室上方经带式输送机巷与 2 个并列的净直径为 8 m 的圆筒式倾斜煤仓相连，煤仓容量 2 500 t，煤仓下口配有定量刮板输送机，煤仓上口设置配煤带式输送机，使南、北两翼来煤根据需要随时调配卸入不同煤仓，如图 8-6 所示。

(4) 箕斗装载硐室规格尺寸的确定

从横断面来看，箕斗装载硐室的断面形状分为开口矩形和开口半圆拱形两种。开口矩形断面施工简便，断面利用率较高，但承受侧压能力较差，因而适用于围岩较好、地压小的矿井。开口半圆形拱断面承受侧压能力较好，所以当围岩较差、地压较大时可以采用。目前煤矿井下多采用开口矩形断面。

箕斗装载硐室的尺寸，主要根据所选用的装载设备的型号、设备布置、设备安装和检修，并考虑人行道和行人梯子的布置要求来确定。箕斗装载设备有非计量装载与计量装载两种形式（图 8-1）。图中尺寸 l_1、l_2、l_3、l_4、E 根据所选用的装载设备、给煤机的尺寸及其安装、检修和操作要求来确定；l_5、l_7 由选定的翻车机设备或卸载曲轨设备的尺寸和安装要求确定；l_6、l_8 则根据煤仓上、下口结构尺寸的合理性来确定。A 主要取决于翻笼硐室或卸载硐室与井筒之间岩柱的稳定性。若采用倾斜煤仓，则还与倾斜煤仓的容量及为保证煤沿煤仓底板自由下滑不致堵塞的倾角大小有关，一般为 9 ~ 16 m。若采用垂直煤仓，A = 15 ~ 40 m。煤仓容量大、岩柱不稳定时，A 值应取大些；反之，则取小些。

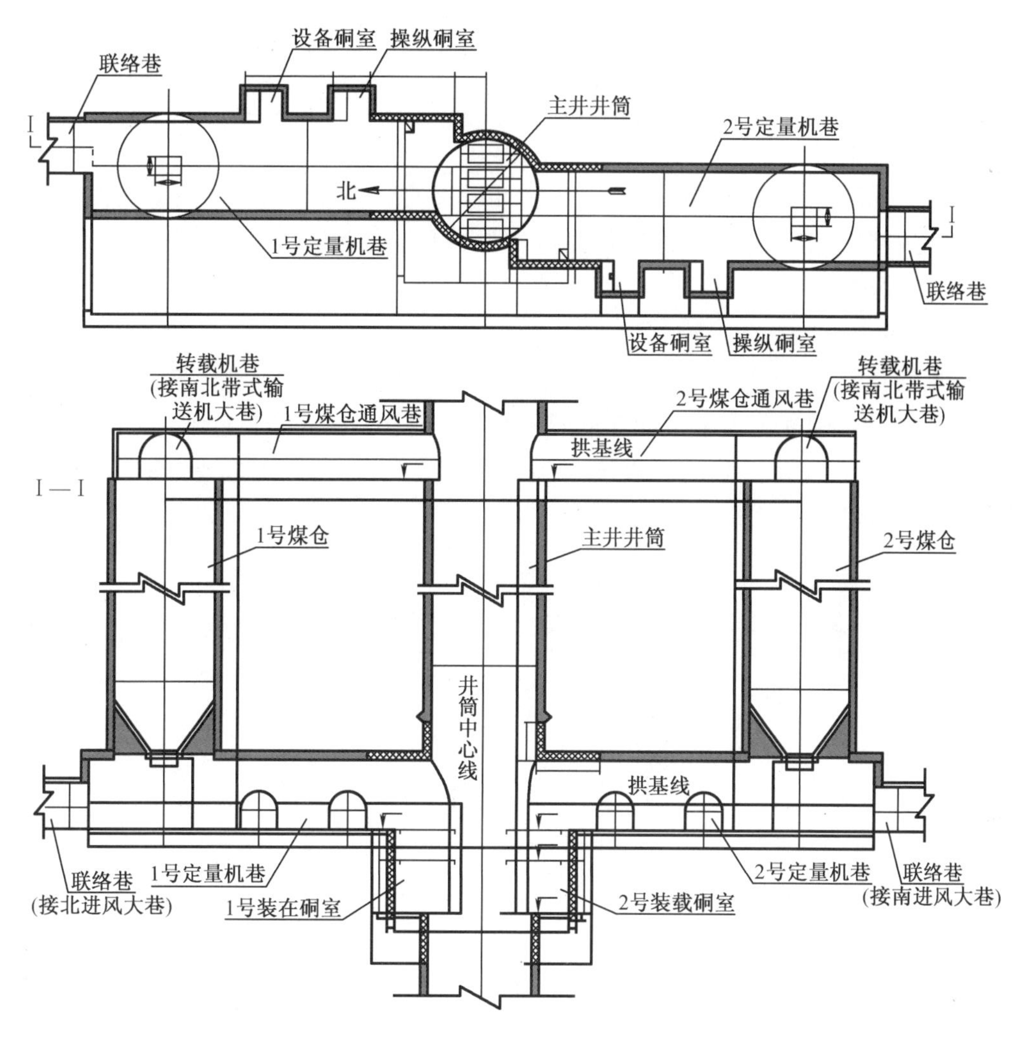

图 8-6 屯留煤矿箕斗装载硐室位置图

(5)箕斗装载硐室的支护结构

箕斗装载硐室的支护可用素混凝土和钢筋混凝土，其支护厚度取决于硐室所处围岩的稳定性和地压的大小。装载硐室不同支护形式的支护厚度、适用条件及优缺点见表 8-1。

表8-1 箕斗装载硐室支护方式

支护方式	支护厚度/mm	混凝土标号	优缺点	适用条件
混凝土	300 ~ 500	C15 ~ C20	钢材消耗量较少,施工简便。但承压能力较差	地压较小,围岩稳定性好,布置一套装载设备的箕斗装载硐室
钢筋混凝土	400 ~ 500	C15 ~ C20	承压能力强。但钢材消耗量较大,施工相当复杂	地压较大;围岩稳定性差,布置两套装载设备的箕斗装载硐室

当采用混凝土支护时,箕斗装载硐室顶部以及通过式装载硐室的上室底板应配置钢梁。硐室顶部(上室)应按设计位置设置起重梁,以便安装和检修设备。

2. 井底煤仓设计

(1)井底煤仓形式与断面形状

井底煤仓的形式与围岩稳定性及煤仓的容量有直接关系。而煤仓容量又取决于矿井的生产能力、提升能力以及井下的运输能力等诸多因素。根据煤仓仓体的立面形态,井底煤仓主要有垂直式、倾斜式、混合式和水平式四种(图8-7),断面形状有圆形、半圆拱形、椭圆形、方形和矩形等五种。

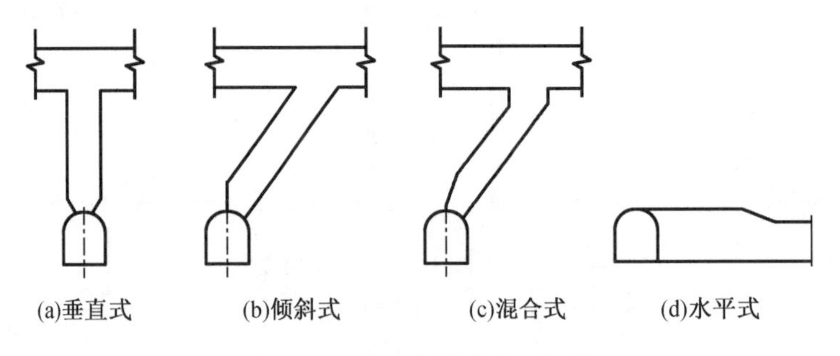

图8-7 煤仓布置形式示意图

垂直式煤仓受力性能好,煤仓容量大,施工、维修简便,适应性强,但施工较复杂,适用于围岩条件较差的大型矿井,使用中较少发生堵仓现象。倾斜式煤仓,煤仓容量小,缓冲能力及适应性均较差,铺底工作量大,多用于围岩较好的中小型矿井。但也有的大型矿井通过增加煤仓的个数使用倾斜煤仓,如山西屯留煤矿、赵庄煤矿等。混合式煤仓具有以上两种煤仓的特征,适用于围岩有变化的大中型矿井。这三种形式煤仓的共同特点是煤仓的上下口之间有一个高差,会使块煤进一步破碎,降低了块煤率,影响了矿井经济效益。

水平式煤仓通常为一段平巷,与垂直、倾斜煤仓相比,不仅减少了建仓工程量,缩短了工期,而且施工非常方便;在使用过程中不会出现堵仓现象,块煤率高,可实现不同种类煤炭的分装分运,但煤仓设备投入高。与垂直式、倾斜式煤仓相比,水平式煤仓的容量通常较小,其容量与其结构形式、装配的设备等密切相关。水平式煤仓随着近水平煤层、缓倾斜煤层的开采,在我国具有很大的推广价值。

垂直式煤仓普遍采用圆形断面，倾斜式煤仓多采用半圆拱形断面，但因其承压性能不如圆形断面，故近年来的倾斜式煤仓也多采用圆形断面，如图 8－6 所示的山西屯留煤矿净直径 8.0 m 的井底倾斜煤仓。倾斜式煤仓的一侧应设人行通道，宽为 1.0 m 左右，内设台阶及扶手以便行人通过。在煤仓与人行道间墙壁上每隔 2～3 m 或距煤仓下口 3 m 处设检查孔，检查孔尺寸为 500 mm×200 mm（宽×高）。检查孔上设铁门，以检查煤仓磨损和处理堵仓事故。方形、矩形断面多用于围岩条件好、断面较小的煤仓，椭圆形断面多用于垂直式需要留人行间的煤仓。

垂直式煤仓底部的漏斗，一般设计成圆锥形或正方锥形，一般多采用圆锥形漏斗。横断面自上而下按圆锥形或双曲面形逐渐缩小。设计为锥形断面时应设压气破拱装置，用于清除堵仓。倾斜式煤仓底部结构形式有圆锥形漏斗和方锥漏斗两种。

一般说来，倾斜式煤仓适用于围岩条件较好，开采单一品种或多煤种而又不要求分装分运的中小型矿井。垂直式圆筒煤仓适用于围岩一般或较差，开采单一品种或多种煤不要求或要求分装、分运的大型矿井。

（2）井底煤仓有效容量及尺寸确定

井底煤仓的容量主要取决于矿井的生产能力，并与井筒的提升能力、煤炭在巷道内的运输方式等因素有关。《煤炭工业矿井设计规范》规定，井底煤仓有效容量，对于中型矿井一般按提升设备每 0.5～1.0 h 所提升的煤量计算；对于大型矿井一般按提升设备每 1～2 h 所提升的煤量计算。以往多用的倾斜式煤仓容量较小，一般为 60～100 t。近年来随着井型增大，容量大的垂直式煤仓广泛被采用，容量一般在 600～2 000 t 之间。大容量煤仓对矿井提升和井下运输煤炭具有调节和贮存作用。但是也应当看到，煤仓容量过大，势必增加工程量，延长施工工期。

井底煤仓的有效容量可按下式计算：

$$Q=(0.15\sim0.25)A_{mc} \tag{8-1}$$

式中 Q——井底煤仓有效容量，t；

A_{mc}——矿井设计日产量，t；

0.15～0.25——系数，大型矿井取小值，中型矿井取大值。

大中型矿井井底煤仓的有效容量可参照表 8－2 选取。

表 8－2 大中型矿井井底煤仓容量选取表

计算公式	$Q=(0.15\sim0.25)A_{mc}$		
矿井设计生产能力/（$Mt\cdot a^{-1}$）	日产量/t	选取系数	煤仓有效容量/t
6	20 000	0.15	3 000
5	16 666	0.15	2 500
4	13 333	0.15	2 000
3	10 000	0.18	1 800
2.4	8 000	0.18	1 440

表 8-2(续)

计算公式	$Q=(0.15\sim0.25)A_{mc}$		
矿井设计生产能力/(Mt·a^{-1})	日产量/t	选取系数	煤仓有效容量/t
1.8	6 000	0.20	1 200
1.5	5 000	0.20	1 000
1.2	4 000	0.20	800

倾斜式煤仓断面尺寸可根据煤仓有效容量和斜长计算。为了避免堵仓事故,倾斜式煤仓断面不宜过小,一般取为5.5~8.0 m^2,倾斜长为9~16 m,倾角一般为50°~55°。为使煤仓结构合理,便于施工和检修,煤仓宽度应保持不变,其高度一般取1.8~2.4 m。

垂直式圆筒煤仓断面尺寸可先依据煤仓有效容量和初步确定的煤仓有效高度、煤仓数目计算,然后再考虑与之有关的其他因素,调整煤仓直径及有效高度。一般垂直式圆筒煤仓断面面积40~50 m^2,高度15~35 m,煤仓下口漏斗斜面与水平面的夹角,一般取50°~60°。

(3)井底煤仓的支护

井底煤仓支护视其围岩情况可以采用锚喷、现浇素混凝土或钢筋混凝土支护。布置在中硬以上岩层内的直立煤仓,可采用锚喷支护或素混凝土支护。当采用锚喷支护时,一般采用ϕ20~22 mm螺纹钢锚杆,长度1.8~2.2 m,喷射混凝土厚度为100~150 mm;当采用现浇素混凝土支护时,厚度一般为300~400 mm。倾斜式煤仓一般采用250~350 mm厚的C20素混凝土支护。布置在软岩层(或煤层)内的煤仓,一般采用钢筋混凝土支护,断面较大时,采用锚杆和钢筋混凝土联合支护。

倾斜式煤仓的底板应采用耐磨而光滑的材料铺底,以利煤炭下滑,减少或避免煤仓堵塞。常用铺底材料有钢轨、钢板和辉绿岩铸石块[图8-8(c)]。辉绿岩铸石块的铺底,耐磨性高(相当普通钢板50倍),但不能承受冲击力,所以在煤仓上口落煤点应铺设厚度为10 mm的钢板。

垂直式圆筒煤仓的漏斗斜面也应采用光滑、耐磨的材料铺底,以减少维修量和防止堵仓事故。其铺底材料普遍采用铁屑混凝土和石英混凝土,一般取混凝土强度等级为C20,厚度为80~150 mm。

3.罐笼立井井筒与井底车场连接处

罐笼立井(副井)与井底车场连接处,是指立井井筒与井底车场巷道连接处两侧的巷道部分,它是立井井筒与水平巷道相交的一种特殊形式的交岔点,习惯称之为马头门。

连接处的设计原则和依据是以提升运输要求、通风和升降人员的需要为前提的。设计内容包括连接处形式的选择、连接处平面尺寸和高度的确定、断面形状和支护结构的选择。

(1)连接处形式

根据选用罐笼的类型、进出车水平数目,以及是否设有候罐平台等因素,连接处的形式有双面斜顶式和双面平顶式两种,这两种形式是目前最普遍的连接方式,如图8-9所示。

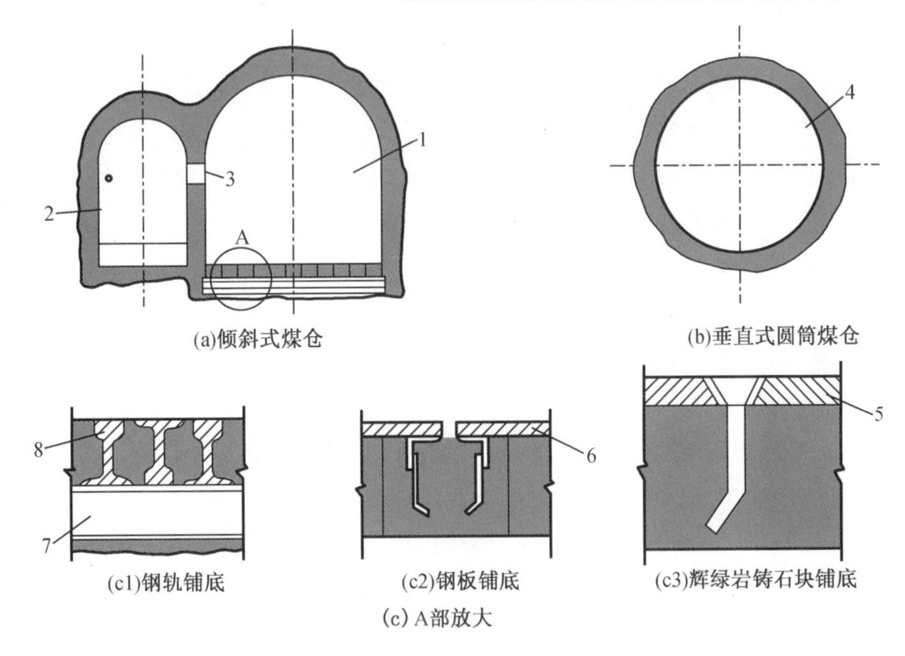

1,4—煤仓;2—人行间;3—观察孔;5—厚 20 mm 辉绿岩铸石板;6—厚 10 mm 钢板;

7—槽钢或等边角钢;8—15 kg/m 或 22 kg/m 钢轨。

图 8 -8　井底煤仓断面形状与支护结构

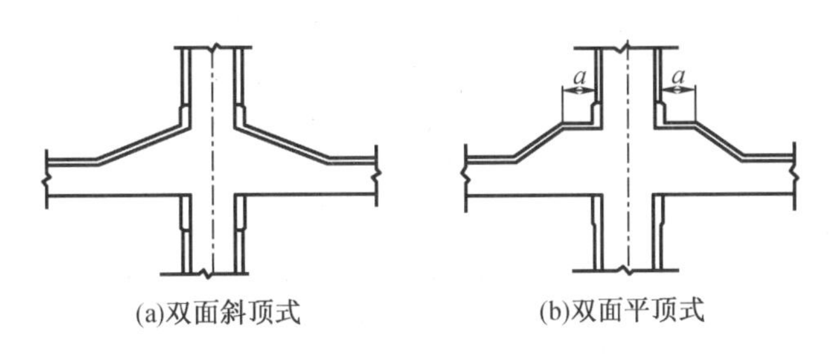

图 8 -9　罐笼立井井筒与井底车场连接处示意图

当采用单层罐笼,或者采用双层罐笼但采用沉罐方式在井底车场水平进出车和上下人员时;或者采用双层罐笼,用沉罐方式在井底车场水平进出车,而上下人员同时在井底车场水平和井底车场水平下面(设有通往等候室的通道)进行时,通常采用双面斜顶式马头门,如图 8 -9(a)所示。采用单层罐笼时,除了通过能力较小外,这种连接方式的通过能力较大,一般适用于中型矿井。

当采用双层罐笼,用沉罐方式进出车,进车侧设固定平台,出车侧设活动平台,上下人员可以同时在两个水平进出时;或者当采用双层罐笼,设有上方推车机及固定平台,双层罐笼可在两个水平同时进出车和上下人员时,采用双面平顶式马头门,如图 8 -9(b)所示。这种连接形式通过能力大,适用于大型矿井。

《煤炭工业矿井设计规范》规定,连接处两侧巷道,均应设置双侧人行道,其宽度不应小于 1.0 m。连接处巷道的高度和长度,应满足设备布置和通过最长材料及罐笼同时进出车层数的要求,并应尽量减少通风阻力,其净高不应小于 4.5 m,长度不应小于 5.0 m。

(2)连接处长度

连接处长度是指从进车侧复式阻车器后轮挡面至出车侧材料车线进口变正常轨距的起点之间的距离 L,如图 8-10 所示。它主要取决于马头门轨道线路的布置和安设的摇台、阻车器和推车机等操车设备的规格尺寸,以及井筒内选用的罐笼布置方式和安全生产需要的空间来确定。以双股道为例,连接处的长度按下式计算:

$$L = L_0 + L_4 + L_4' + L_3 + L_3' + L_2 + b_3 + b_4 + 2L_1 + b_2 + b_1 + L_5 + (1.5 \sim 2.0\ \text{m}) \quad (8-2)$$

式中 L——马头门的长度,m;

L_0——罐笼的长度,m;

L_4、L_4'——进、出车侧摇台的摇臂长度,m;

L_3、L_3'——进、出车侧摇台基本轨起点至摇台活动轨转动中心的距离,m;

L_2——摇台基本轨起点至单式阻车器轮挡面之间的距离,m;

b_3——单式阻车器轮挡面至对称道岔连接系统终点之间的距离,视有无推车机分别取 4 辆矿车长或 1~2 辆矿车长,m;

b_4——摇台基本轨起点至对称道岔连接系统终点之间的距离,m;

L_1——对称道岔基本轨起点至对称道岔连接系统终点之间的距离,其长度可根据选用道岔类型、轨道中心线间距按线路连接系统计算,m;

b_2——对称道岔基本轨起点至复式阻车器前轮挡面之间的距离 ,m;

b_1——复式阻车器前轮挡面至后轮挡面之间的距离,m;

L_5——单开道岔基本轨起点至材料车线进口变正常轨距之间的距离,其长度可以按单开道岔平行线路连接系统计算,m。

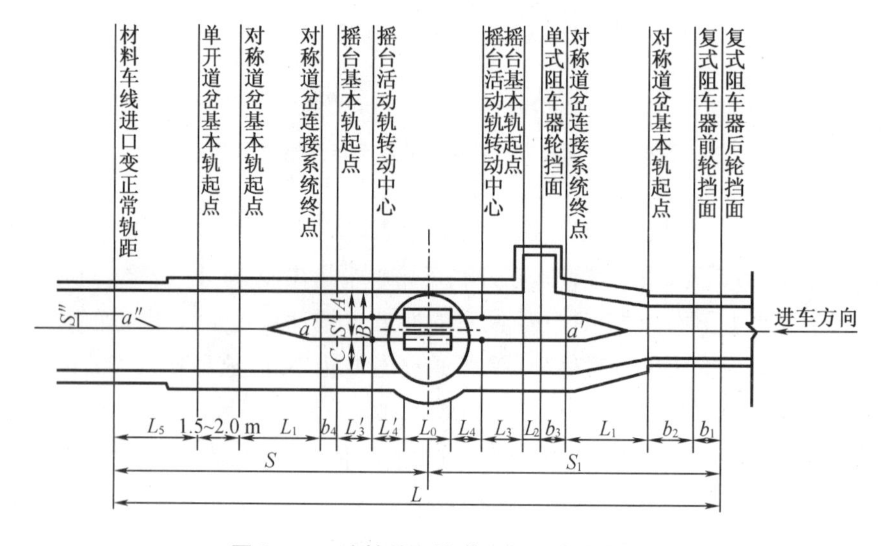

图 8-10 连接处双股道平面尺寸确定图

(3)连接处宽度

连接处宽度则取决于井筒装备、罐笼布置方式和两侧人行道的宽度,可按下式计算:

$$B = A + S' + C \quad (8-3)$$

式中 B——马头门的宽度,m;

S'——轨道中心线之间距离,即等于井筒中罐笼中心线间距,m;

A——非梯子间侧轨道中心线至巷道壁距离,一般取 $A \geq$ 矿车宽/2 +0.9 m;

C——梯子间侧轨道中心线至巷道壁距离,一般取 $C \geq$ 矿车宽/2 +1.0 m。

马头门的宽度通常在重车侧自对称道岔(或单开道岔)连接系统终点开始缩小,至对称道岔(或单开道岔)基本轨起点收缩至单轨巷道的宽度。但是在空车侧,过了对称道岔(或单开道岔)基本轨起点不远即进入双轨的材料存车线。为了减少井底车场巷道的断面变化和方便施工,往往空车侧马头门的宽度不再缩小。

(4)连接处高度

连接处的高度,主要取决于下放材料的最大长度和方法、罐笼的层数及其在井筒平面的布置方式、进出车及上下人员方式、矿井通风阻力等多种因素,并按最大值确定。

我国煤矿井下用最长材料是钢轨和钢管,一般最长为12.5 m。8 m以内的材料放在罐笼内下放(打开罐笼顶盖),而超过8 m的长材料则吊在罐笼底部下放。此时,材料在井筒与马头门连接处最小高度如图8-11所示,并按式(8-4)计算:

$$H_{\min} = L_{\sin\alpha} - W_{\tan\alpha} \tag{8-4}$$

式中 $H_{\min}$——下放最长材料时,连接处所需的最小高度,m;

L——下放材料的最大长度,取 $L = 12.5$ m;

W——井筒下放材料的有效弦长,m。当有一套提升设备时,一般取 $W = 0.9D$(其中 D 为井筒净直径,m);若有两套提升设备,W可根据井筒断面布置计算。

α——下放材料时,材料与水平面的夹角,$\alpha = \arccos \sqrt[3]{W/L}$,当 $D = 4 \sim 8$ m、$L = 12.5$ m时,$\alpha = 48°40' \sim 33°41'$。

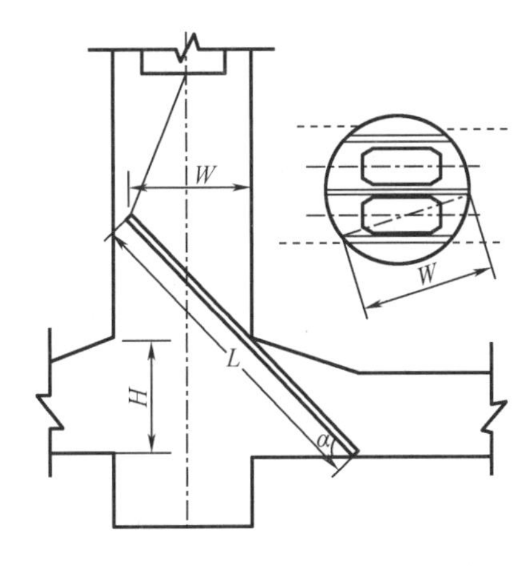

图8-11 按下放长材料长度计算马头门高度

随着井筒直径的增加,下放最大、最长材料已不是确定连接处最小高度的主要因素,最小高度主要取决于罐笼的层数、进出车方式和上下人员的方式。另外,大型矿井尤其是高瓦斯矿井,井下需要的风量很大,若连接处高度低了,断面必然缩小,通风阻力会增大。因此,连接处高度按上述因素确定后,还应按通风要求进行核算,其净高度不应小于4.5 m。

连接处最大断面处高度确定后，随着向空、重车线两侧的延伸，拱顶逐步下降至正常巷道的高度。副井连接处的拱顶坡度一般为10°～15°，风井连接处的拱顶坡度为16°～18°。

图8－12所示为3.0 t矿车单(双)层6.5 m直径普通罐笼立井井筒与井底车场连接处。

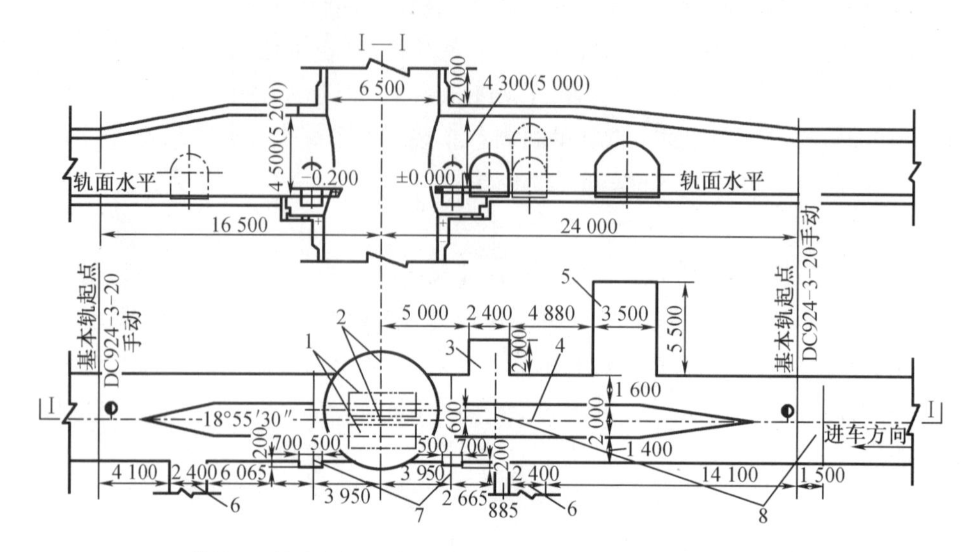

1—罐笼；2—井筒中线；3—信号硐室；4—提升中心线；5—推车机电气硐室；

6—等候室通道；7—摇臂轴中线；8—单式阻车器轮挡面。

图8－12　3.0 t矿车单(双)层6.5 m直径普通罐笼立井井筒与井底车场连接处

(5)连接处的断面形状及支护

由于连接处断面大、地压大，所以马头门断面形状多选用半圆拱形。当顶压和侧压较大时，可采用马蹄形断面；当顶压、侧压及底压均较大时，可采用椭圆形、封闭形断面。连接处通常采用C20以上混凝土支护，厚度为400～600 mm。当围岩稳定，节理、裂隙不发育时，可采用锚喷网联合支护；当围岩不稳定、地压大或连接处断面较大时，可采用钢筋混凝土支护，配筋率为1.0%～1.5%；当连接处位于膨胀性岩层中，或连接处岩层破碎、层理发育时，可采用锚喷网或金属支架临时支护，然后再砌筑钢筋混凝土永久支护。连接处上、下2～5 m范围内的井壁，通常要安装金属结构，所以此段井壁一般应加厚100～200 mm，并要配置构造筋以加强井壁的支护能力，使金属结构安设牢固、可靠。

4. 主排水泵硐室和水仓设计

主排水泵硐室由泵房主体硐室、配水井、吸水井、配水巷、管子道及通道组成。主排水泵硐室按水泵吸水方式不同，又可分为卧式水泵吸入式、卧式水泵压入式以及潜水泵式三种。第一种应用最为广泛，现以卧式水泵吸入式泵房为例说明其设计方法，如图8－13所示。

(1)泵房的位置

为缩短电缆和管道线路，便于排水设备运输，提供良好的通风条件，以及有利于集中管理、维护和检修，水泵房在绝大多数情况下都设在井底车场副井附近的空车线一侧，并与主变电所组成联合硐室。泵房通道与井底车场巷道要通过道岔直接相连接[图8－14(a)]，或设转盘相连[图 8－14(b)]。管子道与立井连接时,可布置在井筒出车侧[图 8－14(a)],也可布置在井筒进车侧[图 8－14(b)]。

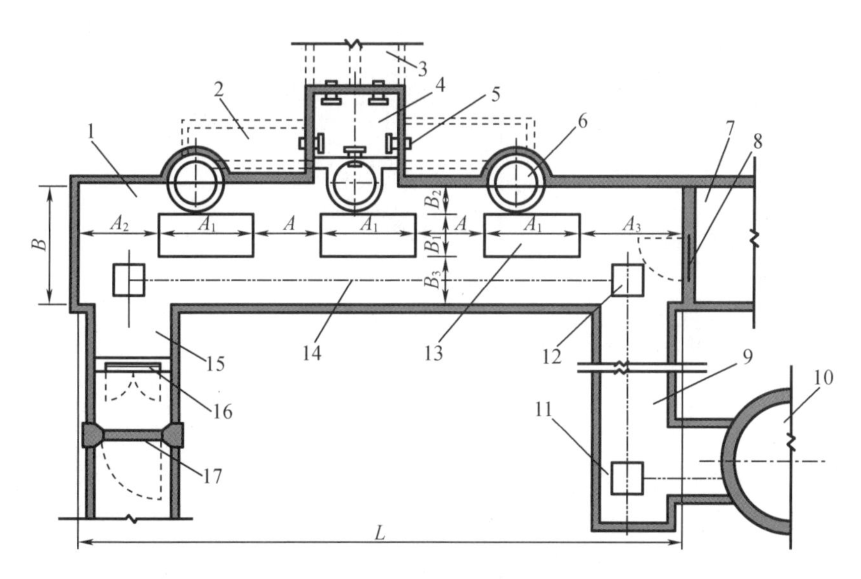

1—主体硐室;2—配水巷;3—水仓;4—配水井;5—带闸门的溢水管;6—吸水井;7—主变电所;8—防火门;9—管子道;10—副井井筒;11—提运平台;12—调车转盘;13—水泵和电动机;14—轨道;15—通道;16—栅栏门;17—密闭门。

图 8－13　卧式水泵吸入式主排水泵硐室主体硐室平面布置

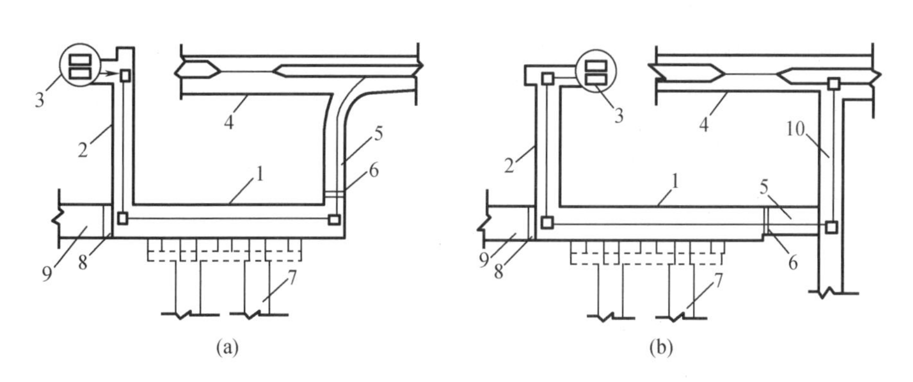

1—主排水泵房;2—管子道;3—副井井筒;4—车场巷道;5—通道;
6—密闭门;7—水仓;8—防火门;9—主变电所;10—井底车场联络巷道。

图 8－14　主排水泵房与相邻巷道连接方式

(2)配水井、配水巷和吸水井的布置

配水井、配水巷和吸水井构成配水系统,三者关系如图 8－15 所示。配水井位于泵房主体硐室吸水井一侧,一般布置在中间水泵位置,与中间吸水井通过溢水管直接相连。根据配水井上部硐室安设配水闸阀的要求,一般配水井尺寸为平行配水巷方向长 2.5～3.0 m,垂直配水巷方向宽 2.0～2.5 m,深 5～6 m。配水井井底底板标高应低于水仓底板标高1.5 m。

配水巷也位于吸水井一侧,通过溢水管与配水井和吸水井相通。为了便于施工和清理,配水巷断面为宽 1.0 ~1.2 m,高 1.8 m 的半圆拱形,其底板标高高于吸水井井底 1.5 m。

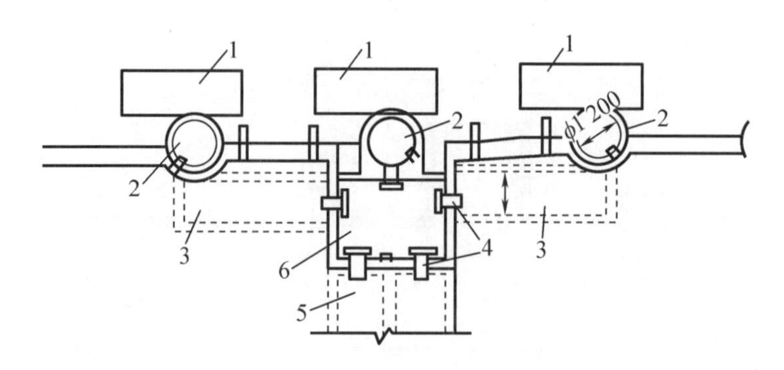

1—水泵及电动机;2—吸水小井;3—配水巷;4—带闸阀的溢水管;5—水仓;6—配水井。

图 8 –15　配水系统布置图

吸水井位于主体硐室靠近水仓一侧,断面为圆形,净径为 1.0 ~1.2 m,深 5 ~6 m。正常情况下每台水泵单独配一个吸水井。有时视围岩稳定情况和排水设备性能,可以不设配水井和配水巷,只设一个大的吸水井,中间隔开,每两台水泵共用 1 个吸水井。

(3)水仓

水仓由主仓和副仓(或称内仓与外仓)组成,两者之间是相互独立的,距离视围岩稳定程度确定,一般为 15 ~20 m。当一条水仓清理时,另一条水仓能满足正常使用。水仓一般应布置在不受采动影响,且含水很少的稳定岩层中。一般情况下,水仓入口设在井底车场巷道标高的最低点,即副井空车线的终点[图 8 –16(a)]。由于水仓的清理为人工清仓、矿车运输,所以水仓与车场巷道之间需设一段斜巷,它既是清理斜巷又是水仓的一部分。

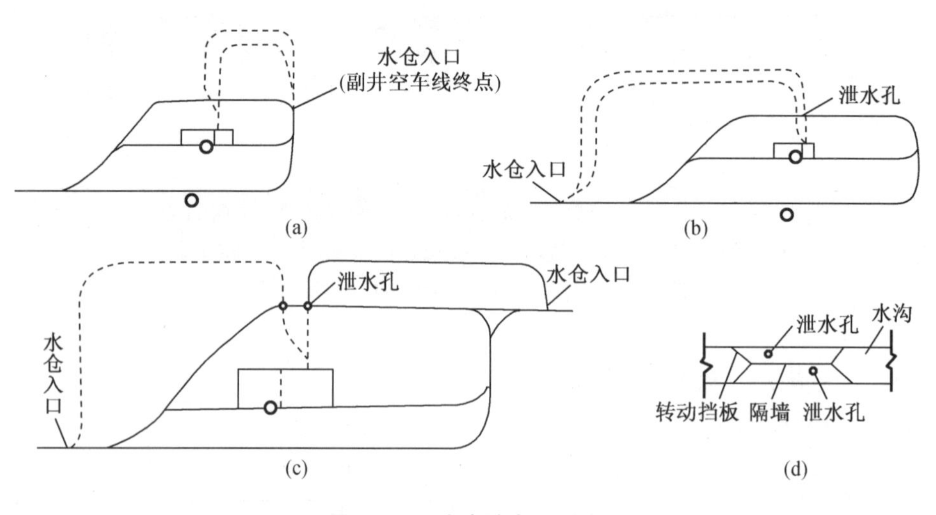

图 8 –16　水仓的布置形式

若矿井涌水量大或采用水砂充填的矿井,水仓入口可布置在石门或运输大巷的进口处,两条水仓入口可布置在同一地点[图 8 –16(b)],亦可分别布置在两个不同的地点[图 8 –

16(c)],这样由采区来的水在井底车场外就可进入水仓,井底车场内的涌水就需要经过泄水孔流入水仓。但由于车场中各巷道的坡度方向不同,在车场绕道处的水沟坡度与巷道的坡度要相反(即反坡水沟),以便将车场巷道标高最低点处的积水导入泄水孔进入水仓。为保证一个水仓进行清理时,其一翼的来水能引入另一水仓,所以在泄水孔处的一段水沟应设转动挡板[图 8-16(d)]。

水仓的容量根据《煤矿安全规程》有关规定按以下情况分别确定。当矿井正常涌水量小于或等于 1 000 m^3/h 时,水仓有效容量按下式计算:

$$Q=8Q_0 \tag{8-5}$$

式中 Q——水仓的有效容量,m^3;

Q_0——矿井正常涌水量, m^3/h。

当 $Q_0 \geqslant 1\,000\ m^3/h$ 时,若按 $8Q_0$ 计算,则 Q 太大,水仓工程量太大,安全煤柱要求过大,很不合理。而且淹井事故往往不是由水仓容积小造成的。这时,水仓有效容量按下式计算:

$$Q=2(Q_0+3\,000) \tag{8-6}$$

水仓长度和断面尺寸在容量一定时是相互制约的。为了有利于澄清杂质,水在水仓中流动速度一般应控制在 0.003~0.007 m/s。在此种条件下,若是单轨巷道,水仓净断面面积为 5~7 m^2,若是双轨巷道,水仓净断面面积为 8~10 m^2。

(4)主排水泵硐室的设备布置(图 8-13)

主排水泵硐室中,水泵一般沿硐室纵向单排布置,以减小硐室的跨度,有利于施工和维护。当水泵数量很多,围岩又坚固稳定时,水泵亦可双排布置。根据矿井正常涌水量和最大涌水量,选择排水管的直径和敷设趟数。一般情况下要设置 2~3 趟排水管,其中一趟作为备用。排水管的铺设采用 10~14 号槽钢或工字钢制成托管架,装设于距硐室地坪 2.1~2.5 m 高处的硐室壁上。电缆的敷设有沿墙悬挂和设电缆沟两种方式。前者使用与检修方便,但长度增加,故采用电缆沟敷设的较多,电缆沟尺寸按敷设电缆的数量确定。

为便于安装、检修水泵,敷设管线,在每组水泵和电机中心处预埋两根 18~33 号工字钢作为起吊横梁,横梁高度为 2.4~3.4 m,距拱顶为 0.9~1.2 m。硐室中靠近管子道的一侧铺设轮轨,与管子道和通道衔接处设转盘,完成设备运输的垂直转向。

(5)排水泵房主体硐室尺寸的确定(图 8-17)

①硐室的长度由下式确定:

$$L=nl_1+l_2(n-1)+l_3+l_4 \tag{8-7}$$

式中 L——排水泵房主体硐室的长度,m;

n——水泵台数,根据正常涌水量和最大涌水量选用,考虑工作、备用和检修台数;

l_1——水泵及其电动机的基础长度,m;

l_2——相邻两台水泵和电动机基础之间的距离,一般为 1.5~2.0 m;

l_3、l_4——硐室端头两侧的基础距硐室端墙或门之间的距离,一般为 2.5~3.0 m。

②泵房主体硐室宽度由下式确定:

$$B=b_1+b_2+b_3 \tag{8-8}$$

式中 B——泵房主体硐室的宽度,m;

b_1——吸水井一侧,水泵基础至硐室墙之间的检修距离,一般为 0.8 ~1.2 m;

b_2——水泵和电动机基础宽度,m;

b_3——铺设轨道一侧,水泵基础至硐室墙的距离,一般取 1.5 ~2.2 m。

③泵房主体硐室的高度由下式确定:

$$H = h_1 + h_2 + h_3 + h_4 + h_5 + h_6 + h_7 + h_8 \quad (8-9)$$

式中 H——主体硐室高度,m;

h_1——水泵基础顶面至硐室地面高度,一般为 0.1 ~0.2 m。

h_2——水泵的高度,m;

h_3、h_4——闸板阀、逆止阀的高度,m;

h_5、h_6——四通接头、三通接头的高度,m;

h_7——三通接头至起重梁高度,一般大于 0.5 m;

h_8——起重梁到拱顶的高度,一般为 0.9 ~1.2 m。

水泵基础应埋入硐室底板 0.8 ~1.2 m。

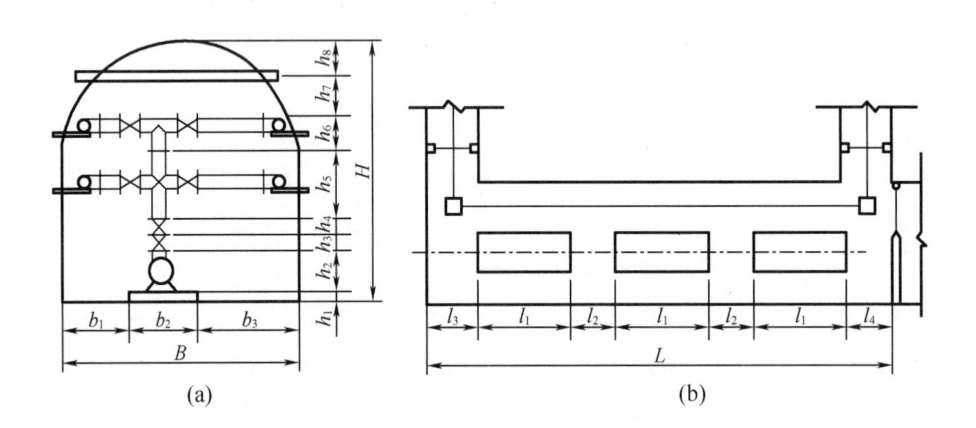

图 8 –17 主体硐室尺寸确定图

(6)泵房主体硐室的断面形状及支护

主体硐室的断面形状可根据岩性和地压大小确定,一般情况下采取直墙半圆拱断面。硐室内应浇筑 100 mm 厚混凝土地面,并高出通道与井底车场连接处车场底板 0.5 m。硐室多用现浇混凝土支护,并做好防渗漏工作。若围岩坚固无淋水,可采用光爆、锚网喷支护。

(7)管子道与泵房通道设计

管子道平、剖面如图 8 –18 所示。管子道与井筒连接处底板标高应至少高出硐室地面标高 7 m,其倾角一般为 30°左右。为搬运设备方便,管子道与井筒连接处应设一段 3 m 左右的平台,出口对准一个罐笼,以便装卸设备、上下人员。管子道应设置人行台阶 、托管支架和电缆支架,以利检修。

泵房通道是主体硐室与井底车场的连接通道,断面形状可采用半圆拱形,其尺寸应根据通过的最大设备外形尺寸来确定。从通道进、出口起 5 m 内的巷道要用非燃性材料支护,并装有向外开的防火铁门。

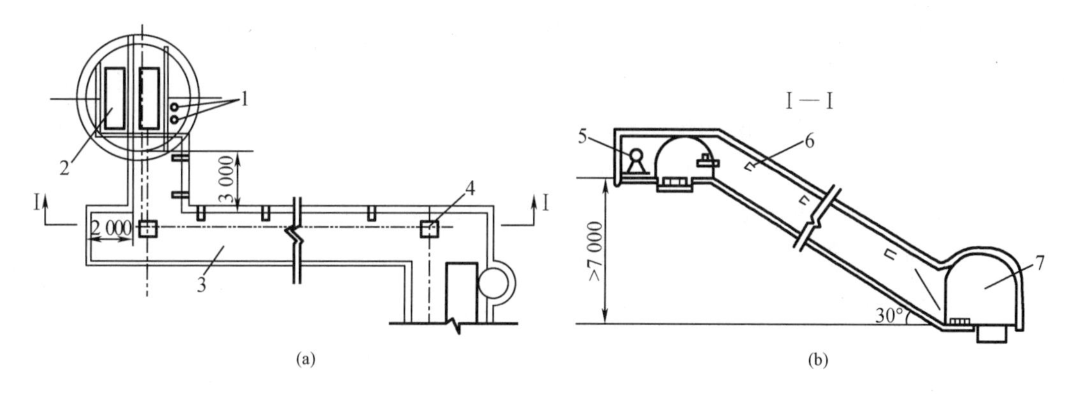

1—排水管;2—罐笼;3—管子道;4—转盘;5—提运设备绞车;6—支管架;7—泵房主体硐室。

图8-18 管子道平、剖面图

5. 主变电所设计

主变电所是为井下排水设备、电力运输设备、通风机以及照明灯具等提供电能的重要场所。主变电所由变电器室、配电室及通道组成,其设计应严格按有关规范进行,并应达到或符合以下要求:

(1)主变电所的布置应考虑便于供电维护、管理,线路短,一般将其布置在副井井筒附近,并与主排水泵硐室建成联合硐室,如图8-19所示。

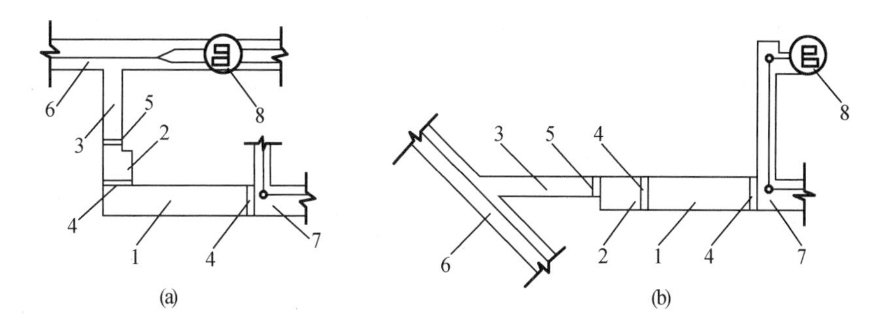

1—配电室;2—变压器室;3—通道;4—防火门;5—密闭门;6—井底车场巷道;7—主排水硐室;8—副井井筒。

图8-19 主变电所与相邻巷道、硐室的连接关系

(2)主变电所硐室的尺寸(长、宽和高),应根据硐室内布置的电气设备,包括变压器、高低压开关柜、整流设备以及直流配电柜等的规格、数量、安装、检修和行人安全距离等因素确定,并留有供人员值班和存放消防器材的位置。主变电所硐室内各种设备与墙壁之间应留出0.5 m以上的通道,各种设备之间应留出0.8 m的通道。

(3)主变电所硐室长度超过6 m时,必须在硐室两端各设一个出口通道:当与主排水硐室联合布置时,一个出口应通到井底车场或大巷,另一个出口应通到主排水硐室,如图8-19所示。当主变电所硐室长度大于30 m时,应在中间增设一个出口。通道断面应能通过主变电所硐室内最大设备，并满足密闭门、栅栏门安设要求。

(4)变电所的硐室地面高程应高出通道与井底车场连接处的底板标高0.5 m。主变电所与主排水硐室联合布置的，其地面高程还应高于主排水硐室，一般高出0.3 m。

(5)通往井底车场的通道中，应安设向井底车场一侧开启、容易关闭的既能防火又能防水的密闭门，门内设置不妨碍密闭门关闭的栅栏门。当无被水淹没可能时，应只设防火栅栏两用门。门外5 m内巷道应采用不燃性材料支护。

(6)主变电所硐室与主排水硐室之间，应设防火栅栏两用门，并向主排水硐室一侧开启，且应根据变压器的类型设置相应的防火设施。

(7)主变电所硐室断面形状应根据围岩情况确定，一般采用半圆拱、圆弧拱形断面，一般采用现浇混凝土支护；当围岩坚固、稳定且无淋水时，也可采用锚喷支护。

(8)主变电所硐室地面以及电缆沟应采用强度不低于C15的混凝土砌筑，其厚度不小于100 mm。电缆沟底板应向主排水硐室一侧设不小于3%的流水坡度。

井底车场的其他硐室，如箕斗立井井底清理撒煤硐室、自卸式矿车卸载硐室、井下调度硐室以及井下急救站硐室、等候硐室、炸药库等的设计，可参考相关设计手册。

8.2 硐室施工

8.2.1 概述

各种硐室由于用途不同，其断面形状及规格尺寸亦变化多样，因此硐室施工与一般巷道相比，具有以下特点：

(1)硐室的断面大而且变化多，长度则比较短，进出口通道狭窄，使得大型施工机械在此难以施展。

(2)硐室往往与其他硐室、巷道相毗连，加之硐室本身结构复杂，故其受力状态比较复杂且不易准确分析，施工和支护难度较大，若围岩稳定性差，则更须注意施工安全。

(3)硐室的服务年限长，工程质量要求高，一般要求具有防水、防潮、防火等性能，不少硐室还要浇筑机电设备的基础、预留管线沟槽、安设起重梁等，故施工时要精心安排，确保工程规格和质量。

(4)在考虑这些硐室的施工方法时，除应注意各自的特点外，还应和井底车场总的施工组织联系起来，考虑车场各工程之间的相互关系与牵制，做到统筹安排。

因此，硐室施工对煤矿井巷施工技术提出了更高的要求。近年来，经过不断总结与改革，硐室的施工技术得到了长足发展，主要表现在以下四个方面：

1. 光爆锚喷施工技术得到应用。光面爆破使硐室断面成形规整，减轻对围岩的震动破坏，有利于围岩稳定性的提高，从而为锚喷支护创造了有利的条件。锚喷支护能及时地封闭和加固围岩，又具有一定可缩性，既允许围岩产生一定量的变形移动以发挥围岩自身承载能力，又能有效地限制围岩发生过大的变形移动。因此，光爆锚喷技术有效地提高了围岩稳定性和施工作业的安全性,大大降低了硐室施工难度。

2. 硐室施工工艺过程得到了简化。锚喷技术的成功应用,简化了硐室的施工工艺。自上向下分层施工逐步取代了自下向上分层施工,全断面施工取代了导硐法施工。下行分层和全断面硐室施工工艺简单、效率高、施工安全,并且施工质量容易保证,使硐室工程的施工工期大为缩短。

3. 硐室支护技术取得了长足发展,支护质量明显提高。硐室支护广泛采用锚、喷、网、砌复合支护形式和二次支护技术。一次支护选用具有一定可缩性的锚喷或锚喷网支护形式,锚喷作业紧跟掘进工作面,既起到了临时支护作用,保障施工作业的安全,其本身又是永久支护的组成部分,从而取代了架棚、木垛等落后的临时支护形式。待硐室全部掘出以后,再在一次支护的基础上进行二次支护。复合支护和二次支护技术能较好地适应开硐后围岩压力的变化规律,是硐室支护技术的重大突破,它不仅保证了施工安全,而且由于连续施工,整体性好,有效地改善了硐室的支护质量。

4. 硐室施工的机械化水平显著提高。先进设备和工艺的采用,使硐室施工的机械化水平不断提高。如使用反井钻机钻扩井下圆筒式煤仓、立井砌壁中用液压滑升模板过马头门和箕斗装载硐室等,改善了作业环境,减轻了劳动强度,降低了施工难度,加快了工程进度,提高了工程质量。

在具体组织硐室施工时,要全面分析与施工方法密切相关的一些影响因素。硐室围岩的稳定性既取决于自然因素(围岩应力、岩体结构和强度、地下水等),也与人为因素(硐室位置、断面形状和尺寸、施工方法等)有密切关系,应综合考虑其对硐室稳定性的影响。

8.2.2　硐室施工方法

根据硐室的断面大小和围岩的稳定性等因素,煤矿井下硐室施工的方法可概括为全断面施工法、分层施工法和导硐施工法三类。

1. 全断面施工法

全断面施工法,是按照硐室的设计掘进断面一次将硐室掘出,与巷道施工方法基本相同。有时因硐室高度较高,打顶部炮眼操作比较困难,全断面可实行多次打眼和爆破,即先在硐室断面的下部打眼爆破,暂不出矸,利用矸石堆打硐室断面上部的炮眼,爆破后清除部分矸石,随之进行临时支护,然后再清除全部矸石并支护两帮,从而完成一个掘进循环。

全断面施工法一般适用于围岩稳定、断面高度不很大的硐室。其工作空间宽敞,便于施工设备施展,所以全断面施工法具有施工效率高、速度快、成本低等特点。但是当硐室高度超过5.0 m时,顶板围岩暴露面积较大,维护较难,上部炮眼装药及爆破后处理浮石较困难。

2. 分层施工方法

当围岩稳定性较差,或者由于硐室高度过大而不便于施工时,可将硐室沿高度方向分为几个分层,采用自上向下或自下向上分层进行施工,此即分层施工法。采用分层施工法时,由于空间较大,工人作业方便,比用导硐施工法的效率高、速度快、成本低。

根据工程条件的不同,可以采用逐段分层掘进,随之进行临时支护,待各个分层全部掘完之后，再自下而上一次连续整体地完成硐室永久支护的作业方式；也可以采用掘砌完一个分层，再掘砌下一个分层的作业方式；还可以安排硐室各分层前后分段同时施工，使硐室断面形成台阶式工作面，上分层超前的称正台阶工作面，下分层超前的称倒台阶工作面。

(1)正台阶施工法

正台阶施工法也称为下行分层施工法。按照硐室高度，整个断面可分为2～3个分层，每分层的高度以1.8～3.0 m为宜；也可按拱基线分为上、下两个分层。上分层的超前距离一般为2～3 m，如图8－20所示。

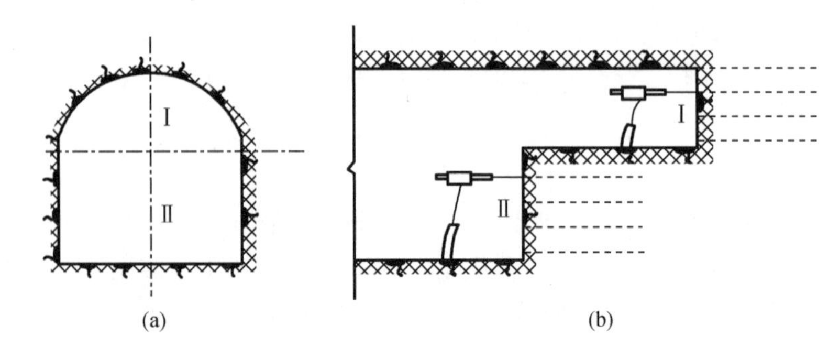

图8－20 硐室下行分层施工法

如果硐室采用砌碹支护，在上分层掘进时应先用锚喷支护进行维护，同时也是永久支护的一部分。砌碹工作可落后于下分层掘进2.0～3.0 m，下分层也随掘随砌，使墙紧跟迎头，整个拱部的后端与墙成一整体，保证施工安全。

采用下行分层法施工时，要合理确定上下分层的错距，距离太大，上分层出矸困难；距离太小，上分层钻眼困难，故上下分层工作面的距离以便于气腿式凿岩机正常工作为宜。为便于上分层施工时出矸和上下人员，下分层工作面应做成斜坡状。图8－21所示为抚顺龙凤矿水泵房正台阶法施工时工作面的分层状况。

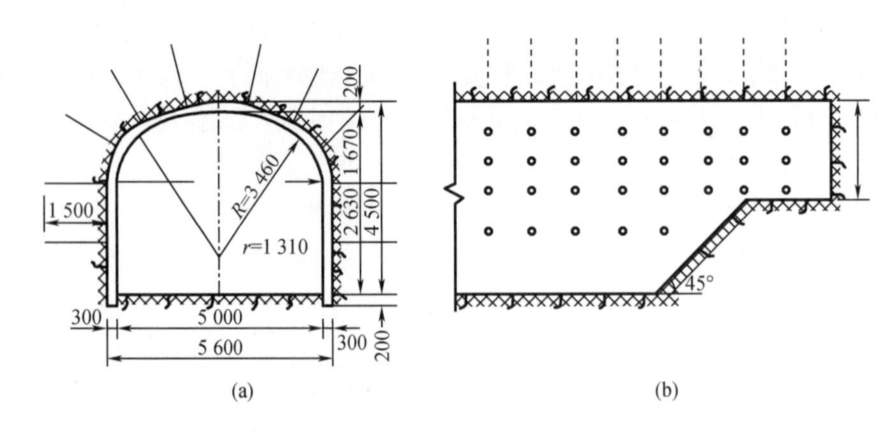

图8－21 抚顺龙凤矿水泵房正台阶法施工时工作面的分层状况

这种施工方法的优点是断面呈台阶式布置，施工方便，有利于顶板维护，下台阶爆破效率较高。缺点是使用铲斗装岩机时,上台阶要人工扒矸,劳动强度较大,上下台阶工序配合要求严格,不然易产生干扰。

(2)倒台阶施工法

倒台阶施工法也称为上行分层施工法,其分层与下行分层法基本相同,只是下部工作面超前于上部工作面,如图8-22。施工时先开挖下分层,上分层的钻眼、装药连线工作通过临时台架进行,也可采用先拉底后挑顶的方法进行,以便登碴作业。

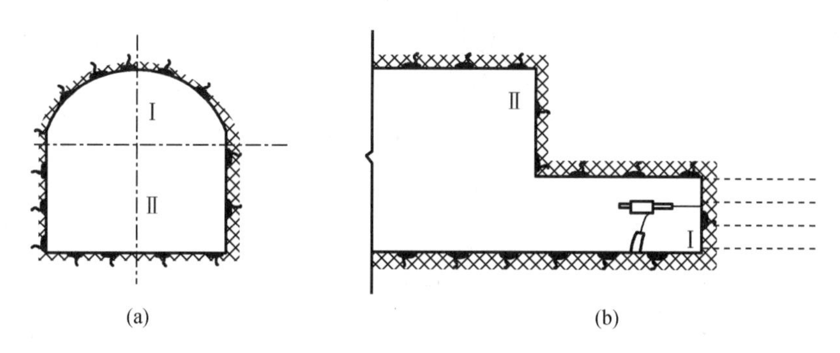

图8-22 硐室倒台阶施工法

采用锚喷支护时,拱部的支护工作一般与上分层的开挖同时进行,墙部锚喷支护随后进行。采用砌筑混凝土支护时,下分层工作面Ⅰ超前4~6 m,高度为设计的墙高。随着下分层的掘进先砌墙,上分层Ⅱ随挑顶随砌筑拱顶。下分层开挖后的临时支护,视围岩情况可用锚喷或金属棚式支架等。

倒台阶施工方法的优点是不必人力扒矸,爆破条件好,砌碹时拱和墙接茬质量好。缺点是挑顶工作较困难,下分层需要架设临时支护以保证施工安全,所以采用较少。

3. 导硐施工法

导硐施工法是在硐室的某一部位先掘一个小断面的导硐,然后再进行开帮、挑顶或卧底,将导硐逐步扩大至硐室的设计断面。导硐的断面不宜大于10 m^2。导硐可以一次掘到硐室全长,然后再行扩硐,也可以使导硐超前一定距离,随后进行扩硐工作。

根据导硐在硐室断面内的部位不同,导硐法又可分为中央上导硐、上下导硐、单侧下导硐、两侧下导硐和中央下导硐等多种具体的施工方法,这里对后两者进行介绍。

(1)两侧导硐施工法

在松软、不稳定岩层中,为了保证硐室施工的安全,在两侧墙部位置沿硐室底板开掘小导硐(图8-23),其断面不宜过大,以利控制顶板。掘一层导硐,随即砌墙,然后再掘上一分层的导硐,矸石存放在下层导硐里,作为施工的脚手架,接着再砌边墙到拱基线位置。墙部完成后开始挑顶砌拱,拱部完成后,爆破清除中间所留的岩柱。

(2)中央下导硐施工法

导硐位于硐室中部靠近底板,导硐断面可按单轨巷道考虑以满足机械装岩为准。当导硐掘到预定位置后,再进行刷帮、挑顶,并完成永久支护工作。硐室采用锚喷支护时,宜用中央下导硐施工法先挑顶后刷帮的施工顺序[图8-24(a)],挑顶的矸石可用装载机装出,挑顶后随即安装拱顶锚杆和喷射拱部混凝土，然后刷帮并喷射墙部混凝土。对于砌碹支护的硐室，宜采用中央下导硐施工法先刷帮后挑顶的施工顺序[图 8－24(b)]，在刷帮的同时完成砌墙工作，然后挑顶，最后完成拱部砌碹。

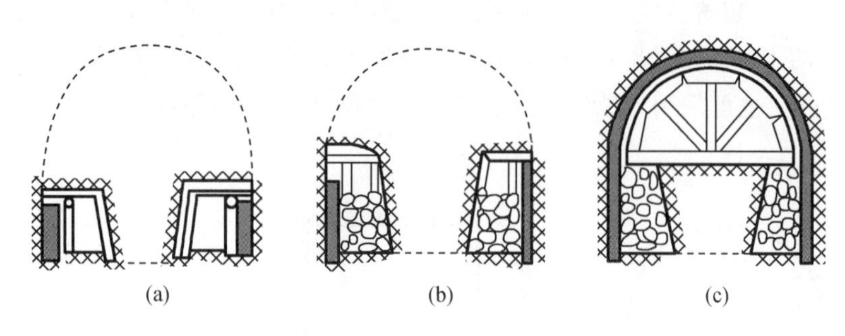

图 8－23 两侧导硐施工法

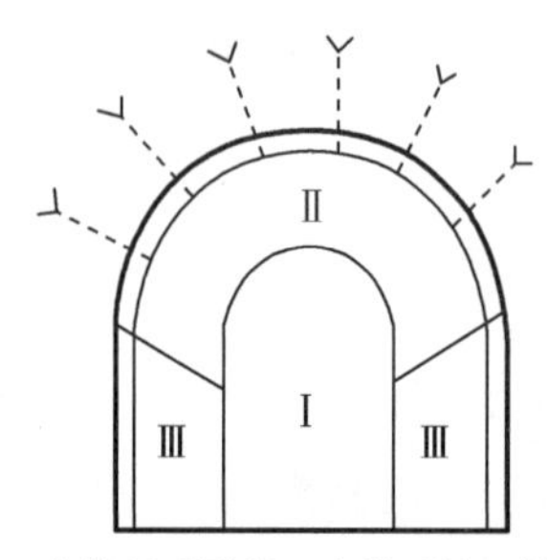

(a)先挑顶后刷帮（先拱后墙）施工法

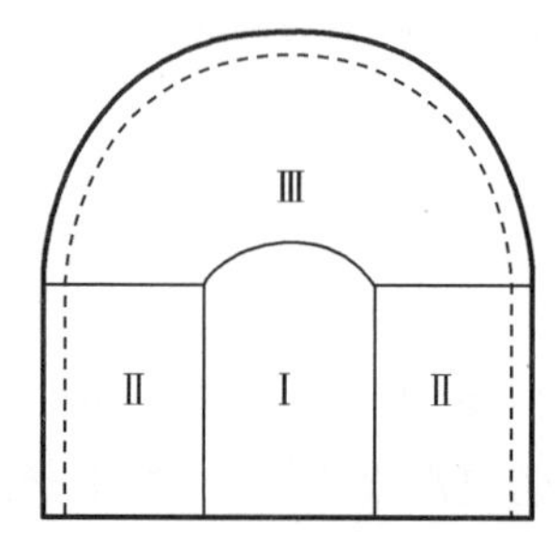

(b)先刷帮后挑顶（先墙后拱）施工法

图 8－24 硐室中央下导硐施工法

导硐施工方法曾广泛用于围岩稳定性差、断面又比较大的硐室，对特大断面硐室（如 50 m^2以上）多采用两侧导硐施工法。图 8－25 所示为某特大断面硐室的导硐施工法施工顺序，整个断面左右对称分两步同时施工，中间岩柱从上到下分三步施工。整个断面高度 12.70 m，宽度 14.72 m，面积高达 147.6 m^2。

导硐法采用先导硐，然后逐步扩大的分部施工顺序，能有效地缩小围岩的暴露面积和时间，使硐室的顶、帮易于维护，施工安全得到保障。但导硐法步骤多、效率低、速度慢、工期长、成本高。随着锚喷支护技术的推广应用，以及顶板控制技术水平的不断提高，这一方法的使用日渐减少。

需要指出的是，各种硐室通常都是矿井内服务年限较长的工程设施。因此，在矿井开拓设计时，应尽量将硐室布置在稳定岩层中，这样既有利于施工和保证作业安全，同时也有利于保证硐室在服务期内的可靠使用，减少硐室的使用维护费用。如果硐室的位置无法避开不稳定岩层，那么，施工中就要采取可靠的技术措施，确保硐室施工的安全和质量。

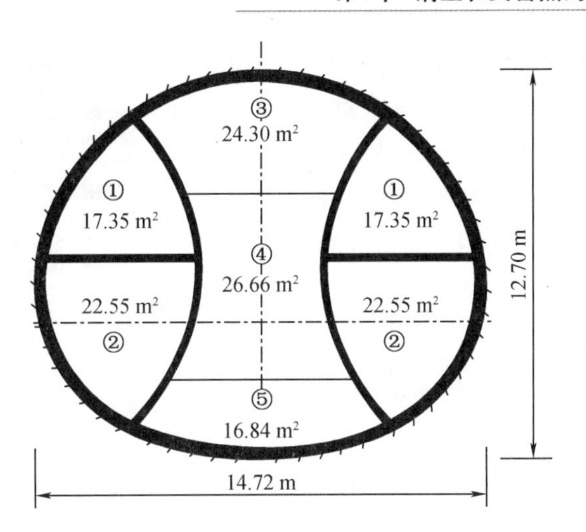

图 8－25　某特大断面硐室导硐法施工顺序

8.2.3　箕斗装载硐室施工

箕斗装载硐室是矿井原煤提升系统中的关键工程，断面大，结构复杂，施工中有大量的预留孔和预埋件，工程质量要求高，施工技术难度大，是整个矿井建设中的重要工程内容之一，需要科学组织，精心施工。

根据箕斗装载硐室与主井井筒施工的先后关系，箕斗装载硐室的施工方法分为与主井井筒顺序施工、与主井井筒同时施工以及与主井井口永久建筑平行施工三种。

1. 箕斗装载硐室与主井井筒顺序施工

当井筒掘砌到硐室位置时，除硐口范围预留外，其他井筒部分全部砌筑，然后井筒继续向下掘进到底。根据围岩情况，预留出的硐口部位暂时用锚喷作临时支护。主副井在运输水平先进行短路贯通，待副井永久提升设施运行后，再返回来采用自上向下分层方法施工箕斗装载硐室。这种施工方案的主要优点是箕斗装载硐室的施工不占用建井总工期。但此时主井凿井设备都已拆除，需要重新安装一套临时施工设施，又是高空作业，对安全工作要求高，因此施工比较复杂。施工时矸石全部落入井底，后期清底困难，而且延长了井筒施工期。

兖州矿区东滩煤矿，主井净直径 7.0 m、井深 786.5 m，井内安装两对 16 t 箕斗。箕斗装载硐室位于井底车场水平以下，双面对称布置，硐室全高 19.96 m、宽 6.5 m、深 6.45 m，分上、中、下 3 室，硐室掘进最大横断面 133 m^2，最大纵断面 135.7 m^2（图 8－26）。

与井筒顺序施工时，第一阶段采用全断面深孔爆破，自井底车场水平向下掘进，施工井筒到底，一次支护为挂网喷射混凝土，二次支护由下向上浇筑混凝土井壁，预留出箕斗装载硐室硐口；第二阶段施工箕斗装载硐室，先掘后砌。硐室掘进自上向下分层进行，先掘出拱顶，用锚喷进行一次支护，然后逐层下掘，待整个硐室掘出后，再自下向上连续浇筑硐室的钢筋混凝土，并与井筒的井壁部分相接。为加快速度，硐室掘出的矸石，暂放入井底，待以后集中出矸；砌筑时，布筋、立模与混凝土浇筑，南北两侧硐室交替进行。

硐室施工时全高自上向下分成 12 段。拱部及拱基线上 0.4 m 为第Ⅰ段，段高 4.05 m；

以下每 1.5 m 为一段高(图 8 - 27)。硐室开挖由上向下逐段进行,光面爆破。待硐室全部掘出后,最后由下向上一次连续地完成下室、中室、上室的墙、拱以及中间隔板的钢筋混凝土浇筑工作。混凝土浇筑由里向外进行,井内利用吊桶下混凝土料。

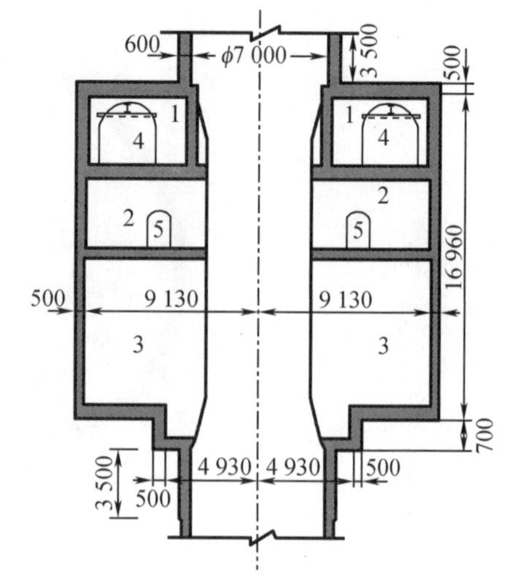

1—上室;2—中室;3—下室;
4—带式输送机巷;5—壁龛。

图 8 - 26 东滩煤矿箕斗装载硐室结构图

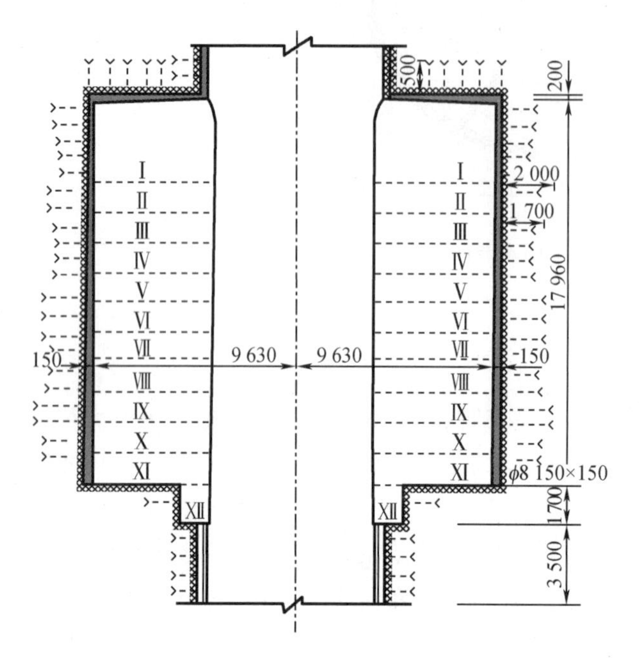

图 8 - 27 装载硐室下行分段开挖和临时支护

该箕斗装载硐室掘进总体积 1 332.3 m^3,砌筑总体积 619.8 m^3,钢筋及预埋件共耗用钢筋 53.1 t,硐室施工工期为 11 天。

2. 箕斗装载硐室与主井井筒同时施工

当井筒掘至硐室上方 4 ~ 6 m 处停止掘进,并将上段井壁砌好,再继续下掘井筒至硐室位置。若岩层比较稳定,允许围岩大面积暴露时,井筒工作面与硐室工作面可错开一茬炮的高度(1.5 ~ 2.0 m),分层下行施工的顺序如图 8 - 28。若围岩稳定性差,硐室各分层可与井筒交替施工。为了操作方便,井筒工作面始终超前硐室一个分层,硐室爆破产生的矸石扒放到井筒中装提出井。随掘随采用锚喷网进行一次支护,及时封闭裸露围岩。待整个硐室全部掘完后,再进行二次支护,由下向上绑扎钢筋、立模板,先墙后拱连同井壁连续整体浇筑。硐室底板在墙、拱筑好后再浇筑。硐室施工完成后,再继续向下开凿井筒。

当围岩松软,且硐室顶盖设计为平顶,不允许暴露较大的面积时,上室第一分层可采用两侧导硐,沿硐室周边掘进贯通,并架设临时支护。导硐的墙和井筒同时立模板和浇筑混凝土,如图 8 - 29 所示。为了防止碹墙下沉,应在围岩内打入金属托钩,并将托钩浇筑在墙壁内。硐室顶盖为平顶工字钢与混凝土联合支护。顶盖施工时要把煤仓下口按规格留出,而分煤器必须和顶盖一起施工。上室第一分层墙、顶的浇灌工作应与井筒的砌壁工作同时进行,这样使硐室的墙、顶盖和井壁形成一个整体;然后继续往下掘进井筒,同时掘进硐室各分层,硐壁可用锚杆作临时支护,并在井筒砌壁的同时,完成硐室墙的浇灌工作。

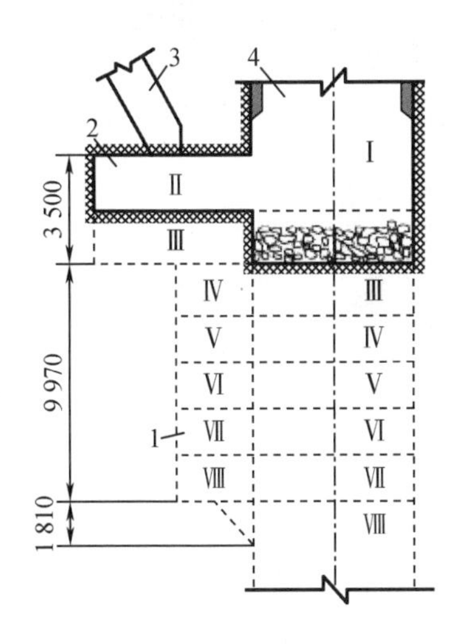

1—下室;2—上室;3—煤仓;4—井筒。

图 8-28 硐室与井筒同时施工分层下行施工顺序

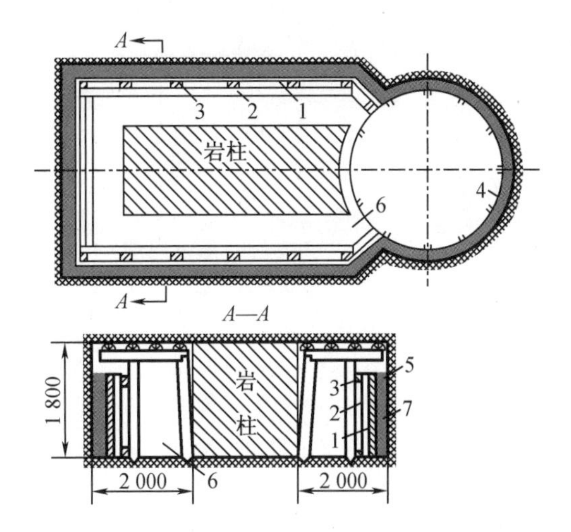

1—模板;2—竖向方木;3—横向方木;4—井筒模板;5—操平钢轨;6—导硐;7—金属托钩。

图 8-29 硐室上室第一分层的掘砌施工

与主井井筒同时施工方案可充分利用凿井设备进行硐室施工,具有效率高、安全性好、工作简单的特点,同时硐室施工前的准备工作较少。但是硐室施工占用了井筒工期,拖延了井筒到底的时间。

淮北矿区临涣煤矿设计年产量 180 万 t,主井净直径 6.5 m,井内安装 3 个 12 t 箕斗,南硐室为单箕斗,北硐室为双箕斗,箕斗装载硐室断面为马蹄形,两硐室分别连接一条带式输送机巷(图 8-30)。北硐室和南硐室最大掘进断面分别为 150.7 m^2 和 103.98 m^2。箕斗装载硐室横硐室的拱部掘进先由两侧的带式输送机巷以导硐(2 m×2 m)与主井井筒贯通,然后从硐室后墙向井筒方向刷大至拱顶(图 8-31)。采用喷-锚-网-架联合支护形式,边掘边进行硐室外层的一次支护。由于硐室跨度大,拱部增架金属槽钢支架,南北硐室各布置 12 架,最后复喷混凝土到设计厚度,及时有效地控制了硐室顶板的围岩。该硐室掘进总工程量 2 124 m^3,砌筑总工程量 1 104 m^3,施工期 110 天,取得了快速、安全、高质量的施工效果。

3. 箕斗装载硐室与主井井口永久建筑平行施工

为了使箕斗装载硐室的施工不占用井筒工期,从而有效地缩短建井总工期,待主井井筒掘砌到设计深度后,暂不施工箕斗装载硐室,而在主井井塔工程施工的同时施工箕斗装载硐室,此即箕斗装载硐室与主井井口永久建筑平行施工。

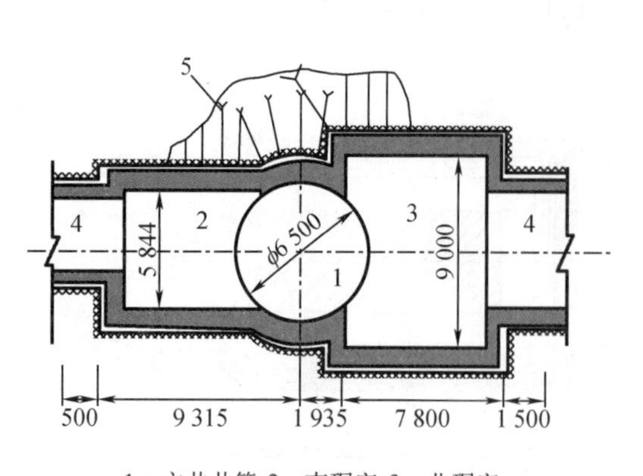

1—主井井筒;2—南硐室;3—北硐室;

4—带式输送机巷;5—锚杆。

图 8－30 临涣煤矿主井箕斗装载硐室平面图

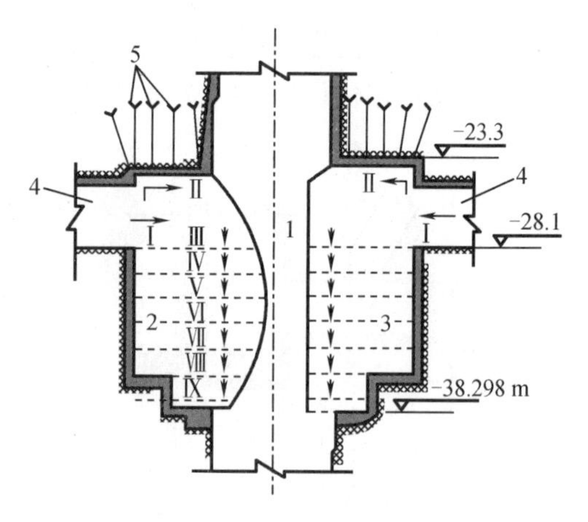

1—井筒;2,3—南、北箕斗装载硐室;

4—带式输送机巷;5—锚杆。

图 8－31 临涣煤矿主井箕斗装载硐室掘进顺序图

采用平行法施工时,通常是在主井井筒到底后,立即组织主井和副井短路贯通,并暂将主井井筒的提升设施由吊桶改装成临时罐笼,以利担负井底车场施工的提升任务。待副井井筒永久提升设备开始运转以后,随之拆除主井的临时罐笼,再开始箕斗装载硐室的施工。当主井采用立式圆筒煤仓和配煤用带式输送机巷与装载硐室相联系时,装载硐室可从带式输送机巷方向进行施工,一般用下行分层的掘进方法,并用锚喷作临时支护,矸石抛落到井底,并由清理斜巷提出。

这时施工箕斗装载硐室,由于主井井筒的凿井设备大部分已经拆除,因此需在井底车场或辅助水平的井筒通道处重新布置施工硐室用的提绞设备,并要在井筒中重新安置保护盘、封口盘、吊盘和天轮平台。因此,硐室施工前期的准备工作量比较大,同时由于高空作业,必须采取防坠等安全措施。但其最大的优点是硐室施工时不占用建井工期。

8.3 平巷交岔点设计

8.3.1 平巷交岔点类型

井下巷道相交或分岔部分的那段巷道称为巷道交岔点。可以说,巷道交岔点是井底车场水平内的特殊巷道或硐室。按其结构形式不同,矿井水平巷道交岔点可分为柱墙式交岔点和穿尖式交岔点两种(图 8－32)。

柱墙式交岔点又称“牛鼻子”交岔点,在各类围岩的巷道中均可使用。在该交岔点长度内两巷道的相交部分,共同形成一个渐变跨度的大断面,其最大断面的跨度和拱高是由相交巷道的宽度和柱墙的宽度决定的。这种交岔点较穿尖式交岔点工程量大,施工时间长,但具有受力条件好,维护容易等特点,所以得到普遍应用。

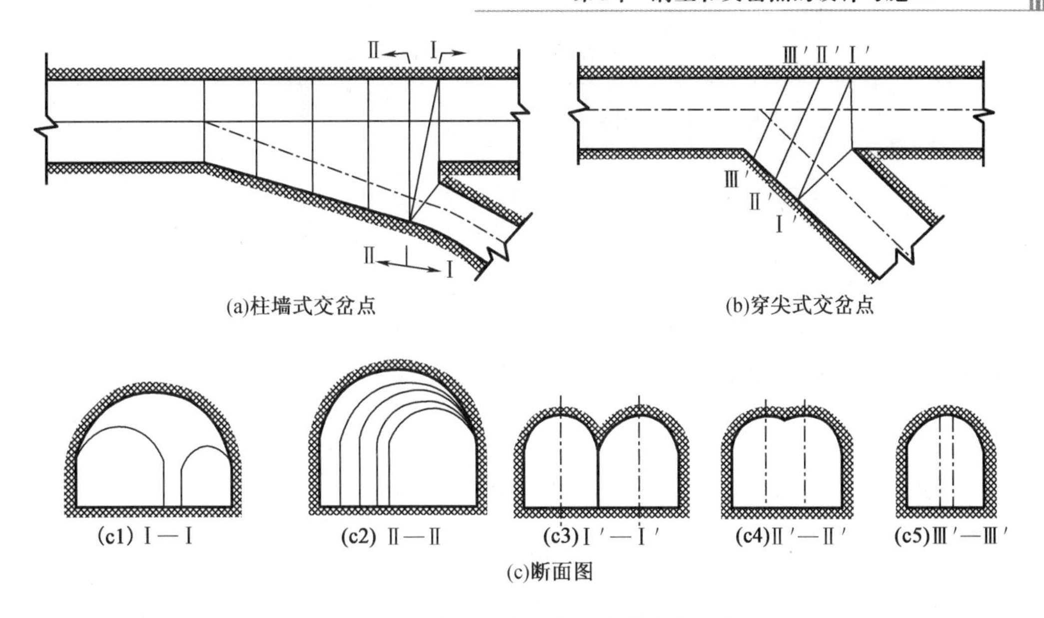

图8-32 柱墙式交岔点和穿尖式交岔点

穿尖式交岔点一般在围岩稳定、跨度小的巷道中使用。穿尖式交岔点具有拱高低、长度短、断面尺寸不渐变的特点,从而使工程量减小,施工时间缩短,也使设计工作简化。在交岔点长度内,两巷道为自然相交,其相交部分保持各自的巷道断面。拱高不是以两条巷道的最大跨度来决定,而是以巷道自身跨度来决定的。因此,碹岔中间断面的高度不应超过两相交巷道中宽巷的高度。但与柱墙式交岔点相比,在相同条件下,其拱部承载能力较小,因此这种交岔点仅适用于围岩坚硬、稳定,巷道跨度小于5.0 m、转角大于45°的情况。

按支护方式不同,交岔点可分为简易交岔点和碹岔式交岔点。简易交岔点是指以往采用棚式支架或料石墙加钢梁支护的交岔点,多用于围岩条件好、服务年限短的采区巷道或小型矿井中。碹岔式交岔点以往采用混凝土砌筑,现在多采用锚喷支护,用于服务年限较长的各种巷道。

8.3.2 交岔点道岔结构形式

轨道运输依然是目前煤矿井下辅助运输的主要方式。因此,井下巷道交岔点的布置和断面设计,除了满足井下管线布置、通风、行人和安全的要求外,还要根据所采用的运输车辆的型号、运量等因素,选择合适的交岔点道岔型号、曲线半径及轨型,所用轨型应与其相连接的直线巷道(正线)的轨型一致,并符合《煤矿矿井井底车场设计规范》中的有关规定(表8-3)。矿井轨型与运输设备、使用地点的选择关系见表8-4。

表 8-3 车辆类型、轨型及道岔型号和曲线半径

牵引设备	矿车类型	轨距/mm	轨型/(kg·m⁻¹)	道岔号码		曲线半径/m
				单开	对称	
非机车牵引	1.0 t 固定式	600	15~22	2,3	3	9~12
	1.5 t 固定式	600 900	15~22	3,4	3	9~12
	3.0 t 固定式	900	22	3,4	3	12~15
无极绳绞车	1.0 t 固定式	600	15~22	4,5	3	30~50
7 t 及其以下机车	1.0 t 固定式	600	22	4	3	12~15
	1.5 t 固定式	600 900	22~30	4,5	3	15~20
	3.0 t 固定式	900	30	4,5	3	20~25
8~12 t 机车	1.0 t 固定式	600	30	4,5	3	15~20
	1.5 t 固定式	600 900	30	4,5	3	15~20 20~25
	3.0 t 固定式	900	30	5	4	20~25
	3.0 t 底卸式	600	30	5	4	25~30
	5.0 t 底卸式	600 900	30	5,6	4	30~40
14~20 t 机车	3.0 t 底卸式	900	30~38	5,6	4	30~35
	5.0 t 底卸式	900	30~38	6	4	35~40

注:采用渡线道岔时可按表中单开道岔号码选取;中、小型矿井可取小值。

表 8-4 矿井轨型及运输设备选用要求

使用地点	运输设备	轨型/(kg·m⁻¹)
运输大巷	10 t、14 t 电机车 7 t、8 t 电机车	30~38 22~30
上下山	3 t 矿车 1 t、1.5 t 矿车	22~30 15~22
区段平巷	3 t 矿车 1.5 t 矿车	22~30 15

煤矿井下轨道运输属于窄轨铁路运输,道岔是交岔点轨道运输线路的重要组成部分。

1. 道岔的结构及参数

道岔是交岔点轨道运输线路连接系统中的基本元件,它是使车辆由一条线路转驶到另一条线路的装置。其构造如图 8-33 所示,它主要由岔尖、辙岔(岔心和翼轨)、护轮轨等部

件组成。

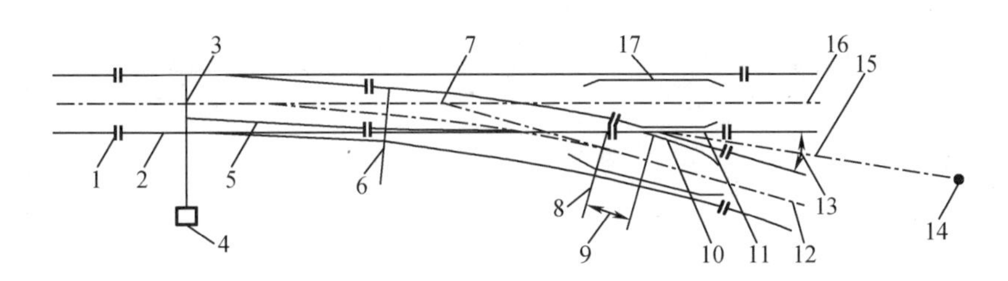

1—基本轨接头;2—基本轨;3—牵引拉杆;4—转辙机构;5—岔尖;6—曲线起点;7—转辙中心;
8—曲线终点;9—插入直线;10—翼轨;11—岔心;12—侧轨轴线;13—辙岔岔心角;
14—警冲标;15—辙岔轴线;16—直轨轴线;17—护轮轨。

图8-33 窄轨道岔构造图

岔尖是道岔的最重要零件,它的作用是引导车辆向主线或岔线运行。岔尖要求紧贴基本轨,高度应等于或小于基本轨高度,要具有足够的强度。岔尖的摆动依靠转辙器来完成。

辙岔是道岔另一个重要零件,其作用是保证车轮轮缘能顺利通过。它由岔心和翼轨钢板焊接而成,也有用高锰钢整体铸造的。后者稳定性好,强度高,寿命比前者高6~10倍。

辙岔岔心角α(简称辙岔角)是道岔的最重要参数,用它的半角余切的1/2表示道岔号码M,即$M=\frac{1}{2}\cot\frac{\alpha}{2}$。窄轨道岔的号码$M$分为2,3,4,5和6号五种,其相应的辙岔角应分别为28°04′20′、18°55′30″、14°15′、11°25′6″和9°31′38″。可见,M越大,角度越小,道岔曲线半径R和曲线长度就愈大,车辆通过时就愈平稳。

护轮轨是防止车辆在辙岔上脱轨而设置的一段内轨。

2.道岔的类型

根据我国煤炭行业标准《窄轨铁路道岔》(MT/T 2—1995)的规定,窄轨铁路道岔有600 mm、762 mm和900 mm三种轨距,15 kg/m、22 kg/m、30 kg/m、38 kg/m和43 kg/m等五种轨型,单开(ZDK)、对称(ZDC)、渡线(ZDX)、交叉渡线(ZJD)、对称组合(ZDZ)、菱形交叉(ZJC)和四轨套线(ZTX)等七种类型。其中单开、对称和渡线道岔是煤矿井下最常用的道岔类型,其计算简图对照图如图8-34所示。

道岔规格用类型、轨距、轨型、道岔号码和曲线半径来表示,例如,ZDK615/4/15表示:600 mm轨距、15 kg/m钢轨、4号窄轨单开道岔、曲线半径为15 m;ZDX918/5/2016表示:900 mm轨距、18 kg/m钢轨、5号窄轨渡线道岔、曲线半径为20 m,轨道中心距1 600 mm。

需要说明的是,ZDK、ZDX均有方向性,未注明方向的,为右向道岔。

3.道岔的选择原则

道岔本身的制造质量或道岔型号的选择,对车辆运行速度、运行安全和集中控制程度等均有很大影响。道岔的选用一般应遵循以下原则:

(1)与基本轨的轨距相适应,如DK615/4/12道岔只适用于600 mm轨距的线路。

(2)与基本轨型相适应,道岔比基本轨型可高一级或同级,不能低一级,如基本轨型是18 kg/m的可选18 kg/m或者24 kg/m级道岔。

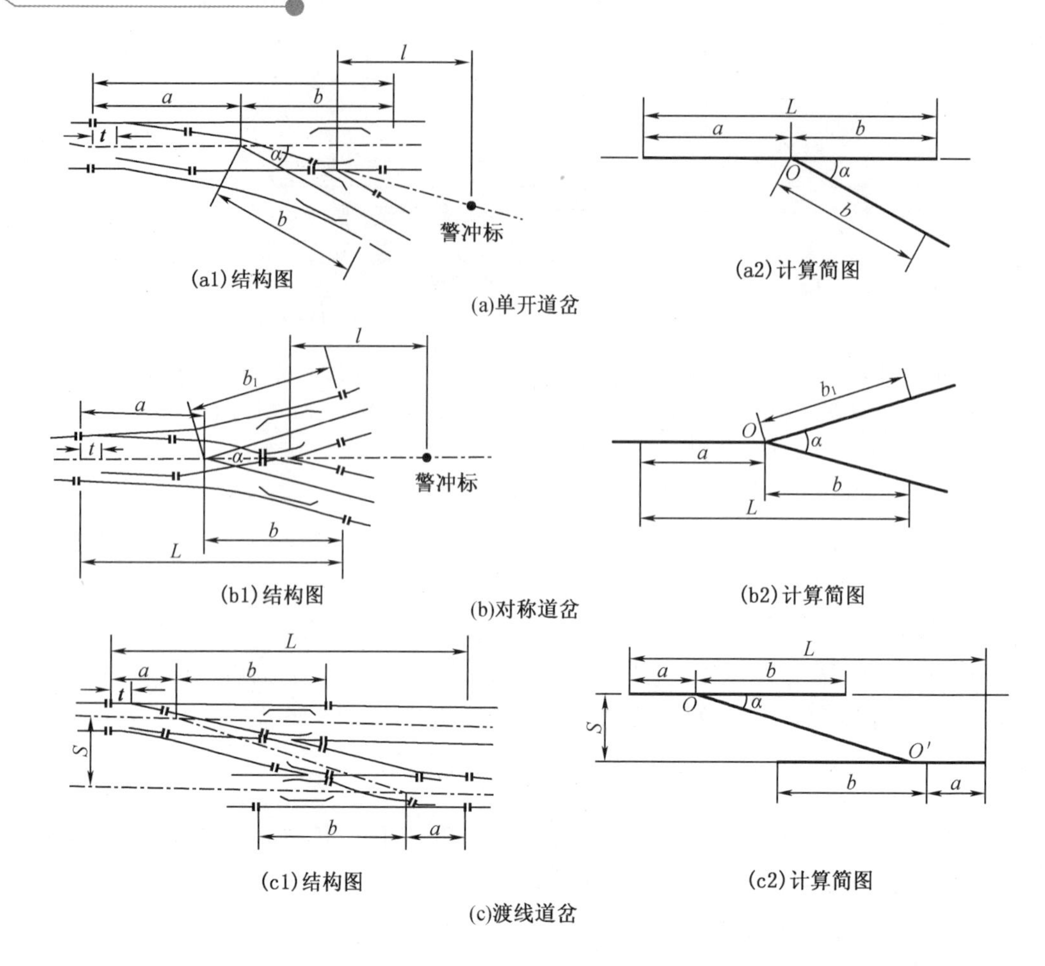

a—转辙中心至道岔起点的距离;b,b_1—转辙中心与道岔终点的距离;L—道岔长度;S—轨距;

α—道岔辙叉角;t—基本轨前长。

图 8-34　道岔的结构与计算简图对照图

(3)与行驶车辆的类别相适应。多数标准道岔都允许机车通过,少数标准道岔由于道岔的曲线半径过小(≤9 m)、辙岔角过大(≥18°55′30″),只允许矿车行驶。如 ZDK、ZDC 道岔中的 2 号、3 号道岔的只能走矿车,不能走机车。

(4)与行车速度相适应。多数标准道岔允许车辆通过的速度为 1.5 ~ 3.5 m/s,而少数标准道岔只允许车辆通过的速度在 1.5 m/s 以下。

8.3.3　交岔点设计

交岔点设计包括交岔点平面尺寸设计、中间断面尺寸设计、断面形状选择、支护设计、工程量与材料消耗量计算等几部分。

确定交岔点平面尺寸,就是要定出交岔点扩大断面的起点和柱墙的位置,即交岔点斜墙的起点至柱墙的长度,定出交岔点最大断面处的宽度,并计算出交岔点单位工程的长度。这些尺寸取决于通过交岔点的运输设备类型、运输线路布置的形式、道岔型号以及行人和安全间隙的要求。设计前,应先确定各条巷道的断面及主巷与支巷的关系,并以下述条件作为设计交岔点平面尺寸的已知条件：所选定的道岔特征 a、b、α 值；轨道的曲率半径 R；支巷对主巷的转角 δ；各条巷道的净宽度 B_1、B_2、B_3，及其轨道中心线至柱墙一侧边墙的距离 b_1、b_2、b_3。此外，标准设计还规定柱墙式交岔点柱墙宽度为 500 mm，顺主巷方向长度取 2 000 mm，在支巷方向向外沿轨道中心线或沿边墙延伸 2 000 mm。

下面以单轨巷道单侧交岔点为例介绍交岔点平面尺寸的确定方法。

首先，应根据前述已知条件求曲线半径的曲率中心 O 点的位置，以便以 O 点为圆心、R 为半径定出弯道的位置（图 8－35）。O 点的位置距离基本轨起点的横轴长度 J、距基本轨中心线的纵轴长度 H，可按下式求得：

$$J = a + b\cos\alpha - R\sin\alpha \tag{8-10}$$

$$H = R\cos\alpha + b\sin\alpha \tag{8-11}$$

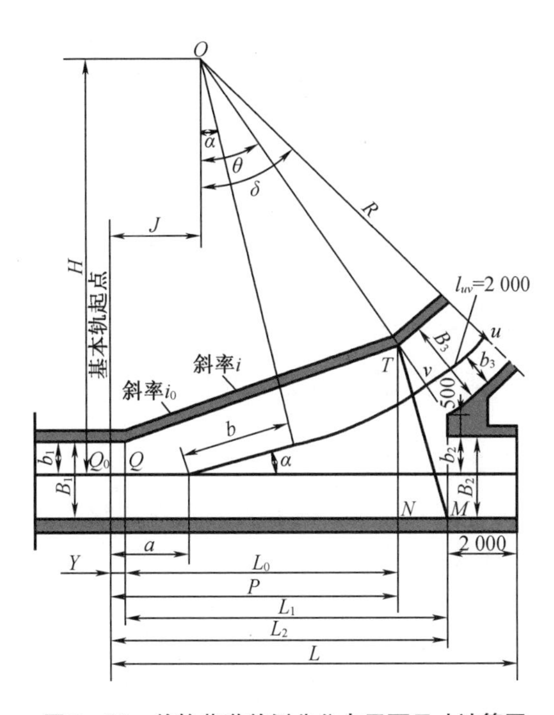

图 8－35　单轨巷道单侧分岔点平面尺寸计算图

从曲率中心 O 到支巷起点 T 连一直线，直线 OT 与 O 点到主巷中心线的垂线夹角为 θ，其值为

$$\theta = \arccos\frac{H - b_2 - 500}{R + b_3} \tag{8-12}$$

$$P = J + [R - (B_3 — b_3)]\sin\theta = J + (R - B_3 + b_3)\sin\theta \tag{8-13}$$

为了计算交岔点最大断面宽度 TM，需解直角三角形 MTN：

$$TM = \sqrt{NM^2 + TN^2} \tag{8-14}$$

$$NM = B_3\sin\theta \tag{8-15}$$

$$TN = B_3\cos\theta + 500 + B_2 \tag{8-16}$$

于是,自基本轨起点至柱墙面的距离为

$$L_2 = P + NM \tag{8-17}$$

为了计算交岔点的断面变化,需确定斜墙 TQ 的斜率 i,其方法是先按预定的斜墙起点(变断面起点)计算斜率 i_0,然后选用与它最相近的固定斜率 i,即

$$i_0 = (TN - B_1)/P \tag{8-18}$$

斜率表示巷道宽度的变化规律,根据 i_0 值的大小,选取固定斜率,一般的常用斜率 i 为 0.2,0.3,0.4,0.5 和 0.6 几种。

确定斜墙斜率后,便可定出斜墙(变断面)的起点 Q 及交岔点扩大断面部分的长度 L_0:

$$L_0 = \frac{TN - B_1}{i} \tag{8-19}$$

于是,变断面的起点至基本轨起点的距离为

$$Y = P - L_0 \tag{8-20}$$

Q 点在 Q_0 点之右,Y 为正值;Q 点在 Q_0 点之左,Y 为负值。

交岔点工程的计算长度 L,是从基本轨起点算起,至柱墙 M 点再延长 2 000 mm,于是有

$$L = L_2 + 2\,000 \tag{8-21}$$

在支巷处,交岔点的终点应取为从柱墙面算起,沿轨道中心线 2 000 mm 处,也可近似按直墙 2 000 mm 计算。

8.3.4 交岔点中间断面尺寸计算

交岔点中间断面尺寸包括中间断面的宽度、中间断面墙高和中间断面拱高。

1. 中间断面的宽度

中间断面的宽度取决于通过它的运输设备的尺寸、道岔型号、线路连接系统的类型、行人及错车安全要求。考虑到运输设备通过弯道和道岔时边角将会外伸,与直线段巷道相比,交岔点内道岔处车辆与巷道两侧的安全间隙,应在直线巷道安全间隙的基础上加宽,其加宽值应符合下列规定:

(1)道岔处车辆与巷道两侧安全间隙加宽值,单开道岔的非分岔一侧加宽不宜小于 200 mm,分岔一侧不宜小于 100 mm;对称道岔的两侧加宽均不宜小于 200 mm。

(2)道岔处双轨中心线间距加宽值,直线为双轨、岔线为单轨,加宽值不宜小于200 mm;直线一端为单轨、岔线为双轨,加宽值不宜小于 300 mm;道岔为对称道岔的,加宽值不宜小于 400 mm。

(3)无道岔交岔点的双轨中心线间距应加宽:分岔巷道一条为直线,另一条为弯道时,加宽值不宜小于 200 mm;分岔巷道均为弯道时,加宽值不宜小于 400 mm。

(4)单轨巷道交岔点,巷道断面的加宽范围见图 8-36,图中 c 值见表 8-5。

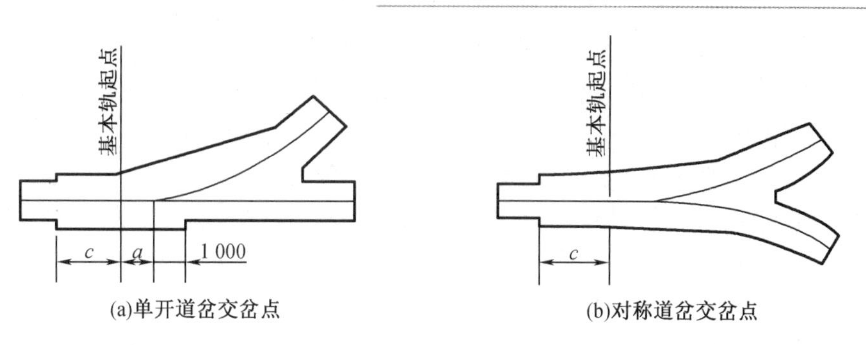

(a)单开道岔交岔点

(b)对称道岔交岔点

图 8－36 单轨道岔交岔点加宽范围

表 8－5 直线巷道加宽最小长度值

车辆类型	直线巷道加宽最小长度 c 值	车辆类型	直线巷道加宽最小长度 c 值
1.0 t 固定式矿车	1 500	7(10)t 架线式机车	3 000
1.5 t 固定式矿车	2 000	8 t 蓄电池机车	3 000
3.0 t 固定式矿车	2 500	5.0 t 底卸式矿车	3 500
3.0 t 固定式矿车	2 500	14 t 架线式机车	3 500

(5)双轨巷道交岔点双轨中心线间距和巷道的加宽范围如图 8－37 所示。图 8－37(c)所示的交岔点，当运输设备为 10 t 及其以下电机车和 3 t 以下矿车时，L 取值为 5 m；当运输设备为 10 t 以上电机车和 5 t 底卸式矿车时，L 取 6 m。

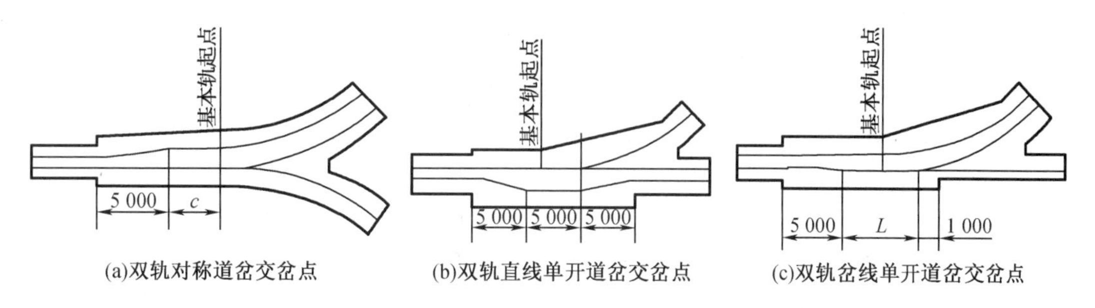

(a)双轨对称道岔交岔点

(b)双轨直线单开道岔交岔点

(c)双轨岔线单开道岔交岔点

图 8－37 双轨巷道交岔点双轨中心线间距和巷道断面加宽范围

(6)无道岔交岔点双轨中心线间距和巷道断面的加宽范围如图 8－38 所示。

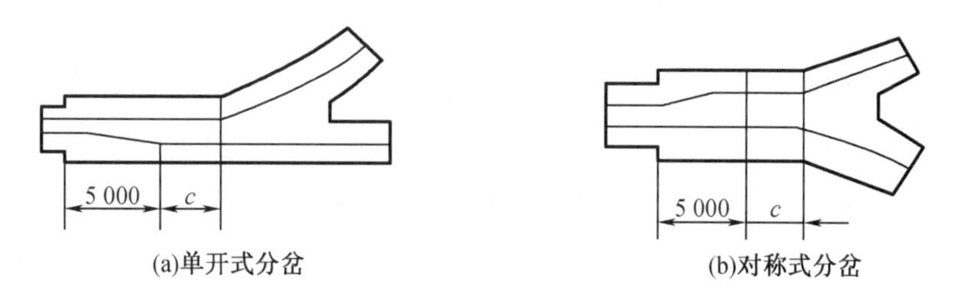

(a)单开式分岔

(b)对称式分岔

图 8－38 无道岔交岔点双轨中心线间距和巷道断面的加宽范围

为了施工方便和减少通风阻力，在井底车场的交岔点内，一般应不改变双轨中心线距及巷道断面。这样在设计交岔点时,中间断面应选用标准设计图册中相应的曲线段断面(即参考运输设备通过弯道或道岔时边角外伸、双轨中线距及巷道宽度已加宽的断面)。

2. 中间断面的拱高和墙高

交岔点巷道中间断面的拱高,半圆拱仍取宽度的 1/2,圆弧拱取宽度的 1/3。但由于宽度逐渐加大,中间断面的拱高随净宽的递增而逐渐升高,为了提高断面利用率,减少掘、支工程量,在满足安全、生产与技术需求的条件下,可将中间断面的墙高相应递减,使巷道全高的增加幅度不致过大(图 8-39)。

降低后的墙高或调整后的拱高,在 T、N、M 三点处应相同。这几处的巷道断面应保证运输设备、行人及管线装设的安全间隙和距离,故必须按本书第 2 章中的方法和公式对墙高进行验算。设变断面部分起点处墙高为 h_{B1},降低后最低处墙高为 h_{TN},则墙高降低的斜率i'为

$$i' = (h_{B1} - h_{TN})/L_0 \tag{8-22}$$

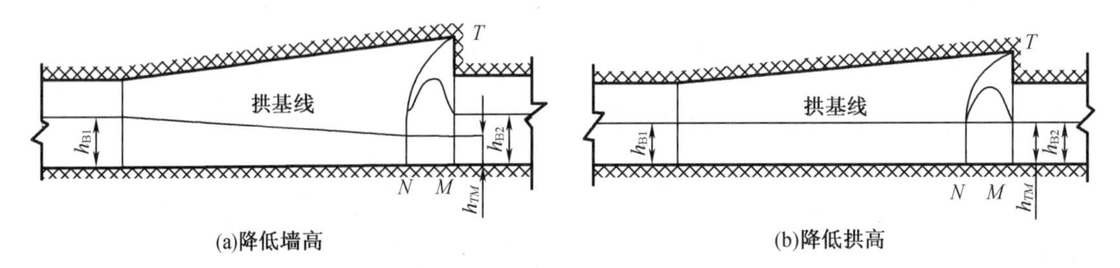

图 8-39 交岔点增设、拱高降低示意图

有了 i'值,便可求得每米墙高递减值。T、N、M 三点处墙高均是 h_{TM}。h_{TM}与以 B_2、B_3 为净宽的巷道墙高 h_{B2}、h_{B3}的差值 Δh 应控制在 200~500 mm:如果 Δh 值过大,对施工和安全都不利;Δh 过小则降低墙高的意义不大。

8.3.5 交岔点的施工图

交岔点施工图包括平面图、主巷和两个支巷断面图、最大断面和两个支巷断面重叠图、交岔点纵剖面图、各断面特征和工程量及材料消耗量表等。

1. 平面图

交岔点平面图通常利用已经计算出的平面尺寸为依据,按 1:100 的比例绘出。

2. 断面图

主巷和两个支巷断面按 1:50 比例绘制。最大断面和两个支巷断面的重叠图多数是绘制与主巷轨道斜交的最大断面 TM 和两个支巷断面的重叠图(图 8-40),比例一般也按也按 1:50 绘制。

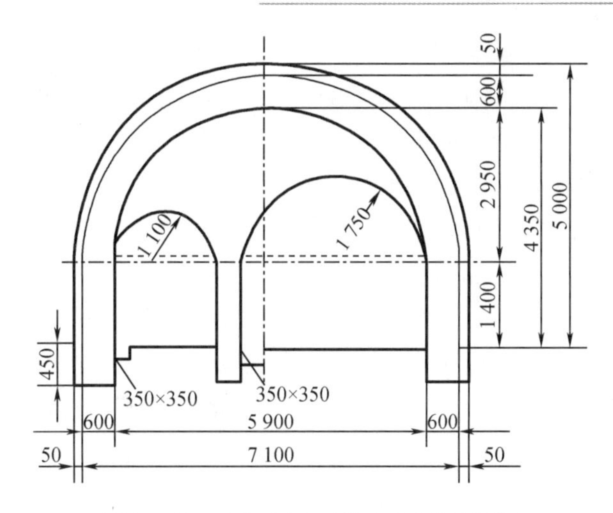

图 8－40 交岔点最大断面 *TM* 处断面图

3. 纵剖面图

纵剖面图可以表示出交岔点的拱高、墙高及大小断面的连接，并能清楚地显示交岔点内墙高的递增情况。一般按 1∶100 比例绘制，但目前许多设计中常省略。

4. 交岔点各断面特征和工程量及材料消耗量表

它们的表格形式与巷道施工图中的要求基本相同，不再赘述。

8.4 交岔点施工方法

交岔点施工，与巷道的施工方法基本相同，应推广使用光面爆破、锚喷支护。在条件允许时，应尽量做到一次成巷。施工中应根据交岔点穿过岩层的地质条件、断面大小及支护形式、掘进的方向和施工期间工作面的运输条件，选用不同的施工方法。

1. 稳定围岩中交岔点施工

如果交岔点所处地层围岩稳定，则可采用全断面一次掘进的施工方法，随掘随支或掘后一次支护，其施工顺序如图 8－41 所示。按图中Ⅰ、Ⅱ、Ⅲ的顺序全断面掘进，锚杆按设计要求一次锚完，并喷以适当厚度的混凝土及时封闭顶板；若围岩易风化，可先喷混凝土后打锚杆，最后安设“牛鼻子”和两帮处的锚杆，并复喷混凝土至设计厚度。

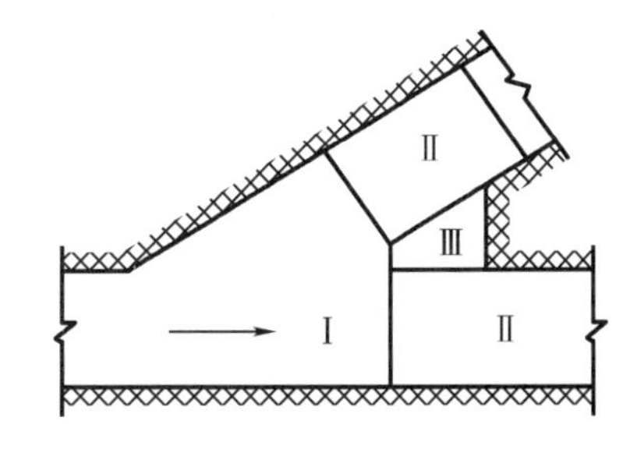

图 8－41 稳定围岩中交岔点施工顺序

2. 中等稳定围岩中交岔点的施工

在中等稳定围岩中，或巷道断面较大时，可先将一条巷道掘出，并将边墙先行锚喷，余下周边喷上一层厚 30～50 mm 的混凝土或砂浆（围岩条件差时，可采用锚杆加强）作临时支护，然后回过头来再刷帮挑顶，随即进行锚喷。

3. 稳定性较差围岩中交岔点的施工

在稳定性较差的围岩中施工交岔点时，可采取先掘砌好柱墩，再刷砌扩大断面部分的方法。根据施工顺序的不同有正向掘进和反向掘进两种施工方法，如图 8－42 所示。

正向掘进[图 8－42(a)]时，按图示 1,2,3,4,5 的顺序施工，即先将主巷掘通，同时将交岔点一侧边墙砌好，接着以小断面横向掘出岔口，并向支巷掘进 2 m，将柱墩及巷口 2 m 处的拱、墙砌好，然后再回过头来刷砌扩大断面处，做好收尾工作。

反向掘进[图 8－42(b)]时，先由支巷掘至岔口，接着以小断面横向与主巷贯通，并将主巷掘过岔口 2 m，同时将柱墩及两巷口 2 m 拱、墙砌好，随后向主巷方向掘进，过斜墙起点 2 m 后，将边墙及此 2 m 巷道拱、墙砌交岔点好，然后反过来向柱墩方向刷砌，做好收尾工作。

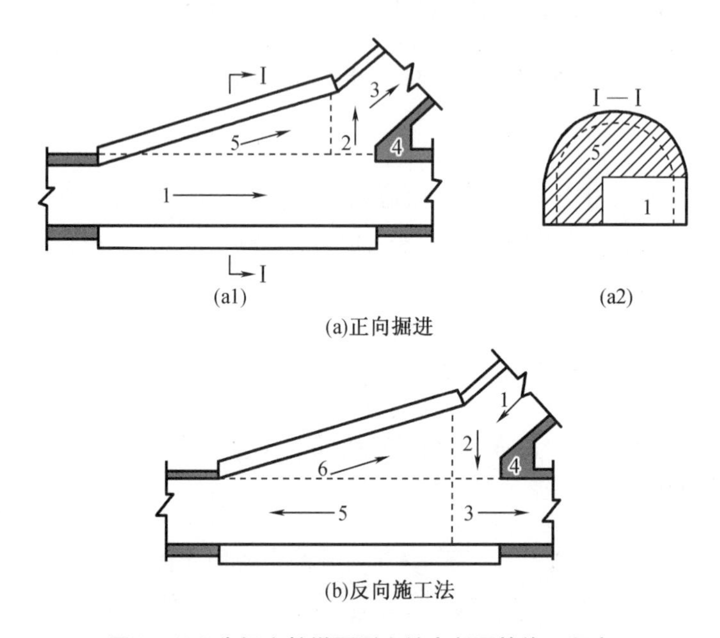

(a)正向掘进

(b)反向施工法

图 8－42　先掘砌柱墩再刷砌扩大断面的施工顺序

4. 松散软弱岩层中交岔点施工

在稳定性很差的松散软弱岩层中掘进交岔点时，不允许一次暴露的面积过大，可采用导硐施工法。根据导硐掘进方向的不同，有正向施工和反向施工两种方法，如图 8－43 所示。

导硐施工方法与前述硐室施工方法基本相同，先以小断面导硐将交岔点各巷口、柱墩、边墙掘砌好，然后从主巷向岔口方向挑顶砌拱。为了加快施工速度，缩短围岩暴露时间，中间岩柱暂时留下，待交岔点刷砌好后，最后用放小炮的方法把它除掉。

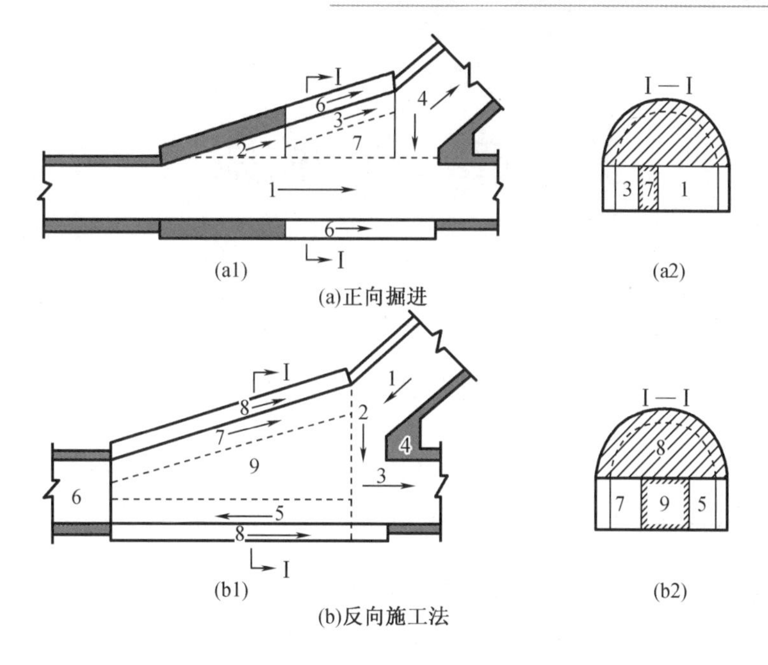

(a)正向掘进

(b)反向施工法

图 8 -43 交岔点导硐法施工顺序

复习思考题

1. 井底车场由哪几部分组成？有哪些线路？
2. 副井系统有哪些硐室？主井系统有哪些硐室？各有什么功能？
3. 煤仓有哪几种形式？各自的适用条件是什么？
4. 中央排水系统由哪几部分组成？它与车场、井筒有哪些联系？
5. 两条水仓为什么必须是独立的？水仓的容量如何确定？
6. 有几种硐室施工方法？各适于何等条件？硐室施工的特点是什么？
7. 箕斗装载硐室有哪几种施工方案？简述各自的优缺点及适用条件。
8. 马头门有哪几种施工方案？简述各自的优缺点及适用条件。
9. 交岔点的结构有哪两种？简述各自的特点及适用条件。
10. 交岔点的设计内容包括哪些？
11. 道岔的作用是什么？道岔号码的含义是什么？
12. 有哪几种交岔点的施工方法？施工时应注意哪些问题？
13. 煤仓有哪些施工方法？简述煤仓的施工工序？

第9章　斜井施工

9.1　概　　述

9.1.1　斜井施工技术的发展

井田开拓方式可分为平硐开拓、斜井开拓、立井开拓和综合开拓四种。其中斜井开拓具有投资省、投产快、效率高、成本低等一系列优点，因而国内外许多具备条件的大、中、小型矿井都有采用。我国东北地区的鸡西、鹤岗、阜新等老矿区，许多小型煤矿多采用片盘斜井开拓。我国西北地区现有的生产矿井，斜井开拓的比例占50%以上，如20世纪末21世纪初建成投产的灵武矿区灵新一号井、华亭矿区的陈家沟矿和砚北矿、蒲白矿区的朱家河矿等，都采用了斜井开拓方式。在大型矿井中，斜井开拓也日益增多，如陕西大柳塔、活鸡兔等矿就是年产量在1000万t以上的大型斜井煤矿。

近年来，随着矿井生产机械化的发展，以及强力带式输送机和大倾角强力带式输送机的广泛应用，矿井开拓有向斜井、斜立井联合开拓方式发展的趋势。加之施工装备的改进，斜井掘进速度的提高，斜井和斜立井联合开拓方式已引起国内外采矿工程界的兴趣和重视。随着斜井开拓方式的广泛应用，我国斜井施工技术及设备水平也得到了迅速发展，具体表现在以下三方面：

1. 形成了激光指向、光面爆破、耙斗式装载机装岩、箕斗提升、大型矸石仓排矸、潜水泵排水、局部通风机通风，即“两光三斗”机械化作业线，施工设备配套以及管理水平不断提高。

2. 锚喷网支护技术在斜井施工中得到应用和推广，简化了支护工艺，提高了机械化程度，减少了工程量，实现了远距离管路输料，为掘进与支护平行作业创造了条件，有效地加快了成井速度。

3. 总结形成了“一坡三挡”的成功经验，为有效预防斜井跑车事故，保证斜井施工安全提供了有力的保障措施。

这些施工技术和装备在大同矿区马脊梁矿新高山主斜井的施工中创造了较好的经济效益和社会效益。新高山主斜井是该矿改扩建工程中的带式输送机斜井，设计断面为半圆拱形，锚喷支护，净断面面积12.34 m^2，掘进断面面积15.02 m^2，坡度16°，斜长960 m，围岩主要是粗砂岩、中细砂岩，$f=6\sim10$，涌水量为5 ~ 10 m^3/h，属低瓦斯矿井。斜井施工过程中，充分发挥了“两光三斗”机械化作业线以及我国斜井快速施工设备配套的优势，1991年

6月创月成井376.2 m,连续3个月成井825.5 m的纪录。

9.1.2 斜井施工的特点

由于斜井井筒有10°~25°,甚至更大的坡度,所以在施工方法及工艺、施工机械及配套等方面,既不同于立井,又不同于平巷,有其自身的特点。

1. 斜井施工的困难多

斜井施工中的困难主要是由于存在坡度而产生的,其中以装岩、排矸和排水困难最为突出。在10°~25°,甚至更大坡度的斜面上进行装岩、排矸和排水作业,显然比在平巷中要困难得多,因而生产效率不高。

通过20多年的努力,施工机械的装配水平不断提高,这些困难已逐步得到缓解。1965年峰峰矿务局开始将耙斗式装载机用于斜井装岩,获得良好效果。掘进坡度25°~30°的斜井,人工装岩每循环需要5~6 h,使用耙斗式装载机只需2 h,大大提高了装岩效率,减轻了繁重的体力劳动。

近年来,由于山区地形和煤层赋存条件等的限制,加之大倾角强力带式输送机的推广应用,常出现斜井倾角25°以上,甚至35°的大倾角斜井,这给斜井施工带来了许多新困难,提出了新的研究课题。

2. 容易发生跑车事故

与平巷相比,在斜井提升运输过程中,如果稍有不慎,提升容器就可能掉道、脱钩或提升钢丝绳断绳,提升容器就会失去控制,沿斜井坡道下滑,并不断加速,产生巨大的冲击力,从而造成破坏性极大的跑车事故。

2003年2月22日,山西省吕梁地区交城县林底乡后火山村五七煤矿二坑斜井发生断绳跑车事故,当场死亡1人,另有13人经抢救无效死亡。2003年6月16日,广东省韶关市乐昌江胡煤矿一辆载有26人的斜井人车,因连接装置脱落发生跑车事故,造成14人死亡,12人受伤,其中3人重伤。2005年1月10日,唐山开滦建设集团斜井运输发生跑车事故,死亡5人。在斜井中,几乎每年都有跑车事故发生,严重威胁矿井作业人员的生命安全。

因此,采用轨道运输时,必须设置与提升设备相应的防跑车安全设施,以预防跑车事故。这已成为目前斜井施工管理的重要工作之一。

3. 混凝土采用管道输送

当永久支护采用锚喷支护时,要考虑采用管道长距离输送混凝土,以减小提升设备的负担,同时提高支护作业的速度。

能否缩短建井周期,关键在于缩短井筒开凿工期。据统计,斜井井筒工程量在煤矿建设井巷总工程量中仅占3%~13%,而其施工期一般占矿井建设总工期的35%左右。所以,总结并发展斜井施工技术,提高斜井施工速度,对加快矿井建设速度、缩短矿井建设周期具有重要的现实意义。

9.2 斜井表土施工

斜井井口(井颈)的施工方法主要是根据地形和表土、岩石的水文地质条件来确定的。

9.2.1 斜井井口的施工方法

当斜井井口位于山岳地带时(图9-1),由于表土层很薄或只有风化岩层带,则井口施工比较简单,只需将斜井井口位置的浮土和风化碎石清除干净,而后按斜井设计的方向、倾角,用普通钻眼爆破法向下掘进。待掘至设计的井颈深度后,再由下向上进行永久支护。

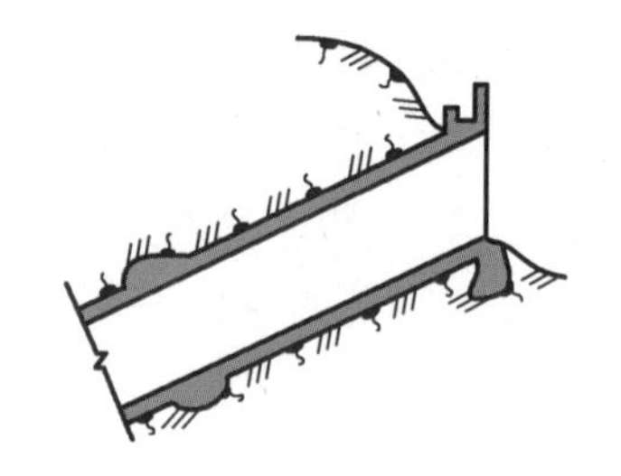

图9-1 山岳地带斜井井口

当斜井井口位于平原地区时,由于表土层较厚、稳定性较差,顶板不易维护。为了安全施工和保证掘、砌质量,井口施工时,一般将井口段一定深度(视表土赋存情况决定)的表土挖出,使井口呈坑状,待永久支护砌筑完成后,再将表土回填夯实,人们通常称这种方式为明槽开挖方式。若表土中含有薄层流砂,且距地表深度小于10 m时,为了确保施工安全,需将井口坑范围扩大,通常称这种方式为大揭盖开挖方式。

1. 明槽几何尺寸与边坡角的确定

明槽的几何尺寸一般需根据表土的稳定性、斜井的倾角、表土的涌水量、地下水位以及施工速度等因素确定。应以使其既能保证安全施工,又力求土方挖掘量最小为原则来确定明槽的几何尺寸和边坡角。不同性质表土明槽边坡的最大坡度数值见表9-1。

表9-1 明槽边坡最大坡度数值表

表土名称	人工挖土(将土抛于槽的上边)	机械挖土	
		在槽底挖土	在槽上边挖土
砂土	45°(1:1)	53°08′(1:0.75)	45°(1:1)
亚砂土	56°10′(1:0.67)	63°26′(1:0.50)	53°08′(1:0.75)
亚黏土	63°26′(1:0.5)	71°44′(1:0.33)	53°08′(1:0.75)
黏土	71°44′(1:0.33)	75°58′(1:0.25)	56°58′(1:0.65)
含砾石、卵石土	56°10′(1:0.67)	63°26′(1:0.50)	53°08′(1:0.75)
泥炭岩、白垩土	71°44′(1:0.33)	75°58′(1:0.25)	56°10′(1:0.67)
干黄土	75°58′(1:0.25)	84°17′(1:0.10)	71°44′(1:0.33)

注:1. 深度在5 m以内适用上述数值;当深度超过5 m时,应适当加大上述数值。

2. 表中括号数字表示边坡斜率。

当表土薄或者表土虽较厚,但直立性较好时(如黄土),明槽壁可做成垂直的。但为防止表土塌陷,其侧壁上部以做成斜面为宜(图9-2)。当表土厚而不稳定时,明槽壁应有一定坡度(图9-3)。

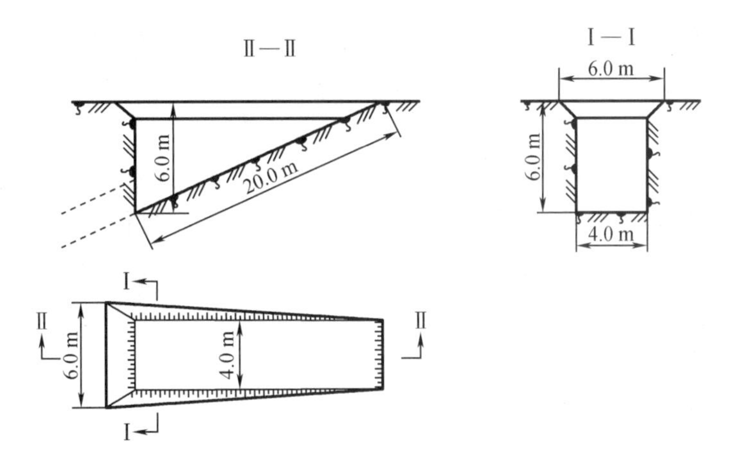

图9-2 直壁明槽几何参数

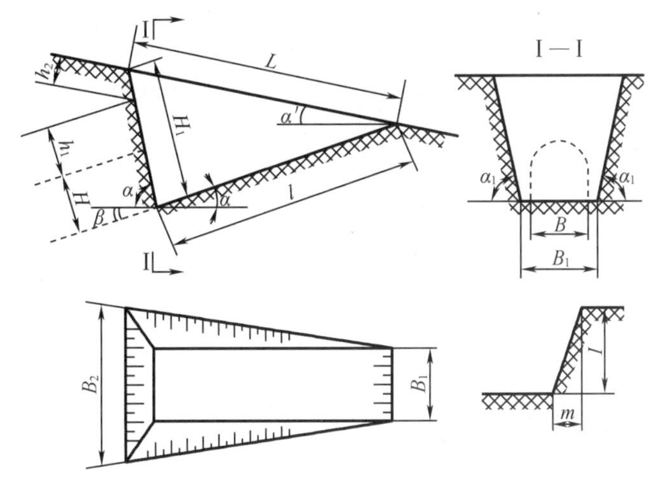

图9-3 斜壁明槽几何参数

2. 明槽开挖方法

明槽的挖掘及维护时间应尽量短,以保证明槽周围土层的稳定。为加快施工速度,在一定条件下可以增加明槽壁的坡度,从而减少土方挖掘工程量。根据表土条件的不同,可以选择不同开挖方式。

(1)天然冻结法

对于距地表4 m以内的浅部明槽,如果表土是亚砂土和亚黏土地层,且稳定性比较差,含水率为9%~15%,此时可利用天然冻结土壤固结性好、强度高的特点,将明槽浅部做成直立边坡,一般不需要其他支护措施,土方挖掘量可以减少20%左右。但明槽开挖后要快速砌墙支护,防止解冻造成边坡坍塌。

(2)直挖法

当表土稳定且无地下水时(比如在我国西北地区,浅表土多为黄土,且无地下水,土层稳定性很好),可采用直接开挖明槽的做法。而且可采取挖土、砌墙平行作业,这样明槽两帮的暴露时间就很短,所以从施工的工艺过程上也允许直墙垂直下挖,这样可以减少土方挖掘量25% ~50%。

(3)支撑加固法

当表土稳定时,若将明槽两侧做成直立槽壁,则可减少土方挖掘量50%。但当直立墙壁由于施工活动原因,难以长时间维持稳定时,可采用横向支撑进行加固。

支撑加固的一般做法是,采用直径为200 mm的圆木横撑和木垫板,将明槽两侧墙壁顶紧。横撑间距视具体情况来定,一般为2 m×2.5 m。为防止圆木下滑,可用铅丝将其连接到架在地面上的横梁上,如图9-4所示。

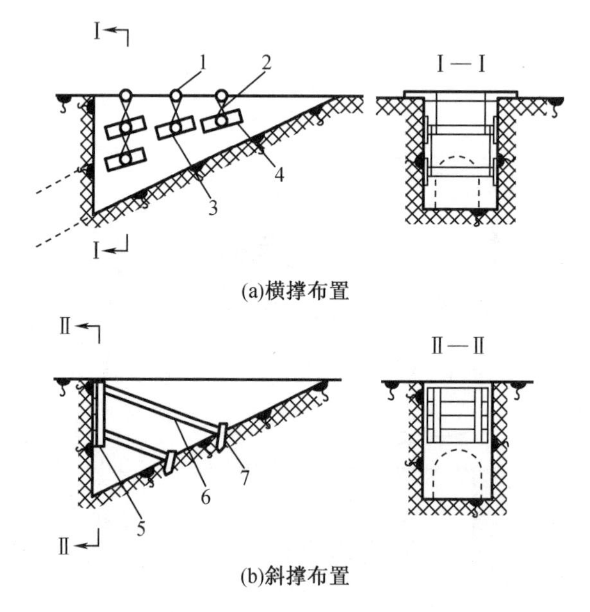

(a)横撑布置

(b)斜撑布置

1—槽口横梁;2—铁丝;3—横撑圆木;4—垫板; 5—挡板;6—斜撑圆木;7—木桩。

图9-4 明槽支撑加固护坡

此法适用于土壤的内摩擦角较小而明槽又较深的情况。

(4)台阶木桩法

当表土层不够稳定或夹有流砂层时,明槽开挖可采用45°的台阶放坡,如图9-5所示。台阶尺寸为0.55 m×0.55 m,台阶侧壁可采用长度为1 m的木桩插板维护,这样能够有效地控制边坡的稳定,保证施工的安全。

(5)降低水位法

当表土有含水层且涌水量较大时,可采用降低水位法开挖。古交矿区屯兰斜井潜水位在地表下2 m,预计涌水量为503 ~763 m^3/h,故在明槽挖掘前采取了降低水位法,在明槽四周打6 ~8 口深25 ~30 m的小井,用潜水泵排水。

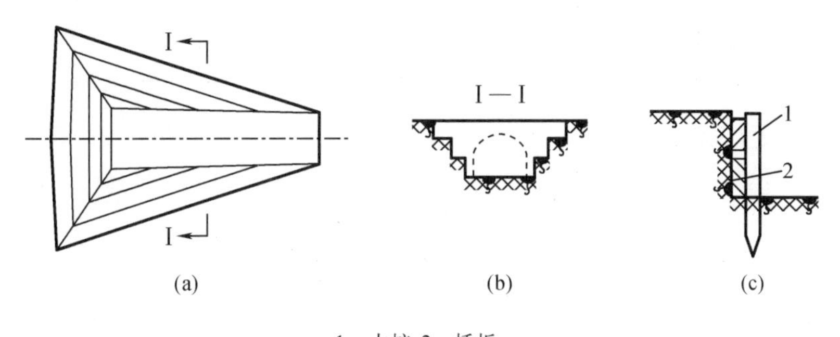

1—木桩;2—插板。

图9-5 台阶木桩法护坡

屯兰主斜井明槽的土方挖掘量为20 428 m^3,配备1台W2-50型挖掘机、3辆8 t自卸式汽车。汽车从明槽后端进出,挖掘机分两大段挖土,最深部有2~3 m的土方,采用人工辅助挖掘,其明槽尺寸及挖掘方法如图9-6所示。开挖和砌筑沿斜长分段进行,可按永久支护的变形缝分段,采用上段砌筑与下段挖掘平行作业。

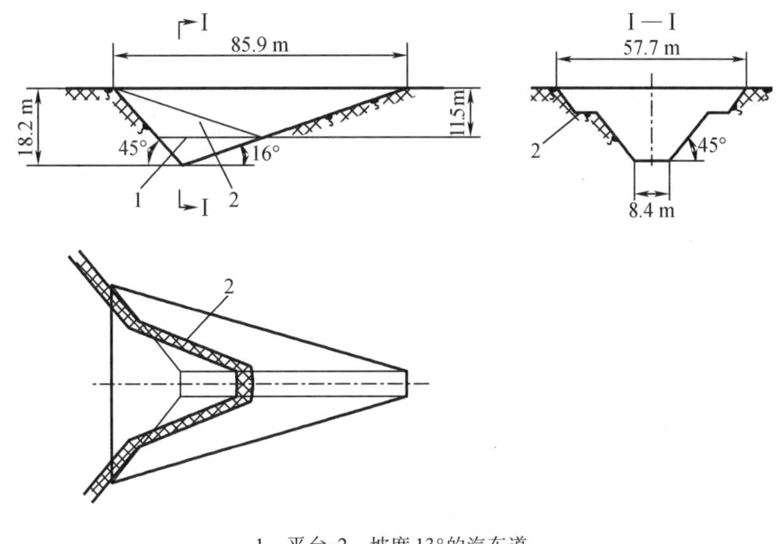

1—平台;2—坡度13°的汽车道。

图9-6 斜井明槽开挖降低水位法施工图

9.2.2 深表土掘砌方法

在深厚表土层中施工时,应根据表土性质、斜井断面大小、施工设备和技术水平等条件,采取相应的施工方法。

1. 全断面一次掘进法

当土质致密坚硬、涌水量不大,且井筒掘进宽度小于5 m时,可采用全断面一次掘进施工方法。永久支护采用砌碹时,可使用金属拱形临时支架,掘砌交替进行,段距为2~4 m。

韩城矿区象山斜井表土为120 m厚的黄土层,采取全断面一次掘进,料石砌碹,掘砌段距4 m,取得了良好效果。

2. 中间导硐法

当表土较稳定,掘进宽度大于5 m,全断面掘进有困难时,可在井筒中间先掘深2 m左右的导硐,然后向两侧逐步扩大,临时支架沿井筒轴向架设。刷大要两侧同时进行,每次刷大宽度0.6 m左右。待刷够掘进断面后,及时进行永久支护。

鸡西矿区穆棱矿六井表土主要为稳定的砂质黏土层,掘进宽度为8.6 m,即采用中间导硐法。当遇有含水层且涌水较大时,导硐法留有0.5 m的超前部分不刷,作为井底临时水窝。

3. 先拱后墙法

当井筒工作面进入岩石风化带之后或工作面上部土层松软、下部土层密实,则适于先掘砌上部,后掘砌下部的施工方法。掘砌段距以3~5 m为宜。

韩城矿区桑树坪斜井掘进断面大,掘砌土、岩过渡带时,在掘完上部土层后,则在风化岩石上刷出临时壁座,先将拱和部分墙砌好,然后再掘下部的风化岩石,并补砌下部的墙。其掘砌段距为4 m,掘砌步骤如图9-7所示。

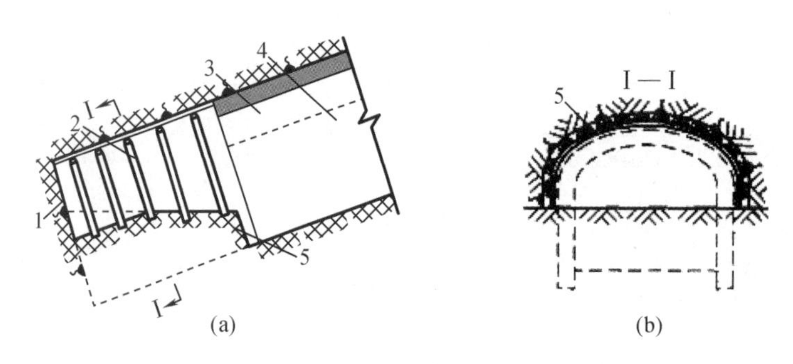

1—表土工作面;2—金属临时支架;3—拱;4—墙;5—风化岩石工作面。

图9-7 先拱后墙法施工

4. 两侧导硐先墙后拱法

当表土不太稳定,且断面较大时,先在断面两侧分别掘进小断面导硐,用先墙后拱法短段掘砌。掘导硐时,先架设木支架,掘出2~4 m后,在导硐内砌墙,然后掘砌拱顶部分,最后掘出下部中间土柱。其施工步骤如图9-8所示。

鸡西矿区滴道矿六井表土大部分为砂砾层,即采用两侧导硐先墙后拱法施工。掘进宽度8.9 m,导硐宽1.5 m,其高度略高于墙,掘拱顶部分时,金属临时支架的拱梁立于两侧砌好的墙上。砌拱时,利用下部的中间土柱支撑碹胎。

井筒开口后,开始区段应架设密集支架,向下掘进5 m左右,停止掘进,从下向上砌筑井口部分直到地面为止。在明槽的永久砌筑外部须设防水层,然后回填并分层夯实。

井筒在表土层中施工时,为确保工作的安全,应多采用短段掘砌施工方法,掘砌段距一般为2.5 m。土质稳定、掘进宽度小于5 m时,可采用全断面一次掘进;反之则采用导硐法。

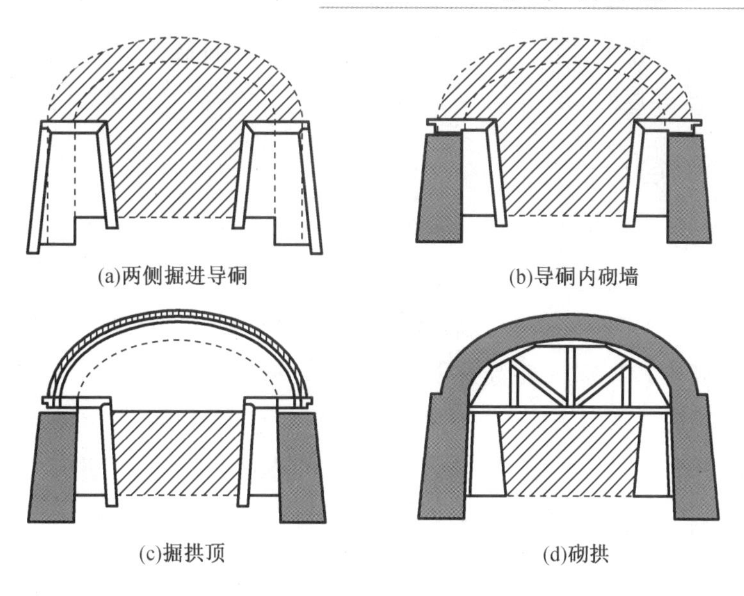

图9-8 两侧导硐先墙后拱施工步骤

9.2.3 不稳定表土的施工方法

不稳定表土，是指由含水的砾石、砂、粉砂组成的松散性表土和流砂或淤泥层。当表土为不稳定土层时，必须采用特殊施工法。

以往在不稳定表土中我国多采用板桩法。当涌水量较大时，需配合工作面超前小井降低水位或井点降低水位的综合施工法；当流砂埋藏深度不大于20 m时，可采用简易沉井法施工（如山东井亭煤矿斜井）；当涌水量大、流砂层厚、地质条件复杂（有卵石、粉砂、淤泥），一般流砂埋深在30～50 m时，可采用混凝土帷幕法（如辽源梅河立井斜井）。

在不稳定表土中也可以采用注浆法，如镇城底矿副斜井采用水泥-水玻璃双液注浆法顺利通过涌水量大（156.64 m^3/h）的厚卵石层（12.9 m）。注浆法除用于含水层封堵水外，对固结流砂、松散卵石，通过断层，加固井巷等均有成效。

近年来，有的矿井在不稳定表土中开凿斜井过程中，当采用板桩法、井点降低水位法、注浆法等施工法均不能奏效时，采用冻结法获得了成功，如内蒙古自治区榆树林子煤矿一对斜井和宁夏王洼煤矿一对斜井。以往冻结法在斜井施工中所以采用较少，其原因是斜井冻结比立井冻结技术复杂，经济效果也不如立井。但从斜井开拓和立井开拓总的经济效益方面考虑，特别是今后斜井开拓和斜井-立井联合开拓日益增多，斜井冻结法在不稳定表土中的应用范围会逐渐扩大。

9.3 斜井基岩施工

斜井基岩施工与平巷施工的方式、方法基本相同。但是由于斜井有一定的坡度，因此在选择凿岩设备、装岩设备，确定排水方案，进行矸石的提升以及材料的运输等工作时，要充分考虑斜井在装岩、排水、提升、运输等方面的困难，在保证施工安全的前提下，尽可能做到平行作业，提高成井速度。

9.3.1 掘进作业

从20世纪70年代起，我国斜井施工技术发展较快。1974年12月，陕西铜川基建公司二处在下石节二采区回风斜井施工中，创造了斜井月进尺705.3 m的世界纪录。1984年10—12月，阳泉矿区贵石沟矿斜井（掘进断面面积19.03 m^2，倾角16°），3个月累计成井306.7 m，平均月成井102.23 m，最高月创成井150.7 m；1991年5—7月，山西大同矿务局燕子山工程处马脊梁矿新高山主斜井（掘进断面面积15.02 m^2，倾角16°），3个月累计成井825.5 m，平均月成井275.2 m，最高月成井376.2 m，达到了当时国内外先进水平。

目前，我国斜井快速施工作业线的主要内容包括：配备风动凿岩机、岩石电钻等打眼工具，实现中深孔全断面光面抛碴爆破；大耙斗、大箕斗、大提升机、大矸石仓（简称“三大一仓”）配套，实现快速装岩、提升和自动卸矸；长距离管道输料，锚喷支护；风动潜水泵排除工作面积水；28 kW局部通风机长距离独头通风；激光指向仪控制掘进方向和坡度；采用工业电视监视和计算机管理等先进和现代化管理技术。图9-9和图9-10所示分别是马脊梁矿新高山主斜井井筒施工断面布置图和井筒施工机械化作业线布置图。

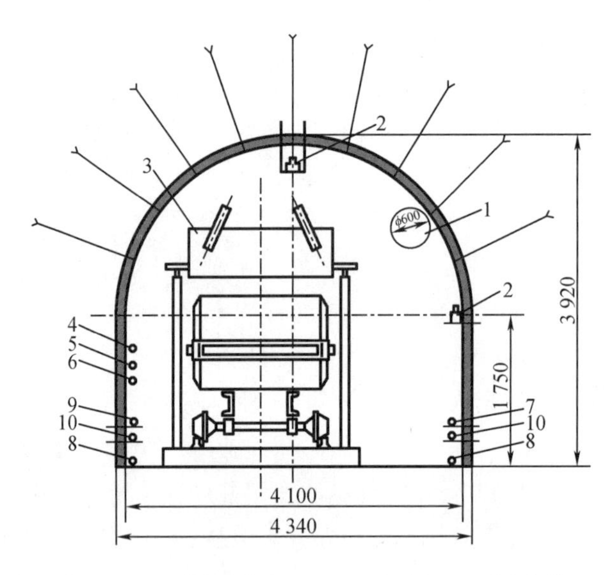

1—φ600 mm风筒；2—JK-3激光指向仪；3—Pl20B耙斗机；4—动力电缆；5—照明电缆；6—信号电缆；7—供风管；8—喷射混凝土输送管；9—排水管；10—供水管。

图9-9 马脊梁矿新高山主斜井井筒施工断面布置

1. 破岩工作

尽管凿岩台车钻眼速度快，且有助于实施中深孔爆破，但在斜井施工中，使用凿岩台车调车困难，使用钻装机又不能使钻眼与装岩两大主要工序平行作业。因此，为提高破岩效率、便于钻眼与装岩平行作业，在凿岩机具的选择上，仍以使用多台风动气腿式凿岩机（如

YT－28 型)同时作业为主。掘进工作面同时作业的风钻台数,主要根据井筒断面大小、岩性、支护形式、炮眼数量、作业人员的技术素质、施工管理水平等因素来确定,一般以0.5～0.7 m 宽的工作面设置 1 台为宜,4～7 台同时作业,工作面钻眼平均生产率可达 86.1～102.6 m/h。

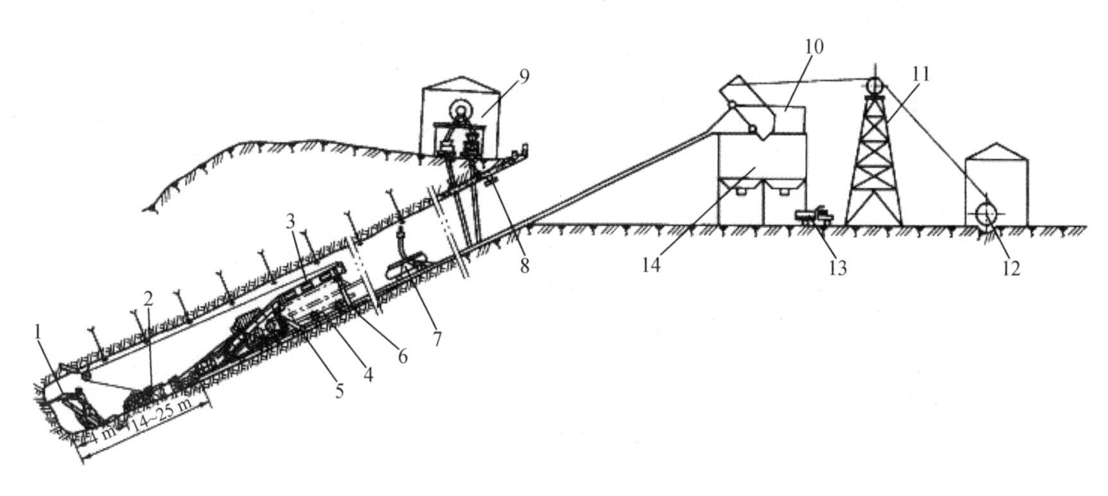

1—YT－28 凿岩机;2—1.2 m^3 大耙斗;3—P－12OB 耙斗式装载机;4—XQJ－8 复合后轮前卸式箕斗;5—大卡轨器;6—托梁支撑;7—喷射混凝土工作台;8—JK－3 激光指向仪;9—地面喷射混凝土搅拌站;10—卸载架;11—井架;12—2JK－3/20 提升机;13—8 t 自卸翻斗汽车;14—40 m^3 大矸石仓。

图 9－10 马脊梁矿新高山主斜井井筒施工机械化作业线布置

斜井掘进工作面往往会有积水,必须选用抗水炸药、毫秒延期雷管全断面一次爆破。爆破方式多采用中深孔光面爆破,炮孔深度可根据断面大小进行调整。当斜井井筒倾角小于 15°时,采用抛碴爆破可以提高装载机效率。抛碴爆破后,碴堆高峰距工作面距离以 4～5 m为宜,工作面空顶高度在 1.7～1.8 m,以便为装岩与打眼、锚喷平行作业创造有利条件。但斜井抛碴是比较困难的,一般采取的措施是使底眼上部辅助眼(或专门打一排抛碴眼)的角度比斜井倾角小 5°～10°,底眼加深 200～300 mm,并使眼底低于巷道底板 200 mm,加大底眼装药量,底眼最后起爆。

马脊梁矿新高山主斜井为了在硬岩($f=10$)中实现中深孔爆破,采用了直眼微倾角与楔形加中辅助眼的掏槽方法,并通过计算机辅助设计,根据工作面岩性变化,及时调整爆破参数,比常规爆破方法的循环进度提高了 20.6%。其炮眼布置如图 9－11 所示,光爆参数、光爆时序和预期爆破效果分别见表 9－2、表 9－3 和表 9－4。

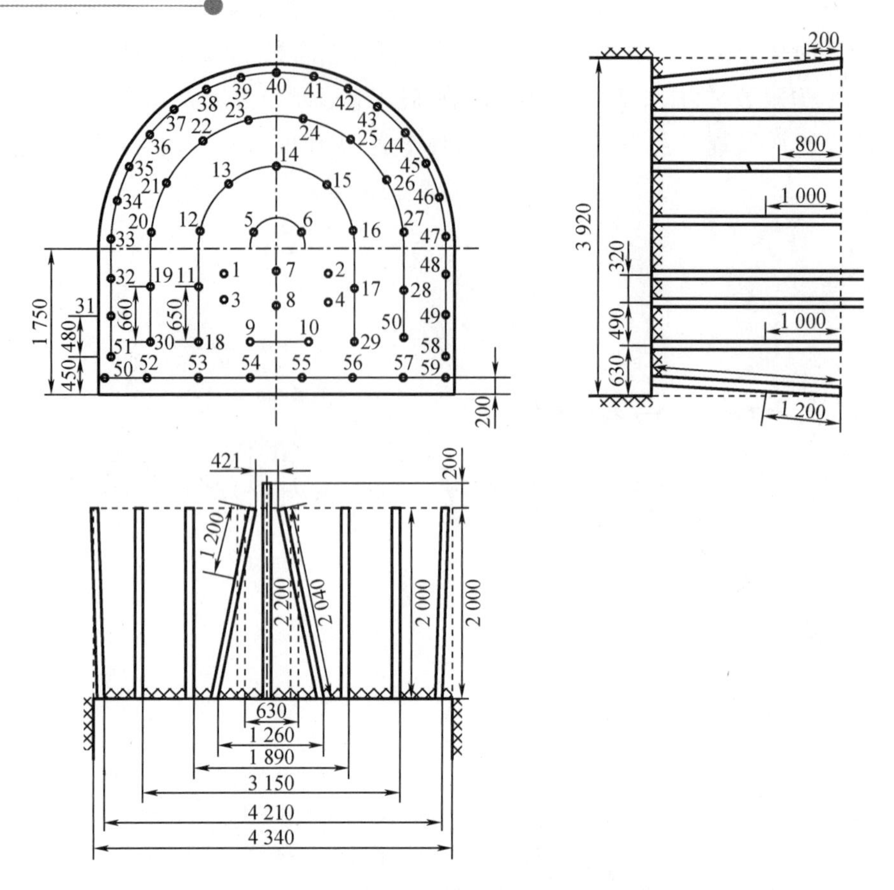

图 9－11 马脊梁矿新高山主斜井炮眼布置

表 9－2 新高山主斜井中深孔光爆参数表炮

序号	炮眼名称	炮眼数目	炮眼间距 /mm	抵抗线 /mm	炮眼深度 /mm	炮眼倾角 /(°)	装药量 /g
1	掏槽眼	4	315	393	2.04	78	1 200
2	空眼	2	315	393	2.20	90	200
3	扩槽眼	4	629	472	2.00	90	1 000
4	辅助眼	9	655	629	2.00	90	800
5	辅助眼	12	656	629	2.00	90	800
6	顶侧眼	15/6	475	629	2.00	88	200/400
7	底边眼	8	629	629	2.00	88	1 200

注:1. 除顶侧炮眼采用 2 号岩石炸药,其余均用水胶炸药。

2. 雷管最好用百毫秒电雷管。

表9-3 新高山主斜井中深孔光爆时序表

起爆顺序	炮眼编号	最优起爆时间/ms
1	1~4	<8
2	5~10	50±10
3	11~17	100±15
4	18~29	150±15
5	30~50	200±15
6	51~58	250±15
7	59~60	300±15

注:爆破网路可采用两种形式:工作面有水时采用串并联,工作面无水时采用大串联。

表9-4 新高山主斜井中深孔预期爆破效果

序号	指标名称	数量
1	炮眼平均利用率/%	90
2	每循环爆破进尺/m	1.8
3	每循环爆破岩体/m^3	27.04
4	每循环炸药总重/kg	41
5	每循环雷管总数/个	60
6	每循环炮眼总长/m	120.56
7	每米炸药消耗量/kg	22.78
8	每米雷管消耗量/个	33.33
9	每米炮眼消耗量/m	66.98
10	每立方米炸药消耗量/kg	1.52
11	每立方米雷管消耗量/个	2.22
12	每立方米炮眼消耗量/m	4.46

2.装岩

装岩、提升和排矸是斜井井筒掘进的主要环节,是影响掘进速度的关键,三者占掘进循环总时间的60%~70%,在新高山主斜井高达89%,其中与其他工序不能平行作业的时间占22%。因此,国内外都非常重视装、提、排机械化程度和设备配套综合能力的发挥。

(1)耙斗式装载机

在斜井施工中,我国目前主要使用耙斗式装载机装岩。为了配合箕斗提升,加长了耙斗式装载机的卸料槽;为防止机体下滑,在耙斗式装载机两侧增设了两根可调整高度的支撑,并在后部增设了大型卡轨器。

耙斗式装载机的斗容有0.3 m^3、0.6 m^3、0.9 m^3和1.2 m^3等规格。使用耙斗式装载机的台数、斗容大小,可根据工作面掘进宽度选用。当大断面斜井施工时,如没有相应的大型耙斗式装载机,可使用两台较小的耙斗式装载机装岩。例如大同云岗材料井、阳泉贵石沟主斜井施工时,在工作面布置了 2 台小型耙斗式装载机,但由于占用掘进宽度大,需要前后错开布置,所以在实际工作中常以 1 台为主,相互配合以减少干扰。

为提高装岩效率,耙斗式装载机距工作面不要超过 15 m,耙斗刃口的插角以 65°左右为宜;还可以在耙斗后背焊上一块斜高 200 mm 的铁板,增加耙装容量。

耙斗式装载机适用于倾角小于 30°的斜巷掘进装岩,一旦发生跑车事故,它还能起挡车作用,故工作面比较安全。耙斗式装载机最突出的问题是使凿岩台车无法下井,凿岩不能实现全机械化。

(2)侧卸式装载机

国产 ZC－1 型、ZC－2 型侧卸式装载机也可用于倾角小于 14°的斜井。与耙斗式装载机相比,其装载比较灵活,可以装载大于 800 mm 的大块矸石。侧卸式装载机还可以实现铲掘动作,可以用来铲平底板,克服了耙斗式装载机清底速度慢的缺点;铲斗抬高可停在某一高度,能兼作架设支架的脚手架。

3. 提升

目前斜井的提升主要有矿车提升和箕斗提升两种方式。

(1)矿车提升

井筒断面面积小于 12 m^2,长度小于 200 m,倾角不大于 15°时,可采用矿车提升。矿车提升设备简单,井口临时设施少,但提升能力低。

(2)箕斗提升

当倾角大于 15°时,采用箕斗提升,可以缩短摘挂钩、甩车等辅助时间。使用大容量的箕斗,在开掘断面较大和较长的斜井时,效果较为明显。目前斜井提升施工的箕斗主要有以下三 种:

①后卸式箕斗。其特点是卸载扇形闸门在后部,闸门上设有卸载轮,其卸载轨距略大于正常轨距。在卸载地点,正常轨下降为曲轨,卸载轨为直轨。卸载时,后行走轮下降,使闸门相对打开,为了使卸载区段集中,设有倾卸轮。图 9－12 所示为后卸式箕斗卸载示意图。

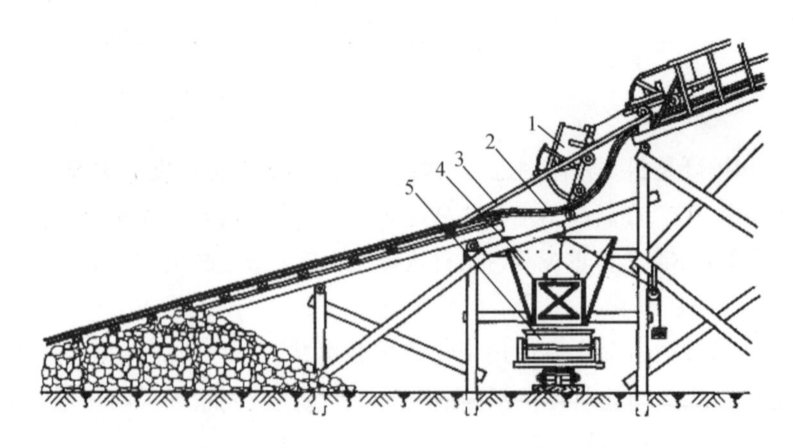

1—箕斗;2—曲轨;3—卸载轨; 4—卸矸溜槽;5—矿车。

图 9－12 后卸式箕斗卸载示意图

后卸式箕斗卸载方便,卸载架结构简单,箕斗容积小时,还可串车提升。其主要缺点是不能兼作提升排水。

②前卸式箕斗。其特点是卸载门在前端,闸门与牵引框连在一起。卸载时,后轮抬高,斗身前倾,闸门随之打开。后轮为双踏面轮,外踏面为卸载轮,后轮进入逐渐升高的卸载轨时,使斗身前倾卸载。图9-13所示为前卸式箕斗卸载示意图。

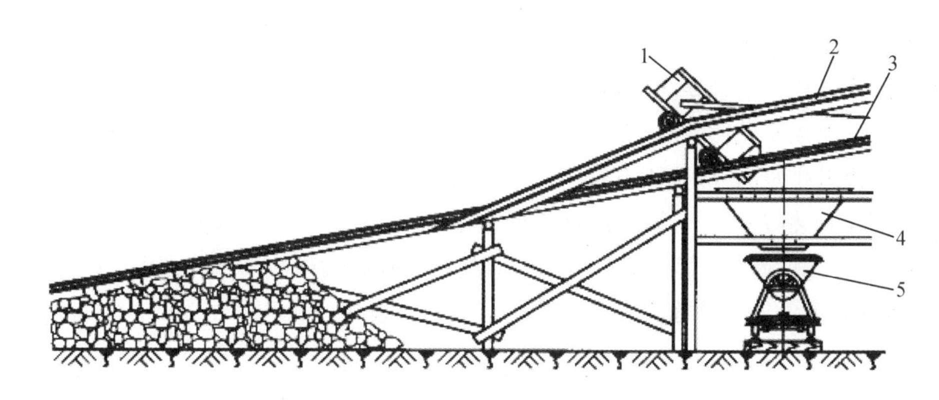

1—箕斗;2—曲轨;3—正常轨;4—中部槽;5—矿车。

图9-13　前卸式箕斗卸载示意图

前卸式箕斗结构简单,能兼提升排水。其缺点是箕斗卸载时需较大的翻转力矩,使卸载时牵引力为提升时的1.5倍以上。

③无卸载轮前卸式箕斗。其特点是将前卸式箕斗突出箕斗箱体两侧外300 mm的卸载轮去掉,在卸载处配置了回转式卸载装置——箕斗翻转架。当箕斗由提升机提至井口,进入翻转架时,箕斗牵引框架上的导轮就沿导向架上的斜面上升,将斗门开启,同时箕斗与翻转架绕回转轴旋转,向前倾斜卸载。箕斗卸载后,与翻转架一同借助自重复位,然后箕斗离开翻转架,退入正常运动轨道。图9-14所示为无卸载轮前卸式箕斗卸载示意图。

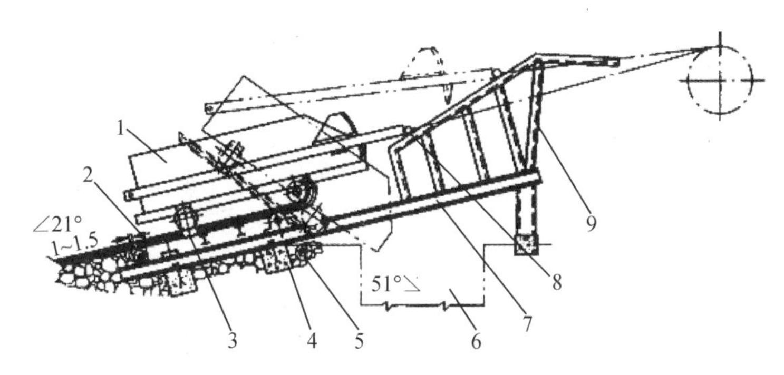

1—箕斗;2—翻转架;3—槽形挡轮板;4—轴承座;5—缓冲木;6—矸石仓;7—底座梁;8—牵引框导向轮;9—导向架。

图9-14　无卸载轮前卸式箕斗卸载示意图

无卸载轮前卸式箕斗由于去掉了箕斗箱体两侧突出的卸载轮,可以避免箕斗运行中发生刮碰管缆、设备与人员等事故,加大了箕斗有效装载宽度,提高了井筒断面利用率。但是由于箕斗卸载时过卷距离小,除要求司机有熟练的操作技术外,提升机还要有可靠的行程指示装置,或应在导向轮运行的导轨上设置提升机停止开关。另一个缺点是卸载时牵引力为正常提升最大牵引力的1.5倍,易使提升机突然过负荷。过大的卸载冲击力亦容易使卸载架变形。箕斗容积越大,其缺点越突出,故原前卸式箕斗再度被重视。

(3)箕斗选型

前卸式及无卸载轮前卸式箕斗,均能利用箕斗排水,适用于井筒倾角较小(<25°)的情况。后者过卷距离小不宜增大容积,一般为2.5 m^3。在使用中需加设过卷信号装置,导向架轨面应改为曲线以适应导向轮运行轨迹。

后卸式箕斗用于大倾角(>25°)井筒提升,更能显示其卸载方便、卸载牵引力小的优点。当需要提升排水时,应选用有密闭闸门的后卸式箕斗。

随着耙斗式装载机生产率提高和井筒深度的加大,箕斗容积从1.2~2.5 m^3 增加为3 m^3、4 m^3、6 m^3 和8 m^3。箕斗容积的选用应与耙斗式装载机生产率相匹配,才能充分发挥装岩、提升综合能力。斜井施工装岩提升综合能力见表9-5。

表9-5 斜井施工装岩提升综合能力表

箕斗容积/m^3	耙斗机斗容/m^3	提升方式	装、提综合能力/(m^3·h^{-1})			
			200 m	400 m	800 m	1 000 m
4	0.6	单钩	30.0	26.0	17.7	11.8
		双钩	43.1	37.6	27.4	21.0
		二套单钩	60.0	52.0	35.0	23.0
6	0.6	单钩	36.1	31.2	22.3	16.4
		双钩	49.1	43.7	33.5	28.0
		二套单钩	72.2	62.0	44.1	32.8
6	0.9	单钩	43.9	38.0	25.9	17.5
		双钩	64.7	56.4	41.1	31.6
		二套单钩	87.6	76.1	51.9	35.0
8	0.9	单钩	50.7	43.9	30.9	22.2
		双钩	71.2	63.0	47.0	38.9
		二套单钩	101.4	87.8	61.8	44.4
8	1.2	单钩	56.3	48.7	33.6	23.2
		双钩	82.7	72.7	53.6	42.1
		二套单钩	112.6	97.5	67.2	46.4

为保证箕斗提升运行安全和快速卸载,应注意轨道铺设质量,大容积箕斗应选用宽轨距及重型轨道,并使用工业电视监视箕斗卸载。

4. 矸石仓排矸

由于提升矸石的不均匀性和排矸运输的不连续性,需要有一定容积的矸石仓,以缓解矸石的转运,确保井下掘进工作面不间断施工。目前常用的矸石仓容积有 10 m^3、24 m^3 和 40 m^3 几种规格。据统计,在一般排矸运输能力条件下,装岩、提升综合能力与矸石仓容积比例关系为 1:(0.6~0.85)。根据地形条件,矸石仓与矿车环形轨道运输或自卸式汽车运输配合使用,可满足快速施工的要求。

陕西煤炭科学研究院与西安矿业学院共同研制出装配式 40 m^3 矸石仓及栈桥,如图 9-15 所示。该矸石仓为斗形钢结构,用装配式螺栓连接,结构紧凑,拆、装、搬迁方便,可多次复用。矸石仓容积可调,有 40 m^3、32 m^3、24 m^3 和 16 m^3 四种,排矸口尺寸 1 m×1 m,排矸口高度有 1.5 m 和 2.5 m 两种规格,最大荷载 900 kN,自重 10.3 kN。栈桥由支架和托梁组成,桥面与斜井倾角相同,与矸石仓配套使用,也具有装、拆方便,复用性好的优点。

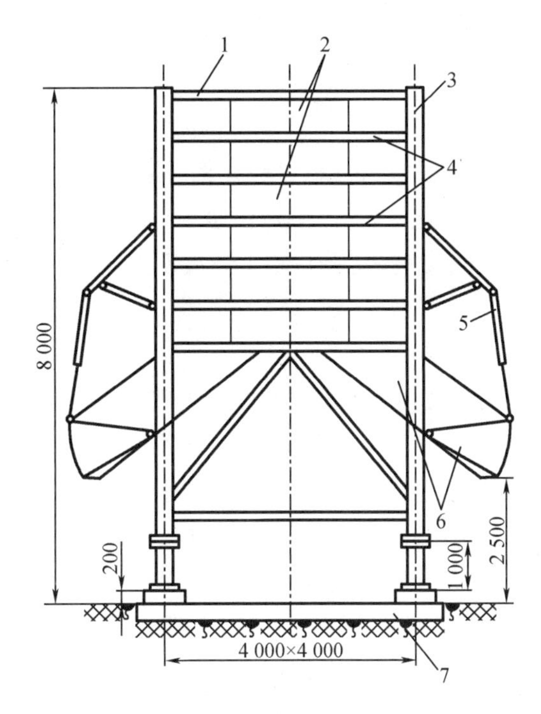

1—卸载平台边梁;2—仓壁围板;3—立柱;4—仓壁横梁;5—启闭器;6—中部槽及闸门;7—梁式基础。

图 9-15 40 m^3 装配式矸石仓

5. 治水与排水

妥善处理工作面积水和施工过程中的涌水,是加快斜井施工速度、提高井筒施工质量的重要环节。针对井筒涌水来源以及水量的大小,可采取不同措施:

(1)在选择确定斜井井筒位置时,要尽可能地避开含水地层。如果地质及水文条件复杂时,要争取把一个斜井布置在不含水的岩层中,以便在施工中利用它来排放和降低水位,改善另一个斜井的施工条件。

(2)要防止地表水流入或渗入井筒内,为此,要在井口周围掘砌环形排水沟,并使井口标高高于当地最大洪水水位的标高。当采用明槽开挖方式施工斜井表土层时,井口回填一定要密实,井口段的永久支护要满足防渗要求,不能透水。

(3)当涌水沿斜井顶板、两帮流下来时,为了尽可能减少流入工作面的水量,要在斜井底板上每隔 10 ~ 15 m 设一道横向水沟,将水引入纵向水沟中,然后汇流到设在井筒涌水点以下的临时水仓内,最后由卧泵排出井内。

(4)如果工作面有涌水、积水时,则需要根据涌水量大小以及积水情况,采取不同方式向地面疏排水。目前使用较多的有潜水泵排水、喷射泵排水和卧泵排水等几种排水方式。

当工作面涌水不大(4 ~5 m^3/h)时,可选用排水能力为 10 ~ 15 m^3/h,扬程在 20 ~30 m 的风动或电动潜水泵,将工作面积水排入矿车或箕斗中,随矸石一起排出井外。

当工作面涌水超过潜水泵的排水能力时,需要采用卧泵排水。但为了减少卧泵的移动次数,常用喷射泵作为中间排水机具。喷射泵较一般卧泵使用方便,能够边掘进边排水,因而曾成为斜井施工排水专用设备。对于深井可能需要多次转排或设置较大的水仓,用高扬程泵转排至地面。

9.3.2 支护作业

斜井施工中,支护与掘进两大工序工时消耗比例在顺序作业时,一般为 1:(1.5 ~2),但在施工中,常采取掘、支平行作业。因此,支护作业一般不再占用成井时间,特别是锚喷支护的推广和支护机械化程度的提高,使斜井施工速度明显加快,并且形成了具有我国特色的支护机械化作业线。

1. 锚喷支护

锚喷支护机械化作业线主要由砂石筛洗机、输送机、储料罐(砂、石、水泥)、计量器、搅拌机和机械手等组成,筛洗机、输送机、储料罐和计量器设在地面,搅拌机设在井口附近或邻近硐室内,喷射机在井下随支护工作面移动。由于锚喷支护需要巷道断面较大,设备移动频繁,设备布置复杂,因此只适用于双轨提升的斜井,并且它对掘进工作有一定干扰。为了克服上述缺点,目前许多单位将喷射机、搅拌机均设在斜井地面井口附近或邻近硐室内,利用井口与工作面的自然高差,实现远距离管路输送喷射混凝土。

马脊梁矿新高山主斜井永久支护为端锚式树脂锚杆,喷射混凝土厚 120 mm;采用 PZ -5型喷射机与 LJP -1 型定量配料机,井口设集中搅拌站,远距离管路输料,其作业线如图 9 -16 所示。

2. 砌碹支护

采用料石砌碹或现浇混凝土支护,目前尚未形成机械化作业线,支护时下放材料占用提升时间,而且架设碹胎、模板及上料劳动强度大,工效低。如阳泉贵石沟矿曾创大断面主斜井月成井 150.7 m 的成绩,但其中料石砌碹占用了 40 个小班。现浇混凝土支护具有整体性强、防水性好等特点,实现机械化作业较料石砌碹具有较好条件,其发展方向是液压滑模远距离泵送混凝土。

9.3.3 掘进安全

在斜井提升运行过程中,如稍有不慎便可能发生提升容器掉道、脱钩或断绳,使提升容器沿斜坡下滑,产生巨大冲击力,造成破坏性极大的跑车事故。尽管制定了作业规程,对钢丝绳、连接装置、轨道铺设以及司机、操作工操作有严格要求，但斜井跑车事故在国内外仍时有发生。为预防跑车事故的发生，我国在斜井施工中总结出“一坡三挡”的经验，即在井口地面平车场入井处、井口以下 20 m 处和井下掘进工作面上方 20 m 处，均设置安全挡车器。安全挡车器防跑车装置的类型很多，但主要分井口与井下两类，其中效果较好、有代表性的有以下四种。

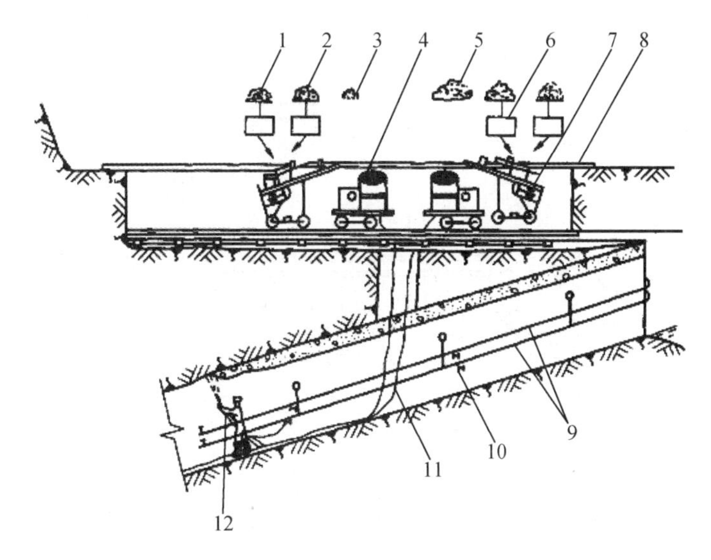

1—砂子；2—石子；3—速凝剂；4—喷射机；5—水泥；6—筛子；
7—上料机；8—上料台；9—压风、水管；10—三通淘门；11—输料管；12—喷嘴。

图 9－16 马脊梁矿新高山主斜井喷射混凝土工艺

1. 井口挡车器

当斜井井口为平车场时，在斜井井口设置井口挡车器，矿车出井后能顺利通过，当矿车返回下井时，则需人工操作挡车器操作把方能通过，以防止矿车没有挂钩而误推或滑行入井。这种挡车器简易、适用，应用广泛，其构造如图 9－17 所示。

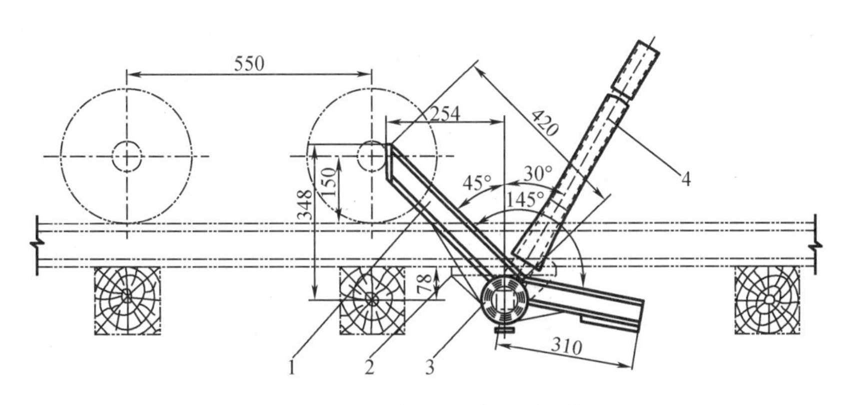

1—阻车爪；2—轴承；3—轴；4—操作把。

图 9－17 井口挡车器结构

2. 摆杆挡车器

摆杆挡车器主要构造如图 9－18 所示。当斜井施工采用箕斗提升时，箕斗出井前打开摆杆挡车器，箕斗通过后落下，箕斗继续沿斜坡上提至栈桥卸载。箕斗入井操作与此相反。这种挡车器的开、闭状态明显，操作灵活，阻车可靠，只需在井口设置即可。由于可能跑车距离仅为 20～30 m（栈桥长度），冲击力较小，故阻车杆一般采用刚性单杆，其缺点是需要人工操作。

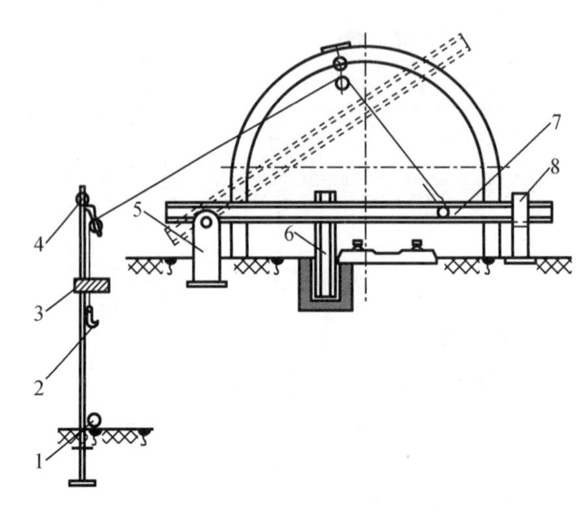

1—提升固定环；2—手动拉勾；3—配重块；4—滑轮固定立柱；5—支承转动架；
6—阻车活动插杆；7—摆动阻车杆；8—限位架。

图 9－18　摆杆挡车器主要构造

3. 钢丝绳挡车器

常用的是钢丝绳挡车帘，以两根直径 150 mm 钢管作立柱，用钢丝绳和直径 25 mm 的圆钢编成帘形。手拉悬吊绳将帘提起，可让矿车通过；放松悬吊绳，帘子下落就可起到挡车作用。挡车帘可分别设置在井口以下 20 m 处和距掘进工作面上方 20 m 处，由信号工操作。

4. 固定式井内挡车器

固定式井内挡车器设置在斜井井筒中部。当斜井井筒长度较大时，在井筒中部安设如图 9－19 所示的悬吊式自动挡车器。它是在斜井断面上部安装一根横梁，其上固定一个小框架，框架上设有摆动杆，摆动杆平时下垂在轨道中心线位置，距轨面约 900 mm。提升矿车通过时能与摆动杆相碰，碰撞长度 100～200 mm。当矿车以正常速度运行时，碰撞摆动杆后，摆动幅度不大，触动不到框架上横杆；一旦发生跑车事故，高速的矿车碰撞摆动杆后，可将通过牵引绳与挡车钢轨相连的横杆打开，8 号铅丝失去拉力，挡车钢轨一端便能迅速落下，起到防止跑车的作用。使用这种防跑车设施时，必须控制好摆动杆到挡车钢轨间的距离，以便确保挡车钢轨掉落到轨道上后，跑车才能到达。

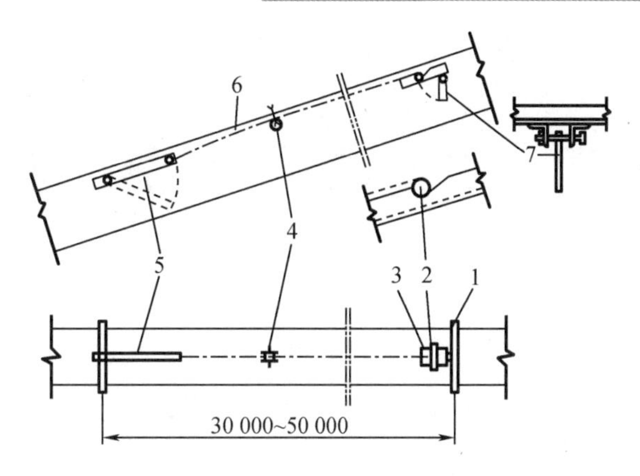

1—横梁;2—横杆;3—固定小框架;4—导向滑轮;5—车钢轨;6—8 号铅丝;7—摆动杆。

图 9-19 悬吊式自动挡车器

复习思考题

1. 斜井施工有何特点?
2. 斜井表土施工通常采用什么方式?分别适用什么条件?
3. 确定明槽几何尺寸与边坡角的原则是什么?
4. 采用明槽开挖方式施工表土段斜井时,通常有哪些施工方法?其适用条件如何?
5. 深表土段斜井掘砌的方法有哪些?适用条件是什么?
6. 我国斜井基岩段施工比较成熟的掘进机械化作业线与配套设备是什么?
7. 斜井施工常用的排水措施有哪些?其适用条件如何?
8. 斜井喷射混凝土支护机械化作业线主要由哪些设备构成?
9. 我国斜井施工中如何预防跑车事故?通常采用哪些防跑车装置?

第 10 章　立井的设计、施工和延深

10.1　概　　述

立井井筒是矿井通达地面的主要进出口，是煤矿生产期间提升运输煤炭（或矸石）、升降人员、运送材料设备以及通风和排水的咽喉工程。立井井筒按用途可分为主井、副井、混合井和风井等。

主井是专门用作提升煤炭的井筒，在大中型矿井中，提升煤炭的容器多采用箕斗，所以主井又称为箕斗井。副井是用作升降人员、材料、设备和提升矸石的井筒，由于副井采用的提升容器是罐笼，所以副井又称为罐笼井。同一个井筒内安设有箕斗和罐笼两种提升容器时，称作混合井。风井主要用于通风，同时又兼做矿井的安全出口，井内一般设有梯子间。

立井井筒自上向下可分为井颈、井身和井底三部分，如图 10－1 所示，根据需要在井筒适当部位还筑有壁座。靠近地表的一段井筒称作井颈，此段内常开有各种孔口。井颈的深度一般为 15～20 m，矿井采用井塔提升时可达 20～60 m。井颈部分由于处在松软表土层或风化岩层内，地压较大，又有地面构筑物和井颈上各种孔洞的影响，其井壁不但需要加厚，而且通常需要配置钢筋。井颈以下至罐笼进出车水或箕斗装载水平的井筒部分称作井身，井身是井筒的主要组成部分。井底车场水平以下部分的井筒称作井底。井底的深度是由提升过卷高度、井底装备要求的高度和井底水窝深度决定的。罐笼井的井底深度一般为 10 m 左右，箕斗井和混合井的井底深度一般为 35～75 m，风井井底深度一般为 4～5 m。

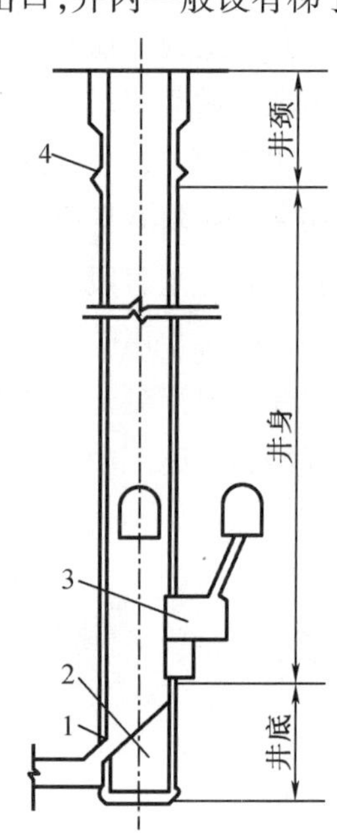

1—井筒接受仓；2—水窝；
3—箕斗装载硐室；4—壁座。

图 10－1　主井井筒纵断面图

立井井筒工程是矿井建设的主要连锁工程项目之一。立井井筒工程量一般占矿井井巷工程量的 5% 左右，而施工工期却占矿井施工总工期的 40%～50%。井筒施工速度，直接影响其他井巷工程、有关地面工程和机电安装工程的施工。因此，加快立井井筒施工速度是缩短矿井建设总工期的重要环节。同时，立井井筒是整个矿井建设的咽喉，其设计和施工质量的优劣，直接关系到矿井建设的成败和生产时期能否正常使用。

因此,立井井筒的设计必须合理,施工质量必须予以足够重视。

10.2 立井设计

10.2.1 提升容器的选择

立井井筒中提升容器的选择是根据井筒用途、井筒深度、矿井年产量和提升机的类型决定的。专门用作提升煤炭的容器,通常选用箕斗,用作升降人员、材料设备和提升矸石的容器一般都选用罐笼。当一套提升设备兼作提升煤炭和升降人员及设备时,通常选用罐笼。提升容器的规格大小,可通过具体计算来确定,也可通过类比法来确定。

根据提升方式的不同,提升容器箕斗和罐笼有单绳提升和多绳提升两种形式。根据采用的罐道类型的不同,又分为刚性罐道箕斗和罐笼,以及钢丝绳罐道箕斗和罐笼。箕斗和罐笼的规格较多,常见规格见表10-1和表10-2。

表10-1 常用箕斗的规格和特征简表

名称	型号	名义载重/t	外形尺寸/mm			箕斗自重/t	罐道形式和布置方式	备注
			长	宽	高			
立井单绳提煤箕斗	JL(Y)-6	6	2 200	1 100	7 390	5.00	钢丝绳罐道四角布置	同(异)侧装卸
	JL(Y)-8	8	2 200	1 100	8 520	5.50		
	JLG-6	6	1 846	1 590	7 875	5.40	钢轨罐道两侧布置	同侧装卸
	JLG-6	8	1 846	1 590	8 752	6.01		
立井多绳提煤箕斗	JDS-9/110×4	9	2 300	1 300	13 350	10.70	钢丝绳罐道四角布置	同侧装卸
	JDSY-9/110×4					11.60		异侧装卸
	JDG-9/110×4					10.70	型钢罐道端面布置	同侧装卸
	JDGY-9/110×4					11.60		异侧装卸
	JDS-16/150×4	16	2 400	1 550	15 690	16.90	钢丝绳罐道四角布置	同侧装卸
	JDSY-16/150×4					17.80		异侧装卸
	JDG-16/150×4					16.90	型钢罐道端面布置	同侧装卸
	JDGY-16/150×4					17.80		异侧装卸
	JC(Y)20/150A(B)	20	2 870	1 640	15 600		型钢罐道端面布置	同(异)侧装卸
	JG(Y)20/150A(B)		2 870	1 860	15 100			
	JL(Y)20/170A(B)		3 200	1 760	13 600			
	JC(Y)25/170A(B)	25	3 170	1 840	15 950		型钢罐道端面布置	同(异)侧装卸
	JG(Y)25/170A(B)		3 170	2 060	15 600			
	JL(Y)25/170A(B)		3 200	1 760	14 800			

表 10－1(续)

名称	型号	名义载重/t	外形尺寸/mm			箕斗自重/t	罐道形式和布置方式	备注
			长	宽	高			
立井多绳提煤箕斗	JC(Y)32/190A(B) JG(Y)32/190A(B) JL(Y)32/160A(B)	32	3 370 3 370 3 400	2 040 2 260 1 960	16 700 17 950 15 700		型钢罐道端面布置	同(异)侧装卸
	JC(Y)40/190A(B) JG(Y)40/190A(B) JL(Y)40/190A(B)	40	3 370 3 670 3 400	2 040 2 460 1 960	18 250 17 100 17 200		型钢罐道端面布置	同(异)侧装卸
	JG(Y)50/210A(B) JL(Y)50/200A(B)	50	3 760 3 950	2 460 2 060	18 650 18 450		型钢罐道端面布置	同(异)侧装卸

表 10－2　常用罐笼的规格和特征简表

名称	型号	矿车型号和数目	外形尺寸/mm			罐笼自重/t	允许载人	罐道形式及布置方式	备注
			长	宽	高				
立井单绳罐笼	GLS(Y)－1×1/1	MGC1.1－6×1	2 550	1156		2.30	12	钢丝绳罐道四角布置	同(异)进出车
	GLS(Y)－1×2/2	MGC1.1－6×2	2 550	1 156		3.90	24		
	GLS(Y)－1.5×1/1	MGC1.7－6×1	3 000	1 354		3.30	17		
	GLS(Y)－1.5×2/2	MGC1.7－6×2	3 000	1 354		5.50	34		
	GLS(Y)－3×1/1	MGC3.3－9×1	4 000	1 636		5.50	28		
	GLS(Y)－3×2/2	MGC3.3－9×2	4 000	1 636		8.00	56		
	GLG(Y)－1×1/1	MGC1.1－6×1	2 550	1 156		2.30	12	型钢罐道端面布置	同(异)进出车
	GLG(Y)－1×2/2	MGC1.1－6×2	2 550	1 156		3.90	24		
	GLG(Y)－1.5×1/1	MGC1.7－6×1	3 000	1 354		3.30	17		
	GLG(Y)－1.5×2/2	MGC1.7－6×2	3 000	1 354		5.50	34		
	GLG(Y)－3×1/1	MGC3.3－9×1	4 000	1 636		5.50	28		
	GLG(Y)－3×2/2	MGC3.3－9×2	4 000	1 636		8.00	56		
立井多绳罐笼	GDG1/6/1/2 GDG1/6/1/2K	MGC1.1－6×2	4 750	1 024 1 704	2 930	4.57 5.80	23 38	型钢罐道端面布置	
	GDG1/6/2/2 GDG1/6/2/2K	MGC1.1－6×2	2 240	1 024 1 504	5 800	4.28 4.91	20 28	型钢罐道端面布置	
	GDG1/6/2/4 GDG1/6/2/4K	MGC1.1－6×4	4 440	1 024 1 704	6 100	9.03(9.16) 9.28(9.34)	46 76	型钢罐道端面布置	括号内数值为6绳罐笼自重

表 10-2(续)

名称	型号	矿车型号和数目	外形尺寸/mm			罐笼自重/t	允许载人	罐道形式及布置方式	备注
			长	宽	高				
立井多绳罐笼	GDS1/6/2/4 GDS1/6/2/4K	MGC1.1-6×4	4 440	1 024 1 704	6 100	8.07(8.09) 9.28(9.37)	46 76	钢丝绳罐道四角布置	括号内数值为6绳罐笼自重
	GDG1.5/6/1/2	MGC1.7-6×2	5 270	1 200	3 900	8.04	62	型钢罐道端面布置	
	GDG1.5/6/2/2 GDG1.5/6/2/2K	MGC1.7-6×2	2 850	1 204 1 674	6 280	6.56 7.58	34 46	型钢罐道端面布置	
	GDG1.5/6/2/4 GDG1.5/6/2/4K	MGC1.7-6×4	4 980	1 204 1 674	6 563	10.78 11.91	65 88	型钢罐道端面布置	
	GDG1.5/6/3/4 GDG1.5/6/3/4K	MGC1.7-6×4	4 980	1 204 1 674	9 813	12.57 13.93	96 132	型钢罐道端面布置	
	GDG1.5/9/2/4 GDG1.5/9/2/4K	MGC1.7-9×4	4 980	1 274 1 674	6 563	10.93 11.88	65 88	型钢罐道端面布置	
	GDG1.5/9/3/4 GDG1.5/9/3/4K	MGC1.7-9×4	4 980	1 274 1 674	9 813	12.77 13.98	102 132	型钢罐道端面布置	
	GDG3/9/1/1 GDG3/9/1/1K	MGC3.3-9×1	4 470	1 474 1 704	3 919	8.35(8.41) 8.70(8.75)	33 38	型钢罐道端面布置	括号内数值为6绳罐笼自重
	GDG3/9/2/2 GDG3/9/2/2K	MGC3.3-9×2	4 470	1 474 1 704	6 619	11.35(11.37) 12.14(12.16)	66 76	型钢罐道端面布置	括号内数值为6绳罐笼自重
	GDG3/9/3/2 GDG3/9/3/2K	MGC3.3-9×2	4 470	1 474 1 704	9 869	13.45(13.47) 14.35(14.37)	99 114	型钢罐道端面布置	括号内数值为6绳罐笼自重

10.2.2 井筒装备

立井井筒装备是指安设在井筒内的空间结构物，主要包括罐道、罐梁(或托架)、梯子间、管路电缆、过卷装置，以及井口和井底金属支承结构等。其中，罐道和罐梁是井筒装备的主要组成部分，它是保证提升容器安全运行的导向设施。井筒装备根据罐道结构的不同分为刚性装备(刚性罐道)和柔性装备(钢丝绳罐道)两种。

1. 刚性罐道

罐道是提升容器在井筒中运行的导向装置，它必须具有一定的强度和刚度，以减小提升容器的横向摆动。罐道有木质罐道、钢轨罐道、型钢组合罐道、整体轧制罐道、复合材料罐道和钢丝绳罐道等,如图 10-2 所示。

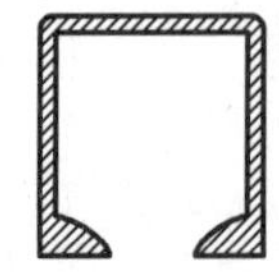

(a)木质罐道 (b)钢轨罐道 (c)球扁钢组合罐道 (d)槽钢组合罐道 (e)整体轧制罐道 (f)复合材料罐道

图 10-2 采用罐道截面形式

木质罐道[图 10-2(a)]只有在采用普通罐笼升降人员、材料和设备,而又采用普通断绳保护器时才被采用。制作木质罐道的材料,要求木质致密坚固,一般采用强度较大的松木或杉木,并且必须进行防腐处理。木质罐道横断面尺寸通常为 180 mm×160 mm(1 t 矿车,单层单车或双层单车罐笼),200 mm×180 mm(3 t 单层单车普通罐笼),长度一般为 6 m,固定在四层罐梁上,罐梁层间距为 2 m。由于木质罐道强度低,使用期限短,木材消耗量、罐道维修工作量都很大,因此采用木质罐道的井筒已很少。

钢轨罐道[图 10-2(b)]与木质罐道相比较具有经久耐用的优点,故应用比较广泛。通常采用的钢轨罐道有 38 kg/m 和 43 kg/m 钢轨,每根钢轨的标准长度为 12.5 m,钢轨接头处必须留有 4.5 mm 的伸缩缝。安装罐道时,每根钢轨罐道固定在四层罐梁上,所以罐梁的层间距为 4.168 m。由于钢轨罐道在两个轴线方向上的强度和刚度相差较大,抵抗侧向荷载的能力较弱,所以采用钢轨罐道在材料使用上不够合理。

矩形截面空心型钢组合罐道有多种形式,常用的有球扁钢组合罐道[图 10-2(c)]、槽钢组合罐道[图 10-2(d)]等。球扁钢组合罐道采用球扁钢与扁钢焊接而成,其断面尺寸为 180 mm×188 mm, 200 mm×188 mm;槽钢组合罐道采用两根 16 号或 18 号的槽钢与厚 10 mm 扁钢焊接而成,其断面尺寸为 180 mm×180 mm,200 mm×200 mm。槽钢组合罐道的侧向弯曲和扭转阻力大,两个轴线方向上刚度比较接近。采用这种罐道,提升容器是通过三个橡胶滚轮沿组合罐道滚动,所以提升容器运行比较平稳,如图 10-3 所示。由于槽钢组合罐道在两个轴线方向刚度都较大,所以罐梁层间距可以加大,通常可采用 4 m、5 m 或 6 m,从而可减少罐梁层数和安装工程量。

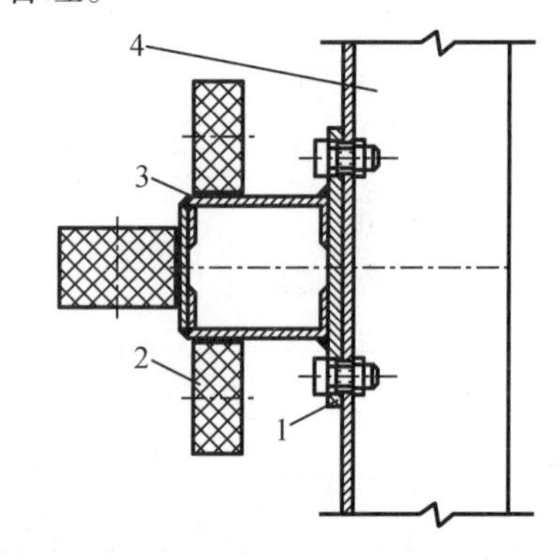

1—连接板;2—轮罐耳;3—组合罐道;4—罐梁。

图 10-3 组合罐道与罐梁的连接

为解决槽钢组合罐道在加工中的变形问题,可采用整体轧制的矩形截面钢罐道[图 10-2(e)]。这种罐道在受力性能上具有组合罐道的优点,而且自重较小,两端封闭性及防腐性能较好,适用于在树脂锚杆固定托架上安设罐梁的井筒罐道。这种罐道目前应用较多,已成为槽钢组合罐道的更新换代产品。

为提高罐道的防腐耐磨性能,使用复合材料罐道[图 10-2(f)]可提高其使用寿命。

钢－玻璃钢复合罐道采用内衬钢芯、外包玻璃钢经模压热固化处理制成，其断面尺寸一般为180 mm×180 mm，200 mm×200 mm，内衬钢芯厚度不小于6 mm，外包玻璃钢厚度不小于4 mm。这种复合材料罐道具有耐腐蚀、质量小、安装方便、罐梁层间距可根据条件设计等优点，目前使用也越来越多，如邯郸郭二庄马项副井、枣庄星村煤矿副井和徐州庞庄煤矿的张小楼千米新副井。

2. 钢丝绳罐道

立井井筒采用钢丝绳罐道时，井筒装备主要包括：罐道钢丝绳、防撞和制动钢丝绳、罐道绳的井口天轮平台及井窝内固定和拉紧装置、提升容器的导向装置、井口及井底进出车水平支撑结构的刚性解道，以及中间水平的稳罐装置等。使用的罐道钢丝绳主要是异形股钢丝绳和密封钢丝绳。异形股钢丝绳通常设计为左右捻向，成对使用，其表面光滑度、耐磨性能和刚度、使用寿命都不如密封钢丝绳，因此尽量少用。密封钢丝绳表面光滑、耐磨性强、具有较大的刚性，是比较理想的罐道绳。

钢丝绳罐道的固定方法有两种：一种是罐道钢丝绳的上端固定在井架托梁上，下端在井窝挂重锤拉杆拉紧，这种固定拉紧方式要求有较深的井窝，并且井窝内的淤泥应及时清理，否则淤泥将托住重锤使罐道钢丝绳松弛而造成提升容器碰撞事故；另一种是罐道钢丝绳的下端固定在井底钢梁上，而上端用安设在井架上的液压螺杆拉紧装置将罐道钢丝绳拉紧，这种固定罐道钢丝绳的方法虽然调绳方便省力、井窝也较浅，但随着钢丝绳罐道在使用中不断伸长，罐道钢丝绳不能保持稳定足够的拉紧力，易导致提升容器升降期间横向摆动加剧，碰撞井梁和互相碰撞事故。因此，为了保证提升工作安全，罐道钢丝绳必须具有一定的拉紧力和刚度。《煤矿安全规程》规定：采用钢丝绳罐道时，每100 m钢丝绳的拉紧力不得小于10 kN，每根罐道钢丝绳的最小刚性系数不得小于50 kg/m。各罐道钢丝绳张紧力之差不得小于平均张紧力的5%，内侧张紧力大，外侧张紧力小，以防罐道钢丝绳发生共振和提升容器产生横向摆动碰撞现象。

钢丝绳罐道与刚性罐道比较，具有不需要罐梁、通风阻力小、安装方便、材料消耗少和提升容器运行平稳等优点。我国大屯矿区姚桥矿的主副井、孔庄矿的主副井、开滦唐家庄矿新井等均采用钢丝绳罐道。但是，采用钢丝绳罐道时，在进出车水平仍需另设刚性罐道，而且存在井架荷载大、井窝深和要求安全间隙比较大的缺点。

3. 罐梁

立井井筒装备采用刚性罐道时，在井筒内需安设罐梁以固定罐道。罐梁沿井筒全深每隔一定距离布置一层，一般都采用金属材料。罐梁按截面形式分，有工字钢罐梁、槽钢组合封闭形空心罐梁、整体轧制的封闭形空心罐梁和异形截面罐梁等，如图10－4所示。异形罐梁可以减少通风阻力，在国外深井中有应用。

罐梁与井壁的固定方式有梁端埋入井壁和用树脂锚杆、托梁支座固定两种，前者需要在井壁上预留或现凿梁窝，后者可以用树脂锚杆将托梁支座直接固定在井壁上。用树脂锚杆固定罐梁托梁支座，支座上采用U型卡子固定罐梁而不削弱井壁，劳动强度低、安装速度快。但是罐梁支座等部件加工量大，要求加工精度高，钢材消耗量大。

(a)工字钢罐梁 (b)槽钢组合封闭形空心罐梁 (c)整体轧制封闭形空心罐梁 (d)异形截面罐梁

图 10-4 罐梁的截面形式

4. 其他隔间

当立井井筒作为矿井的安全出口时,井筒内必须设置梯子间。梯子间由梯子、梯子梁、梯子平台和梯子间壁网组成。梯子间两平台之间的垂距不得大于 8 m,一般为 4 m 和 6 m,梯子斜度不得大于 80°。除作为安全出口外,还可以利用梯子间检修井筒装备和处理卡罐事故。

管路间和电缆间安设有排水管、压风管和供水管,以及各种电缆。为了安装检修方便,管路间和电缆间一般布置在罐笼一侧并靠近梯子间主梁的内侧。管路间的大小,由管路的直径和趟数以及管路之间、管路与井壁之间、管路与提升容器之间的安全间隙决定。电缆间的位置应考虑出入线和安装检修方便。在井筒内的通信和信号电缆最好与动力电缆分别布置在梯子间两侧,如受条件限制布置在同侧时,两者间距应大于 300 mm。

10.2.3 断面的布置与尺寸确定

1. 断面布置

立井井筒断面形状有圆形和矩形,煤矿一般采用圆形断面。圆形断面的井筒具有承受地压性能好、通风阻力小、服务年限长、维护费用少,以及便于施工等优点,但是其断面利用率较低。

根据立井井筒的用途、井筒内提升容器和井筒装备的不同,井筒断面布置可有许多不同形式。图 10-5(a)所示为传统的主井布置形式,井筒内布置一对箕斗,罐道采用两侧布置,罐梁用树脂锚杆和托梁支座固定在井壁上,钢轨罐道固定在罐梁上;图 10-5(b)所示为副井的一种布置形式,井筒内布置一对罐笼,罐道采用两侧布置,罐梁埋入井壁内,木罐道固定在罐梁上。井筒内还布置有梯子间和管路间;图 10-5(c) 所示为传统的主井“山”形布置,钢轨罐道两侧布置;图 10.5(d) 所示为目前常用的主井断面布置,使用矩形截面罐道,罐梁利用树脂锚杆和托梁支座固定;图 10-5(e)和图 10-5(f)所示为目前副井的布置形式,井筒内布置有 2~3 个罐笼加平衡锤,以及梯子间和管路间;图 10-5(g)所示为主井四箕斗对角布置形式,采用装配式组合架固定罐道;图 10-5(h)和图 10-5(i)所示为采用钢丝绳罐道的布置方式,图 10-5(i)所示为混合井的一种布置形式,在同一个井筒内布置一对箕斗和一对罐笼,并采用钢丝绳罐道。

立井井筒断面尺寸包括净断面尺寸和掘进断面尺寸。净断面尺寸主要根据提升容器的规格和数量,井筒装备的类型和尺寸、井筒布置方式,以及各种安全间隙来确定,最后根据风量进行风速校核。掘进断面尺寸根据净断面尺寸和支护厚度来确定。

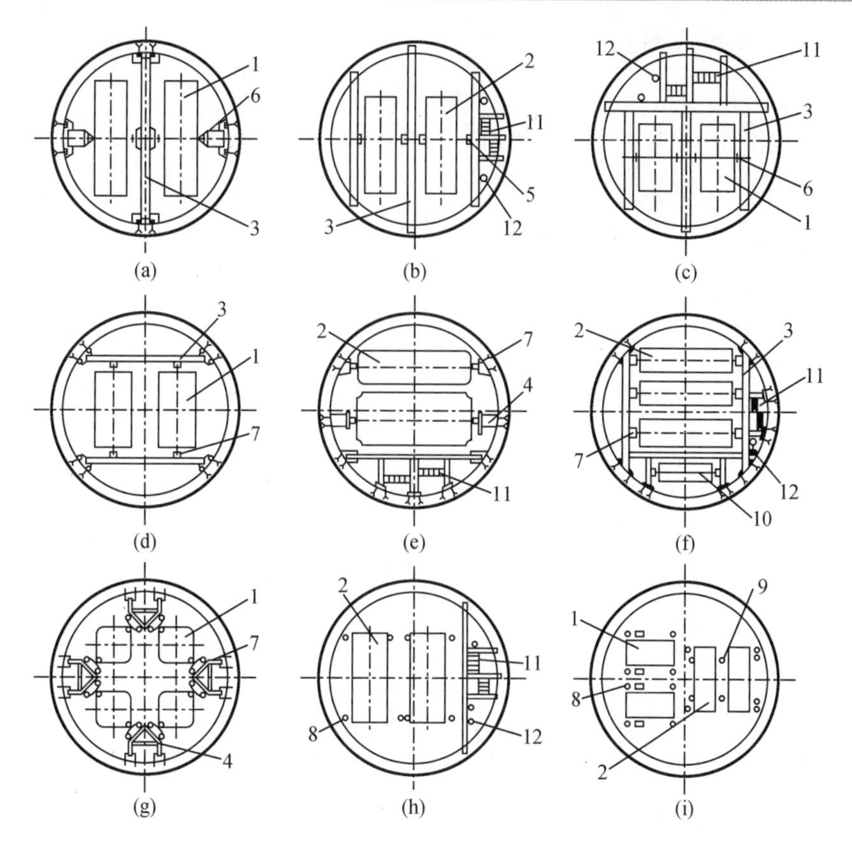

1—箕斗;2—罐笼;3—罐梁;4—托架;5—木质罐道;6—钢轨罐道;7—矩形罐道;
8—钢丝绳罐道;9—防撞钢丝绳;10—平衡锤;11—梯子间;12—管路电缆间。

图10－5　立井井筒断面布置方式

2. 净断面尺寸

井筒净断面尺寸主要是净直径,主要根据井筒内所布置的各种设备和设施再考虑各种安全间隙要求来确定,其步骤如下:

(1)根据井筒用途和所采用的提升容器,选择井筒装备的类型,确定井筒断面布置形式。

(2)根据所选用的井筒装备类型,初步选定罐梁规格和罐道规格。

(3)根据提升间、梯子间、管路和电缆的布置与尺寸,以及《煤矿安全规程》规定的安全间隙,用图解法或解析法求出井筒净直径的近似值,然后按《煤炭工业设计规范》的规定,当井筒净直径小于6.5 m时,以0.5 m进级确定井筒净直径。大于6.5 m的井筒净直径,一般以0.2 m进级确定。《煤矿安全规程》规定的最小间隙如表10－3所示。

(4)根据初步确定的井筒净直径,验算罐梁型号和罐道规格。

(5)根据验算结果进行必要的调整,重新作图核算检查各处的安全间隙。当各处安全间隙都满足要求时,井筒净直径即基本确定。

(6)根据通风要求,核算井筒断面。

表 10－3 立井提升容器之间以及提升容器最突出部分和井壁、罐梁、井梁之间的最小间隙

罐道和井梁布置		间隙类别				备 注
		容器和容器之间/mm	容器和井壁之间/mm	容器和罐梁之间/mm	容器和井梁之间/mm	
罐道布置在容器一侧		200	150	40	150	罐耳和罐道卡子之间为 20 mm
罐道布置在容器两侧	木质罐道		200	50	200	有卸载滑轮的容器,滑轮和罐梁间隙增加 25 mm
	钢罐道		150	40	150	
罐道布置在容器正面	木质罐道	200	200	50	200	
	钢罐道	200	150	40	150	
钢丝绳罐道		500	350		350	设防撞钢丝绳时,容器之间最小间隙为 200 mm

3. 通风校核

根据提升容器和井筒装备尺寸确定的井筒净直径,如果井筒同时用作通风时,还必须进行通风速度校核,要求井筒内的风速不大于允许的最高风速,即

$$v=\frac{Q}{S_0}\leqslant v_{\max} \tag{10-1}$$

式中 Q——通过井筒的风量,m^3/s;

v——井筒内实际风速,m/s;

S_0——井筒通风有效断面面积,井内设有梯子间时 $S_0=S-A$,不设梯子间时$S_0=0.9S$;

S——井筒净断面面积,m^2;

A——梯子间的面积,A 可取 2.0 m^2;

$v_{\max}$——立井井筒中允许的最高风速,m/s。

《煤矿安全规程》规定:升降人员和物料的井筒,$v_{\max}=8$ m/s;专为升降物料的井筒,$v_{\max}=12$ m/s;无提升设备的风井,$v_{\max}=15$ m/s。

验算结果如果 $v\leqslant v_{\max}$时,则井筒净直径满足通风要求;如果 $v>v_{\max}$,则应按通风要求加大井筒净直径。

4. 掘进断面尺寸

井筒掘进断面尺寸由井筒净断面尺寸和井筒永久支护厚度所决定。

立井井筒永久支护的设计,首先应确定井壁结构,然后通过计算或与经验数据相结合来确定井壁厚度。目前常用的井壁结构包括:整体浇注混凝土井壁、锚喷井壁、装配式井壁和复合井壁。井筒基岩段采用现浇混凝土、混凝土预制块和料石井壁时,其厚度可按表 10－4 提供的经验数值进行确定。而锚喷井壁,受多种条件的限制,不能用于有提升设备的井筒和涌水量较大及围岩不稳定的情况,目前主要用于立井基岩施工时的临时支护。

表 10－4 井筒基岩段井壁厚度经验数据

井筒净直径/m	井壁厚度/mm			壁后充填厚度/mm
	混凝土	料石	混凝土块	
3.0～4.5	300	300～350	400	料石、混凝土块井壁壁后充填厚 100 mm
4.5～5.0	300～400	350～400	400	
5.0～6.0	400～500	400～450	500	
6.0～7.0	500～600	450～500	500	
7.0～8.0	500～600	500	600	

如果已经确定了井壁的结构和厚度，则掘进断面尺寸也随之确定。

10.3 立井施工

立井井筒的施工装备经过20世纪70年代的开发，先后研制成功了伞形钻架及其配套的重型风动凿岩机，斗容为0.4 m^3 和0.6 m^3 的机械操纵的抓岩机，容积为2.0～5.0 m^3 的吊桶，卷筒直径为2.8 m、3.5 m和4.0 m的提升机，悬吊能力为25～40 t的凿井绞车，扬程为500 m和750 m的吊泵和高扬程卧泵，以及Ⅳ改型、Ⅴ型凿井井架等成套大型凿井设备。井内吊盘悬吊设备的升降和信号联系实现了地面集中控制，使得立井井筒施工技术装备水平实现了新的飞跃。

20世纪90年代，推广混合作业、深孔爆破，促进了立井施工速度的提高。如鸡西矿区滴道东风井，创月成井210 m的全国纪录，平均月进度达120.4 m。特别在立井井筒施工中采用大型配套的立井机械化施工装备，立井施工速度从20世纪80年代的月平均不足30 m上升至2001年的55.68 m，而2002年一跃突破70 m。中煤一建公司49工程处2002年创造了立井基岩段月成井220.6 m、全井筒平均月进141 m的全国最新纪录。

10.3.1 立井井筒施工方式

根据掘进、砌壁和安装三大工序在时间和空间的不同安排方式，立井井筒施工作业方式可分为掘、砌单行作业，掘、砌平行作业，掘、砌混合作业和掘、砌、安一次成井四种作业方式。

1. 掘、砌单行作业

立井井筒掘进时，将井筒划分为若干段高，自上而下逐段施工，在同一段高内，按照掘、砌先后交替顺序作业，称为单行作业。由于掘进段高不同，单行作业又分为长段单行作业和短段单行作业。

长段单行作业是在规定的段高内，先自上而下掘进井筒，同时进行临时支护，待掘至设计的井段高度时，即由下而上砌筑永久井壁，直至完成全部井筒工程。短段单行作业则是在2～4 m（应与模板高度一致）较小的段高内，掘进后即进行永久支护，不用临时支护。为便于施工,爆破后,矸石暂不全部清除。砌壁时,立模、稳模和浇灌混凝土都在浮矸上进行,如图 10 -6 所示。

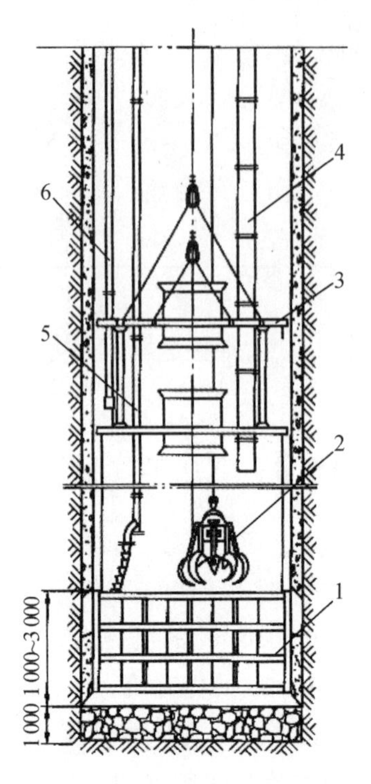

1—模板;2—长绳悬吊;3—吊盘;4—风筒;5—混凝土输送管;6—压风管。

图 10 -6　井筒短段掘、砌单行作业施工

井筒掘进段高,是根据井筒穿过岩层的性质、涌水量大小、临时支护形式和井筒施工速度来确定的。段高的大小直接关系到施工速度、井壁质量和施工安全。由于影响因素很多,段高必须根据施工条件全面分析、综合考虑、合理确定。

采用井圈背板临时支护时,段高以 30 ~40 m 为宜,最大不应超过 60 m,临时支护时间不得超过 1 个月。目前在井筒基岩段施工中,由于井圈背板临时支护材料消耗大,已很少采用。

采用锚喷临时支护时,由于井帮围岩得到及时封闭,消除了岩帮风化和出现危岩垮帮等现象,宜采用较大段高。现场为了便于成本核算和施工管理,往往按月成井速度来确定段高,复壁采用装配式小块金属模板,高 1 m,自下而上一次砌筑。如淮南潘集一号中央风井,直径 8 m,锚喷临时支护段高为 196 m。锚喷临时支护的结构应视井筒岩性区别对待。

2. 掘、砌平行作业

掘、砌平行作业也有长段平行作业和短段平行作业之分。长段平行作业是在工作面进行掘进作业和临时支护,而上段则由吊盘自下而上进行砌壁作业,如图 10 -7 所示。

短段平行作业,掘、砌工作都是自上而下同时进行施工。掘进工作在掩护筒(或锚喷临时支护)保护下进行。砌壁是在多层吊盘上,自上而下逐段浇灌混凝土,每浇灌完一段井壁,即将砌壁吊盘下放到下一水平,把模板打开,并稳放到已安好的砌壁吊盘上,即可进行下一段的混凝土浇灌工作，如图 10 - 8 所示。

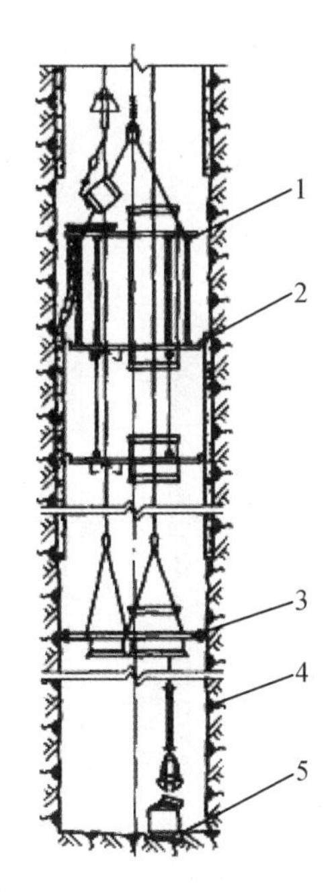

1—砌壁吊盘；2—井壁；3—稳绳盘；
4—锚喷临时支护；5—吊桶。

图 10 - 7 井筒长段掘、砌平行作业施工

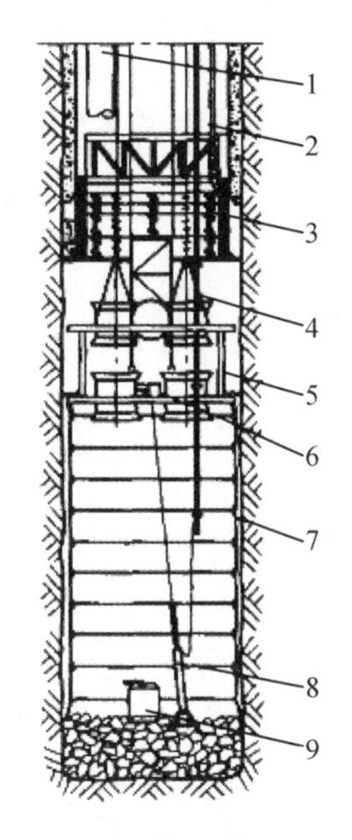

1—风筒；2—混凝土输送管；3—模板；
4—压风管；5—吊盘；6—气动绞车；
7—金属掩护网；8—抓岩机；9—吊桶。

图 10 - 8 井筒短段掘、砌平行作业施工

3. 掘、砌混合作业

掘、砌混合作业是随着凿井技术的发展而产生的，井筒掘、砌工序在时间上有部分平行时称混合作业。它既不同于单行作业，也不同于平行作业。这种作业方式区别于短段单行作业，对于短段单行作业，掘、砌工序顺序进行。而混合作业是在向模板浇灌混凝土达 1 m 高左右时，在继续浇注混凝土的同时，即可装岩出矸。待井壁浇注完成后，作业面上的掘进工作又转为单独进行，依此往复循环。

混合作业法及其配套施工设备的研究为国家"六五"重点科技攻关项目，形成了以伞钻、大斗容抓岩机和 MJY 型整体金属模板为主体的立井施工机械化作业线，使短段掘、砌混合作业法成为一种工艺简单、施工安全、成井速度快、成本较低的施工作业方式，很快被推广使用。进入 20 世纪 90 年代，国内使用短段掘、砌混合作业法施工的立井比例不断提高，目前已达到 80% 左右，施工中取得了较好的经济效益和社会效益。

4. 掘、砌、安一次成井

井筒永久装备的安装工作与掘、砌作业同时施工时，称为一次成井。它可以充分利用井内有效空间和时间，适合在深井施工中采用。根据掘、砌、安三项作业安排顺序的不同，又有三种不同形式的一次成井施工方案，即掘、砌、安顺序作业一次成井；掘、砌，掘、安平行作业一次成井；掘、砌、安三行作业一次成井。

掘、砌、安一次成井可充分利用井内有效空间和时间，但施工设备多，布置复杂，施工组织复杂,多工序平行交叉作业,施工安全要求高。

立井井筒施工作业方式在选择时,应综合分析和考虑:井筒穿过岩层性质,涌水量的大小;井筒直径和深度(基岩部分);可能采用的施工工艺及技术装备条件;施工队伍的操作技术水平和施工管理水平。要求技术先进,安全可行,有利于采用新型凿井装备,不仅要能获得单月最高纪录,更重要的是能取得较高的平均成井速度,并应有明显的经济效益。

10.3.2 立井施工设备的布置

1. 凿井结构物及主要设备

立井井筒施工的主要凿井结构物及设备包括:凿井井架、卸矸台、封口盘、固定盘(也称保护盘)、吊盘、凿井绞车和凿井提升机等。各种凿井结构物的布置如图 10-9 所示。

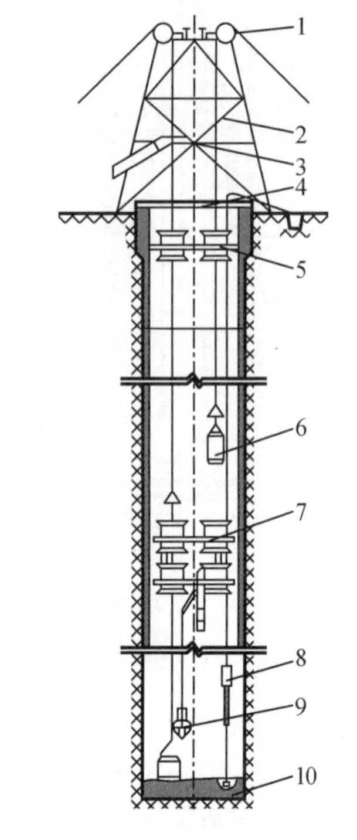

1—天轮平台;2—凿井井架;3—卸矸台;4—封口盘;5—固定盘;6—吊桶;7—吊盘;8—吊泵;9—抓岩机;10—掘进工作面。

图 10-9 凿井结构物的布置

(1)凿井井架

凿井井架是专为立井井筒施工而设计制造的装配式金属亭式钢管井架。它由天轮房、天轮平台、主体架、卸矸台、扶梯和基础等部分组成。常用凿井井架的技术特征如表 10-5 所示。天轮平台是凿井井架的重要组成部分,需要承受全部悬吊设备荷载和提升荷载。天轮平台由四根边梁和一根中梁组成,其上设有天轮梁和天轮,为避免钢丝绳与天轮平台边梁相碰,有时还要增设导向轮。天轮平台的结构和布置如图 10-10 所示。

表 10-5 凿井井架的技术特征

井架型号	井筒深度/m	井筒直径/m	主体架角柱跨距/m	天轮天台尺寸/m	基础顶面至第一层平台高度/m	井架总质量/t	悬吊总荷重/kN	
							工作时	断绳时
Ⅰ	200	4.6~6.0	10×10	5.5×5.5	5.0	25.649	666.4	901.6
Ⅱ	400	5.0~6.5	12×12	6.0×6.0	5.8	30.584	1 127.0	1 470.0
Ⅲ	600	5.5~7.0	12×12	6.5×6.5	5.9	32.284	1 577.8	1 960.0
Ⅳ	800	6.0~8.0	14×14	7.0×7.0	6.6	48.215	2 793.0	3 469.2
新Ⅳ	800	6.0~8.0	16×16	7.25×7.25	10.4	83.020	3 243.8	3 978.8
Ⅴ	1 000	6.5~8.0	16×16	7.5×7.5	10.3	98.000	4 184.6	10 456.6

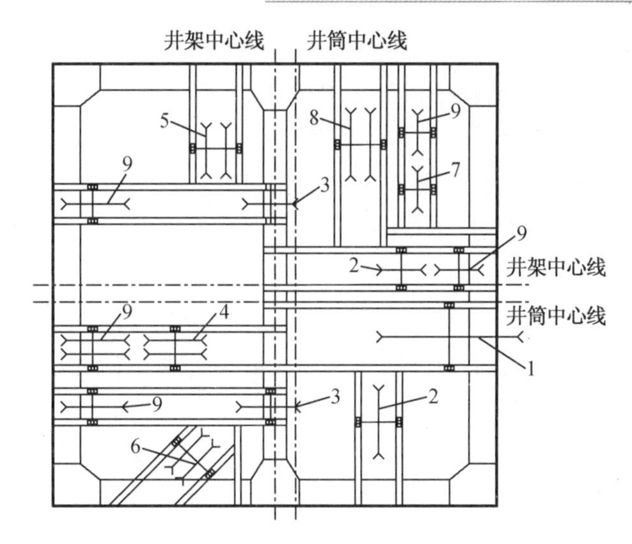

1—提升天轮；2—稳绳天轮；3—吊盘天轮；4—吊泵天轮；5—压风管天轮；6—风筒天轮；
7—安全梯天轮；8—混凝土输送管天轮；9—导向轮。

图10－10　天轮平台的结构和布置

有些矿井在井筒施工前，由于永久井架（塔）已施工完毕，这时可利用永久井架（塔）代替凿井井架进行井筒的施工，有利于缩短井筒施工的准备时间，具有良好的经济效益。

（2）卸矸台

卸矸台是用来翻卸矸石的工作平台，通常布置在凿井井架主体架下部的第一层水平连杆上。卸矸台上设有溜矸槽和翻矸设施。排矸时，矸石吊桶提到卸矸台后，利用翻矸设施将矸石倒入溜矸槽，再利用自卸汽车或矿车进行排矸。

卸矸台要有一定的高度，保持溜矸槽具有35°～40°倾角，使矸石能借自重下滑到排矸车内。卸矸台的高度，还必须满足伞钻在井架下移运的要求。

（3）封口盘与固定盘

封口盘也叫井盖，它是升降人员和材料设备以及拆装各种管路的工作平台，同时又是保护井上下作业人员安全的结构物。封口盘结构一般用工字钢梁连接而成，盘面上铺花纹钢板，要求封口盘上的各种孔口必须加盖封严。

固定盘是为了进一步保护井下人员安全而设置的，它位于封口盘下6～9 m处。保护盘上通常安设有井筒测量装置，有时也作为下接长风筒、压风管、供水管和排水管的工作台。

（4）吊盘与稳绳盘

吊盘是井筒进行砌壁的工作盘，为了避免翻盘，一般都采用双层吊盘，由2根钢丝绳和地面的2台凿井绞车悬吊。在掘、砌单行作业和混合作业中，吊盘又可用于拉紧稳绳、保护工作面作业人员安全和安设抓岩机等掘进施工设备。两层吊盘之间的距离应能满足永久井壁施工要求，通常为4～6 m。当用吊盘安装罐梁时，吊盘的层间距应与罐梁的层间距相适应。吊盘与井壁之间应有150～200 mm的间隙，以便于吊盘升降，同时又不因间隙过大而向下坠物。为了保证吊盘上和掘进工作面作业人员的安全，盘面上各孔口必须采用盖门封严，吊盘与井壁间隙用折页封严。

上层吊盘为保护盘，用于拉紧稳绳，可设置分灰器装置，吊盘悬吊绳固定在此盘钢梁上。下层吊盘为工作盘，可放置中心回转抓岩机、卧泵等。根据现场需要可设置三层吊盘，中层吊盘可用于放置卧泵。

采取掘、砌平行作业时，井筒内除设有砌壁吊盘外还设有稳绳盘。稳绳盘用来拉紧稳绳、安设抓岩机等设备和保护掘进工作面作业人员的安全。

(5)提升机与凿井绞车

提升机专门用于井筒施工的提升工作，凿井绞车主要用于悬吊凿井设备。凿井绞车主要有 JZ 和 JZM 两种系列，包括单滚筒和双滚筒及安全梯专用凿井绞车。凿井绞车一般根据其悬吊设备的质量和要求进行选择。

提升机和凿井绞车在地面的布置应尽量不占用永久建筑物位置，同时应使凿井井架受力均衡，钢丝绳的悬长、绳偏角和出绳仰角均应符合规定值，凿井绞车钢丝绳之间、与附近通过的车辆之间均应留有足够的安全距离。

2. 井筒内施工与安全设备布置

施工立井井筒时，井筒内布置的施工设备有吊桶、吊泵、抓岩机、安全梯，以及各种管路和电缆等。这些施工设备布置得是否合理，对井筒施工、提升改装和井筒装备工作能否顺利进行都有很大的影响。

(1)吊桶布置

在立井施工中，提升矸石、升降人员和材料工具都需要使用吊桶，其在井筒横断面上位置的确定，应满足以下要求：

①采用凿井提升机施工井筒时，应考虑地面地形条件是否有安设提升机的可能性。凿井提升机房的位置应不影响永久建筑物施工，并力争使井架受力比较均衡。

②吊桶应尽量布置在永久提升间内，并使提升中心线与罐笼出车方向或箕斗井临时罐笼出车方向一致，以利于转入平巷施工时的提升设备改装和进行井筒永久装备工作。

③吊桶应尽量靠近地面卸矸方向一侧布置，使溜矸槽少占井筒有效面积，避免溜矸槽装车高度不足。

④吊桶与井壁及其他设备的间隙，必须满足《煤矿安全规程》和《矿山井巷工程施工及验收规范》的有关规定。

(2)抓岩机布置

抓岩机布置的位置，应使抓岩工作不出现死角，以利于提高抓岩生产率。中心回转式抓岩机和长绳悬吊抓岩机应尽量靠近井筒中心布置，同时又不应影响井筒中心的测量工作。

(3)吊泵布置

吊泵的位置应靠近井帮，使之不影响抓岩工作。为了使吊泵出入井口和接长排水管方便，吊泵必须躲开溜矸槽位置。

在吊桶、抓岩机和吊泵主要设备的位置确定后，便可确定吊盘和封口盘等主梁位置及梁格结构。其他设备和管线如安全梯、风筒和压风管等，应结合井架型号、地面凿井绞车布置条件和允许的出绳方向，在满足安全间隙的前提下予以适当布置。图 10 - 11 所示为井筒施工设备在井内布置的实例。

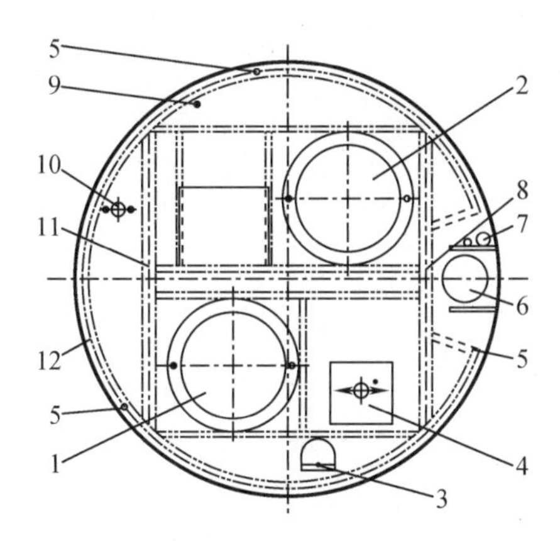

1—主提吊桶;2—副提吊桶;3—安全梯;4—吊泵、排水管、动力电缆;5—模板悬吊绳;6—风筒;7—压风、供水管;8—通信电缆;9—爆破电缆;10—混凝土输送管;11—信号电缆;12—吊盘梁格。

图 10－11 井筒施工设备的布置

根据井筒内施工设备布置,便可以进行天轮平台和地面提绞设备布置。当天轮平台或地面提绞设备布置遇到困难时,应重新调整井筒内施工设备布置,直至井内、天轮平台和地面布置均为合适时为止。

(4)安全梯布置

当井筒停电或发生突然冒水等其他意外事故时,工人可借助井内所设置的安全梯迅速撤离工作面。安全梯用角钢制作,由若干节拼装而成。安全梯的高度应使井底全部人员在紧急状态下都能登上梯子,然后提至地面。安全梯必须采用专用凿井绞车悬吊。为安全起见,梯子需设护圈。

(5)照明与信号布置

井筒施工中,良好的照明能提高施工质量和效率,减少事故的发生。因此,在井口和井内,凡是有人操作的工作面和各盘台,均应设置足够的防爆、防水灯具。但在进行装药连线时,必须切断井下一切电源,使用矿灯照明。

立井井筒施工时,必须建立以井口为中心的全井信号系统。在井下掘进工作面、吊盘、泵房与井口信号房之间,建立各自独立的信号联系。同时,井口信号房又可向卸矸台、提升机房及凿井绞车房发送信号。设置信号应简单、可靠,目前使用最普遍的是声、光兼备的电气信号。

10.3.3 井筒支护工作

井筒向下掘进一定深度后,应及时进行井筒的支护工作,以支承地压、封堵涌水以及防止岩石风化破坏。根据岩石条件和井筒掘砌的方法,可掘进一定段高即进行永久支护工作。如果掘进段高较大,为保证掘进工作的安全,必须及时进行临时支护。

1. 临时支护

井筒施工中，若采用短段作业，因围岩比较稳定，且暴露高度不大，暴露时间不长，在进行永久支护之前不会风化片帮，这时可不采用临时支护。当围岩破碎或在断层、煤层中掘进，为了确保工作安全，都需要进行临时支护。长期以来，井筒掘进的临时支护都是采用井圈背板。这种临时支护在通过不稳定岩层或表土层时，是行之有效的，但是材料消耗量大，拆装费工费时。在井筒基岩段施工时，采用锚网支护作为临时支护具有很大的优越性，它克服了井圈背板临时支护的缺点，现已被广泛采用。

2. 永久支护

立井井筒永久支护是井筒施工中的一个重要工序。根据所用材料不同，立井井筒永久支护有料石井壁、混凝土井壁、钢筋混凝土井壁和锚喷支护井壁。砌筑料石井壁劳动强度大，不易实现机械化施工，而且井壁的整体性和封水性都很差。目前，除小型矿井当井筒涌水量不大，而又有就地取材的条件时采用料石井壁外，多数采用混凝土井壁。浇注井壁的混凝土，其配合比和强度必须进行试验检查。在地面混凝土搅拌站搅拌好的混凝土，经输料管或底卸式吊桶输送到井下注入模板内。

浇注混凝土井壁的模板有多种。采用长段掘、砌单行作业和平行作业时，多采用液压滑升模板或装配式金属模板；采用掘、砌混合作业时，都采用金属整体移动式模板。由于掘、砌混合作业方式在施工立井时被广泛应用，金属整体移动式模板的研制也得到了相应的发展。

金属整体移动式模板有门轴式、门扉式和伸缩式三种。实践表明，伸缩式金属整体移动式模板具有受力合理、结构刚度大、立模速度快、脱模方便、易于实现机械化等系列优点，目前已在立井井筒施工中得到广泛应用。伸缩式模板根据伸缩缝的数量又分为单缝式、双缝式和三缝式模板。目前使用最为普遍的 YJM 型金属单缝伸缩式模板结构，如图 10 - 12 所示。它由模板主体、刃脚、缩口模板和液压脱模装置等组成，其结构整体性好、几何变形小、径向收缩量均匀，采用同步增力单缝式脱模机构，使脱模、立模工作轻而易举。这种金属整体移动式模板用钢丝绳悬吊，立模时将它放到预定位置，用伸缩装置将它撑开到设计尺寸。浇注混凝土时将混凝土直接通过浇注口注入，并进行振捣。当混凝土基本凝固时，先进行预脱模，在强度达到 0.05 ~ 0.25 MPa 时，再进行脱模。金属整体移动式模板的高度，一般根据井筒围岩的稳定性和施工段高来确定，在稳定岩层中可达到 3 ~ 4 m。

10.3.4 立井井筒装备安装工作

立井井筒的安装工作内容包括：罐梁、罐道、管路、电缆、梯子间和井上下口金属支承结构等的安设。井筒安装工作，除个别矿井采用掘、砌、安平行作业一次成井外，大多数矿井都是在主、副井筒掘砌工作完成并相互贯通后进行。井筒安装工作一般在两个井筒贯通后交替进行。对于采用刚性罐道装备的井筒，其安装工作根据罐梁和罐道等安装时间的关系，又分为分次安装和一次安装方式。

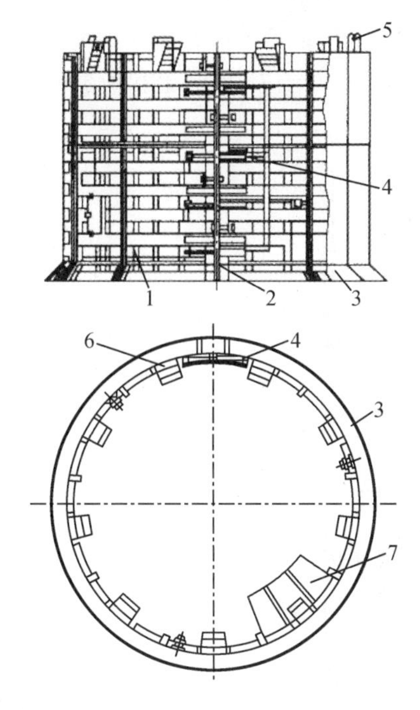

1—模板主体;2—缩口模板;3—刃脚;4—液压脱模装置;5—吊装置;6—浇注口;7—工作台。

图 10－12 金属单缝伸缩式模板结构

1. 分次安装

分次安装井筒装备的方式如 10－13 所示,先在吊盘上从井口自上而下安装全部罐梁、梯子间和电缆卡子等,然后再自下向上在吊架上安装罐道,最后从井底向上安装管路。一般采用双层吊盘安装罐梁,在下层吊盘上挖梁窝或打树脂锚杆眼,在上层盘上安装罐梁等装备。安装罐道的吊架各层间设有梯子供人员上下。吊架每层平台上设有折页,工作时放开,提放时合起。

分次安装井筒装备,组织管理工作比较简单。但是,安装设施需要进行二次改装,从而使井筒安装工作工期较长。

2. 一次安装

一次安装井筒装备的方式如图 10－14 所示。该方式是从井底向上利用多层吊盘一次将罐梁、罐道、梯子间、管路电缆等全部安装完。即在上层吊盘上挖梁窝或打锚杆眼,在下层吊盘上安装罐梁和管路电缆等,在吊架上安装罐道。这种方式具有工时利用率高、施工速度快和有利于提高工程质量等优点,但是施工组织管理工作复杂,需要的施工设备较多。

10.3.5 立井表土施工技术

立井井筒表土段施工方法是由表土层的地质及水文地质条件决定的。立井井筒穿过的表土层,按其掘砌施工的难易程度分为稳定表土层和不稳定表土层。稳定表土层就是在井筒掘砌施工中井帮易于维护,用普通方法施工能够通过的表土层,其中包括含非饱和水的黏土层、含少量水的砂质黏土层,无水的大孔性土层和含水量不大的砾(卵)石层等。不稳定表土层就是在井筒掘砌施工中井帮很难维护，用普通方法施工不能通过的表土层，其中包括含水砂土、淤泥层、含饱和水的黏土、浸水的大孔性土层、膨胀土和华东地区的红色黏土层等。

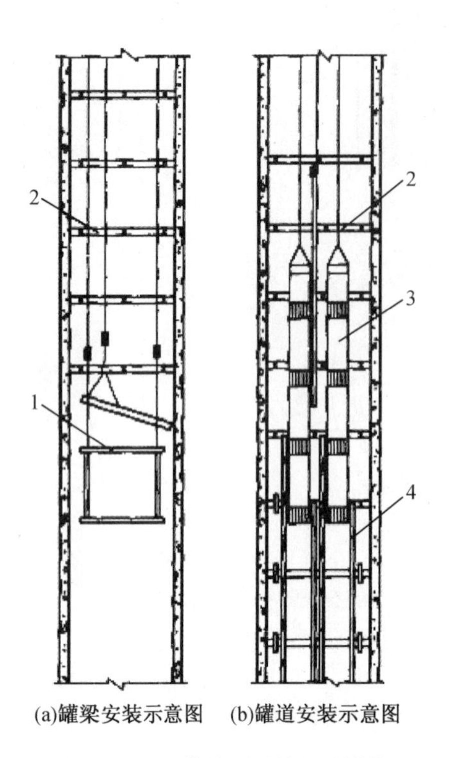

(a)罐梁安装示意图　(b)罐道安装示意图

1—双层吊盘；2—罐梁；3—吊架；4—罐道。

图 10－13　井筒分次安装

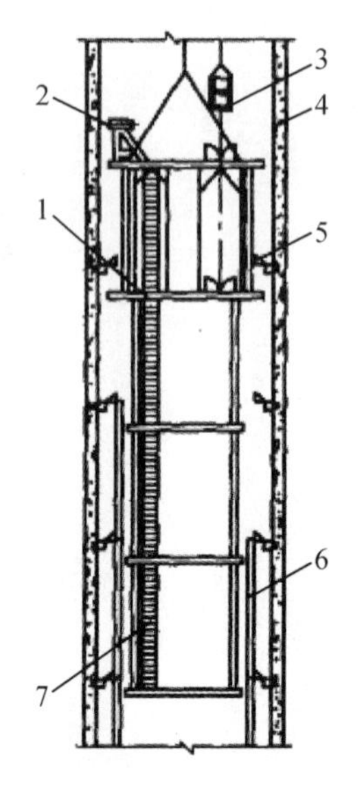

1—多层吊盘；2—钻锚杆眼；3—吊笼；
4—安装锚杆；5—安装托梁架（和罐梁）；
6—罐道；7—梯子。

图 10－14　井筒一次安装

根据表土的性质及其所采用的施工措施，井筒表土施工方法可分为普通施工法和特殊施工法两大类。对于稳定表土层一般采用普通施工法，普通施工法具有工艺简单、设备少、成本低、工期短等优点；对于不稳定表土层可采用特殊施工法或普通与特殊相结合的综合施工方法。以下介绍特殊施工方法。

在不稳定表土层中施工立井井筒，必须采取特殊的施工方法，才能顺利通过，如冻结法、钻井法、沉井法、注浆法和帷幕法等。目前以采用冻结法和钻井法为主。

1. 冻结法

冻结法凿井就是在井筒掘进之前，在井筒周围钻冻结孔，用人工制冷的方法将井筒周围的不稳定表土层和风化岩层冻结成一个封闭的冻结圈（图 10－15），以防止水或流砂通入井筒并抵抗地压，然后在冻结圈的保护下掘砌井筒，待掘砌到设计的深度后，停止掘进进行套内壁；复壁到一定高度或复壁结束后，停止冻结，进行拔管和充填工作。目前大都仅充填而不拔管，因管子对围岩有加固作用。

冻结法凿井的主要工艺过程有冻结孔的钻进、井筒冻结和井筒掘砌、冻结站及冻结管路安装等主要工作。

(1)冻结孔的钻进。为了形成封闭的冻结圈,先要在井筒周围钻一定数量的冻结孔,以便在孔内安设带底锥的冻结管和底部开口的供液管。

冻结孔一般等距离地布置在与井筒同心的圆周上,其圈径取决于井筒净直径、井壁厚度、冻结深度、冻结壁厚度和钻孔的允许偏斜率。冻结孔间距一般为 1.2 ~ 1.3 m,孔径为 200 ~ 250 mm,孔深应比冻结深度大 5 ~ 10 m。

(2)井筒冻结。井筒周围的冻结圈是由冻结站制出的低温盐水在沿冻结管流动过程中,不断吸收孔壁周围岩土层的热量,使岩土逐渐冷却冻结而成的。盐水起传递冷量的作用,称为冷媒剂。盐水的冷量是利用液态氨气化时吸收盐水的热量而制取的,所以氨叫作制冷剂。被压缩的氨由过热蒸气状态变成液态过程中,其热量又被冷却水带走。因此,整个制冷过程可分为三大循环系统,包括氨循环系统、盐水循环系统和冷却水循环系统,如图 10 - 16 所示。

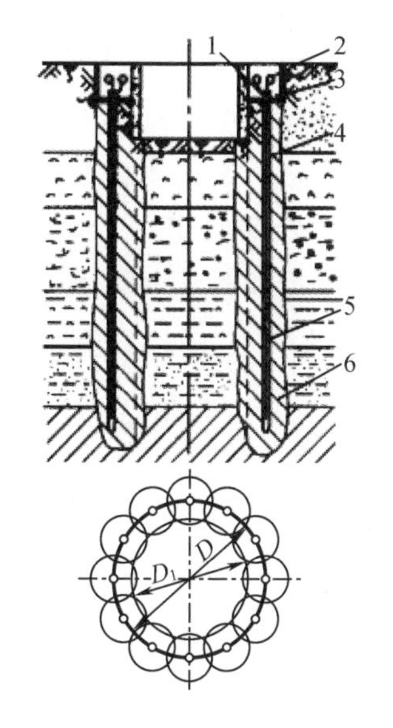

1—回液管;2—配液管;3—冷冻沟槽;
4—冻结管;5—供液管;6—冻结圈。

图 10 - 15 冻结法凿井

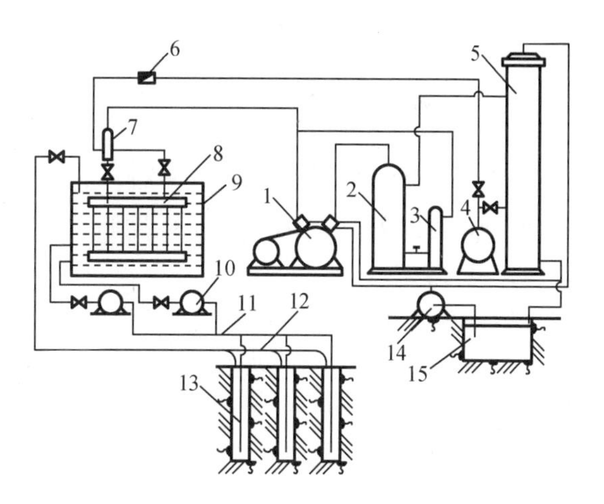

1—氨压缩机;2—氨油分离器;3—集油管;
4—贮氨器;5—冷凝器;6—调节阀;7—氨油分离器;
8—蒸发器;9—盐水箱;10—盐水泵;11—配液管;
12—集液管;13—冻结孔;14—冷却水泵;15—水池。

图 10 - 16 制冷系统

①氨循环系统:气态氨在压缩机中被压缩到 0.8 ~ 1.2 MPa,温度升高到 80 ~ 120 ℃,处于过热蒸气状态。高温高压的氨气经管路进入氨油分离器,除去从压缩机中带来的油脂后进入冷凝器,在 16 ~ 20 ℃冷却水的淋洗下被冷却到 20 ~ 25 ℃而变成液态氨(多余液态氨流入贮氨器贮存,不足时由贮氨器补充)。液态氨经过调节阀使压力降到 0.155 MPa 左右,温度相应降低到蒸发温度 - 25 ~ - 35 ℃。液态氨进入蒸发器中后便全面蒸发,大量吸收周围盐水的热量,使盐水降温。蒸发后的氨进入氨液分离器进行分离,使未蒸发的液态氨再流入蒸发器中继续蒸发,而气态氨则回到压缩机中重新被压缩。

②盐水循环系统:在设有蒸发器的盐水箱中,被制冷剂氨冷却到 - 25 ~ - 30 ℃以下的

低温盐水,用盐水泵输送到配液管和各冻结管内。盐水在冻结孔内沿供液管流至孔底,然后沿冻结管徐徐上升,吸收周围岩土层的热量后经集液管返回盐水箱,这种盐水流动循环方式叫作正循环方式,其冻结壁厚度上下比较均匀,故常被采用。还有一种反循环方式,盐水由原回液管进入冻结管缓缓下流,然后从原供液管返回集液管。反循环方式可加快含水层上部冻结壁的形成。

③冷却水循环系统:用水泵将贮水池或地下水源井的冷却水压入冷凝器中,冷却水吸收了过热氨气的热量后从冷凝器排出,水温升高5~10 ℃。若水源不足,排出的水经与新鲜水混合后可循环使用。

(3)冻结方案。冻结方案有一次冻全深,局部冻结、差异冻结和分期冻结等几种。其中一次冻全深方案的适应性强,应用比较广泛。冻结方案的选择,主要取决于井筒穿过的岩土层的地质及水文地质条件、需要冻结的深度、制冷设备的能力和施工技术水平等。

(4)冻结段井筒的掘砌。采用冻结法施工,井筒的开挖时间要选择适时,即当冻结壁已形成而又尚未冻至井筒范围以内时最为理想。此时,既便于掘进又不会造成涌水冒砂事故。但井筒下部冻结段往往很难保证这种理想状态,随着掘砌时间增加,使得整个井筒被冻实。对于这种冻土挖掘,可采用风镐或钻眼爆破法施工。

冻结井壁一般都采用钢筋混凝土或混凝土双层井壁。外层井壁一般厚度为400~600 mm的钢筋混凝土,随掘随进行浇注。内层井壁一般厚度为400~800 mm的钢筋混凝土,是在通过冻结段后自下向上一次施工到井口。井筒冻结段双层井壁的优点是内壁无接茬,井壁抗渗性好;内壁在消极冻结期施工,混凝土养护条件较好,有利于保证井壁质量。

2. 钻井法

钻井法凿井是利用钻井机(简称钻机)将井筒全断面一次钻成,或将井筒分次扩孔钻成。我国目前多采用转盘式钻井机,其类型有ZZS1、ND-1、SZ-9/700、AS-9/500、BZ-1和L40/800型等。图10-17所示为我国生产的AS-9/500型转盘式钻井机的工作全貌。

钻井法凿井的主要工艺过程有井筒的钻进、泥浆洗井护壁、下沉预制井壁和壁后注浆固井等。

(1)井筒的钻进。井筒钻进是个关键的工序。我国煤矿立井常采用一次超前、多次扩孔的方式进行钻进。实践证明,扩孔次数愈多,辅助时间消耗就愈多,成井速度则相应降低。但是一次扩孔面积过大,钻头或刀盘的螺栓-法兰联结结构在钻进中承受很大的复合应力,常发生钻头或刀盘掉落事故。如淮北矿区童亭主井和淮南矿区谢桥东二风井施工中,曾四次因联结螺栓全部断裂而将8.0 m直径扩孔钻头或刀盘掉落井下,使谢桥东二风井一次打捞就消耗了9.5个月,给施工进度造成了很大的损失。选择扩孔直径和次数的原则,是在转盘和提吊系统能力允许的情况下,尽量减少扩孔次数,以缩短辅助时间。

钻井机的动力设备多数设置在地面,钻进时由钻台上的转盘带动六方钻杆旋转,进而使钻头旋转,钻头上装有破岩的刀具。为了保证井筒的垂直度,都采用减压钻进,即将钻头本身在泥浆中重量的30%~60%压向工作面,刀具在钻头旋转时破碎岩石。

(2)泥浆洗井护壁。钻头破碎下来的岩屑必须及时用循环泥浆从工作面清除,使钻头刀具始终直接作用在未被破碎的岩石面上,提高钻进效率。泥浆由泥浆池经过进浆地槽流入井内,进行洗井护壁。压气通过中空钻杆中的压气管进入混合器,压气与泥浆混合后在钻杆内外形成压力差,使清洗过工作面的泥浆带动破碎下来的岩屑被吸入钻杆,经钻杆与压气管之间环状空间排往地面。泥浆量的大小,应能保证泥浆在钻杆内的流速大于0.3 m/s,使被破碎下来的岩屑全部排到地面。泥浆沿井筒自上向下流动,洗井后沿钻杆上升到地面,这种洗井方式叫作反循环洗井。

泥浆的另一个重要作用就是护壁。护壁作用,一方面是借助泥浆的液柱压力平衡地压,另一方面是在井帮上形成泥皮,堵塞裂隙,防止片帮。为了利用泥浆有效地洗井护壁,要求泥浆有较好的稳定性,不易沉淀;泥浆的失水量要比较小,能够形成薄而坚韧的泥皮;泥浆的黏度在满足排渣要求的条件下,要具有较好的流动性和便于净化。

(3)下沉预制井壁和壁后注浆固井。采用钻井法施工的井筒,其井壁多采用管柱形预制钢筋混凝土井壁。井壁预制与钻进同步进行,为保证井壁的垂直度,预制井壁都在经操平后的基础上制作。待井筒钻完,提出钻头,用起重大钩将带底的预制井壁悬浮在井内泥浆中,利用其自重和注入井壁内的水重缓慢下沉,如图10-18所示。同时,在井口不断接长预制管柱井壁。接长井壁时,要注意测量,以保证井筒的垂直度。在预制井壁下沉的同时,要及时排除泥浆,以免泥浆外溢和沉淀。为了防止片帮,泥浆面不得低于锁口以下1 m。

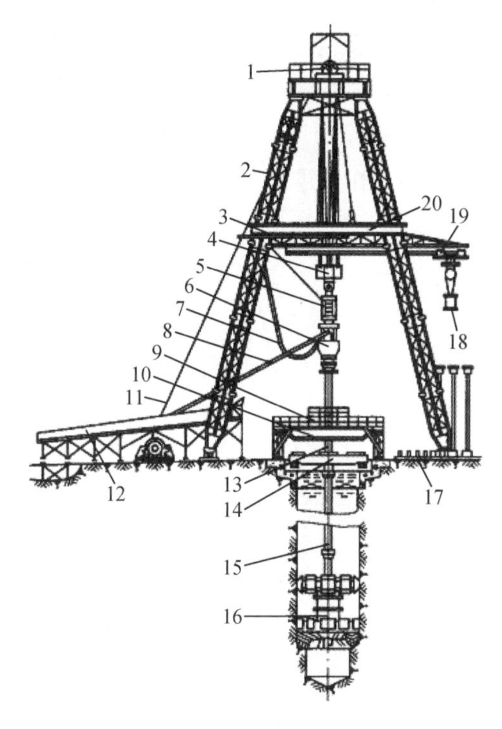

1—天车;2—钻塔;3—吊挂车;4—游车;5—大钩;
6—水龙头;7—进风管;8—排浆管;9—转盘;10—钻台;
11—提升钢丝绳;12—排浆槽;13—主动钻杆;
14—封口平车;15—钻杆;16—钻头;17—钻杆仓;
18—钻杆小吊车;19—钻杆行车;20—二层平台。

图10-17 AS-9/500型转盘式钻井机及其工作全貌

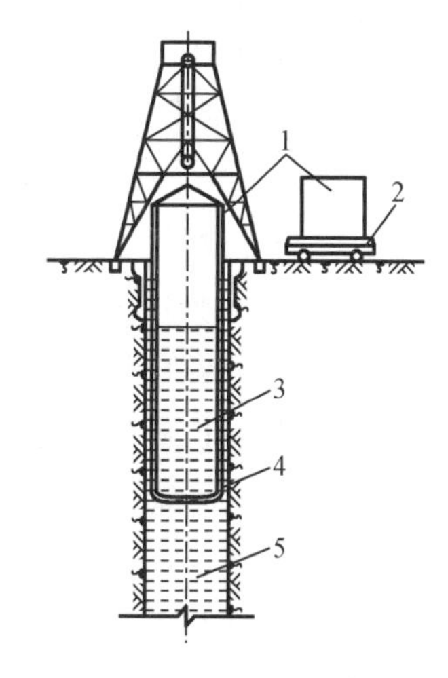

1—预制管柱井壁;2—钻台;3—配重水;
4—井壁底;5—泥浆。

图10-18 悬浮下沉井壁

当井壁下沉到距设计深度 1 ~2 m 时,应停止下沉,测量井壁的垂直度并进行调整,然后再下沉到底,并及时进行壁后充填。最后把井壁里的水排净,通过预埋的注浆管进行壁后注浆,以提高壁后充填质量和防止破底时发生涌水冒砂事故。

钻井法凿井过程中泥浆护壁是必不可少的,但成井后泥浆成了废物,废弃泥浆的处理一直是施工中的一个问题。大直径探井井筒施工中,废浆总排出量可达 30 000 m^3 以上,问题显得更加突出。我国 20 世纪 70 年代钻 300 m 井筒时,开始研究采用降低泥浆中固体含量的低相对密度泥浆,取得一定效果。“七五”期间经国家重点科技项目攻关,技术上又有很大的发展,通过改进泥浆处理配方和工艺流程,地面造浆量减少了 20%。同时,研究废浆处理的新技术,先后研制成功了 GP-1 型造粒机和 GT1800/TX 型固液分离机,结合泥浆的具体特点,优选絮凝剂与配方,采用一级快速二级慢速的分级絮凝工艺,大规模处理废浆的工艺体系得以实现。经工程应用证明,这种技术的泥浆处理能力大,泥浆性能调控方便,是一种比较完善的废浆处理方法。

3. 沉井法

沉井法是属于超前支护类的一种特殊施工方法。其实质是在井筒设计位置上,预制好底部附有刃脚的一段井筒,在其掩护下,随着井内的掘进出土,井筒靠其自重克服其外壁与土层间的摩擦阻力和刃脚下部的正面阻力而不断下沉。随着井筒下沉,在地面相应接长井壁,如此周而复始,直至沉到设计标高。这种凿井方法称为沉井法。

随着现代化施工机械和施工工艺的不断革新,沉井技术也日新月异。沉井法施工工艺简单,所需设备少,易于操作,井壁质量好,成本低,操作安全,广泛应用于许多地下工程领域,如大型桥墩基础、地下厂房、仓库、车站等。目前在矿山立井井筒施工中普遍采用淹水沉井施工技术。

淹水沉井是利用井壁下端的钢刃脚插入土层,靠井壁自重、水下破土与压气排渣克服正面阻力而下沉,边下沉边在井口接长井壁,直到全部穿过冲积层,下沉到设计位置。

淹水沉井施工如图 10-19 所示,首先施工套井,然后在套井内构筑带刃脚的钢筋混凝土沉井井壁。套井的深度是由第一层含水层深度决定的,一般取 8 ~15 m。套井与沉井的间隙,一般取 0.5 m 左右。

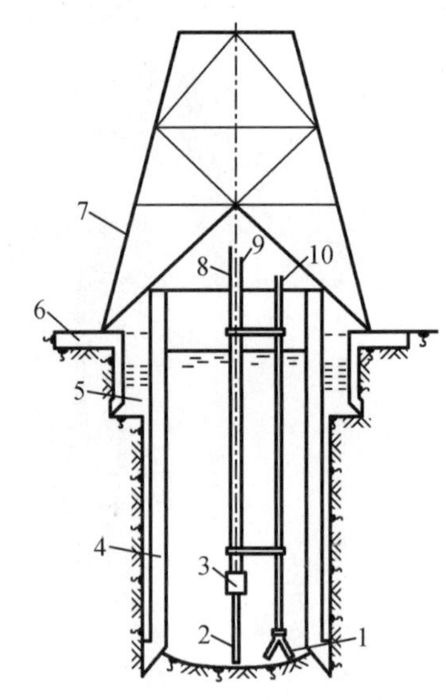

1—水枪;2—吸泥管;3—压气排液器;4—沉井井壁;5—触变泥浆;6—套井;7—井架;8—压风管;9—排渣管;10—高压水管。

图 10-19 淹水沉井施工

当钢筋混凝土沉井井壁的高度超出地面高度后,用泵通过预埋的泥浆管将泥浆池中的泥浆压入沉井壁后形成泥浆隔层和泥皮。泥浆和泥皮起护壁润滑作用,同时减小了沉井下沉的摩擦阻力。沉井内充满水以达到平衡地下水静水压力的目的,防止涌砂冒泥事故的发生。

淹水沉井的掘进工作不需用人工挖土,而是采用机械破土。通常可用钻井机和高压水枪破土,压气排渣。在井深不大的砾石层和卵石层中,也可采用长绳悬吊大抓斗直接抓取提到地面的破土排渣方法,但这种方法一般只适用于深度不大于30 m的浅沉井中。

采用淹水沉井施工方法,在我国的最大下沉深度已达到192.75 m。日本利用压气代替泥浆,采用壁后充气的淹水沉井法,最大下沉深度已达到200.3 m。

沉井在下沉过程中,由于受土层倾角、刃脚下局部有大块卵石、地下水流动方向和出土不均衡等因素的影响,沉井往往产生偏斜。因此,首先要注意防偏,除了要在沉井井壁外侧安设导向装置外,还要注意观测,发现偏斜及时处理;沉井发生偏斜时,一般可以在地面用液压千斤顶顶推偏斜侧井壁,同时在刃脚较高处加强破土排砂,使沉井的偏斜在下沉移动过程中得到纠正。

当淹水沉井或普通沉井下沉到设计位置,井筒的偏斜值又在允许范围内,应及时进行注浆固井工作,防止继续下沉和漏水。注浆前,一般需要在工作面浇注混凝土止水垫封底,防止冒砂跑浆。如果刃脚已插入风化基岩内,也可以不封底而直接注浆。注浆工作一般是利用预埋的泥浆管和注浆管向壁后注入水泥或水泥-水玻璃浆液。套井与沉井之间的间隙可用混凝土、电厂粉煤灰等充填。

在不稳定表土层中施工立井井筒还可以采用注浆法、帷幕法以及其他特殊施工技术。井筒表土施工方法的选择最基本的依据是土层的性质及其水文地质条件。普通法表土施工的速度往往关系着施工的成败,因此必须做好充分准备,力求快速通过。特殊法表土施工的工期长、成本高,但适应性强。一般应根据实际条件,灵活正确地选择施工方法,安全可靠、快速经济地通过表土层。

10.3.6 立井基岩施工技术

立井基岩施工是指在表土层或风化岩层以下的井筒施工。根据井筒所穿过的岩层性质,目前主要以钻眼爆破法施工为主。

1. 钻眼爆破工作

在立井基岩掘进中,钻眼爆破工作是一项主要工序,占整个掘进循环时间的20%~30%。钻眼爆破的效果直接影响其他工序及井筒施工速度、工程成本,施工安全也必须予以足够的重视。

为提高爆破效果,应根据岩层的具体条件,正确选择钻眼设备和爆破器材,合理确定爆破参数,以及采用先进的爆破技术。

(1)钻眼设备

立井掘进的钻眼工作,目前多数采用风动凿岩机,如YT-23等轻型凿岩机以及YGZ-70导轨式重型凿岩机。前者用于人工手持打眼,后者用于配备伞形钻架打眼。伞形钻架钻眼深度一般为3~4 m,配备高强度合金钢钎杆。用伞形钻架打眼具有机械化程度高、劳动强度低、钻眼速度快和工作安全等优点。伞形钻架型号较多,国产FJD系列伞形钻架的主要技术特征如表10-6所示。

表 10-6　国产 FJD 系列伞形钻架的主要技术特征

名称	FJD-6	FJD-6A	FJD-9	FJD-9A
适用井筒直径/m	5.0~6.0	5.5~9.6	5.5~7.0	5.5~9.6
支撑臂数量/个	3	3	3	
支撑范围/m	ϕ(5.0~6.8)	ϕ(5.1~9.6)	ϕ(5.0~9.6)	ϕ(5.5~9.6)
动臂数量/个	6	6	9	9
钻眼范围/m	ϕ(1.34~6.8)	ϕ(1.34~8.8)	ϕ(1.64~8.60)	ϕ(1.64~8.60)
推进行程/m	3.0	4.2	4.0	4.2
凿岩机型号	YGZ-50/ YGZ-70	YGZ-70/ YGZ-55	YGZ-70	YGZ-70
使用风压/MPa	0.5~0.6	0.5~0.6	0.5~0.6	0.5~0.6
使用水压/MPa	0. 4~0.5	0.4~0.5	0.4~0.5	0.4~0.5
总耗风量/($m^3 \cdot min^{-1}$)	50	80	80	90
收拢后外形尺寸/(m×m)	ϕ(1.5×4.5)	ϕ(1.65×7.2)	β(1.6×5.0)	ϕ(1.75×7.68)
总质量/t	5.3	7.5	8.5	10.5

FJD 系列伞形钻架的结构如图 10-20 所示。打眼前用提升钩头将它从地面送到掘进工作面,然后利用支撑臂、调高器和底座固定在工作面上。打眼时用动臂将滑轨连同凿岩机送到钻眼位置,用活顶尖定位。打眼工作实行分区作业,全部炮眼打眼结束后收拢伞形钻架,再利用提升钩头将其提到地面并转挂到井架翻矸平台下指定位置存放。

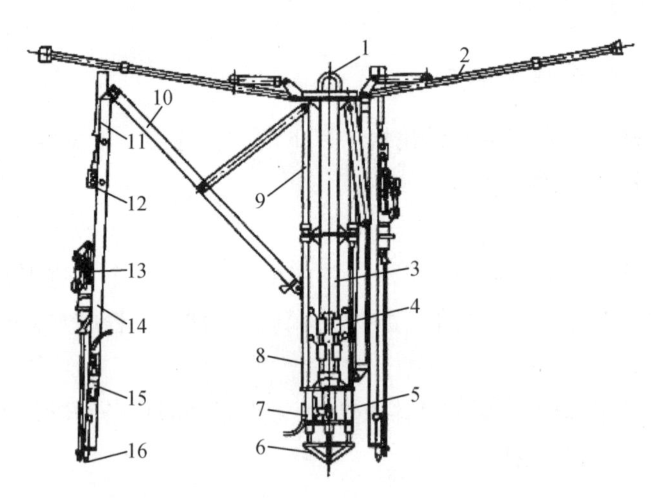

1—吊环;2—支撑臂;3—中央立柱;4—液压阀;5—调高器;6—底座;7—风马达及油缸;8—滑道;9—动臂油缸;10—动臂;11—升降油缸;12—推进风马达;13—凿岩机;14—滑轨;15—操作阀组;16—活顶尖。

图 10-20　FJD 系列伞形钻架的结构

(2)爆破工作

爆破工作包括爆破器材的选择、确定爆破参数和编制爆破图表,下边对前两者进行介绍。

①爆破器材的选择。在立井施工中，工作面常有积水，要求采用抗水炸药。常用的抗水炸药有抗水岩石硝铵炸药、水胶炸药和硝化甘油类炸药，三者中水胶炸药使用比较广泛。起爆器材通常采用国产毫秒延期电雷管、秒延期电雷管。在有杂散电流的工作面中，采用电磁雷管或导爆管起爆。

在有瓦斯或煤尘爆炸危险的井筒内进行爆破，或者是井筒穿过煤层进行爆破时，必须采用煤矿许用炸药和延期时间不超过130 ms的毫秒延期电雷管，采用正向装药爆破。电磁雷管采用高频发爆器起爆。

爆破电源多采用矿井的动力电源，其电压一般为380 V。

②确定爆破参数。炮眼深度是根据岩石性质、凿岩爆破器材的性能，以及合理的循环工作组织决定的。合理的炮眼深度，应能保证取得良好的爆破效果和提高立井掘进速度。目前，立井掘进的炮眼深度当采用人工手持钻机打眼时，以1.5～2.0 m为宜，当采用伞钻打眼时，为充分发挥机械设备的性能，以4.0 m左右为宜。另外，炮眼深度也可根据月进度计划计算出来，但计算出来的炮眼深度只能作为参考，还需结合实际条件加以确定。最佳的炮眼深度，应以在一定的岩石与施工机具条件下，能获得最高的掘进速度和最低的工时消耗为主要标准。

当采用手持式风动凿岩机时，炮眼直径为45 mm左右；当采用伞钻打眼时，一般都采用55 mm的炮眼直径以增加装药集中度、提高爆破效率。药卷采用直径为45 mm的水胶炸药。

炮眼数目和炸药消耗量与岩石性质、井筒断面大小和炸药性能等因素有关。合理的炮眼数目和炸药消耗量，应该是在保证最优爆破效果下爆破器材消耗量最少。确定炸药消耗量的方法，可以采用工程类比法或参考表10－7（表中所用炸药为水胶炸药）。

表10－7　立井掘进每立方米炸药和雷管消耗量定额

井筒净直径/m	浅孔爆破								中深孔爆破			
	$f<3$		$f<6$		$f<10$		$f>10$		$f<6$		$f<10$	
	炸药/kg	雷管/个	炸药/kg	雷管/个	炸药/kg	雷管/个	炸药/kg	雷管/个	炸药/kg	雷管/个	炸药/kg	雷管/个
4.0	0.81	2.06	1.32	2.33	2.05	2.97	2.68	3.62				
4.5	0.77	1.91	1.24	2.21	1.90	2.77	2.59	3.45				
5.0	0.73	1.87	1.21	2.17	1.84	2.69	2.53	3.36	2.10	1.09	2.83	1.24
5.5	0.70	1.68	1.14	2.06	1.79	2.60	2.43	3.17	2.05	1.07	2.74	1.20
6.0	0.67	1.62	1.12	2.05	1.75	2.53	2.37	3.08	2.01	1.01	2.64	1.14
6.5	0.65	1.55	1.08	1.96	1.68	2.44	2.28	2.93	1.94	0.97	2.55	1.10
7.0	0.64	1.53	1.06	1.91	1.62	2.34	2.17	2.78	1.89	0.93	2.53	1.09
7.5	0.63	1.49	1.04	1.88	1.57	2.27	2.09	2.66	1.85	0.90	2.47	1.06
8.0	0.61	1.43	1.00	1.84	1.56	2.23	2.06	2.60	1.78	0.86	2.40	1.02

炮眼数目应结合炮眼布置最后确定。在圆形断面井筒中,炮眼多布置成同心圆形,如图10－21所示。掏槽方式多采用直眼掏槽。炮眼布置的圈间距一般为0.7～1.0 m,掏槽眼圈径为1.2～2.2 m,周边眼距井帮设计位置约为0.1 m,崩落眼的眼间距一般为0.8～1.0 m,掏槽眼间距为0.6～0.8 m,周边眼间距0.4～0.6 m。

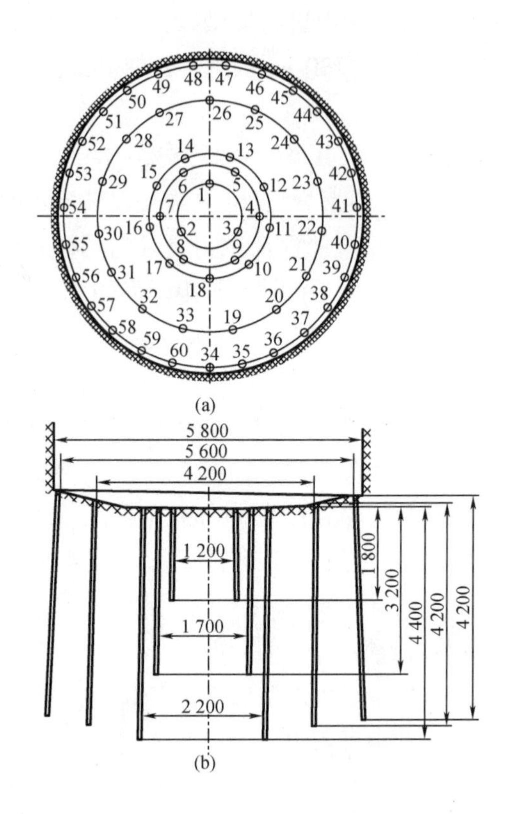

1～18—掏槽眼;19～33—辅助眼;34～60—周边眼。

图10－21　立井炮眼布置

装药方式一般都采用柱状连续装药,为了达到光面爆破的目的,周边眼可以采用不耦合装药或间隔装药。连线方式一般都采用并联或闭合反向分段并联。若是一次起爆的雷管数目较多,并联不能满足准爆电流要求时,可以采用串并联方式。

在立井施工爆破时,井下所有人员必须升井并离开井棚,打开井盖门,由专职爆破员爆破。爆破后,必须将炮烟排出并经过检查认为安全时,才允许作业人员下井。

2. 井筒涌水的处理

井筒施工中,井内一般都有较大涌水,它不仅影响施工速度、工程质量和劳动效率,严重时还会带来灾害性的危害,因此必须采取有效措施,妥善处理井筒涌水。常用的处理方法有注浆堵水、井筒排水、导水与截水和钻孔泄水等,以下介绍前两种。

(1)注浆堵水

注浆堵水就是用注浆泵经注浆孔将浆液注入含水岩层内,使之充满岩层的裂隙并凝结硬化,堵住地下水流向井筒的通路,达到减少井筒涌水量和避免渗水的目的。注浆堵水有三种方法:一种是为了打干井而在井筒掘进前向围岩含水层注浆堵水,这种注浆方法叫作预注浆；另一种是为了封住井壁渗水而在井筒掘砌完后向含水层段的井壁注浆，这种注浆方法叫作壁后注浆。

①预注浆

预注浆包括地面预注浆和工作面预注浆。

地面预注浆。地面预注浆的钻注浆孔和注浆工作都是在建井准备期在地面进行的。含水层距地表较浅时，采用地面预注浆较为合适，其钻孔布置如图 10－22 所示。钻孔布置在大于井筒掘进直径 1～3 m 的圆周上，有时也可以布置在井筒掘进直径范围以内。

注浆时，若含水层比较薄，可将含水岩层一次注完全深，若含水层比较厚，则应分段注浆。分段注浆时，每个注浆段的段高应视裂隙发育程度而定，裂隙愈发育段高应愈小，一般在 15～30 m 之间。

厚含水岩层分段注浆的顺序有两种：一种是自上向下分段钻孔、分段注浆。这种注浆方式注浆效果好，但注浆孔复钻工程量大；另一种是注浆孔一次钻到含水层以下 3～4 m，而后自下向上借助止浆塞分段注浆，这种注浆方式的注浆孔不需要复钻，但注浆效果不如前者，特别是在垂直裂隙发育的含水岩层内，自下向上分段注浆更不宜采用。

工作面预注浆。当含水岩层埋藏较深时，采用井筒工作面预注浆是比较合适的。井筒掘进到距含水岩层一定距离时便停止掘进，一般可取距含水岩层 10 m 间距，构筑混凝土止水垫，随后钻孔注浆。当含水层上方岩层比较坚固致密时，可以以岩帽代替混凝土止水垫，然后在岩帽上钻孔注浆。止水垫或岩帽的作用是防止冒水跑浆。工作面预注浆如图 10－23 所示，注浆孔间距的大小取决于浆液在含水岩层内的扩散半径，一般为 1.0～3.0 m。当含水岩层裂隙连通性较好，而浆液打扩散半径较大时，可以减少注浆孔数目。

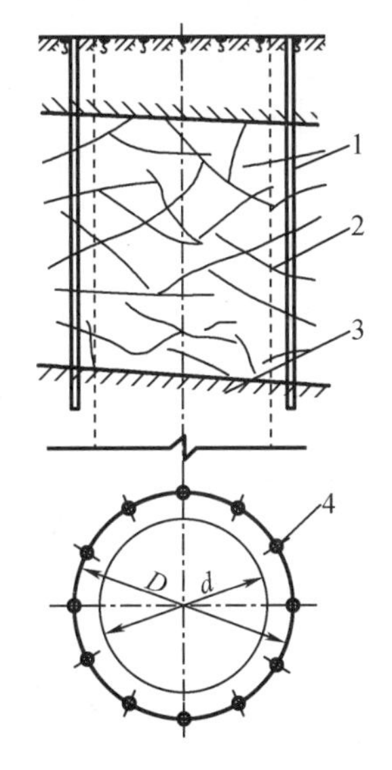

1，4—钻孔；2—含水岩层；3—隔水层；
d—井筒掘进直径；D—注浆孔布置直径。

图 10－22　地面预注浆钻孔布置图

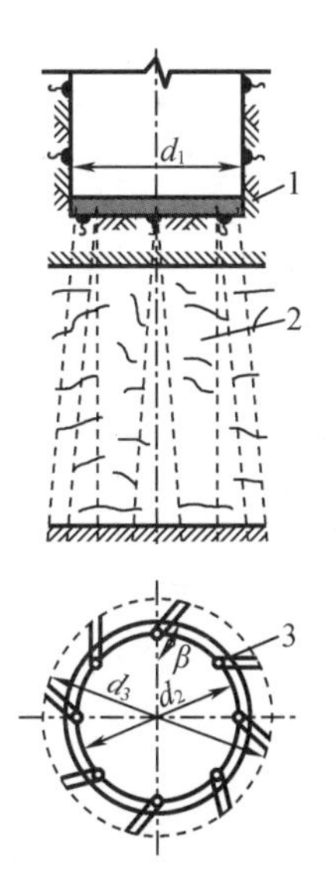

1—止水垫；2—含水岩层；3—注浆钻孔；
d_1—掘进直径；d_2—注浆孔布置直径；
d_3—孔底直径；β—螺旋角（120°～180°）

图 10－23　工作面预注浆

②壁后注浆

井筒掘砌完后，往往由于井壁质量欠佳而造成井壁渗水。这对井内装备、井筒支护寿命和工作人员的健康都十分不利，而且还增加了矿井排水费用，所以必须进行壁后注浆加固封水。

壁后注浆一般是自上而下分段进行，注浆段高视含水层赋存条件和具体出水点位置而定，一般段高为 15 ~25 m。

井筒围岩裂隙较大、出水较多的地段，应在砌壁时预埋注浆管。在没有预埋注浆管而在砌壁后发现井壁裂缝漏水的区段，可用凿岩机打眼埋设注浆管。注浆孔的深度应透过井壁进入含水岩层 100 ~200 mm。在表土层内，为了避免透水涌砂，钻孔不能穿透井壁，只能进行井壁内注浆填塞井壁裂隙，达到加固井壁和封水的目的。

注浆材料选择得是否合适，是决定注浆封水效果的关键。对注浆材料的要求是材料来源广、价格低廉、封水性好、注浆工艺简单、人员作业安全、浆液凝胶时间短而且可以控制。目前应用的注浆材料主要有水泥浆液、水泥 - 水玻璃浆液和 MG - 646 浆液等。

水泥浆液是由水泥和水以 2:1 ~0.5:1 的水灰比调制而成的浆液，它是一种应用广泛的基本浆液材料。水泥浆液具有材料来源广、结石强度高、注浆工艺简单和工作安全无毒等优点。但是，水泥颗粒较粗，水泥浆液有易离析、稳定性差和凝固时间较长等缺点。因此，水泥浆液通常用在裂隙宽度大于 0.15 mm 的含水岩层中注浆堵水。

水泥 - 水玻璃浆液，是由水泥浆液和水玻璃的水溶液在注浆孔口或孔内混合而成的。这种浆液结石率高、堵水效果好、凝胶时间可以由几秒到几十分钟控制，并且可注性较水泥浆液好。但是利用水泥 - 水玻璃浆液注浆是双液注浆，注浆工艺比较复杂。这种浆液适用于堵塞基岩中具有一定流速的地下水流。

MG - 646 浆液属于化学浆液，它是由以丙烯酰胺为主剂与其他药剂配制成的水溶液。这种浆液注入含水岩层后，发生聚合反应形成具有弹性不溶于水的聚合物。MG - 646 浆液的凝胶时间可以控制，其可注性、封水性和耐久性均好。用它加固砂层时，其强度可达到 0.7 ~0.8 MPa。但是 MG - 646 浆液价格较贵，材料来源不如前两者。

(2)井筒排水

根据井筒涌水量大小不同，工作面积水的排出方法可分为吊桶排水和吊泵排水。吊桶排水是用风动潜水泵将水排入吊桶或排入装满矸石吊桶的空隙内，用提升设备提到地面排出。吊桶排水能力与吊桶容积和每小时提升次数有关。井筒工作面涌水量不超过 8 m^3/h 时，采用吊桶排水较为合适。

吊泵排水是利用悬吊在井筒内的吊泵将工作面积水直接排到地面或排到中间泵房内。利用吊泵排水，井筒工作面涌水量以不超过 40 m^3/h 为宜；否则，井筒内就需要设多台吊泵同时工作，占据井筒较大的空间，对井筒施工十分不利。目前，我国生产的吊泵有 NBD 型吊泵和高扬程 80DGL 型吊泵，其最大扬程可达 750 m。

吊泵排水时，还可以与风动潜水泵或电动潜水泵进行配套排水，也就是用风动潜水泵或电动潜水泵将水从工作面排到吊盘上的水箱内，然后用吊泵再将水箱内的水排到地面。此时，吊泵处在吊盘的上方，不影响中心回转式抓岩机和环行轨道式抓岩机抓岩。

当井筒深度超过水泵扬程时，就需要设中间泵房进行多段排水，用吊泵将工作面积水排到中间泵房，再由中间泵房的卧泵排到地面。

为了减少工作面的积水、改善施工条件和保证井壁质量,应将工作面上方的井帮淋水截住导入中间泵房或水箱内。截住井帮淋水的方法可在含水层下面设置截水槽,将淋水截住导入水箱内再由卧泵排到地面。

若井筒开挖前,已有巷道预先通往井筒底部,而且井底水平已构成排水系统,这时可采用钻孔泄水,为井筒的顺利施工创造条件。这种情况多用于改扩建矿井。

目前井内排水一般采用卧泵。卧泵设在吊盘的中层盘上方,上层盘设水箱。泵一般采用DC80/(50)-50×8-12型,其排水量为50~80 m^3/h,扬程400~600 m,最高可达到800 m。

10.4 立井延深

一个矿井在投产后,为了保证生产正常接续,在第一水平采完之前就必须着手安排矿井井筒延深和新生产水平的开拓工作。

矿井延深是在生产矿井不停产的条件下进行的。因此将给施工带来许多复杂的问题矿井延深的方法有两种:一是正井法,即自上而下全断面开掘,与井筒掘砌施工方法基本一样,其差别只在于施工设备受井下空间限制,在布置上有所不同而已;二是反井法,即自下向上先开掘小断面反井,而后再自上而下刷砌成井。两种方法在排水、提升、通风、安全、打眼爆破和永久支护等方面均具有实质性的差别。

我国自20世纪60年代以来进行了大量的矿井延深工作,并且积累了丰富的经验,通常采用的立井井筒延深方案有利用辅助水平延深、利用延深间延深和利用反井延深。

10.4.1 辅助水平延深法

辅助水平,即新开凿一个比现有生产水平标高低30~50 m(有时低100~200 m),能供延深施工设备布置的施工水平。在辅助水平布置延深用的巷道、硐室和安设延深施工设备,然后从延深辅助水平自上向下进行井筒的掘砌施工。人员、材料和设备由生产水平经暗斜井到达延深辅助水平,然后用吊桶下放至工作面。矸石用吊桶提至延深辅助水平,经翻矸台卸入矿车,然后经暗斜井提至生产水平,再利用永久提升设备转提到地面。其提升运输系统及巷道硐室的布置如图10-24所示。

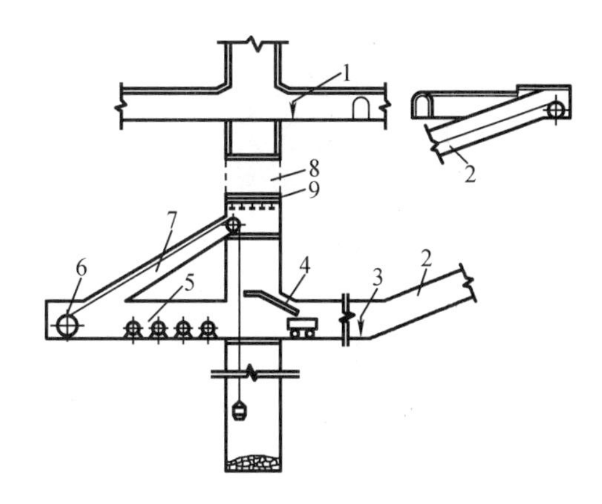

1—生产水平;2—辅助暗斜井;3—延深辅助水平;
4—卸矸台;5—凿井绞车硐室;6—提升机硐室;
7—绳道;8—保护岩柱;9—护顶盘。

图10-24 利用辅助水平延深井筒

施工时,首先自生产水平适当地点向下掘进辅助暗斜井,而后施工延深辅助水平巷道和硐室。当延深辅助水平巷道、硐室完成后,就开始施工提升间。所谓提升间,是指延深辅助水平至保护岩柱或人工保护盘底的这一段井筒。这段井筒一般都采用普通反井法施工。当完成所有延深辅助工程并安装好延深施工设备后,开始自上向下按井筒设计断面进行延深施工。

当井筒施工至设计深度后，就进行马头门施工和井筒装备工作。最后拆除保护岩柱或人工保护盘。为了保证施工安全，拆除保护岩柱或人工保护盘时，上部井筒的生产提升必须停止。

为了克服利用辅助水平延深法需要开掘大量辅助工程的缺点，应尽可能利用现有生产水平延深，也可将部分施工设备布置到地面，以减轻井下布置受空间限制的压力。

利用辅助水平延深立井井筒方法具有如下特点：对矿井的正常生产提升影响小，但是延深辅助工程量大、延深准备工期长、投资大和占用设备比较多。

10.4.2 延深间延深法

延深间延深井筒的方法是利用上水平井筒预留的延深间或梯子间，布置延深施工的主要设备，并穿过保护岩柱（或盘），在岩柱的保护下进行新水平的井筒延深。由于上水平井筒仍在正常生产提升，留给延深用的井筒断面比较狭小，很难布置全部施工设施，故将部分管线及设备悬吊布置在生产水平或生产水平之下。为此，需在生产水平之下开凿少量的硐室，有时还要另开暗斜井（或下山）与生产水平贯通。由于提升机、部分凿井绞车以及卸矸台可布置在地面，比起辅助水平延深法，大大减少了井下辅助工程量。

利用延深间延深法除井筒施工的提绞设备布置有所不同外，井筒掘砌施工方法与普通井筒基岩段施工基本相同。

图10－25所示为一立井井筒利用永久提升间布置吊桶，利用永久井架的天轮平台，该方法只需增设凿井提升天轮即可施工。如有困难，也可单独安装临时延深凿井井架，如图10－26所示，卸矸台设于辅助水平，如卸矸台设于生产水平，卸矸道可布置在井底车场巷道的一侧，也可开凿一条与车场巷道平行的绕道。

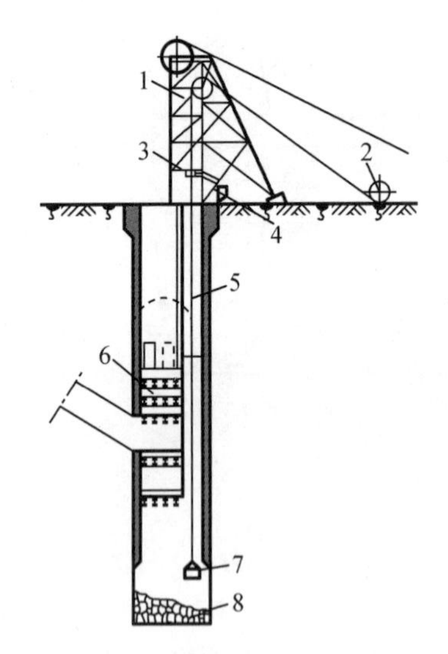

1—生产永久井架；2—延深凿井提升绞车；
3—卸矸溜槽；4—矿车；5—延深间；
6—保护设施；7—延深吊桶；8—延深工作面。

图10－25 利用永久井架延深
（卸矸台设于地面）

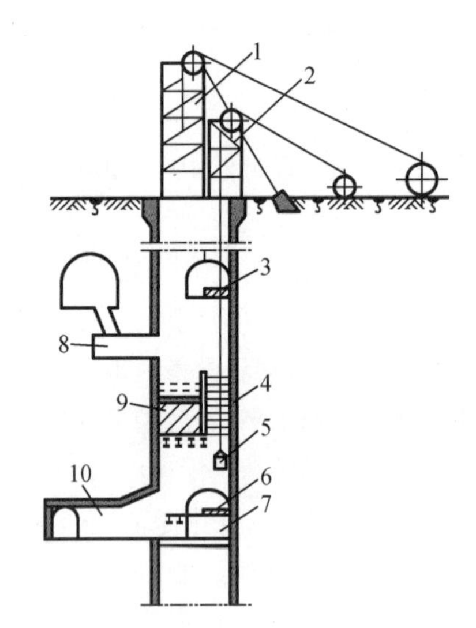

1—生产永久井架；2—延深蓄井井架；
3—生产水平安全门；4—延深间；5—延深吊桶；
6—井下卸矸台；7—出矸绕道；8—箕斗装载硐室；
9—保护设施；10—井下凿井绞车硐室。

图10－26 利用延深凿井井架延深
（卸矸台设于井下）

利用延深间延深立井井筒的掘砌工作,其工作内容和方法与利用辅助水平延深井筒相同,当井筒和马头门掘砌完毕和井筒安装工作结束后,便开始施工保护岩柱段井筒。该段井筒的施工方法是沿延深间自上向下刷大至设计断面,然后再进行永久支护和永久装备工作。施工保护岩柱期间,必须停止生产提升工作。

利用延深间延深井筒的方案,具有延深辅助工程量小和延深准备工期短等优点。其缺点是提升吊桶容积小,提升一次时间较长,影响井筒延深施工速度,特别是延深提升高度超过500 m时,其提升能力很难满足延深施工的要求。

10.4.3 反井延深法

利用反井延深井筒时,在井筒延深施工之前必须有一个井筒或下山已经到达延深新水平,并且已有巷道通往延深井的井底,如图10-27所示。利用反井延深井筒,就是由延深新水平自下向上先开凿一个小断面的反井,再自上向下按照井筒设计断面分段刷大和砌壁。

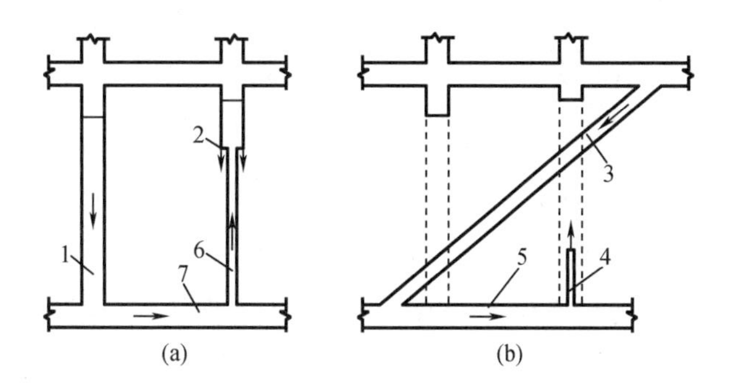

1—已延深好的井筒;2—刷大井筒;3—通往新水平的下山巷道;4,6—反井;5,7—新水平的车场巷道。

图10-27 利用反井延深井筒

利用反井延深井筒,反井的施工方法可用普通反井施工法、反井钻机施工法和吊罐、爬罐反井施工法等。对于普通反井施工法、反井钻机施工法前面已经介绍过了,这里只介绍吊罐反井施工法。

吊罐反井施工法的主要过程如图10-28所示。在延深辅助水平1和延深新水平3都到达井筒位置后,在延深辅助水平沿井筒中心向延深新水平钻一绳孔2,将设在延深辅助水平的提升机5的钢丝绳通过绳孔下放至延深新水平并与吊罐4相连接。利用提升机上下提放吊罐,作业人员在吊罐上施工反井。待反井与延深辅助水平贯通后,再自上向下分段刷大井筒和进行永久支护。施工到底后,再进行井筒安装和收尾工作。

吊罐反井施工法与普通反井施工法相比较具有工效高、速度快、劳动强度低、施工安全而又经济等优点。采用吊罐反井施工法一般不必架设临时支护,所以此法适于在比较稳定的岩层中采用。

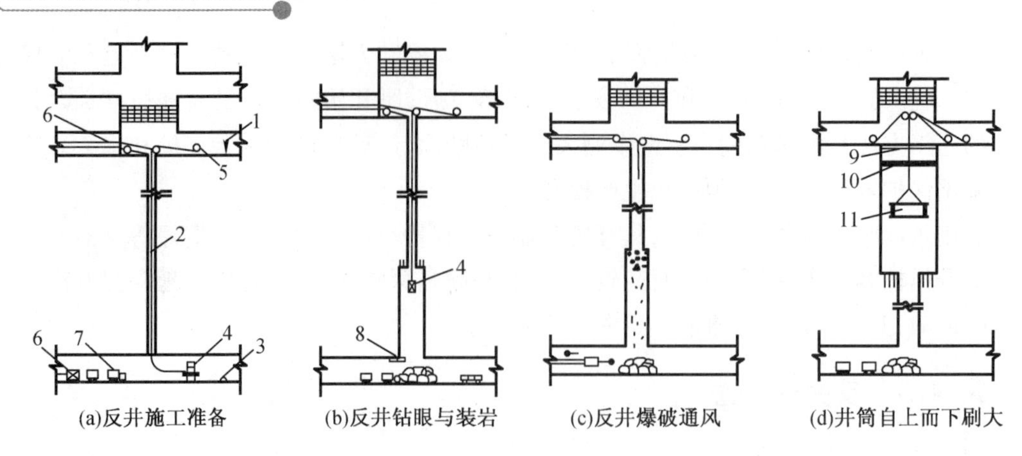

1—延深辅助水平;2—绳孔;3—延深新水平;4—吊罐;5—提升机;6—通风机;
7—装岩机;8—保护盖板;9—封口盘;10—固定盘;11—吊盘。

图 10－28　吊罐反井施工法

10.4.4　延深的保护设施

立井井筒延深通常要求在不停止生产水平提升的前提下进行施工,为了保证延深井筒工作面人员的安全,在生产水平下方必须设有安全保护设施,将生产水平与延深段井筒工作面隔开。这种保护设施通常采用保护岩柱和人工保护盘。

当岩石比较坚固致密时,可在生产水平井底水窝下面留一段岩柱作为安全保护设施。根据井筒延深方法不同,它可能占有井筒整个断面或只占有井筒的部分断面。保护岩柱的厚度,视岩层的坚固性和井筒断面大小而定,为 6～8 m。为了防止保护岩柱下端岩石冒落危及井筒延深工作安全,在岩柱下面必须架设护顶盘,如图 10－29 所示。护顶盘由钢梁和木板构成,钢梁贴近保护岩柱下面,钢梁两端固定在井壁内,钢梁与保护岩柱之间用木板背严。采用保护岩柱的优点是简单可靠,可节省构筑人工保护盘的钢材和木材;缺点是拆除保护岩柱工作较复杂。

采用人工保护盘需用材料较多,但不受岩石条件限制,拆除容易。人工保护盘必须具有足够的强度和缓冲能力,同时也应起到隔水和封闭作用。在满足上述要求的条件下,保护盘的结构应尽量简单以便于构筑和拆除。人工保护盘按结构形式可分为水平保护盘(图 10－30)和楔形保护盘两大类。水平保护盘的优点是结构简单,安装和拆除方便,占用空间较小而适用范围较广;缺点是抗坠落物的冲击能力较小。楔形保护盘的优点是坠落物的冲击能量主要传给了井帮,因此承受冲击能力大。但是楔形保护盘较高,其使用往往受到井底空间的限制,且其结构也较复杂。

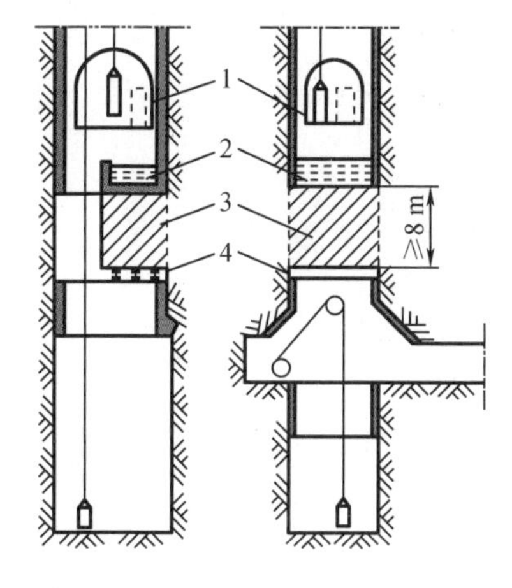

1—生产水平；2—底水窝(贮水仓)；
3—保护岩柱；4—护顶盘。

图 10－29 保护岩柱

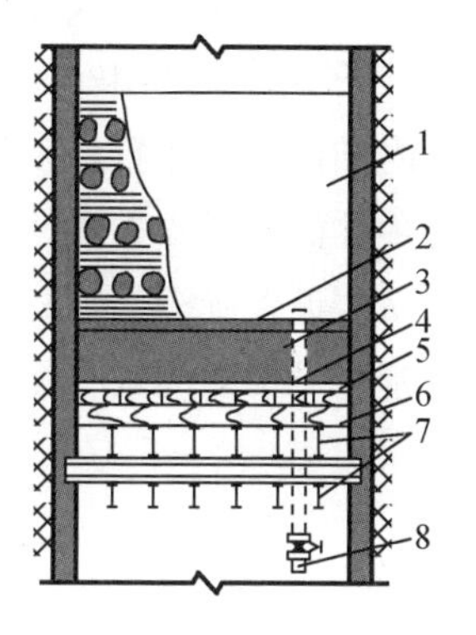

1—缓冲层；2—混凝土隔水层；3—黄泥隔水层；
4—钢板；5—木板；6—方木；
7—工字钢梁；8—泄水管。

图 10－30 水平保护盘

复习思考题

1. 立井井筒的纵向组成包括哪几部分？

2. 井筒装备按罐道的不同结构可分为哪两类？各有何优缺点？

3. 钢丝绳罐道的刚度有什么要求？有几种罐道的拉紧方式？

4. 简述井筒断面的主要设计步骤。

5. 常见的立井井壁有哪几种形式？各种支护形式的适应条件有哪些？

6. 净断面设计时，为什么用有效通风断面来验算风速？

7. 根据土质结构，表土分为哪几类？有哪几种表土的普通施工法？如何处理施工中的涌水？

8. 表土的特殊施工方法有哪些？

9. 简述冻结法凿井的原理。

10. 立井基岩的钻爆工作有何特点？炮眼应怎样布置？

11. 为什么立井爆破应采用并联的连线方式？

12. 立井掘进时采用哪几种抓岩机？各自的特点及适用条件如何？

13. 抓岩能力与提升能力应怎样匹配？怎样选择提升方式？

14. 立井基岩施工可采用哪几种临时支护方式？它与立井施工工艺有何紧密联系？

15. 有哪几种立井混凝土砌壁模板？简述各自优缺点及适用条件。

16. 为什么要采用壁后注浆？它与预注浆的区别在哪里？

17. 预注浆(包括地面及工作面)的注浆方案与哪些因素有关？

18. 井筒安装包括哪些内容？简述各种装备方案及其优缺点。

19. 井筒基岩段的作业方式有哪几种？你认为哪种具有发展前景？

20. 凿井井架有哪些功用？

21. 井筒内如何合理布置施工设备？

22. 有几种井筒的延深方式？各有何优缺点？

23. 为什么要设置延深保护岩柱？岩柱厚度与哪些因素有关？

24. 影响延深方案的因素有哪些？如何选择延深方案？

参考文献

[1] 蔡美峰.岩石力学与工程[M].北京:科学出版社,2002.

[2] 陈志源,李启令.土木工程材料[M].2版.武汉:武汉理工大学出版社,2003.

[3] 崔云龙.简明建井工程手册:上册[M].北京:煤炭工业出版社,2003.

[4] 崔云龙.简明建井工程手册:下册[M].北京:煤炭工业出版社,2003.

[5] 东兆星,邵鹏.爆破工程[M].北京:中国建筑工业出版社,2005.

[6] 何满潮,袁和生.中国煤矿锚杆支护理论与实践[M].北京:科学出版社,2004.

[7] 刘殿中,杨仕春.工程爆破实用手册[M].2版.北京:冶金工业出版社,2003.

[8] 万寿良.矿井设计施工及标准规范实用手册[M].北京:当代中国出版社,2003.

[9] 国家安全生产监督管理总局,国家煤矿安全监察局.煤矿安全规程[M].北京:煤炭工业出版社,2011.

[10] 东兆星,刘刚.井巷工程[M].3版.徐州:中国矿业大学出版社,2016.

[11] 刘旺平.全国一级建造师执业资格考试辅导用书 矿业工程管理与实务[M].北京:煤炭工业出版社,2015.

[12] 宋宏伟,刘刚.井巷工程[M].北京:煤炭工业出版社,2007.

[13] 刘刚.井巷工程[M].徐州:中国矿业大学出版社,2005.

[14] 王建平,靖洪文,刘志强.矿山建设工程[M].徐州:中国矿业大学出版社,2007.